广州市科学技术协会
广州市南山自然科学学术交流基金会　资助出版
广州市合力科普基金会

U0796898

珠江三角洲
土壤质量演变及其调控

钟继洪　李芳柏　李淑仪　陈俊坚 等　著

廣東省出版集團
广东科技出版社
·广　州·

图书在版编目（CIP）数据

珠江三角洲土壤质量演变及其调控/钟继洪等著. —广州：广东科技出版社，2012.5
ISBN 978-7-5359-5659-0

Ⅰ. ①珠… Ⅱ. ①钟… Ⅲ. ①珠江三角洲—土壤—质量—研究 Ⅳ. ①S15

中国版本图书馆CIP数据核字（2012）第007912号

责任编辑：袁杰　叶维生
装帧设计：陈维德
责任校对：蒋鸣亚　梁小帆
责任印制：任建强
出版发行：广东科技出版社
（广州市环市东路水荫路11号　邮政编码：510075)
E-mail：gdkjzbb@21cn.com
http：//www.gdstp.com.cn
排　　版：广东科电有限公司
印　　刷：广东新华印刷有限公司
（广东省佛山市南海区盐步河东中心路23号　邮政编码：528247）
规　　格：787 mm×1 092mm　1/16　印张17　字数420千
版　　次：2012年5月第1版
2012年5月第1次印刷
定　　价：98.00元

如发现因印装质量问题影响阅读，请与承印厂联系调换。

《珠江三角洲土壤质量演变及其调控》

著者名单

钟继洪

李芳柏　李淑仪　陈俊坚

陈翠芳　蓝佩玲　廖新荣　林兰稳

刘承帅　刘传平　刘鉴明　柳　勇

骆伯胜　谭　军　王荣萍　王旭刚

余炜敏　曾晓舵　张国林　张会化

前　言

人类活动导致自然生态系统向人工生态系统转变已经有数千年的历史，而城市化是其中强度最大、影响最深的过程之一。城市化过程土壤质量演变及其生态环境效应是一个无论在土壤学基础理论研究还是土壤资源管理决策上都极为重要的研究课题。

珠江三角洲地区是我国改革开放的前沿，是我国近30年来工业化、城市化进程最快的地区之一。随着工业化、城市化的高速发展，珠江三角洲地区农田（耕地）土壤资源大量减少，为了满足城市消费群体的日益扩大、消费水平不断提高的需求，珠江三角洲地区已成为我国农业集约化程度最高的地区之一，农业资源与环境问题日渐突出，其农业土壤正遭受有史以来特别剧烈的人为活动的影响，农业可持续发展形势严峻。因此，阐明珠江三角洲地区高度集约利用方式下农业土壤质量演变过程与机理，揭示这一典型地区土壤质量演变规律，建立适合区域特色的土壤质量调控理论，对发展土壤科学，促进广东省农业和社会经济持续发展有十分重要的理论与实践意义。

土壤是人类赖以生存与发展的最根本的物质基础，土壤质量直接关系着环境和发展的可持续性。针对珠江三角洲地区土地利用变化和高度集约现代农业发展带来的日益突出的农业土壤资源与生态环境问题，2002年以来，在国家自然科学基金委员会、广东省科技厅、广东省农业厅、广东省科学院等支持下，广东省生态环境与土壤研究所相关课题组开展了包括国家自然科学基金项目“红壤胶体中铁氧化物界面有机氯的非生物转化”（编号：20577077），粤港关键领域重点突破项目“珠江三角洲农田系统立体污染监测信息化关键技术与示范”（编号：2007A020905001），广东省科技攻关项目“珠江三角洲城市化过程中的农业土壤质量演变与调控”（编号：2005B20801003）、“珠江三角洲蔬菜地土壤次生盐渍化与硝酸盐累积控制”（编号：2005B20801009）、“高度集约利用耕地土壤养分均衡调控技术模式研究示范”（编号：2007B020500002-9）、“产地环境安全技术研究与示范”（编号：2009A020101005）、“广东省无公害蔬菜标准化施肥技术研究”（编号：2007B020500002）、“广东省蔬菜地主要土壤养分含量分级标准建立”，农业部、广东省农业厅重点项目“佛山市南海区、高明区耕地地力调查与质量评价”、“惠州市惠阳区、博罗县耕地地力调查与质量评价”、“广州市花都区耕地地力调查与质量评价”（2003—2006），广东省自然科学基金项目“珠江三角洲集约利用耕地土壤质量演化及其生态环境效应”（编号：10151065003000010）等一系列研究，以典型区域为研究基点，在已有的研究成果（如第二次土壤普查和《珠江三角洲土壤》等）的基础上，突破土壤学以土壤肥力为核心、以提高作物产量为目标的传统研究模式，采用宏观调研(野外考察、采样及资料搜集)与室内分析(土壤、植物样品理化性质测定，资料的数理分析等)相结合，田间试验示范与室内栽培、模拟试验相结合等方法，对土壤系统内部各种物理、化学性质，以及形成这些性质的一些重要过程进行系统研究，阐明了珠江三角洲地区高度集约利用农业土壤质量变化主要过程的特征与变化规律；揭示了珠江三角洲地区高度集约利用蔬菜地土壤质量变（退）化的机制；建立了珠江三角洲地区土壤质量调控理论与技术体系并进行应用示范；提出了珠江三角洲地区农田土壤质量系统管理策略建议。

本专著就是上述科研工作部分成果的系统总结。各章编写人员为：第1章，钟继洪、陈俊坚；第2章，钟继洪、骆伯胜、张国林、曾晓舵；第3章，陈俊坚、刘鉴明、柳勇、曾晓舵、张会化、钟继洪；第4章，余炜敏、林兰稳、柳勇、骆伯胜、张会化、谭军、钟继洪；第5章，李淑仪、柳勇、林兰稳、蓝佩玲、廖新荣、王荣萍、钟继洪；第6章，钟继洪、李淑仪、刘传平、陈翠芳；第7章，王旭刚、李芳柏、刘承帅、刘传平；第8章，曾晓舵、陈俊坚、钟继洪、余炜敏；第9章，钟继洪、李芳柏、李淑仪。全书由钟继洪统稿。

本专著是集体劳动的成果，广东省生态环境与土壤研究所的何江华、邓楠荣、徐胜光等参与了相关研究工作；广东省科学院、广东省生态环境与土壤研究所领导对我们的科研工作一直给予支持；广东省生态环境与土壤研究所许多化学分析人员、图书资料管理人员、业务和行政管理部门人员，珠江三角洲地区相关市、区政府和农业技术推广部门的许多干部、职工，对相关研究工作的完成给予了大力帮助。在此，我们谨对所有帮助过我们的领导、师长、同事、朋友致以衷心的感谢！

科学的进步是无止境的。今天，珠江三角洲地区已进入了一个新的发展阶段，区域资源环境的协调与可持续发展已成为实现珠江三角洲地区社会、经济可持续发展的必然要求。我们希望本专著能为解决珠江三角洲地区农业发展面临的土壤资源与环境问题有所裨益，对促进这一区域农业可持续发展有所启迪。我们愿意和朋友们一道，为珠江三角洲地区的可持续发展作出新的努力。

著　者

2011年10月于广州

目　　录

第1章 绪 论

1.1 研究背景

1.1.1 土壤质量概念

土壤是固态地球表面的疏松表层，它既是历史的自然体，也是最易受人类活动影响的一种最基本和重要的自然资源。土壤质量的好坏直接关系到人类的生存与发展，因此，世界各国都十分重视土壤及土壤质量的研究与管理。

土壤质量（Soil quality）的概念是在人类社会高速发展的现代，随着人口对土地压力的增大，人类过度利用导致土壤资源退化，并对农业可持续发展造成严重威胁的情况下提出来的，它是土壤的许多物理、化学、生物学性质，以及形成这些性质的一些重要过程的综合体。

目前，关于土壤质量有很多定义，但还没有一个统一的看法，国际比较通用的土壤质量概念，是Doran 和Parkin（1994）从生产力、环境质量和健康3个角度对土壤质量的定义：土壤在生态系统边界内保持作物生产力、维持环境质量、促进动植物健康的能力。可以形象化地理解为一个三条腿的凳子，它的功能和平衡有赖于持续的生物生产量、环境质量以及植物和动物健康三大要素的结合（Karlen et al，1997）。

目前国内给土壤质量的定义确定了土壤的三项基本功能，包含了土壤肥力质量——土壤提供植物养分和生产生物物质的能力；土壤环境质量——土壤容纳、吸收和降解各种环境污染物质的能力；土壤健康质量——土壤影响和促进人类和动植物健康的能力（张桃林等，1997）。

1.1.2 土壤质量研究进展

国外20世纪90年代明确提出了土壤质量的概念，此后，关于土壤质量出现了各种不同的看法（Warkentin，1995），有些人认为在土壤学科里土壤质量是一个不必要或者多余的概念，毕竟，大家都知道优质的土壤由什么组成，在什么地方可以找到优质土壤。有些人觉得对土壤质量量化是不可能的，因为不同种类的土壤甚至在不同地区同一种土壤之间有着“本质”的不同（郑昭佩 等，2003）。

但是，随着人口—资源—环境之间矛盾的日益突出，土壤质量问题正在不断得到世界范围内的共同关注。这是因为在粮食增产和环境的持续发展中，土壤资源（在人类的时间尺度上）是一种具有脆弱性的不可再生资源。要想获得农业的稳定的增产，必须重新认识土壤在环境中的重要意义，必须加强对土壤“代传”的保护，其核心就是要注意保持和提高土壤质量及其土壤管理与环境间的相互关系（赵其国 等，1997）。

鉴于土壤质量在土壤资源开发利用和农业发展及环境保护中的特殊作用，土壤质量的保持和提高已日益成为当今国际土壤学界、农学界、环境科学界共同关注的研究课题。土壤质量这个新学科已成为现代土壤学发展的前沿和热点（蔡运龙，1998；张凤荣 等，2003）。经过科学工作者的共同努力，对土壤质量的定义及其表征方法和理论都进行了多方面的研究，并已取得了多方面的进展。

在土壤质量与可持续农业和环境关系方面，随着土壤质量研究工作的深入，土壤在陆地生态系统中的地位和作用以及土壤质量与大气和水环境质量之间的关系已逐渐被人们认识（Karlen et al，1994），土壤不仅为动植物的生长提供养分和物理支持，也是大气、地表水和地下水的过滤器，同时还是废物循环再利用的场所。土壤的许多属性如抗侵蚀能力、阳离子交换能力、吸附性能以及决定土壤缓冲能力的有机质含量等都决定了土壤质量与水环境质量有密切的关系。土壤是陆地生态系统中最大的碳库。可以促进大气分室中的碳向土壤分室转移，并减少氮氧化物从土壤中的释放，因而土壤质量变化研究对于深入认识全球环境变化十分重要。

在土壤质量评估方面，美国土壤学家做的工作较为系统和全面（Karlen et al，1994）。他们先让生产者描述健康土壤的特性，此后建立了一个可靠且系统的土壤质量评估方法。这种方法是利用土壤质量指数（Soil Quality Index）和土壤质量对变化的易感性（Susceptibility）评估土壤健康状况，这一指数的确定包含了对某些土壤性质、功能及与土壤质量指标（Indicators）密切相关的一些条件的测量（Hammond et al，1995）。世界银行、联合国粮农组织、联合国发展署、联合国环境署联合启动了一项以土壤质量为核心的研究“土地质量指标”（Land Quality Indicators）的国际合作课题（Pieri et al，1995），提出了一个“压力—状态—响应”（Pressure-State-Response，PRS）的土地质量指标的概念性框架，旨在通过利用土地质量指标测量人类活动对土地资源的压力、这些压力对土地质量状态的影响，以及社会对这些变化的响应，而将土地质量指标与相关的政策和管理决策联系起来。国际上目前比较常用的评价方法有以下几种：①将无数量限制的单个土壤质量指标综合成一个总体的土壤质量指数的多变量指标克立格法（郑昭佩 等，2003）。②利用系统动态学特征测量其可持续性的土壤质量动力学方法。③土壤质量综合评分法：将土壤质量评价细化为食物与纤维的生产量、侵蚀量、地下水质量、地表水质量、大气质量和食物质量6个特定的土壤质量元素的评价（Doran et al，1994；1996）。④土壤相对质量评价法。这种方法首先是假设研究区有一种理想土壤， 其各项评价指标均能完全满足植物生长需要， 以这种土壤的质量指数为参照， 其他土壤的质量指数与之相比，得出土壤的相对质量指数（Related Soil Quality Index，RSQI），从而定量地表示所评价土壤的质量与理想土壤质量之间的差距（郑昭佩 等，2003）。Doran和Jones（1996）提出了一个满足大多数农业条件下的土壤质量评价需要的最小数据集，这一数据集的内容包括：土壤质地、表土和土层深度、容重、渗透性、持水性、总有机质、pH值、电导率、有效N、P、K、生物量、土壤呼吸等。在国内，赵其国、张甘霖等基于土壤—地体数字化数据库（Soil and Terrain Digital Databases，SOTER）提出了土壤质量系统评价模型，其方法是根据土壤特性划分为水分有效性、养分有效性和根系适宜性3项土壤功能，确定了9项土壤质量评价指标以及综合指数权重。这种评价模型虽然在某些方面显示具有很强的优越性，但它受很大的地域性限制。此外，经过几年的努力，建立了红壤土壤质量评价的最小数据集（曹志洪，2004）。

由于城市化、工业化过程中人为活动的强烈影响，与城市化相关的土壤质量问题正变得日益突出。十几年来，国际上关于城市土壤的研究日益受到重视。德国土壤学会在1988年成立了城市土壤工作组，美国也在纽约等城市开始了一系列有关城市土壤的研究。国际土壤学会在1998年正式成立了“城市、工业、矿山和交通地土壤工作组”（Working Group on Soils of Urban，Industry，Mining and Traffic Areas，WGSUIMTA），这标志着世界范围内城市土壤研究即将进入一个新的阶段。该工作组于2000年在德国亚琛（Essen）召开了第一届国际会议，包括中国在内的全球41个国家300 多名代表出席了会议，说明城市土壤研究在世界上的影响在增加，城市化过程的土壤研究在世界范围内正在兴起和深化。但总体而言还处于起步阶段。我国城市化过程土壤研究在20世纪90年代开始有零星工作，有一些关于城市郊区蔬菜地土壤特征和分类以及郊区土壤重金属污染的初步研究。秦明周等（2000）研究了城乡结合部（城郊）土壤质量变化与可持续利用对策。对珠江三角洲地区城市化工业过程对生态环境的影响已有一些报道（王宁生 等，1998；杨士弘，1999），但关于城市化过程对这一区域农田土壤质量演变与调控的系统研究还鲜见报道。

土壤质量变化的动因及后果是土壤质量研究的重点。研究表明土壤退化是导致土壤质量下降的一个最直接、最主要的途径。土壤退化的形式多种多样，但主要的形式为：风蚀和水蚀、有机质含量和质量下降、土壤结构破坏、盐渍化和化学污染、土壤生物多样性衰减及生物活性下降等。这些物理的、化学的和生物学的土壤退化过程会减少土壤现有的和潜在的生产物质的能力， 导致和/或加剧土壤质量的下降。为了适时监测农业土壤质量或健康状态的变化，为资源合理开发利用、农业持续发展和环境保护及生态建设提供依据，不少国家和地区已经或正在致力于本地区土壤质量动态监测方法（如利用最小数据集（Minimum Data Set，MDS）结合若干个土壤变换函数监测土壤的方法和监测系统的建设（Doran et al，1996）。在这方面加拿大比较领先。自1989 年起，加拿大农业部国家基准项目中加进了监测农业土壤健康状况变化，特别是由土地利用和管理措施造成的变化的项目，建立了一批基准点（Benchmark Sites）。该项目的早期结果已得出了一些有关农作措施对土壤健康影响的重要结论（Acton et al，1995），例如：提高肥料、农药、除草剂、灌溉水的利用率，能显著减少硝态氮、农药、除草剂淋失的潜在危险。

对土壤营养元素的环境效应与生态环境效应得到了更多关注。随着过量或不合理施用，对土壤资源、生态环境，甚至一些农产品品质的负面影响的逐步显露，最近十几年，全球的科学家关于养分投入对环境质量的潜在影响已开展广泛研究。国外对于农田土壤磷素流失的研究，起步较早，研究成果也较多。Sharpley et al（1995）对比了荷兰不同土地利用方式下磷的流失量，发现流域内农业用地所占的比例越高，磷的流失量越大。Kronvang et al（1996）发现在丹麦的许多地方农业非点源磷污染占河流中磷来源的一半以上，农业用地为主的流域内非点源磷年流失发生量（0.29 $kg \cdot hm^{-2}$）为自然流域（0.07 $kg \cdot hm^{-2}$）的4倍以上。农田排水和径流中常常能监测到大大高于水体富营养化阀值的磷浓度，尤其是在大的降雨事件发生时和施磷肥后不久（Sims，1998）。Simard et al（2000）总结了在加拿大和英国的研究，指出土壤磷素利用优势流（Preferential Flow）迁移转化的重要性并发现农田径流和排水中颗粒态磷（Particulate P）在全磷中占有非常重要的地位，分析了土壤质地等土壤剖面特征对磷迁移的影响，还有不少研究者从农业管理、养分管理、土壤磷素迁移模型以及表征磷素环境行为的新的方法等各个角度对农田土壤中磷素向水体的迁移进行了研究，获得了很多有益的结论。但这些研究主要是针对一些畜牧场、奶牛厂或养猪场周围的土壤进行的，而对农田土壤中占比较重要地位的水稻土的磷素迁移流失极少涉猎。近年来我国也加强了关于养分投入对环境质量的潜在影响这方面的工作，其中氮素、磷素所造成的地下、地面水污染及大气污染受到了人们特别关注。张维理等（1995）在北京—天津—唐山等地14 个县市的102个点调查中表明，约50% 样点的地下水和饮用水中硝酸盐含量超过安全标准。高超等（2000a；2000b；2001a；2001b）报道了目前农田生态系统中广泛存在的磷素投入过量和由此引起的磷累积加剧了磷素向水体的流失。尽管近些年来关于农田生态系统土壤磷素的现状、迁移转化，尤其在降雨条件下磷素径流流失的环境风险分析的报道日益增多，但受到区域土壤性质和各种实验条件的限制，报道的数据差异较大。针对不同土地利用类型土壤磷素流失的风险评价问题，目前的报道显得有些泛泛，缺少特定条件下既有区别又有相互联系的两种土地利用方式土壤磷素流失的环境风险评价的深入研究，且磷素潜在流失的风险指标较为单一，主要集中在土壤全磷（Total Phosphorus，TP）、有效磷（Olsen-P）、Bray-P、溶解态磷（Dissolved Reactive Phosphorus，DRP）、生物可利用磷（Bioavailable Phosphorus，BAP），还应引入诸如水溶态磷（Water-extractable Phosphorus，Pw）、Mehlich浸提磷、草酸铵浸提态磷等不同提取态磷，从而找出更适合表征土壤磷素向水体释放的指标，为指导田间施肥和磷素管理提供参考。

土地利用和管理在很大程度上影响着土壤性质变化的程度和方向。土地利用变化可以改变土地覆被状况并引起许多自然现象和生态过程的变化（傅伯杰，1999，2001；郭旭东，2001），如土壤养分和水分的变化、地表径流与侵蚀、生物多样性的分布和生物地球化学循环等。合理的土地利用可以改善土壤结构，增强土壤对外界环境变化的抵抗力；不合理的土地利用会导致土壤质量下降，增加土壤侵蚀，降低生物多样性（沙丽清，2003）。国外研究侧重于轮作方式、不同作物对土壤理化性质的影响，以及水土保持措施、保护性耕作方式、覆盖作物或绿肥作物、免耕等对土壤质量特性的影响（Carter，2001；Jeffrey，2000；Schipper，2000；Shuklal，2003；Yan，2003）。研究表明，采取免耕及作物残茬覆盖可以防止水蚀和风蚀，显著增加土壤有机质和渗透性，提高了土壤整体质量。许多研究已经报道了土地利用变化，特别是森林、草地和农田之间利用方式的转变对土壤性质的影响。Lal（1985）、Singh（1996）研究表明，在热带森林向农田转变的过程中，所采用的土地利用方式和耕作技术通常会导致土壤有机质和养分含量下降，土壤变化呈现“C源”趋势，引起土地退化，从而影响农业生产。Jaiyeoba（2003）的研究表明，在非洲半干旱大草原地区持续耕作也同样导致表层土壤有机质、全氮、全磷、碱解氮和速效磷显著下降，同样表现为“C源”趋势，引起土壤退化。

国内有关研究主要涉及人为耕作管理作用对土壤质量的影响，如不同培肥措施、不同利用方式对土壤物理、化学和生物特性等方面的影响（章明奎，2000；张桃林，2000）。罗格平等（2005）选取天山北坡绿洲12种土地利用系统，研究了不同种植年限条件下不同土地利用方式对土壤pH值、砂粉粘土粒分布、养分和盐分的影响，发现在此种自然植被转化为农田条件下土壤有机碳得到逐步提高，表现为“C汇”趋势。魏孝荣等（2006）研究了黄土高原18年田间不同施肥措施和耕作制度对土壤基本属性和有效态微量元素的影响。同时以未耕作施肥的土地作对比，结果表明土壤pH值和碳酸钙表现出降低的趋势，而有机质和有效磷含量得到明显的提高，微量元素中铁和锰明显增加，而其他微量元素则随着种植作物类型和耕作的变化表现出很大的差异。孙波等（1999）对中亚热带红粘土红壤物理学肥力在不同利用过程中的演化特征的研究表明，与林草地土壤相比，耕垦后表层红粘土红壤的土壤结构遭破坏，大团聚体和微团聚体数量减少，土壤通气和毛管孔隙减少，毛管孔隙分布不均匀。耕地土壤的物理学肥力随着旱耕熟化过程而增加，但是水旱轮作过程对其有不利的影响。傅伯杰等（1999）在黄土丘陵沟壑区的羊圈沟流域从小流域、坡面和单一土地利用类型三个尺度层次研究土地利用变化对流域土壤侵蚀、土壤养分和土壤水分分布的影响，探讨不同土地利用结构和类型对土壤养分元素分布的影响规律，结果发现，坡耕地—草地—林地土地利用结构具有较好的土壤养分保持能力，且前期土壤含水量低，是黄土丘陵区梁峁坡地上较好的土地利用结构类型。该流域土壤养分含量林地＞草地＞坡耕地，土壤水分含量林地＜草地＜坡耕地。近几年来，伴随着对土壤质量变化机理、动态、时空分布规律研究的不断深入，土地利用变化对土壤质量演变的影响也逐渐成为国内外研究的热点问题之一，并取得了许多重要进展（李加林，2006）。

综上所述，土地利用方式及管理措施是影响土壤质量演变方向和强度的关键因子（史志华，2001），它们直接或间接地作用于土壤生态系统，既可以保持和改善土壤质量，也可以导致土壤质量下降。近年来，中国科学院南京土壤研究所研究了我国水稻土、红壤、潮土和黑土的土壤质量及其定向培育。通过分析若干案例，在土壤质量时间变化特征和空间分异规律研究；土壤质量综合指标、标准和评价体系及预测预报；土壤养分非均衡化、酸化的机制和调控；土壤盐分运移与积聚的机理；土壤污染过程的动力学和污染土壤修复；土—水、土—气、土—生、土—岩之间物质和能量的交换和土壤质量演变的驱动力，及其对水体和空气环境质量影响的机制与调控等方面取得了很大进展和突破。但土壤质量是一个非常综合的概念，不仅涉及土壤学、土地利用、农业种植措施和管理等众多方面，而且也与某些方针政策有关。所以，需要研究的领域很多，而土壤质量演变规律、调控机理和评价理论是土壤质量基础研究的核心。过去对珠江三角洲地区土壤资源调查、评价、利用方面的研究工作也开展了不少，但对集约化农业对土壤生态系统的影响及其所造成的土壤退化的研究尚未系统开展。由于土壤生态系统本身的复杂性以及干扰体系的多样性，以及基于珠江三角洲地区高度集约农业利用实际，研究这一地区农田土壤质量的变化及其环境效应，探讨合理、科学的农田质量调控技术模式示范，应当得到人们的极大关注。

1.1.3　研究目的意义

土壤是人类赖以生存与发展的最根本的物质基础，土壤质量直接关系着环境和发展的可持续性（秦明周 等，2000）。我国自然环境与条件复杂多样，加之人类生产活动的长期影响，因此，土壤资源及其质量的演变表现出多样性与复杂性。了解不同区域土壤资源及其演变规律，并提出相应的调控对策技术，对实现土壤资源的可持续利用，促进农业可持续发展，有重要的理论与实践意义。

在过去相当长的传统农业时期，我国农业尽管为了满足人类生存与发展的要求，集约经营的程度不断加强，但一直保持了种植业与饲养业的结合，通过施用有机肥实现土壤养分的再循环利用保持土壤养分平衡，从而保证了农业的可持续发展。但自20世纪50年代，特别是近20多年，我国农业已发生了很大变化，由于人口大量增加，为了满足日益增长人口的迫切需要，以有机农业为特征的传统农业已被集约化利用程度不断提高，化肥、农药等农业生产资料的投入不断增加为主要特点的现代农业所取代。

过去的50多年来，我国的化肥施用总量从1949年的0.6×10^4 t（纯养分）增加到2005年的$4\ 766.2 \times 10^4$ t，单位面积化肥用量从1952年的0.75 kg·hm^{-2}增加到2005年的366.5 kg·hm^{-2}。2005年，我国农药使用量达11.2 kg·hm^{-2}，农用薄膜为70.9 kg·hm^{-2}（中国农村统计年鉴，2006），我国亚热带地区复种指数在140～200。正是通过土地的高强度利用和农用化学品的大量投入，加之同时期农业生产技术水平的不断改进，大大促进了我国粮食和其他农产品单产水平的提高，从而在农田土壤资源不断减少的情况下，保障了我国农产品的安全。

以高度集约化为特征的现代农业，对保障我国农产品安全发挥的巨大作用是无可置疑的，但在取得巨大成就的同时，由于长期的土地的高强度利用和农用化学品过量投入所带来的资源环境问题及其对我国可持续发展的潜在威胁也正日益凸现。现有的大量研究表明，高强度、高频率的人为活动对农田土壤生态系统本身带来了强烈干扰和巨大压力，已导致了土壤养分失衡、土壤板结、土壤酸化、有害物质积累、微生物种群和功能多样性衰退等，严重影响土壤生态系统的稳定及其功能的发挥，从而严重威胁我国农产品的安全生产。此外，还由于土壤与大气、水体系统的相互关联而带来环境风险的增加。因此，如何控制人为活动干扰，实现现代农业与环境之间的关系更加和谐，使土壤生态系统功能得以保持与恢复，是当前值得重点关注的重要问题。

珠江三角洲地区位于珠江流域下游，是由西江、北江、东江及潭江、绥江、增江等珠江河口湾堆积而成的复合三角洲，为中国第二大三角洲。珠江三角洲地区由于划分标准的不同而有不同的地域范围。

珠江三角洲地区绝大部分位于北回归线以南，地处南亚热带，濒临南海，深受海洋气团的影响，具有优势的气候条件，热量丰富、雨量充沛且雨热同期；珠江三角洲平原多冲积土或沉积土，土层深厚，有机质含量高，且灌溉便利。良好的水热组合，肥沃的土壤，使珠江三角洲地区具有发展农业的资源优势，虽然它的开发较华北平原和长江三角洲为晚，但却能以较快的速度发展，并在明清时期就成为我国稻米、甘蔗、蚕桑、塘鱼、水果的生产基地，同时成为农副产品加工业较发达的地区。改革开放以来，随着工业和服务业的发展，珠江三角洲地区农业生产的比重相对下降，但它作为我国重要农业生产基地的地位仍没有改变，并作为我国、广东重要的农产品出口基地在改革开放中谱写出新的篇章。

改革开放以来，以广州市为中心的珠江三角洲地区，已成为整个珠江流域经济最发达的地区。随着工业化、城市化的高速发展，珠江三角洲地区农田资源大量减少，为了满足城市消费群体的日益扩大、消费水平的不断提高的需求，这一区域已成为我国农业集约化程度最高的地区之一，农田土壤正遭受有史以来特别剧烈的人为活动的影响，导致这一区域农田土壤演变具有特殊性。研究珠江三角洲地区高度集约农业利用下土壤质量演变及其调控，有助于揭示城市化进程产生的土地利用变化引起的土壤质量演变规律，对建立区域土壤质量调控的理论与技术，具有重要理论与生产实践意义。

1.2 研究方案

1.2.1 总体思路与技术路线

根据珠江三角洲地区农田土壤资源集约利用程度高、人为活动作用强烈的特点，在充分利用已有的研究成果（如第二次土壤普查和《珠江三角洲土壤》等）的基础上，突破土壤学以土壤肥力为核心、以提高作物产量为目标的传统研究模式，采用宏观调研（野外考察、采样及资料搜集）与室内分析（土壤、植物样品理化性质测定，资料的数理分析等）相结合、田间试验示范与室内栽培、模拟试验相结合等方法，对土壤系统内部各种物理、化学、生物学性质，以及形成这些性质的一些重要过程进行系统研究，阐明珠江三角洲地区高度集约利用农田土壤质量的变化规律与特征；揭示珠江三角洲地区高度集约利用土壤质量变（退）化的机制；建立可持续发展的区域土壤质量调控理论与技术体系并进行示范推广。

总体技术路线如图1-1所示：

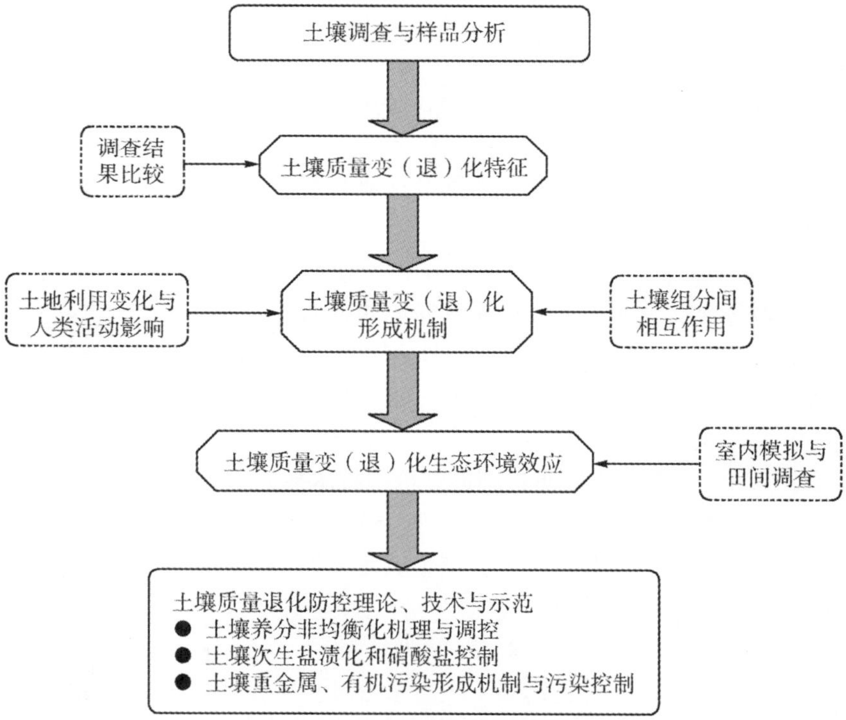

图1-1 珠江三角洲土壤质量演变与调控研究总体技术路线

1.2.2 主要研究开发内容

1.2.2.1 珠江三角洲农田土壤质量演变特征研究

（1）土壤肥力质量的时间变化特征

针对珠江三角洲地区社会经济发展，农村经营体制、耕作制度、作物品种、种植制度、肥料与农药的使用、作物产量水平也发生了巨大的改变，不可避免地对农田土壤资源的数量和质量产生很大影响的实际情况，监测土壤酸碱性（pH值）、土壤有机质和养分元素的含量状况，与第二次土壤普查（20世纪80年代）比较，研究土壤肥力质量的时间变化特征。

（2）不同利用方式下土壤质量变化特征

针对珠江三角洲地区土地利用方式变化强烈，农田土壤大幅减少，城市群体消费需求导致的农业产业结构调整，大面积水田改为高强度、高投入的蔬菜地利用方式的情况，比较测定水田和水田改种蔬菜地土壤酸碱性（pH值）、土壤有机质和养分元素含量与形态、土壤缓冲性指标（Cation Exchange Capacity，CEC）、土壤盐分含量等，了解水田改为蔬菜地后土壤肥力质量变化。

（3）土壤环境质量变化趋势

通过典型调查，研究农田土壤环境质量变化趋势。如土壤重金属含量变化、土壤农药残留和多环芳烃污染特征等。

1.2.2.2　珠江三角洲农田土壤质量变（退）化主要过程与机制

从土壤内部的物理、化学、生物学过程，土壤与系统外进行物质、能量交换过程，以及人类活动的影响等方面，阐明影响珠江三角洲地区农田土壤质量变（退）化的主要过程与机制。

（1）土壤养分的非均衡化机制

研究土壤养分失衡对土壤肥力质量的影响；探讨土壤养分循环与养分非均衡化的关系。

（2）土壤次生盐渍化与形成机制

探讨土壤水分运动与水分管理与土壤盐分运移与积聚关系；分析土壤质地、施肥、耕作制度对土壤盐分积聚的影响。

（3）土壤环境质量退化的影响因素

着重分析区域环境变化对土壤环境质量变化的影响。

1.2.2.3　珠江三角洲农田土壤质量变（退）化的生态环境效应

评价土壤氮、磷累积的环境风险；分析土壤污染对农产品安全生产的影响；探讨土壤次生盐渍化与作物生长的关系。

1.2.2.4　珠江三角洲农田土壤质量调控理论、技术模式研究与示范

系统总结农田土壤质量变（退）化的机理，试验研究几种主要蔬菜土壤养分平衡调控与土壤次生盐渍技术方法；试验研究土壤重金属污染施硅控制技术与效果；试验研究土壤有机氯农药非生物转化过程与机制。

1.2.2.5　珠江三角洲农田土壤质量系统管理策略

探讨土壤质量管理对策；优化选择土壤质量管理技术模式；探讨土壤质量管理信息系统建立与应用。

1.2.3　技术方法

1.2.3.1　野外调查

珠江三角洲地区农田土壤质量演变及其生态环境效应，主要通过野外大面积性调查与局部（地块、小区）重点调查相结合方法进行研究，土壤环境质量、不同利用方式下土壤质量变化及其生态环境效应，采用局部重点调查方法进行研究。调查时，配套采集土壤、植株、地下水等样品，并进行相关指标的测定。

（1）研究区的选择

选择珠江三角洲地区的南海、东莞、花都、高明、惠阳、博罗等市（区、县）为重点

研究区域。其中，南海、东莞、花都等市、区代表了珠江三角洲地区社会经济发展较快的地区，高明、惠阳、博罗等区、县代表了这一区域经济发展相对较慢的地区。总体来说，随着城市化、工业化发展，这些地区种植业结构均已发生了很大变化，由水田改种蔬菜、水果等经济作物的面积大幅增加，反映了珠江三角洲地区城市化、工业化发展对土地利用结构、农用地种植结构调整的影响。

（2）土壤样品的采集

第二次土壤普查以来土壤质量演变，结合农业部耕地地力调查与质量评价项目（广东省土壤肥料总站，2007），主要通过面积性调查进行研究。其中，大田每个样点代表面积166.7 hm^2左右，蔬菜地每个样点代表面积66.7 hm^2左右。在进行样点布设时，首先土壤图整理后与基本农田保护区地块图和土地利用现状图叠加，形成调查评价单元。根据总采样点数量、调查评价单元的个数及面积大小、土壤类型、种植制度、种植作物种类、产量水平等因素的不同，确定样点数量和位置，并在图上标注。样点位置考虑了尽可能与第二次土壤普查的采样点相一致。根据土种、种植制度、产量水平等因素，统计各因素点位数。当某一因素点位数过多或过少时，要进行调整，同时要考虑点位的均匀性（表1–1）。

表1–1　土壤质量调查样点布设情况

调查区域	耕地面积/hm^2	调查样点数/个	其中/个			
			水田	园地	旱地	蔬菜地
南海区	11 943	176	33	6	1	136
高明区	13 416	243	195	—	—	48
花都区	18 718	165	72	37	—	56
惠阳区	15 271	123	49	31	15	28
博罗县	52 921	230	119	19	25	67

为了使样品具有代表性，本项目采用“X”形采集土壤样品，同一采样点及周围相距50～100 m的5个采样点的耕层土壤取样，然后等量混合，最后采用四分法取样大约1 kg装入干净布袋。采样时，为避免由于采样器具对所测项目造成影响，采样器具采用木质品；采集的样品经自然风干，去砾石、根系及杂质后，称取200 g样品送化验室，同时留取复样保存。在采集土壤样品的同时，对农户的生产管理情况如施肥种类、施肥量等进行访问调查。

土壤环境质量调查：结合土壤面积性调查样点进行布设，对土壤污染可能较严重的地区，增加了样点布设，重点调查土壤重金属含量状况。此外，对一些典型代表区域，还调查了农药残留、多环芳烃等有机污染物的含量状况，这类调查根据任务要求确定调查区域，具体见后面相关章节。

水田改种蔬菜后土壤特性变化特征调查：调查同一土壤类型的水田和由水田改种的蔬菜地的利用（化肥施用、种植制度、灌溉方式、产量水平）和土壤、地下水分等情况。

为了进一步了解水田改种蔬菜后土壤特性的剖面分异及土壤特性变化对生态环境的影响。在研究区分别选取典型水田（取0年作为对照）和蔬菜地，进行土壤剖面样品的分层采集，均在水稻收获后和蔬菜采收结束后取样。蔬菜种植年限1～13年，在改种蔬菜前，这些田块常年种植水稻。每个田块采样深度为0～15 cm、15～30 cm、30～50 cm、50～70 cm、70～100 cm，土样混合均匀装入塑料袋中标记密封，带回实验室用于分析。

蔬菜植株样品的采集：主要采集叶菜类样品，在蔬菜收获盛期采集。采用棋盘法随机采取，采样点一般为5个以上。采集可食用部分约1 kg。植株样采样点主要设在怀疑或已证实受污染的地区，同时也考虑与蔬菜地污染调查样点相匹配。

土壤物理性质（容重、孔隙等）的样品采集用环刀法，采取两层环刀样，第一层10～15 cm，第二层35～40 cm，每层打不少于3个环刀。容重样的布点主要根据土壤类型和利用方式的情况而定。

（3）测试项目与方法

土壤理化样品分析测定的项目有pH值、有机质、全氮、全磷、全钾、有效磷、速效钾、缓效钾、有效性铜、锌、铁、锰、有效硫、有效硅、交换性钙和镁、阳离子交换量、全盐量、硝酸盐、土壤容重、孔隙等；地下水主要测定项目为硝态氮、活性磷等；蔬菜植株分析项目有硝酸盐、亚硝酸盐等。

土壤容重测定采用环刀法。土壤（地下水）化学分析方法具体如表1–2，土壤污染样品分析方法如表1–3，植株样品分析方法如表1–4。

表1–2　土壤（地下水）样品分析项目和方法

分析项目	分析方法	方法来源
pH值	玻璃电极法	LY/T 1243—1999
有机质	重铬酸钾—硫酸溶液—油浴法	NY/T 85—1998
有效磷	氟化铵—盐酸提取—钼锑抗比色法	LY/T 1233—1999
速效钾	乙酸铵提取—火焰光度法	LY/T 1236—1999
缓效钾	硝酸煮沸浸提—火焰光度法	《土壤农化分析》（第三版）
全氮	半微量开氏法	LY/T 1228—1999
有效性铜、锌、铁、锰	DTPA提取—原子吸收光谱法	《土壤分析技术规范》
有效钼	草酸—草酸铵提取—极谱法	《土壤农化分析》（第三版）
水溶性硼	姜黄素比色法	NY/T 149—90
有效硫	磷酸盐—乙酸提取，硫酸钡比浊法	LY/T 1265—1999
有效硅	柠檬酸浸提—硅钼蓝比色法	LY/T 1266—1999
交换性钙和镁	乙酸铵—原子吸收光谱法	LY/T 1245—1999
阳离子交换量	乙酸铵交换法	LY/T 1243—1999
全盐量	乙酸铵交换—中和滴定法	LY/T 1251—1999
硝酸盐	离子色谱法	《土壤分析技术规范》
总汞	冷原子吸收光谱法	GB/T17136—1997
总砷	二乙基二硫代氨基甲酸银分光光度法	GB/T17134—1997
总铬	火焰原子吸收光谱法	GB/T17137—1997

表1–3　土壤环境样品分析项目和方法

分析项目	分析方法	方法来源
pH值	玻璃电极法	LY/T 1243—1999
铅、镉	石墨炉原子吸收光谱法	GB/T17141—1997
总汞	冷原子吸收光谱法	GB/T17136—1997
总砷	二乙基二硫代氨基甲酸银分光光度法	GB/T17134—1997
总铬	火焰原子吸收光谱法	GB/T17137—1997
铜、锌	火焰原子吸收光谱法	GB/T17138—1997

表1–4　植株样品分析项目和方法

分析项目	分析方法	方法来源
亚硝酸盐、硝酸盐	离子色谱法	GB/T15401—1994
铅	石墨炉原子吸收光谱法	GB/T5009.12—1996
总汞	冷原子吸收光谱法	GB/T5009.17—1996
总砷	银盐法	GB/T5009.11—1996
总铬	原子吸收石墨炉法	GB/T14962—1994
铅镉	石墨炉原子吸收光谱法	GB/T5009.15—1996
氟化物	离子色谱法	GB/T5009.18—1996

1.2.3.2　室内模拟与田间试验

在野外调查的基础上，通过室内模拟、盆栽和田间试验示范等，探讨土壤磷素累积的环境风险、土壤养分平衡施肥技术、土壤重金属污染控制的施肥技术以及土壤次生盐渍化和硝酸盐控制、土壤有机氯农药还原转化分解过程与机制等。具体的研究方法与分析项目与方法详见后面有关章节。

1.2.3.3　数据处理分析方法

利用Microsoft Excel绘制各种图和表；利用SPSS软件对实验数据进行统计检验、方差分析、主要成分分析等。

第2章

土壤质量演变规律

土壤质量内涵丰富，用哪些指标来表征土壤质量是一个复杂的问题。土壤质量评估方法很多，但至今尚无国际统一的标准方法。本章根据珠江三角洲地区土壤特点和调查取得的数据，选取对作物生长发育影响较大的几个肥力要素：土壤pH值、有机质、全氮、速效磷、速效钾，土壤中微量元素，土壤盐分、土壤容重等，对农田土壤土壤肥力质量，即土壤提供植物养分和生产生物物质的能力的变化进行评价。此外，根据土壤重金属含量、农药残留等的局部调查结果，运用统计分析的方法，对珠江三角洲局部地区的土壤环境质量变化趋势作初步探讨。

2.1　第二次土壤普查以来农田土壤肥力质量变化

农田土壤肥力质量变化研究，在农业部耕地地力调查与质量评价项目基础上开展（广东省土壤肥料总站，2007）由于行政管辖范围几经变动以及第二次土壤普查调查样点欠缺精确定位等原因，因此，已很难对本次调查（2003—2005年）的珠江三角洲地区的土壤质量与第二次土壤普查时所作精确的比较。但从代表性研究区域的农田土壤有机质、全氮等主要理化性质的比较，仍可大致看出珠江三角洲地区农田土壤质量自第二次土壤普查（1980年）以来的变化趋势。

2.1.1　土壤有机质、全氮含量变化——稳中有降

土壤有机质是土壤中各种含碳有机化合物的总称，种类繁多性质各异，可粗略地分为非腐殖物质和腐殖物质两大类。非腐殖物质主要是碳水化合物和含氮化合物，腐殖物质主要包括胡敏酸、富里酸等，腐殖物质在土壤中可以游离态，Fe、Al的凝胶态和有机及无机复合体等形态存在。土壤有机质与矿物质一起构成土壤的固相部分，虽然其占固相总量比例一般在100 $g \cdot kg^{-1}$以下，耕作土壤则多在50 $g \cdot kg^{-1}$以下，但它却是土壤的重要组成部分，土壤的许多属性都直接或间接地与土壤有机物质的存在有关。在土壤其他条件相似的情况下，在一定范围内，有机质含量的高低，将反映土壤肥力的高低（林心雄，1998）。因此，研究有机质含量的变化，对掌握土壤质量演化有十分重要的意义。

氮是植物的蛋白质、叶绿素、酶、激素等的构成元素，它能促进植物生长和磷、钾及其他养分元素的吸收。因此，土壤氮的含量和贮量是评价土壤肥力的一个重要指标。在氮素营养不足时，植物生长迟缓，根系不发达，叶色变黄或黄绿色。施入有效氮素能使其发生显著变化，这表明该元素的突出作用。

土壤氮素由有机态氮和无机态氮组成。前者为与碳结合的含氮物质；后者为未与碳结合的含氮物质。在表层土壤中，有机态氮占土壤全氮的90%左右，因此，土壤表层氮素含

量与有机质含量密切相关，但随着土层的加深，这一比率迅速降低。土壤全氮是土壤中各种形态氮素含量之和，在一定程度上它可以代表土壤的供氮水平。

表2-1、表2-2和图2-1是本次调查的几个代表研究区域农田土壤有机质和全氮含量与第二次土壤普查时的结果的比较。从表2-1、表2-2和图2-1可见，与20世纪80年代（全国第二次土壤普查）比较，调查区域农田土壤有机质和全氮含量稳中有降；不同区域第二次土壤普查以来土壤有机质、全氮含量变化存在差异，博罗、惠阳等区（县）农田土壤有机质、全氮含量没有明显变化，略有下降或上升，而南海、东莞等市（区）农田土壤有机质、全氮含量则降低较明显。如从表2-1、表2-2和图2-1可知，与第二次普查时土壤有机质含量比较，本次调查的博罗县农田土壤有机质平均含量提高了约10%，属一、二级的分布频率分别增加了2.99和6.47个百分点，说明博罗县农田土壤有机质含量自第二次普查以来有所提高，但整体上仍属中等偏下水平。这种情况显然与生产实践中对有机肥料的使用不足有关；南海区农田土壤有机质、全氮含量则分别降低6.7 $g \cdot kg^{-1}$和0.14 $g \cdot kg^{-1}$。显然，社会经济更为快速发展的南海、东莞，由于更多的好地被建设用地占用，因而不可避免地导致农田土壤有机质以及与之相关的土壤全氮含量明显下降。

表2-1　博罗县农田土壤有机质含量分布比较

含量分级	有机质/（$g \cdot kg^{-1}$）	分布频率/%	
		本次调查	第二次土壤普查
一级	>40	3.48	0.49
二级	30～40	12.17	5.70
三级	20～30	41.74	40.63
四级	10～20	34.78	33.61
五级	6～10	7.39	15.90
六级	<6	0.44	3.67

表2-2　博罗县农田土壤全氮含量状况

含量分级	全N/（$g \cdot kg^{-1}$）	频率/%	
		本次调查	第二次土壤普查
一级	>2.0	6.52	0.49
二级	1.5～2.0	14.78	5.70
三级	1.0～1.5	44.78	40.63
四级	0.75～1.0	16.96	33.61
五级	0.5～0.75	12.61	15.90
六级	<0.5	4.35	3.67

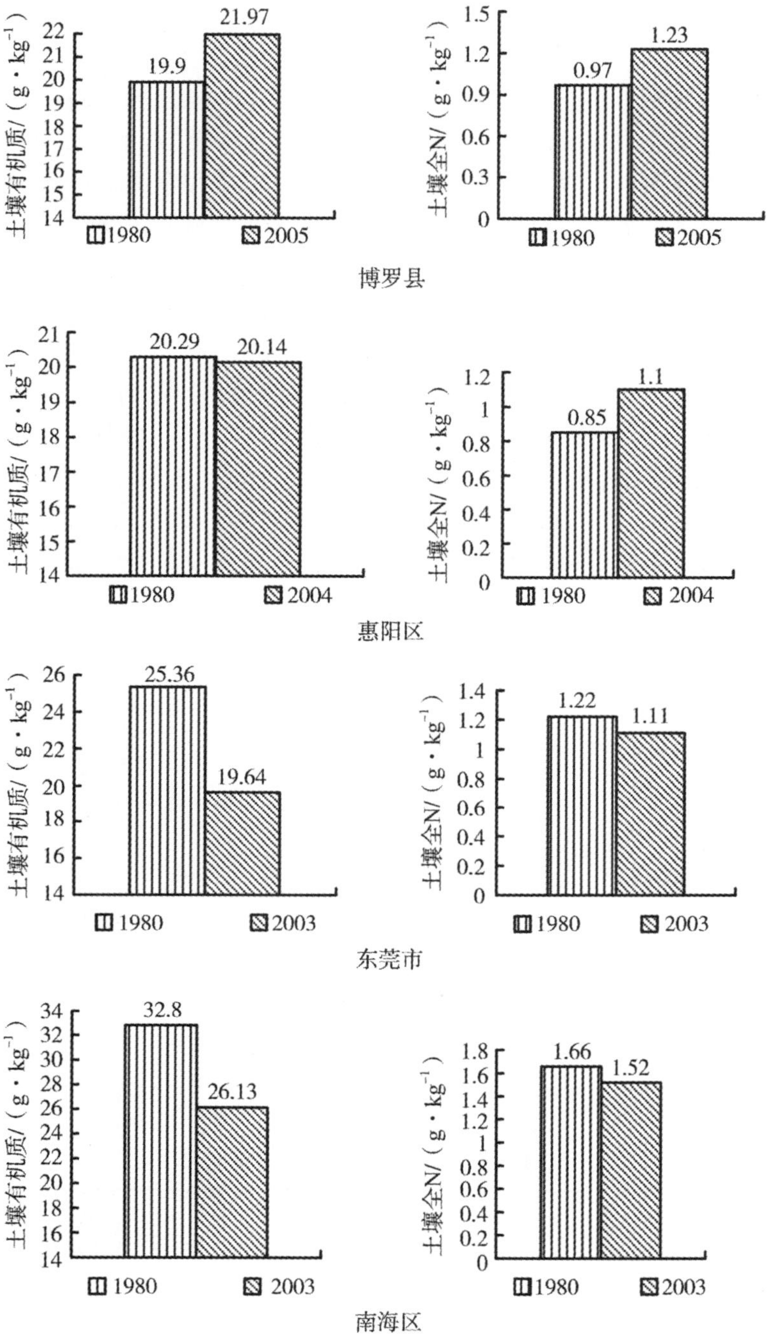

图2-1　不同区域农田土壤有机质、全氮平均含量比较

2.1.2　土壤有效磷含量变化——显著增加

磷作为光合作用、呼吸作用、糖代谢的中间产物而具重要性，它能促进植物的生长、分蘖、根的伸长和开花结实。自然土壤中的全磷含量决定于母质类型风化程度和土壤中的磷的淋失情况。磷是一个在化学上十分活跃的元素，它可以和多种元素进行化学反应，从而形成各种化合物。因此，土壤全磷含量并不能作为土壤磷素供应水平的确切指标，因为土壤中的磷素大部分是以固定状态存在的。土壤全磷含量高时并不意味着磷素供应充分，但是，土壤全磷含量低时，却可能意味着磷素供应不足。土壤有效磷（Soil Available Phosphorus）是指土壤中对植物有效或可利用的磷，国内学者对于利用各种化学提取剂测定的土壤有效磷（实际是土壤有效磷的一部分）常称之为土壤速效磷。

根据《广东土壤》（广东省土壤普查办公室，1993），第二次土壤普查时期，广东农田土壤磷素较缺乏，全省水田土壤速效磷平均含量为15.3 mg·kg^{-1}，按照全国第二次土壤普查土壤速效磷分级标准划分，速效磷含量属中等（10～20 mg·kg^{-1}）、较低（5～20 mg·kg^{-1}）、缺乏（3～5 mg·kg^{-1}）和极缺乏（<3 mg·kg^{-1}）的面积比例占72%；全省旱地土壤速效磷的平均含量为19.7 mg·kg^{-1}，速效磷含量属中等（10～20 mg·kg^{-1}）、较低（5～20 mg·kg^{-1}）、缺乏（3～5 mg·kg^{-1}）和极缺乏（<3 mg·kg^{-1}）的面积比例占73%。

由表2-3和图2-2所示可知，由于磷肥的施用量增大造成土壤中磷的累积，珠江三角洲

表2-3　博罗县农田土壤有效磷含量状况

含量分级	有效P/（mg·kg^{-1}）	含量分级频率/%	
		本次调查	第二次土壤普查
一级	>40	49.13	12.06
二级	20～40	25.22	23.60
三级	10～20	17.39	48.51
四级	5～10	6.52	13.27
五级	3～5	1.30	1.71
六级	<3	0.43	0.83

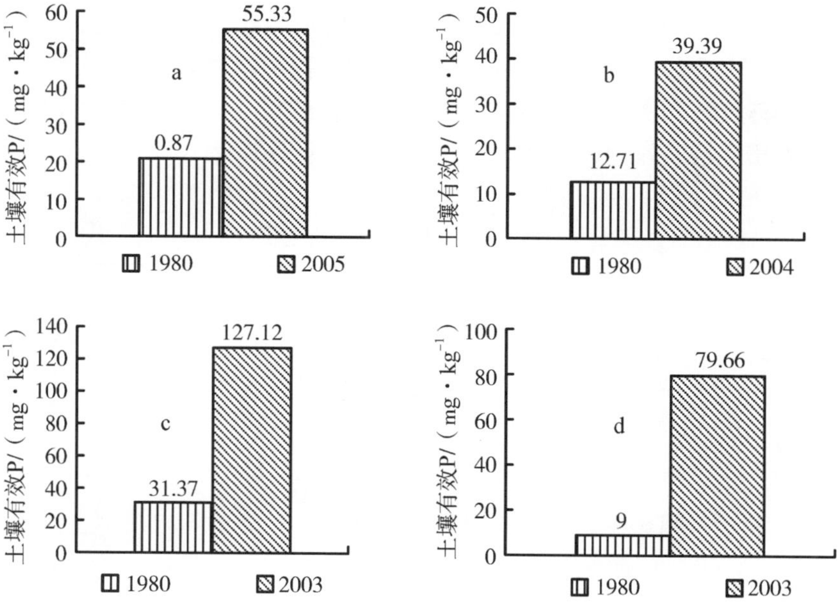

a：博罗县；b：惠阳区；c：东莞市；d：南海区

图2-2　不同区域农田土壤有效磷比较

地区农田土壤有效磷已显著增加，本次调查的几个代表研究区域的农田土壤有效磷平均含量，与第二次土壤普查时期的相比提高了1~7倍多，已属丰富、极丰富水平。其中，博罗县农田土壤有效磷含量55.33 mg · kg^{-1}，按照全国第二次土壤普查土壤速效磷分级标准划分属丰富水平，与第二次土壤普查相比，平均水平提高了165.12%，属一、二级（丰富、极丰富）的分布频率分别增加了37.07和1.62个百分点，而属三级、四级（中等、缺乏）的分布频率分别减少了31.12和6.75个百分点，从总体上中等偏上水平提高到丰富水平；南海、东莞等市（区）农田土壤有效磷含量提高的幅度更大，可能与其蔬菜地面积更大，磷肥施用更多有关。

2.1.3 土壤速效钾含量变化——有所提高，但仍偏低

土壤中有充足的有效钾，植物生长就健壮，而且钾通过增加作物抗病力和增强根系的作用，可防止植物倒伏和削除氮素过多的有害作用。在延迟成熟方面，钾能抵消磷的过早成熟的影响。因此，钾有平衡氮磷的作用。光合作用、淀粉合成和糖的转化必须有钾。

土壤钾的形态，从植物营养的角度可分为速效钾（包括吸附于颗粒表面的钾溶液的钾）、缓效钾（存在于层状矿物间各颗粒边缘上的钾）和矿物钾（存在于原生或次生矿物结晶构造中的钾）。土壤钾素的自然给源是土壤的含钾矿物，但含钾的原生矿物和粘土矿物只说明钾素的潜在供应能力，而土壤的实际钾素供应水平则在于含钾矿物分解成可被植物吸收的钾离子的速度和数量。土壤中三种形态钾素是处于一个动态平衡体系中，是按无效性钾、缓效性钾、速效性钾进行转化的。施肥可改变钾素的供应水平，就当季作物来说，钾素营养主要取决于土壤速效钾的水平。而评价土壤长期供钾潜力时，则应主要考虑缓效性钾的含量和转化速率。

根据《广东土壤》（广东省土壤普查办公室，1998），按照全国第二次土壤普查土壤速效钾分级标准划分，第二次土壤普查时期，广东农田土壤钾素肥力较低：全省水稻土壤速效钾平均含量为73.9 mg · kg^{-1}，速效钾含量属偏低（50 ~ 100 mg · kg^{-1}）、缺乏（30 ~ 50 mg · kg^{-1}）和极缺乏（$<$30 mg · kg^{-1}）的面积比例占85.7%；全省旱地土壤速效钾的平均含量为73.2 mg · kg^{-1}，速效钾含量属偏低（50 ~ 100 mg · kg^{-1}）、缺乏（30 ~ 50 mg · kg^{-1}）和极缺乏（$<$30 mg · kg^{-1}）的面积比例占84.7%。从图2-3和表2-4可知，本次调查的珠江三角洲地区土壤速效钾平均含量比第二次土壤普查时期的有所提高。但整体而言，农田土壤有效钾含量仍偏低。氮、磷、钾不平衡。

表2-4 博罗县农田土壤速效钾含量状况

含量分级	速效K/（mg · kg^{-1}）	含量分级频率/%	
		本次调查	第二次土壤普查
一级	$>$200	11.30	0.10
二级	150 ~ 200	6.09	1.00
三级	100 ~ 150	15.22	4.38
四级	50 ~ 100	40.00	37.13
五级	30 ~ 50	23.04	45.30
六级	$<$30	4.35	12.09

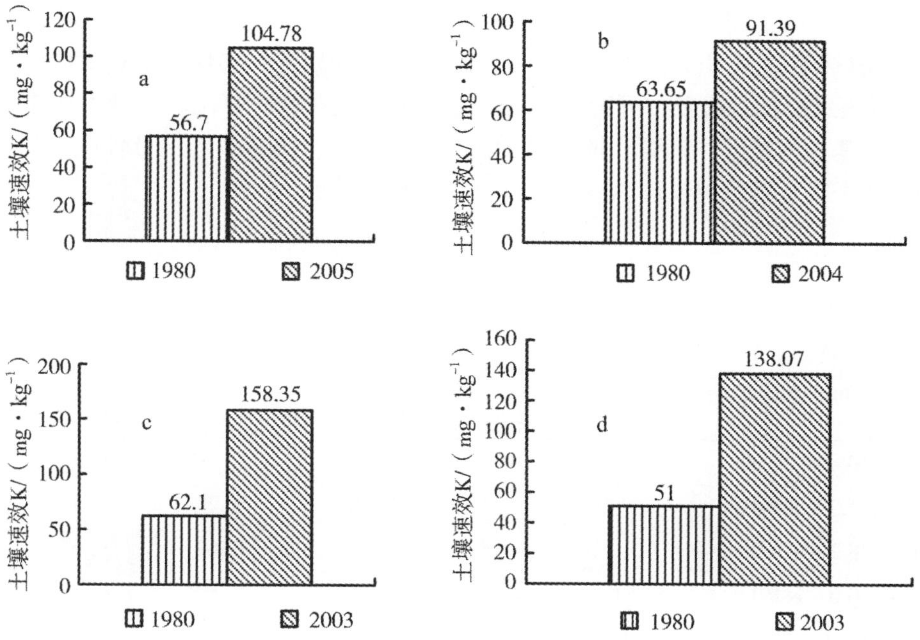

a：博罗县；b：惠阳区；c：东莞市；d：南海区

图2-3　不同区域农田土壤速效钾比较

2.1.4　土壤中、微量元素含量变化——有效镁、硼、钼仍严重缺乏，部分土壤有效硅、锰缺乏

第二次土壤普查结果表明，广东省农田土壤硼、钼缺乏或偏低，铁、锰含量丰富（广东省土壤普查办公室，1993）。从本次调查结果看，珠江三角洲地区农田土壤硼、钼仍普遍缺乏，其中部分菜地土壤出现轻度缺锰现象。蔬菜地土壤有效锰轻度缺乏，可能与蔬菜地土壤施用石灰后提高了土壤pH值，从而降低了土壤锰的有效性有关。

根据调查分析结果统计，本次珠江三角洲地区调查区域菜地土壤有效镁含量的范围在0.9～267 mg·kg^{-1}。根据广东省第二次土壤普查养分分级标准进行等级划分（表2-5），本次调查的珠江三角洲地区的菜地耕层土壤有效镁含量偏低。以低于100 mg·kg^{-1}为缺镁临界值来看，菜地土壤有60%或以上的处于缺镁临界值以下，缺镁严重。

表2-5　菜地土壤有效镁含量状况

调查区域	有效Mg范围/（mg·kg^{-1}）	平均值/（mg·kg^{-1}）	含量分级频率/%				
			一级	二级	三级	四级	五级
			>300	200～300	100～200	50～100	<50
惠阳区	22.20～193.00	71.92	0.00	0.00	17.86	46.43	35.71
博罗县	3.80～312.00	68.50	1.45	0.00	14.49	39.13	44.93
东莞市	31.80～557.00	104.65	1.72	3.45	36.21	46.55	12.07
高明区	0.93～152.41	33.16	0.00	0.00	3.29	14.40	82.30
花都区	18.30～133.00	62.01	0.00	0.00	7.14	62.50	30.36
南海区	17.50～267.00	102.04	0.00	5.88	37.50	46.32	10.29

根据调查分析结果统计，本次珠江三角洲地区调查区域菜地土壤有效硅含量范围在1.2 ~ 929 mg · kg^{-1}。按照第二次土壤普查养分分级标准划分，菜地土壤有效硅含量各等级的分布频率见表2–6。从表中可看出，珠江三角洲地区花都、惠阳区菜地表层土壤有效硅含量较高，基本不缺硅；东莞、博罗市（县）菜地表层土壤有效硅含量较低，部分缺硅；高明区菜地表层土壤普遍缺硅。

表2–6　菜地土壤有效硅含量状况

调查区域	有效Si范围/（mg · kg^{-1}）	平均值/（mg · kg^{-1}）	含量分级频率/%				
			一级	二级	三级	四级	五级
			>230	115 ~ 230	70 ~ 115	25 ~ 70	<25
惠阳区	108.0 ~ 307.0	163.8	10.71	75.00	14.29	0.00	0.00
博罗县	1.2 ~ 390.0	100.2	7.25	24.64	20.29	44.93	2.90
东莞市	8.2 ~ 929.0	107.7	4.31	26.72	33.62	31.03	4.31
高明区	0.0 ~ 188.0	36.6	0.00	2.88	11.52	38.68	46.91
花都区	119.0 ~ 324.0	191.6	21.43	78.57	0.00	0.00	0.00
南海区	31.6 ~ 458.0	122.5	8.09	34.56	33.82	23.53	0.00

根据调查分析结果统计，本次珠江三角洲地区调查区域农田土壤有效硼含量范围在0.01 ~ 3.0 mg · kg^{-1}。根据第二次土壤普查养分分级标准进行的等级划分见表2–7。以低于0.5 mg · kg^{-1}为缺硼临界值来看，本次调查的珠江三角洲地区的6市（区、县）农田土壤严重缺硼。其中缺硼最严重的是高明区，几乎100%的土壤缺硼，缺硼程度较轻的东莞，缺硼土壤样点的比例也达64%。

表2–7　农田土壤有效硼含量状况

调查区域	有效B范围/（mg · kg^{-1}）	平均值/（mg · kg^{-1}）	含量分级频率/%				
			一级	二级	三级	四级	五级
			<0.2	0.2 ~ 0.5	0.5 ~ 1.0	1.0 ~ 2.0	>2.0
惠阳区	0.05 ~ 1.00	0.22	54.47	39.84	4.07	1.63	0.00
博罗县	0.07 ~ 2.19	0.31	29.13	60.00	8.26	2.17	0.43
东莞市	0.03 ~ 2.90	0.52	7.77	56.31	26.70	6.80	2.43
高明区	0.01 ~ 0.38	0.14	77.78	22.22	0.00	0.00	0.00
花都区	0.013 ~ 3.00	0.40	43.03	34.55	11.52	8.48	2.42
南海区	0.06 ~ 1.60	0.41	8.52	65.34	25.00	1.14	0.00

根据调查分析结果统计，本次珠江三角洲地区调查区域农田土壤有效钼含量范围在0.000 1 ~ 2.16 mg · kg^{-1}。根据第二次土壤普查养分分级标准，其不同等级含量范围的频次

分布情况如表2–8所示。以低于0.15 mg·kg^{-1}为缺钼临界值来看，本次调查珠江三角洲地区6市（区、县）农田土壤缺钼较严重。

表2–8　农田土壤中有效钼含量状况

调查区域	有效Mo范围/（mg·kg^{-1}）	平均值/（mg·kg^{-1}）	含量分级频率/ %				
			一级	二级	三级	四级	五级
			<0.1	0.1 ~ 0.15	0.15 ~ 0.2	0.2 ~ 0.3	>0.3
惠阳区	0.00 ~ 0.51	0.12	43.09	30.08	15.45	5.69	5.69
博罗县	0.00 ~ 0.63	0.13	39.57	34.35	13.04	9.57	3.48
东莞市	0.00 ~ 0.70	0.19	33.98	16.99	13.59	13.59	21.84
高明区	0.00 ~ 0.40	0.11	54.32	22.63	10.70	10.70	1.65
花都区	0.00 ~ 0.89	0.13	30.91	44.24	16.36	5.45	3.03
南海区	0.00 ~ 0.75	0.12	45.45	23.30	13.64	14.20	3.41

根据调查分析结果统计，本次珠江三角洲地区调查区域农田土壤有效锰含量的范围在0.1 ~ 188.4 mg·kg^{-1}。根据第二次土壤普查养分分级标准进行等级划分见表2–9。以低于5 mg·kg^{-1}缺锰临界值来看，本次调查的珠江三角洲地区6市（区、县）尚有部分农田土壤样点有效锰含量在缺锰临界值以下。其中缺锰较严重的是花都区、博罗县，其农田土壤缺锰均超过一半以上；东莞、高明和南海等市（区），农田土壤缺锰均在10%以下。

表2–9　农田土壤有效锰含量状况

调查区域	有效Mn范围/（mg·kg^{-1}）	平均值/（mg·kg^{-1}）	含量分级频率/%				
			一级	二级	三级	四级	五级
			<1.0	1.0 ~ 5.0	5.0 ~ 15	15 ~ 30	>30
惠阳区	0.2 ~ 66.6	10.7	5.69	29.27	43.90	16.26	4.88
博罗县	0.2 ~ 45.4	6.7	5.22	52.61	32.17	8.26	1.74
东莞市	1.0 ~ 377.0	28.6	0.00	8.74	29.61	34.95	26.70
高明区	1.7 ~ 188.4	18.3	0.00	7.82	47.74	31.69	12.76
花都区	0.2 ~ 65.1	4.8	9.70	55.15	32.12	2.42	0.61
南海区	0.1 ~ 137.0	25.6	2.27	6.82	26.70	34.66	29.55

2.1.5　土壤硝酸盐累积明显

土壤的硝酸盐含量与施肥状况和耕作制度均有密切关系，根据研究，蔬菜保护地由于大量投入化学氮肥，其土壤中的硝态氮含量普遍在100 mg·kg^{-1}以上，而8年以上的塑料大棚表土硝酸盐一般在200 ~ 700 mg·kg^{-1}，已形成明显的盐渍现象（沈善敏，1997）。

据调查，珠江三角洲地区博罗、花都、惠阳、南海等市（区、县）菜地土壤耕层硝酸盐含量范围在1.1～1 313.0 mg·kg^{-1}，平均含量达173.8 mg·kg^{-1}或以上，已接近多年塑料大棚土壤硝酸盐含量平均水平（表2–10）。

表2–10　菜地土壤耕层硝酸盐含量

调查区域	NO_3^-–N范围/（mg·kg^{-1}）	NO_3^-–N平均值/（mg·kg^{-1}）	标准差	变异系数/%
博罗县	1.5～1306.1	264.6	305.9	1.16
花都区	4.2～795.8	173.8	—	—
惠阳区	13.0～1313.0	217.7	290.6	1.33
南海区	1.1～854.40	195.0	169.0	0.87

2.1.6　土壤盐分含量变化——部分蔬菜地土壤盐分增加

珠江三角洲地区博罗、惠阳、南海等区（县），地处于珠江三角洲地区腹地，耕作历史悠久，土壤成土母质受海水的影响不大，应不存在盐渍化问题。但从本次蔬菜地土壤样品的分析结果来看（表2–11），分别已有10.14%、7.14%和12.50%调查样点土壤全盐含量已达《珠江三角洲土壤》（1988）对土壤盐分分级的二级（轻咸田）标准，可见，珠江三角洲地区的部分蔬菜地土壤已产生了次生盐渍化现象。

表2–11　珠江三角洲地区菜地土壤全盐含量水平

调查区域	含量范围/（g·kg^{-1}）	平均值/（g·kg^{-1}）	含量分级频率/%			
			一级	二级	三级	四级
			<2	2～4	4～6	>6
惠阳区	0.15～2.10	1.00	92.86	7.14	0.00	0.00
博罗县	0.08～3.56	0.93	89.86	10.14	0.00	0.00
东莞市	0.03～3.56	2.00	53.45	46.55	0.00	0.00
花都区	0.075～2.50	1.13	91.07	8.93	0.00	0.00
南海区	0.02～2.72	1.19	87.50	12.50	0.00	0.00

2.1.7　土壤物理性质变化——部分土壤容重增加

土壤容重能反映土壤的松紧度和有机质的状况，土壤容重大小受质地、结构等影响。以第二次土壤普查分级标准划分，容重在1.00 g·cm^{-3}以下为过松，1.00～1.25 g·cm^{-3}为适宜，1.25～1.35 g·cm^{-3}为偏紧，1.35～1.45 g·cm^{-3}为紧实，1.45～1.55 g·cm^{-3}为过紧实，大于1.55 g·cm^{-3}为坚实。

表2–12为南海区本次土壤容重的调查结果。由表中结果可见，南海区耕层土壤50%以上样点土壤容重属偏紧、紧实或过紧实。而第二次土壤普查对部分黏性较大的6个水稻土耕层土壤容重的分析结果显示，只有33%的土壤样品偏紧、紧实、过紧实。南海区农田土壤容重明显增加显然与当地有机肥施用不足、有机质降低、化肥使用量过大等有关。

表2-12　南海区农田土壤容重状况

土壤类型	容重/（g·cm^{-3}）	
	10 ~ 15 cm	35 ~ 40 cm
洪积黄泥田	1.32 ~ 1.35	1.39 ~ 1.57
河黄泥底田	1.32	1.51
河泥田	1.34	1.27
河沙泥田	1.30 ~ 1.53	1.37 ~ 1.68
沙泥田	1.37	1.60
洪积沙泥田	1.23 ~ 1.24	1.41 ~ 1.59
宽谷冲积沙泥田	1.24 ~ 1.48	1.41 ~ 1.57
冲积沙泥田	1.13	1.16
三角洲沉积沙质底沙泥田	1.18	1.45
冲积潮泥田	1.16	1.23
粘土田	1.21	1.55
坭肉田	1.21	1.30
泥田	1.16 ~ 1.29	1.23 ~ 1.49
冲积粘土	1.32	1.41

2.2　不同利用方式下农田土壤质量演变

近年来，随着农业产业结构的逐步调整，我国以果蔬为主的经济作物面积，特别是蔬菜栽培面积迅速扩大。粮食作物改为经济作物，水稻田改为蔬菜地等土地利用方式的变化还在继续扩大（黄锦法，2003）。由长期的水稻田耕种模式改为连作的蔬菜栽培模式的过程中，田间施肥、作物种类、耕作措施、土壤水分状况等多方面均发生了一定的变化，进而对田间有机质、各种营养元素等土壤环境产生很大的影响（Zhang，2004；Saleque，2004）。以往很多研究主要侧重于长期施肥和人工管理条件下蔬菜地土壤养分循环、累积等蔬菜生态系统的变化特征，和这种种植模式下引起的土壤酸化、次生盐渍化和土壤养分流失及其引起河流、湖泊水体富营养化等一系列生态环境风险等方面（史春余，2003；周建斌，2004；姚春霞，2005；葛晓光，2004；Kong，2006；刘远金，2002；Yang，2006），而对水稻田改为蔬菜地过程中土壤理化特性变化的报道还较少。

前面已述，珠江三角洲地区是我国工业化、城市化发展最快的地区之一。伴随城市化进程的加快与种植业结构的调整，蔬菜种植得到突飞猛进的发展，而这种蔬菜地主要由水田改种而来，这种由水田生态系统转变为蔬菜地生态系统并经过多年的蔬菜种植过程，必将引起系统内部土壤环境发生一定的变化。且由于气候因素和不同的人为管理措施的不同，这一地区改种后的蔬菜地生态系统内部状况可能会产生与我国其他区域不同的特点。因此，研究珠江三角洲地区由水田改为蔬菜地后土壤特性的变化特点及其生态环境效应，在理论和实践中均有一定的意义。本研究以惠州市博罗县为例，分析水稻田和由水稻田改为蔬菜地后土壤pH值、有机质、大量营养元素和几种有效态微量元素等土壤环境条件变化特点，进一步揭示珠江三角洲地区由快速城市化进程产生的土地利用结构变化引起的土壤质量演变规律，为区域土壤质量调控、农业可持续发展和生态环境保护提供科学依据。

2.2.1 水田改种蔬菜后表层土壤化学性质的变化趋势

2.2.1.1 土壤酸碱性（pH值）

土壤的酸碱性是指土壤溶液游离的H^+和OH^-浓度比例不同而表现出来的酸碱性质。土壤的酸碱性一般用pH值来表征。土壤中H^+主要来源于CO_2溶于水形成碳酸、有机物分解产生有机酸和少数无机酸以及Al^{3+}的水解，OH^-主要来自于土壤溶液中的碳酸钠、碳酸氢钠、碳酸钙以及胶粒表面交换性Na^+，它能水解产生OH^-。土壤微生物的活动、有机物的分解、营养元素的释放和土壤中元素的迁移都与土壤溶液的酸碱性有关。

对蔬菜地和水稻田的52组配对样进行统计分析，结果表明蔬菜地pH值含量范围为5.72 ~ 7.31，平均值为6.43，水稻田pH值含量范围为5.57 ~ 6.90，平均值为6.33，见表2–13。总体上表现出蔬菜地pH值比水稻田略有升高。经统计配对T检验，两者未达到显著差异（t_{pH} = 1.758<$t_{0.05}$=2.021，n=52）（张文彤，2002）。这一结论与黄锦法（2003）、王辉（2005a）等报道的蔬菜保护地pH值呈下降趋势的结果不同，这种情况可能与本研究区菜农为防治病虫害向菜地中施加生石灰有关。据测定，蔬菜地有效Ca平均含量为1 313.22 mg · kg^{-1}，而水稻田的平均含量为647.67 mg · kg^{-1}。

表2–13 蔬菜地和水稻田的pH值

pH值	范围	平均值	标准差	变异系数/%
蔬菜地	5.72 ~ 7.31	6.43	0.37	6.00
水稻田	5.57 ~ 6.90	6.33	0.27	4.00
第二次土壤普查		5.35		

注：第二次土壤普查的平均值来自于博罗县第二次土壤普查成果报告（1985），以下同。

2.2.1.2 土壤有机质变化

52组104个蔬菜地和水稻田的土壤样品测定结果表明（见图2–4），蔬菜地有机质含量范围为8.8 ~ 34.3 g · kg^{-1}，平均值为21.0 g · kg^{-1}，而水稻田有机质含量范围为14.8 ~ 38.2 g · kg^{-1}，平均值为23.4 g · kg^{-1}。蔬菜地有机质平均含量低于水稻田。经统计配对T检验，两者差异达到显著水平（$t_{有机质}$=–2.360<$t_{0.05}$=–2.021，n=52），说明水稻田改为蔬菜地后，土壤有机质呈现一定下降的趋势。这种现象在相关资料也有所报道。更多的研究表明，蔬菜种植过程中由于高强度的施肥措施而使得土壤有机质含量显著增加（黄锦法，2003；史余春，2003；Kong，2006）。野外调查资料显示，该县蔬菜地种植主要以露天模式为主，

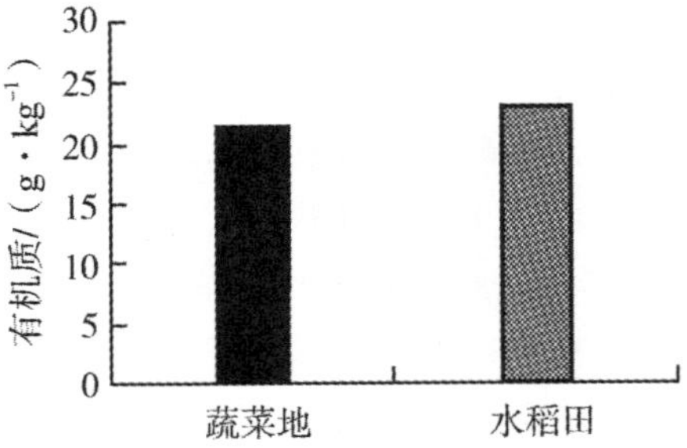

图2–4 蔬菜地和水稻田的有机质

且复种指数相比北方强度更大，南方丰富的水热资源可能使得蔬菜地土壤中有机质矿化速率增加，再加上农民在蔬菜种植过程中很少施有机肥。以上所述可能是其变化差异的主要原因。

2.2.1.3　土壤大量营养元素

（1）全氮和碱解氮

蔬菜地土壤中全氮含量范围为0.45～2.10 g·kg^{-1}，平均值为1.20 mg·kg^{-1}，而水稻田土壤中全氮的含量范围为0.73～2.20 g·kg^{-1}，平均值为1.30 g·kg^{-1}，两者均高于该县第二次土壤普查水稻田土壤的平均含量（1.14 g·kg^{-1}）。由图2-5可以看到，水稻田改为蔬菜地后，土壤中全氮的平均含量水平略有降低；经统计配对T检验，两者差异并不显著（$t_{全氮}$=−1.747>$t_{0.05}$=−2.021，n=52），这与两种种植模式下土壤中有机质含量的变化趋势具有一致性，同时进一步证实了土壤中全氮含量水平与土壤中有机质含量水平有很大的相关性（钟继洪，2004）。

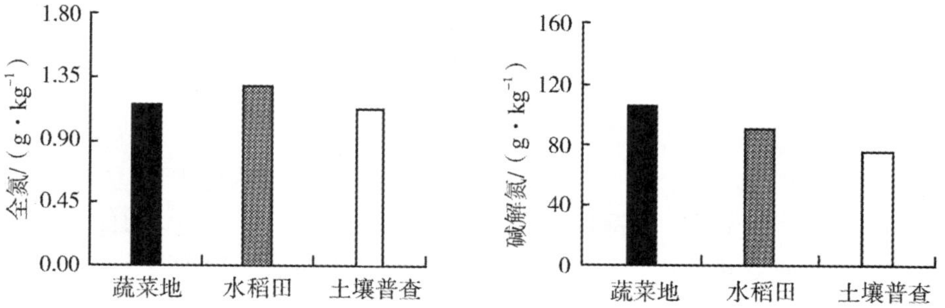

图2-5　蔬菜地和水稻田的全氮和碱解氮

蔬菜地和水稻田土壤样品分析结果表明，蔬菜地土壤中碱解氮含量范围为49～220 mg·kg^{-1}，平均值为105.79 mg·kg^{-1}，而水稻田土壤中的碱解氮含量范围为55～140 mg·kg^{-1}，平均值为90.93 mg·kg^{-1}。与第二次土壤普查结果（76.57 mg·kg^{-1}）相比，两者土壤中碱解氮的平均含量均得到了很大的提高，且蔬菜地土壤中碱解氮含量提高的幅度更大些。经统计配对T检验，两者达到显著差异（$t_{碱解氮}$=2.393>$t_{0.05}$= 2.021，n=52），这说明水稻田改为蔬菜种植后，由于施肥过量而造成土壤中碱解氮的累积还是比较明显的。大量研究认为土壤中氮素累积尤其硝酸盐过量累积会对植株和地下水产生一定的影响，同时通过食物链对人体健康产生一定的风险（姚春霞，2005；马毅杰，1999）。水田改为蔬菜种植后，平衡施肥问题应引起高度的重视。

（2）全磷和有效磷

蔬菜地的全磷含量范围为0.41～2.66 g·kg^{-1}，平均值为1.08 g·kg^{-1}，而水稻田全磷含量范围为0.29～1.53 g·kg^{-1}，平均值为0.67 g·kg^{-1}，显然蔬菜地土壤中全磷平均含量高于水稻田。经统计配对T检验，两者达到显著差异（$t_{全磷}$=3.896>$t_{0.01}$=2.704，n=52）。蔬菜地的有效磷含量范围为14.0～220.0 mg·kg^{-1}，平均值为98.02 mg·kg^{-1}，而水稻田有效磷含量范围为6.10～130.0 mg·kg^{-1}，平均值为42.68 mg·kg^{-1}，与第二次土壤普查水稻土的平均含量（18.61 mg·kg^{-1}）相比，两者土壤中的有效磷含量都得到了成倍的提高（见图2-6）。还可以明显看出，蔬菜地的有效磷含量高于水稻田的含量，两者达到了极显著差异（$t_{有效磷}$=8.442>$t_{0.01}$=2.704，n=52）。这说明近年来，博罗县水稻田改为蔬菜地种植后，土壤中有效磷的含量水平得到了大幅度的提高。据调查，本研究区蔬菜地平均施磷肥（过磷酸钙）6.75 t·hm^{-2}，水稻田平均施磷肥量为1.8 t·hm^{-2}，都已经超出了作物的需求量，土壤中磷素会出现累积（Sims，2000），其后果一方面会导致施肥经济效益的显著下降，另一方面土壤磷通过地表径流、土壤侵蚀、淋洗等途径加速向水体迁移的速度（Sharpley，1995），引发受纳水体的富营养化等一系列潜在的生态环境问题（单艳红，2004）。

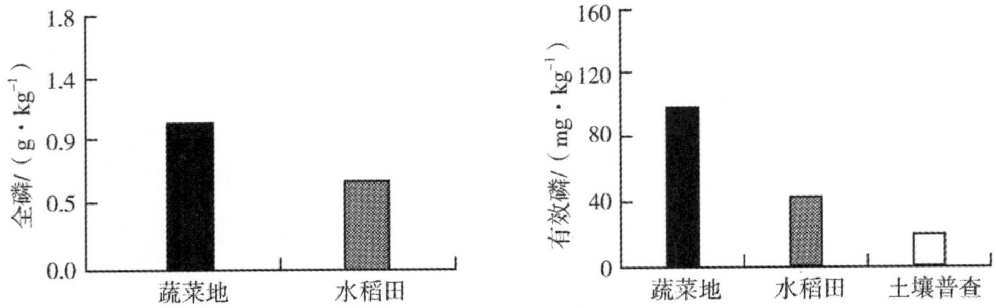

图2-6　蔬菜地和水稻田的全磷和有效磷

（3）全钾和速效钾

与土壤氮素的变化类似，研究区水稻田改为蔬菜地后，土壤全钾含量差异小，速效钾含量差异明显：蔬菜地土壤中全钾含量范围为2.70～24.20 g·kg^{-1}，平均值为14.50 g·kg^{-1}，而水稻田土壤中全钾含量范围为3.70～27.50 g·kg^{-1}，平均值为14.55 g·kg^{-1}，两者土壤中全钾含量相差无几，统计检验差异不显著（$t_{全钾}=1.134<t_{0.05}=2.021$，$n=52$）。蔬菜地的速效钾含量范围为40～540 mg·kg^{-1}，平均含量为155.4 mg·kg^{-1}，而水稻田有效钾含量范围为30～500 mg·kg^{-1}，平均含量为76.0 mg·kg^{-1}。与本区第二次土壤普查相比，蔬菜地的有效钾含量得到了显著提高，而水稻田含量水平略有上升，蔬菜地的速效钾含量明显高于水稻田（见图2-7）。经统计配对T检验，两者差异达到了极显著差异（$t_{速效钾}=3.569>t_{0.01}=2.704$，$n=52$）。这说明研究区的水稻田改为蔬菜地后土壤中速效钾得到了明显的提高，这种情况显然与蔬菜地更多施用化学钾肥有关。

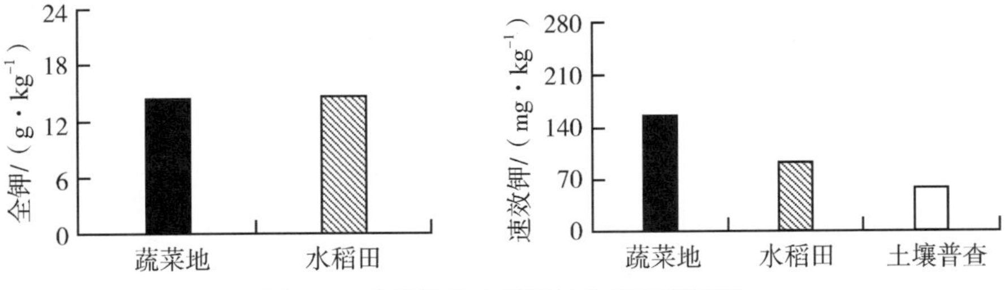

图2-7　蔬菜地和水稻田的全钾和速效钾

（4）土壤盐分

相关文献陆续报道了在蔬菜种植过程中，土壤出现次生盐渍化现象，尤其是设施蔬菜种植模式，其表现出主要特点如下：土壤盐分含量较高，阳离子以Ca^{2+}为主，阴离子以NO_3^-居多，占阴离子总量的56%～76%（姚春霞 等，2005；王辉 等，2005b）。

从104个土样中选取29对蔬菜地和水稻田样品进行全盐和硝酸盐的测定。分析结果表明，在0～25 cm蔬菜地表层的盐分含量范围为0.08～3.38 g·kg^{-1}，平均值为0.979 g·kg^{-1}。而水稻田0～15 cm表层的盐分含量范围为0.001～0.082 g·kg^{-1}，平均值为0.19 mg·kg^{-1}，其样品盐分含量全部低于1.00 g·kg^{-1}（表2-14）。从土壤盐分平均值看，蔬菜地土壤盐分比水稻田土壤增加了415%。经统计检验，两者差异达到极显著水平。说明该县蔬菜地土壤与水稻田土壤相比有明显的盐分累积。根据滨海盐土的定义，土壤表层含盐量4.00～6.00 g·kg^{-1} 为强度盐化土，2.00～4.00 g·kg^{-1} 为中度盐化土，1.00～2.00 g·kg^{-1}为轻度盐化土（熊毅 等，1990）。分析结果表明，蔬菜地土壤中全盐含量在1.01～2.00 g·kg^{-1}的样品数占总样品的20.69%；全盐含量在2.01～3.00 g·kg^{-1}占总样品的6.90%；全盐含量大于3.00 g·kg^{-1}占总样品的6.90%。有研究者（周建斌，2004）提出，土壤表层含盐量大于3.00 g·kg^{-1}时作物立苗困难。与文献报道的其他地区土壤盐分总量相比，该县蔬菜地土壤盐分含量低于山东寿光（0.72～12.02 g·kg^{-1}，均值4.70 g·kg^{-1}）（李文庆 等，1995）、浙江嘉兴（0.97～6.12 g·kg^{-1}，均值2.97 g·kg^{-1}）（黄锦法，2003）。因此，总体上该县蔬菜地土壤盐害还不太严重，但有部分样品达到了轻微、中等盐化土的标准，仍需引起一定的重视。

表2-14　蔬菜地和水稻田土壤全盐含量与分级统计　（g·kg^{-1}）

分级	＜1.00		1.01～2.00		2.01～3.00		3.01～4.00		Σx（平均值）
	n	*x*	*n*	*x*	*n*	*x*	*n*	*x*	
蔬菜地	19	0.448	6	1.43	2	2.39	2	3.23	0.979
水稻田	29	0.19							0.19

注：*n*为样本数；*x*为平均值。

水稻田土壤表层硝酸盐的含量范围为4～580 mg·kg^{-1}，平均值为22.39 mg·kg^{-1}，且土样硝酸盐全部低于100 mg·kg^{-1}。而蔬菜地土壤硝酸盐的含量范围为15～930 mg·kg^{-1}，平均值为284.26 mg·kg^{-1}，且65.48%集中在100～300 mg·kg^{-1}范围内（表2-15），显著高于相应的水田土壤，这可能会增加地下水的污染机会。一般认为，当土壤硝酸盐含量超过200 mg·kg^{-1} 时对作物就有潜在生理危害，超过300 mg·kg^{-1}时将有明显的作物生理危害（黄锦法，2003）。从表2-15还看出，有34.48% 的样本硝酸盐含量大于300 mg·kg^{-1}，反映了土壤溶液中硝酸盐含量较高。

表2-15　蔬菜地和水稻田土壤硝酸盐含量与分级统计　（mg·kg^{-1}）

分级	＜100		101～200		201～300		301～400		401～500		501～600		601～700		701～1000		Σx（平均值）
	n	*x*	*n*	*x*	*n*	*x*	*n*	*x*	*n*	*x*	*n*	*x*	*n*	*x*	*n*	*x*	
蔬菜地	7	56	8	143	4	234	2	335	3	486	1	576	1	688	3	794	284
水稻田	29	22.4															22.4

注：*n*为样本数；*x*为平均值。

进一步研究发现，盐分高的土壤样品硝态氮也高。相关分析表明，土壤全盐与硝酸盐含量呈显著的正相关关系（r=0.763，n=58）。而且不同水稻田发育来的蔬菜地的全盐量、硝态盐含量存在一定差异，沙泥田土壤全盐含量和硝酸盐含量均最高，分别达到1.16 $g \cdot kg^{-1}$和266.78 $mg \cdot kg^{-1}$，而其他4种土壤类型相差不大。说明黏质土壤对盐分吸附力强，有促进盐分积聚的作用，而质地相对较轻的土壤则有利于盐分的淋失。一般说来，土壤盐渍化程度除了和土壤类型、质地有关外，还与蔬菜种植年限以及年度施肥量有一定的相关性（史春余，2003），使用年限较长、肥料使用量较大的蔬菜地盐分含量和硝态氮累积就愈明显。关于土壤盐分含量与土壤条件、施肥等土壤管理的关系，本专著第3章将有进一步的讨论。

（5）土壤有效态微量元素

选取104个蔬菜地和水稻田土壤样品对土壤中B、Mo、Mn、Fe、Cu、Zn 6种微量元素有效态进行测定分析。数据表明，蔬菜地的有效B含量范围在0.13 ~ 1.00 $mg \cdot kg^{-1}$，平均含量为0.36 $mg \cdot kg^{-1}$，而水稻田有效B含量范围为0.09 ~ 1.40 $mg \cdot kg^{-1}$，平均含量为0.29 $mg \cdot kg^{-1}$（见表2-16），总体上蔬菜地的有效B含量水平略高于水稻田，但两者并未达到显著差异（$t_{有效B}$=1.456<$t_{0.05}$=2.201）。与全国临界值相比（刘铮，1982），两种不同种植模式下的有效B都较低，其中蔬菜地样品中低于临界值的占总样品的80.76%，水稻田样品中低于临界值的更是高达88.46%（见表2-17）。研究表明土壤中的有效B与酸碱度关系较为密切，在pH 4.7 ~ 6.7时，B的有效含量与土壤pH值呈正相关；当pH 7.1 ~ 8.1时，则为负相关。

表2-16　蔬菜地和水稻田微量元素有效态含量　（$mg \cdot kg^{-1}$）

微量元素	蔬菜地 含量范围	蔬菜地 平均值	蔬菜地 标准差	蔬菜地 变异系数/%	水稻田 含量范围	水稻田 平均值	水稻田 标准差	水稻田 变异系数/%	全国临界值
B	0.13 ~ 1.00	0.360	0.230	64.000	0.09 ~ 1.40	0.290	0.210	72.000	0.500
Mo	0.001 ~ 0.350	0.130	0.070	54.000	0.004 ~ 0.360	0.120	0.070	58.000	0.150
Mn	1.10 ~ 28.80	8.660	8.770	1.010	0.78 ~ 33.50	5.960	5.460	92.000	3.000
Fe	18.10 ~ 183.0	91.200	41.210	45.000	26.90 ~ 453.0	180.110	83.760	47.000	4.500
Cu	0.472 ~ 6.970	1.590	1.270	80.000	0.339 ~ 5.380	1.760	1.030	59.000	2.000
Zn	0.506 ~ 6.270	1.860	1.030	55.000	0.526 ~ 4.750	1.440	0.940	65.000	1.500

本区土壤由水稻田改为蔬菜地后，pH值由6.33升高到6.43，而调查结果为土壤中有效B也有所升高，这说明两者一定程度上具有一致性；同时，在酸性土壤中施用石灰使B的有效性下降，进一步的研究表明，加入石灰调节pH4.0 ~ 5.0，水溶态B减少10% ~ 14%，调节pH6.0 ~ 7.0，水溶态B减少18% ~ 20%（刘铮，1996）。鉴于本区酸性土壤，伴随着防治病虫害和改善土壤环境的需要，蔬菜种植过程中，也经常施入石灰，这可能会影响

土壤中有效B的含量水平。所以，影响土壤中有效B含量水平的因素是复杂的，仍需要更加深入的研究。

表2-17 蔬菜地和水稻田微量元素有效态含量分布 （$mg \cdot kg^{-1}$）

元素种类	蔬菜地样品低于临界值		水稻田样品低于临界值	
	样品数/个	占总样品的比例/%	样品数/个	占总样品的比例/%
有效B	42	80.76	46	88.46
有效Mo	40	76.92	36	69.23
有效Mn	17	32.69	18	34.62
有效Fe	0	0	0	0
有效Cu	34	65.38	35	67.31
有效Zn	14	26.92	33	63.46

蔬菜地的有效Mo含量范围为0.001～0.350 $mg \cdot kg^{-1}$，平均含量为0.13 $mg \cdot kg^{-1}$，水稻田有效Mo含量范围为0.004～0.360 $mg \cdot kg^{-1}$，平均含量为0.12 $mg \cdot kg^{-1}$（见表2-16），总体上蔬菜地中有效B含量水平略高于水稻田的，但两者并未达到显著差异（$t_{有效Mo}=1.244<t_{0.05}=2.201$）。本区蔬菜地和水稻田有效Mo平均含量均略低于全国临界值，其中蔬菜地样品中低于临界值的占总样品的76.92%，水稻田样品总低于临界值的占总样品的69.23%（见表2-17），这说明本区属于全国缺乏有效Mo的地区。大量资料说明，酸性土壤的Mo有效性含量很低，而影响土壤中的有效Mo含量最重要的因子是土壤酸碱度，随着pH值升高而增多。进一步研究表明，在pH7.9以下，每当pH值升高一个单位时，MoO_4^{2-}的浓度增加100倍（刘铮，1996）。本区土壤由水稻田改为蔬菜地后，土壤中pH值上升了0.1个单位，而有效Mo也相应略有上升，同时也证实了以上论述。

蔬菜地的有效Mn的含量范围为1.10～28.80 $mg \cdot kg^{-1}$，平均值为8.66 $mg \cdot kg^{-1}$，而水稻田有效Mn含量范围为0.78～33.50 $mg \cdot kg^{-1}$，平均值为5.96 $mg \cdot kg^{-1}$（见表2-16），总体上蔬菜地的有效Mn含量高于水稻田的。两者已经达到显著差异（$t_{有效Mn}=2.257>t_{0.05}=2.201$）。与土壤中有效B、Mo不同的是，蔬菜地和水稻田土壤中的有效Mn变异系数均较高，分别达到了101%和92%，这说明有效Mn在土壤中分异很大，所以尽管蔬菜地和水稻田土壤中的有效Mn的平均含量高于临界值，但由于有效Mn的含量分布很不均匀，两者仍分别有32.69%和34.62%样品低于临界值（见表2-17）。影响土壤有效Mn含量的因素很多，如pH值、氧化还原电位、有机质含量和土壤质地等。一些研究表明，土壤有效Mn随着pH值增高而减少，大多数缺Mn症状都出现在中性偏碱或碱性土壤中（王德宣，2002）。本区水稻田改为蔬菜地后，土壤pH值有所升高，然而土壤中有效Mn含量反而明显升高。其原因是多方面的，采集和分析样品的误差可能是其中之一，具体复杂的原因仍需进一步的探讨。

蔬菜地的有效Fe含量范围为18.10～183.0 $mg \cdot kg^{-1}$，平均值为91.2 $mg \cdot kg^{-1}$，而水稻田有效Fe含量范围为26.90～453.0 $mg \cdot kg^{-1}$，平均值为180.11 $mg \cdot kg^{-1}$（见表

2-16）。与全国土壤有效Fe含量背景值相比，蔬菜地和水稻田均高出几十倍。从表2-16还可以看出，总体上蔬菜地的有效Fe含量显著低于水稻田的，两者含量达到了极显著差异（$t_{有效Fe}$= −6.691＜$t_{0.01}$=−3.055）。这可能与蔬菜地复种指数较高的种植模式和管理有关，蔬菜源源不断地从土壤中带走有效态Fe，而施肥时肥料中并不含Fe元素（单艳红，2004）。进一步的相关分析表明，蔬菜地和水稻田土壤中有效Fe含量与土壤pH值呈极显著负相关（r=−0.376，n=58），与土壤有机质呈极显著正相关（r=0.284**，n=58）。

蔬菜地的有效Cu含量范围为0.472 ~ 6.970 mg · kg^{-1}，平均值为1.590 mg · kg^{-1}，而水稻田有效Cu含量范围为0.339 ~ 5.380 mg · kg^{-1}，平均值为1.760 mg · kg^{-1}（见表2-16）。与全国土壤有效Cu含量背景值相比，蔬菜地和水稻田均低于全国背景值（见表2-17）。从表2-16可以看出，总体上蔬菜地的有效Cu含量显著低于水稻田的，但两者含量未达到显著差异（$t_{有效Cu}$=−0.820＞$t_{0.05}$=−2.201）。

蔬菜地中有效Zn含量范围为0.506 ~ 6.270 mg · kg^{-1}，平均值为1.860 mg · kg^{-1}，而水稻田有效Zn含量范围为0.526 ~ 4.750 mg · kg^{-1}，平均值为1.440 mg · kg^{-1}（见表2-16），总体上水稻田改为蔬菜地后，土壤中有效Zn含量有所增加。两者含量达到了显著差异（$t_{有效Zn}$= 2.255 ＞$t_{0.05}$=2.201）。与全国土壤有效Zn含量背景值相比，蔬菜地略高于全国背景值，而水稻田则略低于全国背景值（表2-17）。土壤中Zn的含量很大程度上取决于成土母质中Zn的含量，也与土壤pH值、有机质含量等有很大的关系。

进一步的研究结果表明，蔬菜地和水稻田土壤中的6种有效态微量元素之间存在一定的相关性。相关分析表明，土壤有效态B含量与Cu、Zn呈极显著正相关（r=0.356**、0.488**，n=58）；土壤有效态Mo与Mn呈极显著正相关（r=0.488**，n=58）。

2.2.2 水田改种蔬菜后土壤剖面化学性质的变化特征

在一些发达地区和集约化程度较高的地区，菜农为了保证高产盲目地大量施用肥料，远远超过作物的需求量，不仅造成养分资源的大量浪费，还会导致土壤中养分的累积与土壤质量的降低，并对土壤、水体和大气等生态环境构成潜在威胁（Shen，1982；Wu，1998）。蔬菜生产中肥料施用量大，灌水量和次数又高于一般农田，因而，菜地的养分累积情况更加严重，环境压力更大。据研究，大棚蔬菜施肥连同灌水每年氮盈余量可达2 700 kg · hm^{-2}，磷盈余量达750 kg · hm^{-2}（Pioke，1990），0 ~ 1 m土体硝态氮累积量可高达500 kg · hm^{-2}（Jebson，2002），淋洗损失多在150 ~ 300 g · hm^{-2}，高的可达370 g · hm^{-2}（Ramos，2002），成为氮素污染的重要来源。

2.2.2.1 两种种植体系土壤pH值和有机质的差异

调查结果表明（图2-8），土壤pH值的变化因土地利用类型和剖面层次而有所差异。从剖面层次来看，pH值的变化规律十分相似，都随土壤剖面深度的增加呈递增趋势，表层土壤pH值明显下降。菜地0 ~ 15 cm土层土壤pH值平均为5.55，15 ~ 30 cm土层平均为5.70，30 ~ 50 cm平均为5.83，50 ~ 70 cm土层平均为6.00，70 ~ 100 cm土层平均为5.99；而水田0 ~ 100 cm土层pH值平均依次为5.24、6.04、5.95、6.32和6.41。总体来看，蔬菜地土壤表层pH值稍高于水田，这一结论与其他报道我国北方由于种植蔬菜而导致土壤pH值下降有一定的差别。据调查当地菜农在种植蔬菜时常使用少量的石灰来抵御病虫害的威胁，这可能是以上差异存在的原因。

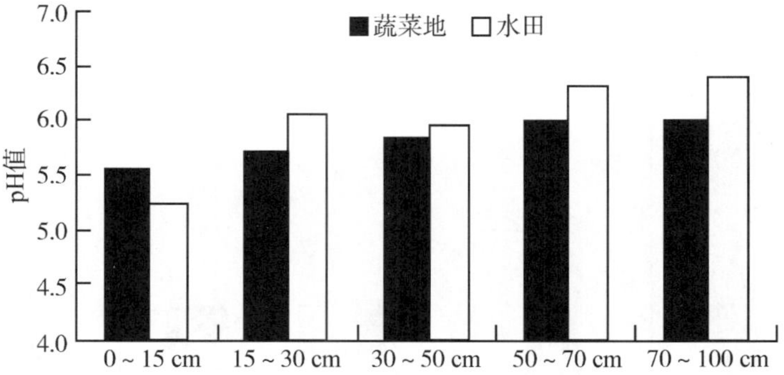

图2-8 两种种植体系土壤不同剖面层次pH值的变化

测定结果表明（见图2-9），土壤有机质含量随土地利用类型及其剖面层次而发生变化。从剖面层次来看，土壤有机质的变化规律十分相似，都随土壤剖面深度的增加呈递减趋势。在土层0 ~ 100 cm的剖面上，菜地土壤有机质的含量依次为2.01 g · kg^{-1}、1.50 g · kg^{-1}、1.01 g · kg^{-1}、0.92 g · kg^{-1}、0.76 g · kg^{-1}，而水田土壤有机质含量分别为2.74 g · kg^{-1}、1.30 g · kg^{-1}、1.06 g · kg^{-1}、1.10 g · kg^{-1}和0.53 g · kg^{-1}。从图2-9还可以看出，由水田改为蔬菜地，这种种植方式的变化对土壤有机质的影响，并未表现出一致的趋势。菜地表土层0 ~ 15 cm的有机质含量稍低于水田，这可能与当地高强度的种植从而加速土壤有机质的矿化速率有关。有研究者提出理想菜地的土壤有机质含量应达3%以上（周建斌，2004），据此，测定地区土壤有机质含量尚属较低水平，在生产中应继续提倡施用有机肥。

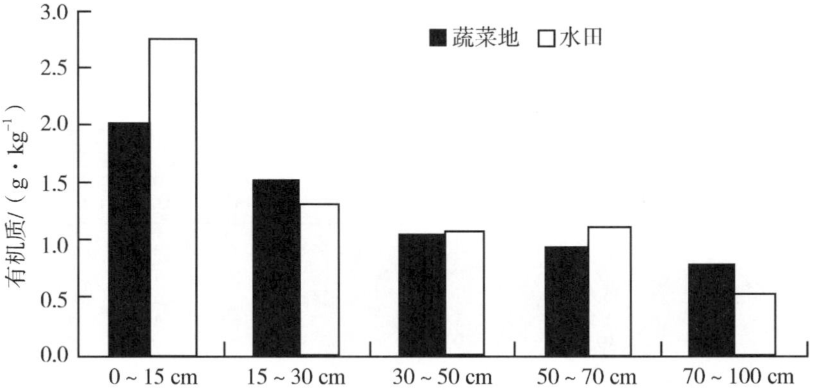

图2-9 两种种植体系土壤不同层次有机质的含量

2.2.2.2 两种种植体系土壤氮素的差异

蔬菜地在0 ~ 15 cm表层土壤全氮平均含量为1.32 g · kg^{-1}，15 ~ 30 cm土层为0.79 g · kg^{-1}，30 ~ 50 cm土层为0.48 g · kg^{-1}，50 ~ 70 cm土层为0.46 g · kg^{-1}，70 ~ 100 cm土层为0.38 g · kg^{-1}；水田在剖面0 ~ 100 cm的相应土层中全氮含量分别为1.39 g · kg^{-1}、0.74 g · kg^{-1}、0.45 g · kg^{-1}、0.43 g · kg^{-1}和0.38 g · kg^{-1}。从图2-10可以看出，与水田土壤相比，蔬菜地土壤0 ~ 100 cm土壤剖面的全氮含量均变化不大，并和土壤有机质表现出相似的变化趋势，说明土壤全氮的含量受土壤有机质的影响很大。从剖面层次来看，蔬菜地和水田土壤全氮的变化规律十分相似，都随土壤剖面深度的增加呈递减趋势。

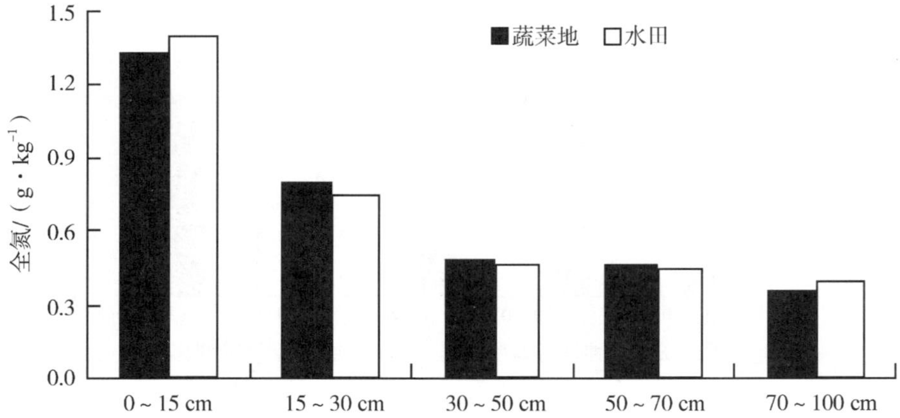

图2-10　两种种植体系土壤不同层次全氮的含量

蔬菜地不同土层硝态氮含量显著高于一般水田（见表2-18）。就0 ~ 100 cm土层硝态氮含量来看，蔬菜地介于4.78 ~ 424.63 mg · kg^{-1}，平均为164.43 mg · kg^{-1}，水田介于3.28 ~ 8.27 mg · kg^{-1}，平均仅为4.54 mg · kg^{-1}；从剖面不同土层来看，蔬菜地表层0 ~ 15 cm硝态氮含量平均为164.43 mg · kg^{-1}，15 ~ 30 cm土层硝态氮含量平均为69.39 mg · kg^{-1}，30 ~ 50 cm土层硝态氮含量平均为33.41 mg · kg^{-1}，50 ~ 70 cm土层硝态氮含量平均为32.62 mg · kg^{-1}，70 ~ 100 cm土层硝态氮含量平均为41.07 mg · kg^{-1}；水田在剖面0 ~ 100 cm的相应土层中全氮含量分别为4.54 g · kg^{-1}、5.75 g · kg^{-1}、6.95 g · kg^{-1}、6.58 g · kg^{-1}和7.85 mg · kg^{-1}。

表2-18　土壤硝态氮含量

地点	种植年限	硝态氮含量/（mg · kg^{-1}）				
		0 ~ 15 cm	15 ~ 30 cm	30 ~ 50 cm	50 ~ 70 cm	70 ~ 100 cm
长宁镇	0	4.48	4.65	8.45	7.26	7.15
	3	35.18	11.54	9.20	12.19	11.33
	8	139.10	79.01	43.15	41.21	43.56
福田镇	0	3.28	7.68	7.23	8.27	8.22
	5	61.72	20.07	7.15	4.94	4.78
	12	181.83	134.82	56.16	29.99	41.19
柏塘镇	0	5.86	4.93	5.17	4.20	8.19
	1	200.65	25.73	10.17	10.98	8.34
	3	424.63	188.83	25.07	46.67	52.17
	8	89.27	52.37	76.96	71.82	65.43
	13	183.08	42.76	39.39	43.13	101.75

显然，水田改种蔬菜这种土地利用方式的变化导致了不同土层硝态氮含量均呈现几倍

甚至几十倍地增加，说明蔬菜地生产中浇水次数多，水分处于饱和状态，当随水冲肥时，养分就很容易随水下移，造成硝态氮在土壤出现显著地累积，而且不同种植年限地蔬菜地土壤表层硝态氮均高于相邻水田，种植年限越长，土壤表层积累的硝态氮越多，8年、12年的蔬菜地土壤表层硝态氮较相邻水田分别增加了29.8倍和54.1倍，说明蔬菜地高强度的施肥管理和土壤水分强烈的蒸发作用，使得深层土壤硝态氮随水分上移，水逸盐留，土壤硝态氮表聚现象增强（陈晓群，2004）。

硝态氮是作物吸收氮的主要形态，其含量在土壤中的增加对蔬菜生长有利，但由于硝态氮不易被土壤胶体吸附，易随水分的迁移而发生淋溶损失。关于土壤适宜的硝态氮水平在农作物上已进行了一些研究。胡田田等（1993）提出0 ~ 100 cm土层硝态氮含量平均大于9.9 mg · kg^{-1} 为高。有研究者（周建斌，2004）提出，土壤硝态氮含量大于280 mg · kg^{-1} 为过量，按这一标准看，测定的11个土壤0 ~ 15 cm土层中硝态氮含量大于280 mg · kg^{-1} 的仅有1个，可见研究区蔬菜地表层土壤硝态氮累积现象并不是十分严重，但值得注意的是，70 ~ 100 cm土层的硝态氮平均值高于上层，部分土壤的含量超过了100 mg · kg^{-1}，也显著高于相应的附近水田土壤，这无疑会增加地下水的污染机会，并会引起周边环境地下水硝态氮含量超标等环境问题。

2.2.2.3　两种种植体系土壤磷素的差异

由图2–11可以看出，蔬菜地土壤全磷的含量出现明显的累积，在0 ~ 15 cm的表现尤为明显，平均含量达1.11 g · kg^{-1}，15 ~ 30 cm的含量也达0.54 g · kg^{-1}，与刘远金（2002）对广州市蔬菜保护地的研究结果相近，即0 ~ 20 cm及20 ~ 40 cm土层有效磷的含量平均分别为148.5 mg · kg^{-1} 和55.3 mg · kg^{-1}。土壤中全磷在土壤剖面的分布在两种体系中表现出相似趋势，随剖面深度的增加而降低。同时，蔬菜地各土层全磷含量均高于水田。

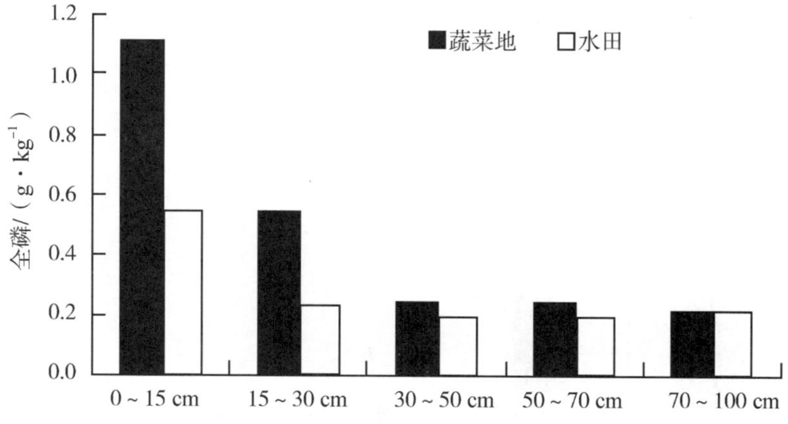

图2–11　两种种植体系土壤不同层次全磷的含量

蔬菜地土壤不同层次速效磷（Olsen–P）含量（图2–12 ）介于3.26 ~ 156.24 mg · kg^{-1}，水田介于3.51 ~ 95.0 mg · kg^{-1}。从剖面层次来看，蔬菜地和水田土壤有效磷的变化规律十分相似，都随土壤剖面深度的增加呈递减趋势。蔬菜地土壤有效磷平均含量在0 ~ 15 cm表层为156.24 mg · kg^{-1}，15 ~ 30 cm土层为66.82 mg · kg^{-1}，30 ~ 50 cm土层为4.98 mg · kg^{-1}，50 ~ 70 cm土层为3.26 mg · kg^{-1} ，70 ~ 100 cm土层为4.63 mg · kg^{-1}；水田土壤有效磷在剖面0 ~ 100 cm的相应土层中含量分别为95.00 mg · kg^{-1}、34.99 mg · kg^{-1}、3.91 mg · kg^{-1}、3.51 mg · kg^{-1}和

4.14 mg · kg^{-1}。由图2-12 还可以看出，蔬菜地土壤有效磷的含量出现明显的累积，在0 ~ 15 cm的表现尤为明显，平均含量达156.24 mg · kg^{-1}，15 ~ 30 cm的含量也达66.82 mg · kg^{-1}。

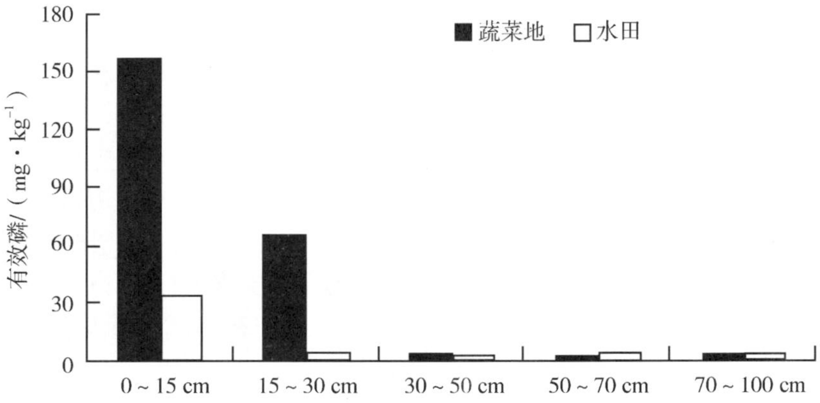

图2-12　两种种植体系土壤不同层次有效磷的含量

一些研究者提出的菜地土壤有效磷含量的丰缺指标为：小于33 mg · kg^{-1} 为严重缺乏，33 ~ 60 mg · kg^{-1}为缺乏，60 ~ 90 mg · kg^{-1}为适宜，大于90 mg · kg^{-1}为偏高（鲁如坤，1998）。按这一标准衡量，本次调查的蔬菜地表层土壤有效磷含量范围在89.46 ~ 256.44 mg · kg^{-1}时，则全部偏高，可见土壤有效磷含量整体上处在较高的水平。

不同地点相比，福田镇菜地土壤有效磷含量明显高于长宁镇，见图2-13，这与前者菜场的种植年限较长有关。据调查，福田菜场种植蔬菜年限在13年左右，而长宁菜场仅3年。由于蔬菜地常年的高强度施肥，尤其大量磷肥的施用造成了土壤磷素大量累积，不仅表现为表层土壤，次表层和以下土层也存在累积的现象。

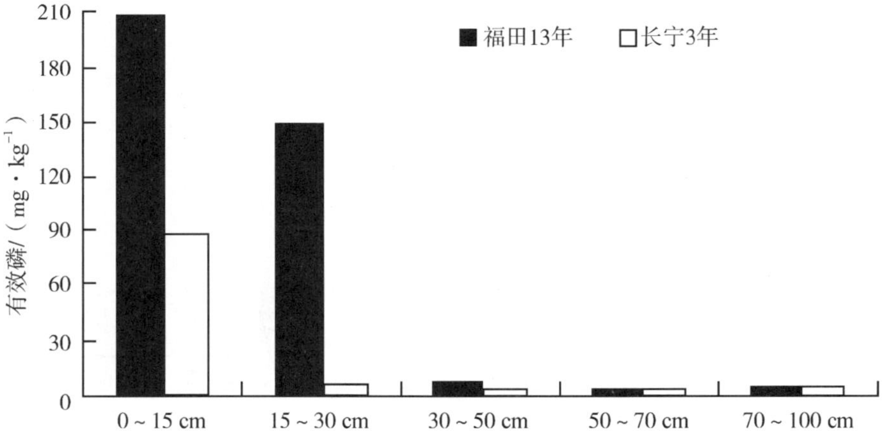

图2-13　不同地点剖面土壤有效磷含量的比较

2.2.2.4　两种种植体系土壤钾素的差异

蔬菜地土壤在0 ~ 15 cm表层全钾平均含量为12.16 g · kg^{-1}，15 ~ 30 cm土层为11.83 g · kg^{-1}，30 ~ 50 cm土层为12.03 g · kg^{-1}，50 ~ 70 cm土层平为12.90 g · kg^{-1}，70 ~ 100 cm土层为12.24 g · kg^{-1}；水田在剖面0 ~ 100 cm的相应土层中全钾平均含量分别为6.18 g · kg^{-1}、4.26 g · kg^{-1}、5.90 g · kg^{-1}、6.45 g · kg^{-1}和6.93 g · kg^{-1}（见图2-14）。与水田土壤相比，蔬

菜地土壤0 ~ 100 cm土壤剖面的全钾含量较高。从剖面层次来看，各层土壤全钾含量变化不大。珠江三角洲地区表层土壤钾素综合评级指标表明（见表2-19）（陆发熹，1988），研究区蔬菜地表层土壤全钾含量水平属于Ⅲ级，水田表层土壤全钾含量水平属于Ⅳ级。说明土壤钾素含量水平中等偏下，因此土壤仍需注重钾素的施用，以更好促进作物营养的吸收。

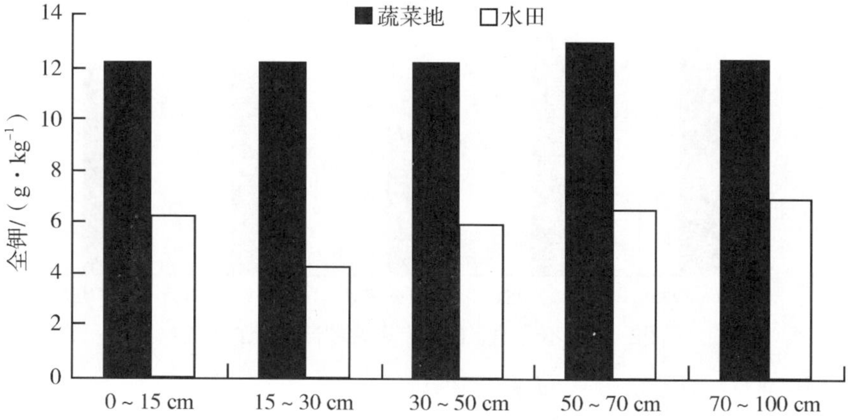

图2-14　不同地点剖面土壤全钾含量的比较

表2-19　表层土壤钾素综合评级指标

综合级	全钾/（$g \cdot kg^{-1}$）	有效钾/（$mg \cdot kg^{-1}$）
Ⅰ	>20	<200
Ⅱ	20 ~ 15	200 ~ 130
Ⅲ	15 ~ 10	130 ~ 70
Ⅳ	10 ~ 5	70 ~ 40
Ⅴ	<5	<40

蔬菜地土壤在0 ~ 15 cm表层有效钾平均含量为127.2 $mg \cdot kg^{-1}$，15 ~ 30 cm土层为138.4 $mg \cdot kg^{-1}$，30 ~ 50 cm土层为143.6 $mg \cdot kg^{-1}$，50 ~ 70 cm土层为156.4 $mg \cdot kg^{-1}$，70 ~ 100 cm土层为103.2 $mg \cdot kg^{-1}$；水田在剖面0 ~ 100 cm的相应土层中有效钾含量分别为36.3 $mg \cdot kg^{-1}$、19.9 $mg \cdot kg^{-1}$、23.9 $mg \cdot kg^{-1}$、27.9 $mg \cdot kg^{-1}$和36.6 $mg \cdot kg^{-1}$（见图2-15）。国内外一般认为，对于菜地土壤，有效钾含量在150 ~ 250 $mg \cdot kg^{-1}$为适宜范围（胡田田，1993），大于350 $mg \cdot kg^{-1}$为过量。从测定结果看，土壤速效钾含量均未出现大于350 $mg \cdot kg^{-1}$，大部分土壤样品有效钾含量小于150 $mg \cdot kg^{-1}$，说明土壤钾素供应多处在不足的水平。根据珠江三角洲地区土壤钾素评级指标（见表2-19），蔬菜地土壤有效钾处于Ⅱ ~ Ⅲ级，而水田处于Ⅳ ~ Ⅴ级水平，因此应加强钾肥的施用。此外，从剖面层次来看，土壤有效钾变化也不明显，同时也说明钾素存在淋溶的问题，尤其土层50 ~ 70 cm有效钾含量达到最高。土壤钾素淋溶流失虽不会对环境产生直接的危害，但会影响其他离子在土壤中的迁移和转化，而对环境产生间接的影响。一些研究发现（鲁如坤，1998），钾离子会减少土壤对铵离子的固定，增加铵离子的有效性，这无疑也增大了氮素的挥发和淋

溶损失的机会。

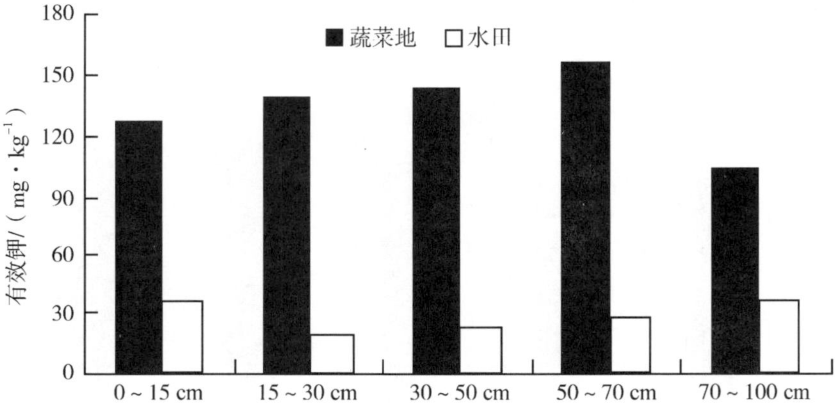

图2-15 不同地点剖面土壤有效钾含量的比较

2.2.2.5 两种种植体系土壤电导率的差异

土壤的电导率反映了土壤盐分状况。由图2-16可以看出，蔬菜地土壤电导率明显高于水田土壤。蔬菜地土壤电导率的平均值，在0 ~ 15 cm表层为239.6 μS · cm^{-1}，15 ~ 30 cm土层为129.1 μS · cm^{-1}，30 ~ 50 cm土层为104.6 μS · cm^{-1}，50 ~ 70 cm土层为98.5 μS · cm^{-1}，70 ~ 100 cm土层为80.4 μS · cm^{-1}；水田在剖面0 ~ 100 cm的相应土层中全氮含量分别为144.4 μS · cm^{-1}、76.8 μS · cm^{-1}、63.6 μS · cm^{-1}、57.9 μS · cm^{-1}和49.9 μS · cm^{-1}。从图2-16可以看出，水田改为蔬菜地土壤各层电导率值明显增加了，尤其表层土壤盐分明显累积。盐分的过量累积，无疑会破坏土壤结构，影响土壤的持续生产能力。从剖面层次来看，蔬菜地和水田土壤电导率的变化规律十分相似，都随土壤剖面深度的增加呈递减趋势。

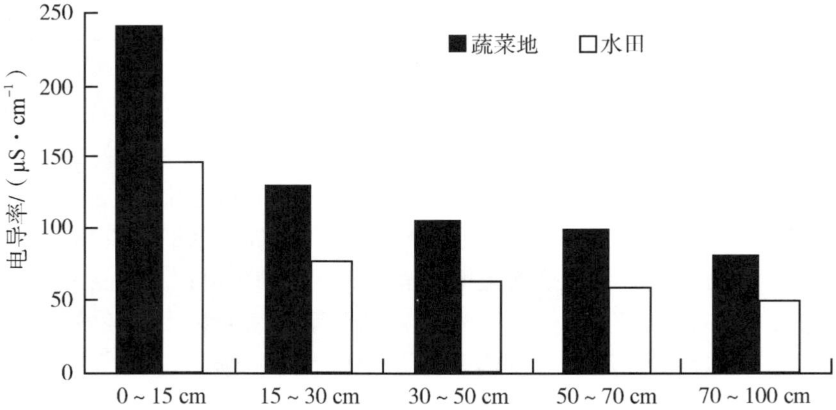

图2-16 蔬菜地和水田剖面土壤电导率含量的比较

分析土壤电导率与土壤养分含量的关系（见图2-17），结果表明，土壤硝态氮、有效磷和速效钾与土壤电导率间的关系均达显著水平，其中硝态氮含量与土壤电导率间的关系更为密切，相关系数R^2达到了0.803 1。这可能与硝态氮在土壤中的移动性更高有关。可见过量施用肥料特别是氮肥，是引起土壤盐分累积的主要原因。

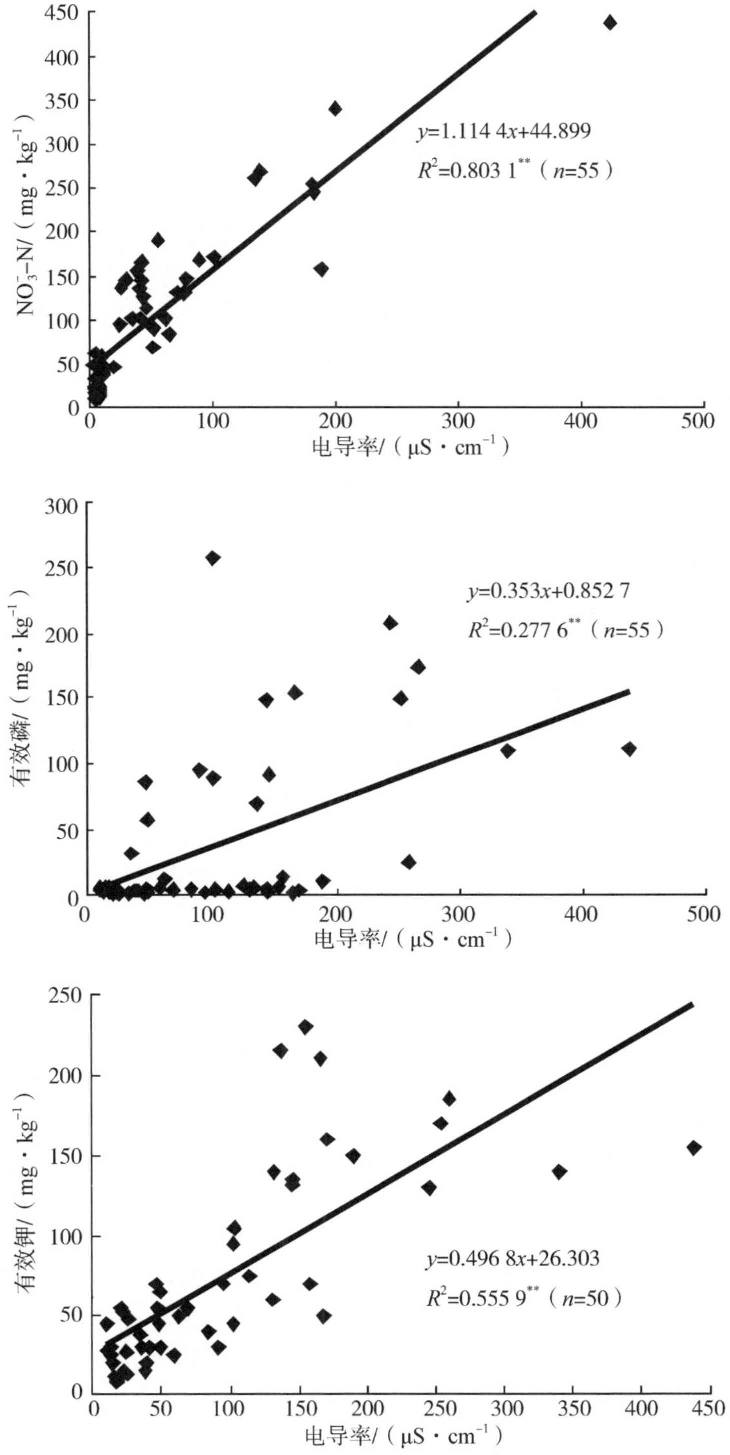

注：*表示相关关系达显著水平（$P<0.05$），**表示相关关系达极显著水平（$P<0.01$）。

图2-17　土壤硝态氮、有效磷和有效钾与土壤电导率间的关系

2.3 土壤环境质量变化趋势

2.3.1 土壤重金属变化趋势

2.3.1.1 珠江三角洲土壤环境背景情况

土壤环境背景值是指在不受或很少受人类活动影响的情况下，土壤的化学组成或元素含量水平。人类活动与现代工业发展的影响已遍布全球，现在很难找到绝对不受人类活动影响的土壤，真正的土壤自然背景值已很难确定，因而只能去寻找人类影响尽可能少的土壤来确定土壤环境背景值。土壤环境背景值与土壤自然背景值有所不同，它不仅含有自然背景部分，还可能含有一些面源污染物（如大气污染物漂移沉降等），或者说它是土壤当前环境背景值或本底值，是维持当前较理想的土壤质量目标。土壤环境背景值受自然条件，尤其是成土母质和成土作用等的影响大，具有显著的区域性特点。土壤环境背景值是土壤环境质量标准的基础，亦是判断土壤是否受污染以及合理开发利用、防治土壤污染的重要依据。

珠江三角洲地区土壤重金属元素背景值中铅（Pb）、汞（Hg）背景含量较高，高于全国（中国环境监测总站，1990）和世界土壤背景值（Berrow et al，1984），而其他的元素背景较低（见表2-20、表2-21）。

表2-20　广东省区域土壤背景含量比较　（中值，$mg \cdot kg^{-1}$）

区　域	铅	镉	铬	汞	砷	氟化物
红壤区	37.75	0.056	54.69	0.076	11.58	525.0
红赤壤区	28.00	0.038	43.10	0.058	9.25	411.0
砖红壤区	23.40	0.035	37.30	0.031	6.60	210.0
珠江三角洲地区	39.00	0.058	47.42	0.092	11.64	419.7
广东省	29.00	0.042	45.85	0.061	10.10	416.0

表2-21　广东省、全国及世界土壤背景含量比较　（$mg \cdot kg^{-1}$）

元素	中　　值			平　均　值			范　　围　　值		
	广东	全国	世界	广东	全国	世界	广东	全国	世界
铅	29	23.500	35	35.870	26	10	2.6 ~ 199	0.680 ~ 1143	2 ~ 300
镉	0.042	0.079	0.350	0.094	0.097	0.180	0.002 ~ 3.940	0.001 ~ 13.430	0.01 ~ 2
铬	45.850	57.300	70	56.530	61	200	3.6 ~ 379.300	2.2 ~ 1 209.700	5 ~ 1500
汞	0.061	0.038	0.060	0.085	0.065	0.030	0.006 ~ 0.434	0.001 ~ 45.900	0.01 ~ 0.500
砷	10.100	9.600	6	13.520	11.200	5	1.24 ~ 92.100	0.01 ~ 626	0.1 ~ 40
氟化物	416	453	200	469.600	478	200	87.3 ~ 2860	50 ~ 3 467	20 ~ 700

2.3.1.2 土壤重金属含量变化趋势

珠江三角洲地区土壤重金属含量状况，是对典型地区调查的结果，从中可知，珠江三角洲地区的局部土壤重金属含量已受到了人类活动的影响，加强土壤环境保护很有必要。

（1）土壤镉含量变化情况

镉是对人体极为有害的一种重金属，是一种危险的环境污染物质。地壳中镉多以硫化物形式存在，平均含量约0.100 mg·kg^{-1}，土壤中的镉背景含量取决于母质来源。

根据对珠江三角洲地区典型区域土壤环境调查结果，土壤镉含量范围在0.01～2.95 mg·kg^{-1}，通过对土壤镉含量进行数据检验，结果表明符合对数正态分布（图2-18）。与土壤背景含量比较，部分土壤的镉含量超过了珠江三角洲地区土壤背景含量的2倍，说明部分土壤中镉含量受到人为污染的影响。

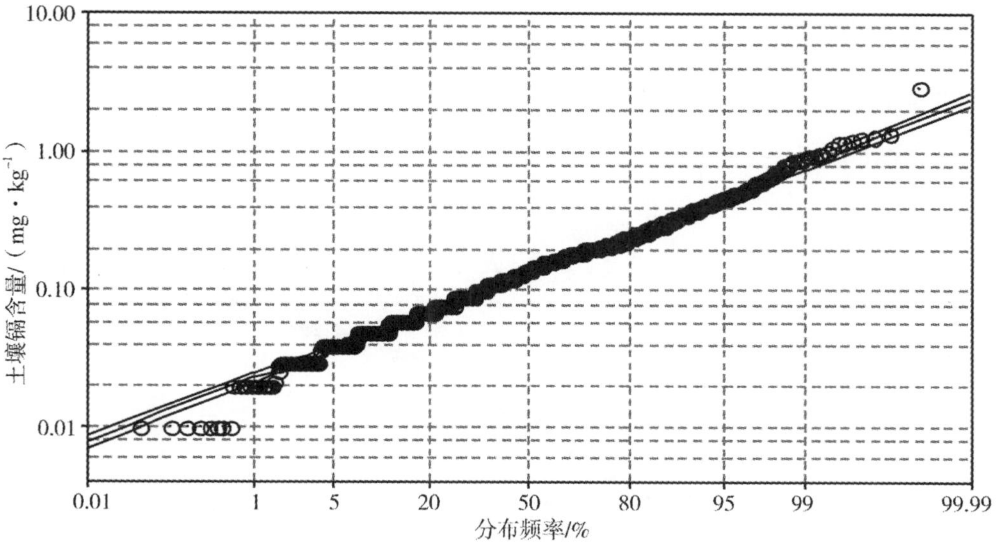

图2-18　土壤镉浓度对数正态检验

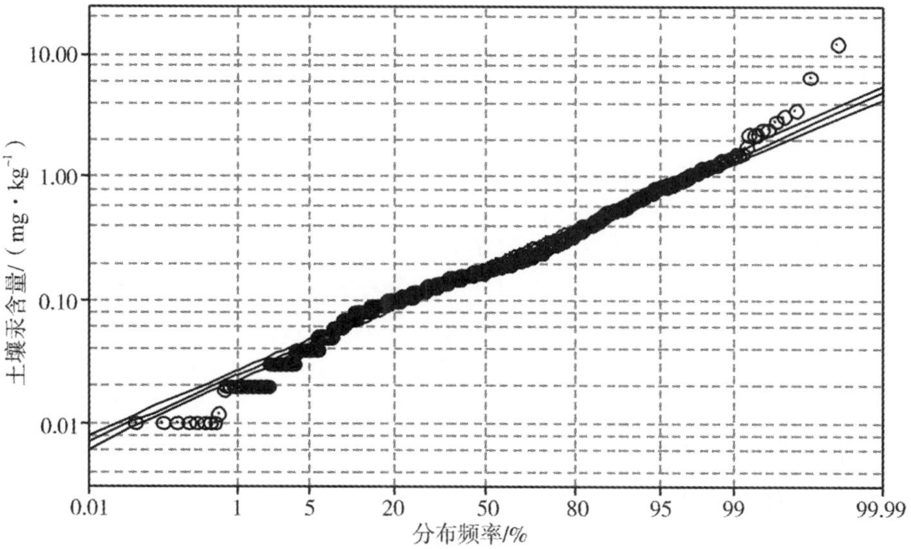

图2-19　土壤汞浓度对数正态检验

（2）土壤汞含量变化情况

汞是对生命有害的元素，极易污染环境。地壳中汞主要以硫化物的形式存在于所有类型的岩石中，它在地壳中的含量为0.05 mg·kg^{-1}。根据珠江三角洲地区土壤环境调查结果，土壤汞含量范围在0.01 ~ 12.5 mg · kg^{-1}。通过对土壤汞含量进行数据检验，结果表明符合对数正态分布（图2–19）。与土壤背景含量相比较，部分土壤的汞含量超过了珠江三角洲地区土壤背景值的2倍，说明局部土壤中汞含量受到人为污染的影响较大。

（3）土壤砷含量变化情况

砷对人体及作物均具有高毒性，是易污染环境的有害元素。自然界普遍存在砷元素，它在地壳中的平均含量约1.5 ~ 2 mg · kg^{-1}，主要以砷化物和硫化物形式存在。根据珠江三角洲地区土壤环境调查结果，1432个土壤砷含量范围在0.1 ~ 225.7 mg · kg^{-1}。通过对土壤砷含量进行数据检验，结果表明符合对数正态分布（图2–20）。与土壤背景含量相比较，土壤的砷含量平均分别为珠江三角洲地区的1.3倍。

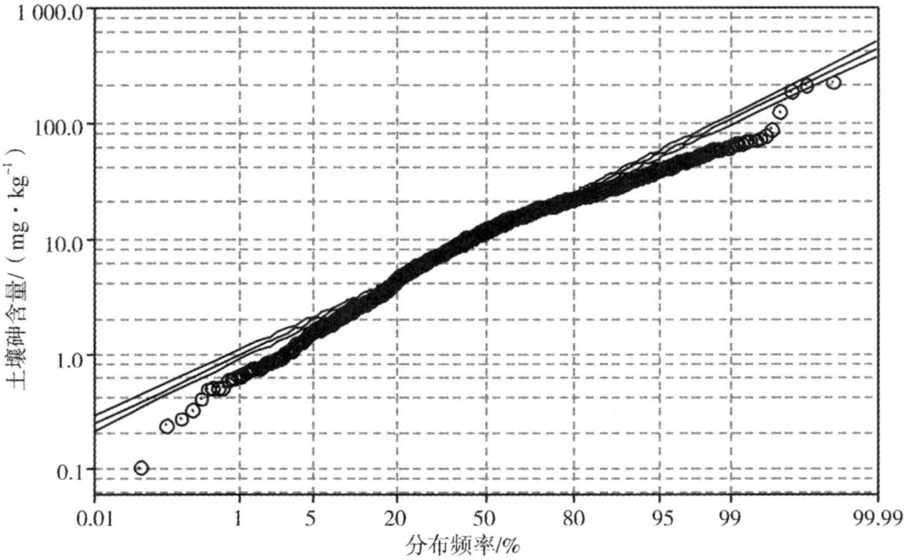

图2–20　土壤砷浓度对数正态检验

（4）土壤铬含量变化情况

铬是一种重要的环境污染元素，六价铬有明显的致癌、致畸、致突变作用。铬广泛分布在地壳之中，其含量高于铅、镉等，自然界矿物中铬主要以氧化物、氢氧化物、硫化物和硅酸盐存在，其含量范围在80 ~ 200 mg · kg^{-1}，平均125 mg · kg^{-1}。根据珠江三角洲地区土壤环境调查结果，土壤铬含量范围在0.72 ~ 1137.0 mg · kg^{-1}。通过对土壤铬含量进行数据检验，结果表明符合对数正态分布（图2–21）。

（5）土壤铅含量变化情况

铅是对人类有毒的重金属元素之一，对人体健康危害严重。铅在地壳中的平均含量只有10 mg · kg^{-1}左右，由于粘粒和有机质对铅有很强的吸附作用，因此土壤中铅含量相对较高。根据珠江三角洲地区土壤环境调查结果，土壤铅含量范围在5.21 ~ 284.0 mg · kg^{-1}。通过对土壤铅含量进行数据检验，结果表明符合对数正态分布（图2–22）。与土壤背景含量相比较，土壤的铅平均含量分别为珠江三角洲地区和广东省土壤背景值的1.2倍和1.7倍。

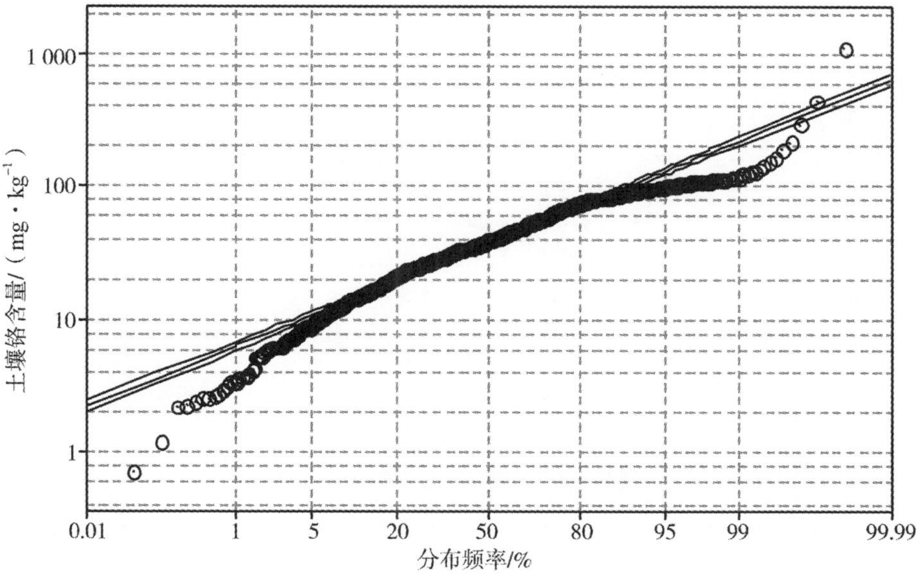

图2–21　土壤铬浓度对数正态检验

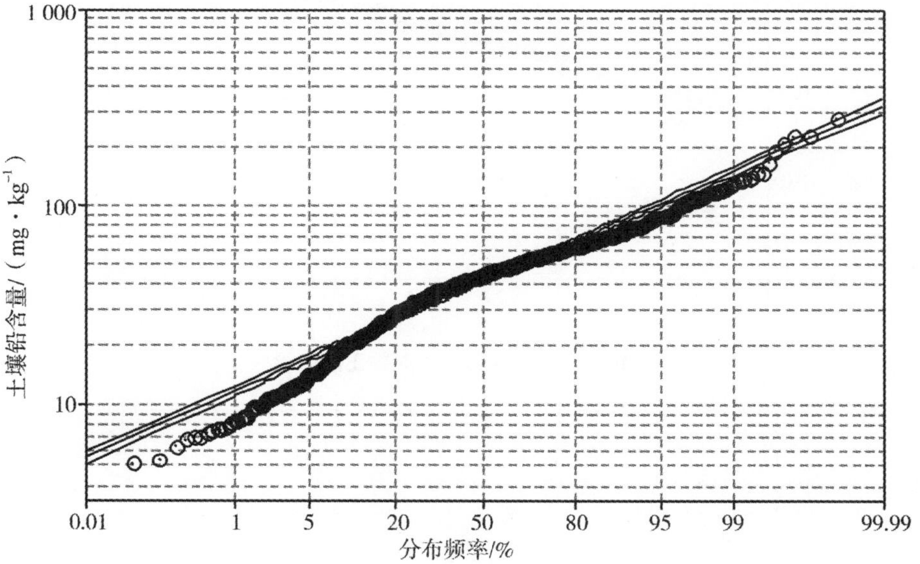

图2–22　土壤铅浓度对数正态检验

（6）土壤铜含量变化情况

根据珠江三角洲地区土壤环境调查结果，土壤铜含量范围在1.31～286.0 mg·kg^{-1}，平均含量33.48 mg·kg^{-1}。通过对土壤铜含量进行数据检验，结果表明符合对数正态分布（图2–23）。与土壤背景含量相比较，土壤的铜平均含量为广东省土壤背景值的1.9倍。

（7）土壤锌含量变化情况

根据珠江三角洲地区土壤环境调查结果，土壤锌含量范围在0.13～1 823.0 mg·kg^{-1}。通过对土壤锌含量进行数据检验，结果表明符合对数正态分布（图2–24）。与土壤背景含量相比较，土壤的锌平均含量为广东省土壤背景值的1.8倍。

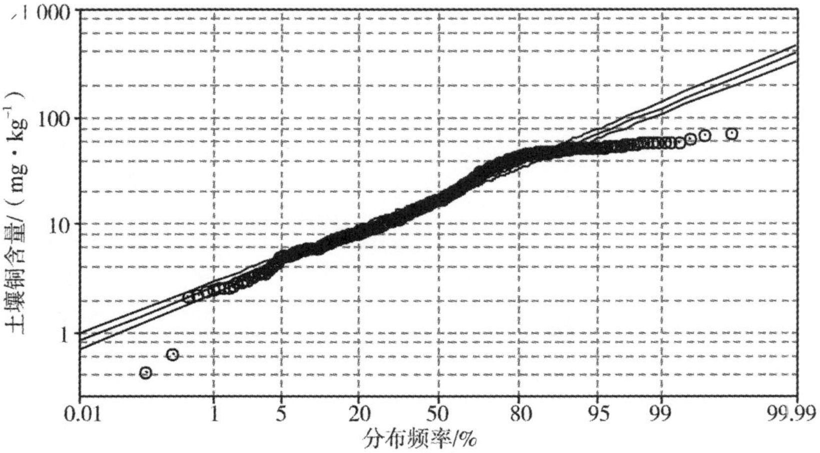

图2-23　土壤铜浓度对数正态检验

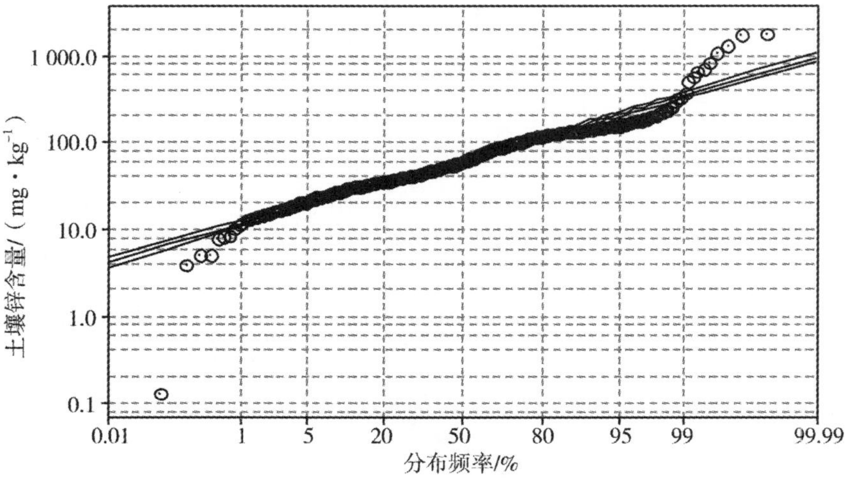

图2-24　土壤锌浓度对数正态检验

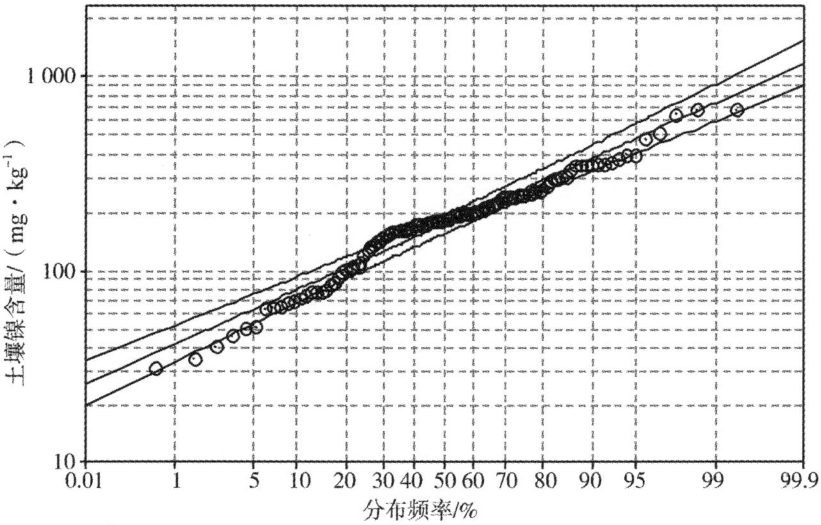

图2-25　土壤镍浓度对数正态检验

（8）土壤镍含量变化情况

根据珠江三角洲地区土壤环境调查结果，土壤Ni含量范围在0.43～71.3 mg·kg^{-1}。通过对土壤镍含量进行数据检验，结果表明符合对数正态分布（图2-25）。与土壤背景含量相比较，部分土壤的镍含量超过广东省土壤背景值的2倍，说明其受到了人为污染的影响。

此前珠江三角洲地区典型区域探查表明，根据国家土壤环境质量标准（GB15618—1995），土壤镉、镍、汞含量超标率较高（万洪富，2005），本文上述调查结果表明，局部土壤重金属镉、镍、汞含量已超过了土壤背景值的2倍，两者所反映的趋势基本一致。

2.3.2　土壤农药残留

农药是防治农作物、蔬菜等病虫草害的重要手段，已成为现代农业生产和蔬菜生产中不可缺少的组成部分。但是农药带来的公害也是不能忽视的，农药可以通过大气、水、土壤等污染间接对人体造成公害，最直接的是喷施在作物和蔬菜上，一部分被分解，一部分仍然残留在农产品中，给人类健康带来潜在威胁。广东省有机氯农药虽已禁用，但土壤残留长，有机磷农药虽然较易降解，但品种繁多，一些高毒农药的生产与使用的有效控制仍有不足，因而污染农业环境（郑惠典 等，2001）。

2.3.2.1　土壤有机磷农药残留

此前的典型区域探查表明，在包括珠江三角洲地区典型区域的广东省典型区域土壤中，甲胺磷、对硫磷、乐果等9种有机磷农药成分均有检出（万洪富，2005）。根据近年对珠江三角洲地区土壤有机磷残留量的进一步检测结果，土壤有机磷农药残留以对硫磷和甲胺磷为主，对硫磷次之，它们的检出率均达30%左右，而甲拌磷在所有样品均未检出。

2.3.2.2　土壤有机氯农药残留

含氯有机物是一类重要的难降解有机化合物，具有极大的危害性。几乎所有的含氯有机物都有毒性，其中许多化合物具有致癌、致畸、致突变效应。同时，由于很多含氯有机物具有高挥发性和类脂物可溶性，易被皮肤、黏膜等吸收而对人体造成严重损害，目前世界上许多国家已将其列为环境优先污染物。

有机氯农药是比较早大量应用的农药，如滴滴涕、六六六等已有50年历史，结构稳定，不易分解，这类农药在土壤、蔬菜和人体都可累积。我国在1974年已规定在蔬菜上禁止使用有机氯农药，但由于其不易分解，土壤中还有一定量的残留。根据对珠江三角洲地区土壤有机氯残留检测结果，所有检测的土壤中均含有不同成分的有机氯农药残留。从土壤中检出有机氯农药的百分含量来看，土壤中有机氯农药是以硫丹硫酸盐为主，其含量占总含量的47.1%，其次是甲氧滴滴涕和异狄氏剂醛，分别占19.2%和11.5%，其他有机氯农药含量相对较低或未检出。

2.3.3　多环芳烃污染特征

2.3.3.1　多环芳烃简介

多环芳烃（Polycyclie Aromatic Hydrocarbons，简称 PAHs）是环境中常见的一类有机污染物，广泛分布于大气、水体、沉积物、土壤、食品和生物中。多环芳烃是石油、煤等燃料及木材、可燃气体在不完全燃烧或在高温处理条件下所产生的。PAHs之所以受到人们的关注，是因为有些PAHs具有强烈毒性，特别是具有较低分子量和较高水溶性的PAHs对水生生物表现出急性毒性。此外，已证实，多环芳烃化合物中许多种类具有致癌或致突变作用。国际癌研究中心（IARC）2003年公布的致癌PAHs有苯［a］蒽、苯并［b］荧蒽、苯并［k］荧蒽、苯并［a］芘、二苯并［a，h］蒽、茚并［1，2，3-cd］芘等6种（Motelay-massei， et al，2004）。由于多环芳烃污染对公共健康的不利影响，美国环保局将芴、菲、萘、蒽等16种PAHs列为优先控制污染物（表2-22）（万洪富，2005）。

表2-22 美国优先控制16种PAHs化合物

中文名称	英文名称	缩写
萘	Naphthalene	NAP
芴	Fluorene	FLU
菲	Phenanthrene	PHE
蒽	Anthracene	ANT
荧蒽	Fluoranthene	FTH
芘	Pyrene	PYR
苯芘［a］蒽	Benz[a] anthracene	BaA
屈	Chrysene	CHR
苯并［b］荧蒽	Benz[b] fluoranthene	BbF
苯并［k］荧蒽	Benz[k] fluoranthene	BkF
苯并［a］芘	Benz[a]pyrene	BaP
二苯并［a，h］蒽	Dibenz[a，h]-anthracene	DahA
茚并［1，2，3-cd］芘	Indeno［1，2，3-cd］pyrene	IcdP
苯并［g，h，i］苝	Benzo[g，h，i]perylene	BghiP
苊	Acenaphthene	ACE
二氢苊	Acenaphthylene	ACY

2.3.3.2 土壤PAHs污染研究现状

（1）土壤中PAHs的含量

土壤是一个PAHs库。土壤中PAHs主要来自大气沉降、污水灌溉和污泥等废弃物的农用。据调研发现国内外不同地区土壤中都含有不同种类和数量的PAHs（见表2-23），在工业区和沥青路面交通干线两侧土壤的污染程度尤其严重。土壤中的PAHs主要来源于大气中的PAHs干湿沉降、地表径流的PAHs渗入、农用污水污泥、地下蓄油装备的渗漏等。土壤中PAHs的一般浓度在$10^3 \sim 10^4$ μg·kg^{-1}，而城郊土壤中PAHs 的浓度更高，达$10^4 \sim 10^6$ μg·kg^{-1}。当进入土壤的PAHs超过它们的降解能力时，PAHs产生显著积累，存在持续污染源时，PAHs更会在土壤中大量积聚。同时土壤表面的PAHs 污染还可能迁移，进而引发下层土壤污染和进入地下水。

表2-23　国内外土壤中∑PAHs的含量特征

地方	土壤类型	∑PAHs含量范围（$\mu g \cdot kg^{-1}$）	参考文献
韩国	农业土壤	23～2 834	Nam et al，2003
爱沙尼亚	乡村土壤	23～770	Trapido，1999
爱沙尼亚	城市土壤	2200～12 390	Trapido，1999
英国	乡村土壤	187.2	Wild and Jones，1995
英国	城市土壤	4239	Wild and Jones，1995
德国	森林土壤	340～13 432	Krauss et al，2000
德国	乡村土壤	<5	Krauss et al，2003
德国	城市土壤	0.3～186	Krauss et al，2000
德国	公路旁土壤	1 600～23 000	Krauss et al，2003
泰国	城市土壤	12～380	Wilcke et al，1999
美国	木榴油污染土壤	3 000～501 000	Guerin，1999
中国	某钢铁厂周边土壤	312.2～27 580.9	葛成军 等，2005
天津市	郊区菜地土壤	1 317～4 200	王佳 等，2006
广州市	周边菜地土壤	42～3 077	陈来国 等，2004
吴江市	水稻田土壤	219.5～1 628.6	丁爱芳 等，2005

（2）土壤中PAHs的标准

目前，在国际上没有对土壤中PAHs治理的统一标准，苏联曾经制定并颁布了苯并（a）芘在土壤中的最高容许浓度为20 $\mu g \cdot kg^{-1}$（李生，1983）。我国还没有制定土壤中PAHs的治理标准，只是规定了农用污泥中的最高容许量为3 $mg \cdot kg^{-1}$（GB4284—84），荷兰和加拿大较早建立了完善的标准，见表2-24（孟范平，1995）。同样，美国也制订了土壤中PAHs的控制标准（表2-25）（万洪富，2005），Maliszewska-Kordybach（1996）对土壤中的16种PAHs污染程度建立分级标准见表2-26。

表2-24　污染土壤PAHs的治理标准　（$mg \cdot kg^{-1}$）

PAHs	荷兰标准			加拿大标准			
				评价	治理		
	A	B	C		A	B	C
萘	0.015	5	50	0.1	0.1	5	50
菲	0.045	10	100	0.1	0.1	5	50
蒽	0.05	10	100				
荧蒽	0.015	10	100				
芘				0.1	0.1	10	100
屈	0.02	5	50				
苯并（a）蒽		5	50	0.1	0.1	1	10

续表

PAHs	荷兰标准			加拿大标准			
				评价		治理	
	A	B	C		A	B	C
苯并（a）芘		1	10	0.1	0.1	1	10
苯并（b）荧蒽				0.1	0.1	1	10
苯并（k）荧蒽	0.025	5	50	0.1	0.1	1	10
苯并（g，h，i）芘	0.02	10	100				
二苯并（a，h）蒽				0.1	0.1	1	10
茚并（1，2，3-cd）芘	0.025	5	50	0.1	0.1	1	10
ΣPAHs		20	200				

表2-25　美国土壤中PAHs控制标准与治理　（$mg \cdot kg^{-1}$）

化合物（环数）	控制标准	推荐土壤治理标准
萘（2）	0.13	13.0
苊（2）	0.90	50.0
二氢苊（2）	0.41	41.0
芴（2）	3.50	50.0
菲（2）	2.20	50.0
蒽（3）	7.00	50.0
荧蒽（3）	19.00	50.0
芘（4）	6.65	50.0
苯并（a）蒽（4）	0.03	0.224或低于检测限
屈（4）	0.004	0.4
苯并（b）荧蒽（4）	0.011	1.1
苯并（k）荧蒽（4）	0.011	1.1
苯并（a）芘（5）	0.110	0.061或低于检测限
茚并（1，2，3-cd）芘（5）	0.032	3.2
二苯并（a，h）蒽（5）	1.65	0.014或低于检测限
苯并（g，h，i）芘（6）	80.0	50

注：New York State Department Environment of Environment Conservation，2003。

表2-26　土壤PAHs污染程度分级

项目	土壤污染分级			
Σ16PAHs/（$\mu g \cdot kg^{-1}$）	<200	200～600	600～1 000	>1 000
污染级别	未污染	轻度污染	污染	重度污染
样品百分比/%	54.75	33.46	7.60	4.18

（3）珠江三角洲土壤中PAHs的研究进展

珠江三角洲地区土壤中PAHs污染的数据相对缺乏。陈来国等（2004）分析报道了广州五个地区菜地中16种PAHs的含量介于42～3 077 μg·kg^{-1}，绝大部分土壤样品中的PAHs含量在200 μg·kg^{-1}以上，属于中度污染，另外，他们还发现土壤中PAHs与土壤有机碳和炭黑之间有很好的相关性。

2.3.3.3　材料与方法

（1）研究区域与采样点确定

在珠江三角洲地区选择有代表性的广州、东莞、惠州、中山、顺德等五个地区作为研究区域。广州，广东省首府，中国第三大城市，位于三角洲湾口咽喉要道；东莞和惠州位于珠江东岸，中山和顺德则位于珠江西岸。广州和惠州面积广阔，东莞和中山人口密集。现在主要农业用地为蔬菜地、稻田及果园。其中，顺德地区农业用地包括水产养殖业用地（占50%）、蔬菜用地（占30%）、花卉苗圃用地（占10%）。除了乐从以花卉为主导作物外，其他城镇均以蔬菜为优势作物。为了充分利用土地，除了在居民地周围土地上进行蔬菜种植外，当地农民还在狭长的塘基坝地上进行作物种植。通常，塘基坝地土壤是30年前挖掘池塘时堆积形成的堆叠土壤，这种堆积形成的耕作用地占了整个农业用地的1/3。

在以上5个地区根据农业用地类型（蔬菜地、稻田及果园）、是否会受工厂排放影响等因素选取样品采集地，共采集了231个土壤样品：中山65个、广州35个、惠州49个、顺德16个及东莞66个。

（2）样品的采集与保存

1）土壤样品

在每个采样地大约50 m^2范围内，选取10个采样点进行全样品采集，每个样点取0～20 cm耕作层土壤，各分点混匀后取1 kg，多余部分四分法弃去。样品在野外采集后迅速置于玻璃瓶内，并注明采样时间、地点、编号和采样人姓名等，所有样品在室温（25 ℃±1 ℃）下干燥恒重，玛瑙研钵磨细过60目筛。

2）蔬菜样品

蔬菜样品与土壤的采样点保持一致，分别采集蔬菜的可食用部位，通过切割采集约1 kg（新鲜生重）蔬菜样品，包于铝箔纸内。样品在室温下阴干后，粉碎机粉碎，双层铝箔纸包裹，置于贴有标签的玻璃瓶内，室内避光保存直至样品处理分析。

（3）样品分析方法

本研究的目标化合物是1979年美国环保局（EPA）首先公布的129种优先控制污染物中的16种PHAs（表2-22），采用美国EPA分析方法：索氏提取，硅胶氧化铝柱层析，GC-MSD定量。样品提取与净化方法分别选用3540、3610，多环芳烃定量方法为8270，并根据实际实验条件部分改进。遵照美国EPA 的规范，对定量分析过程进行质量保证与控制：方法空白、加标空白、样品平行样和标准参考物质，并用回收率指示物监控整个分析流程。本研究样品中多环芳烃的指示物的平均回收率为：萘-d8=55.6%±5.5%、苊-d10=83.8%±5.1%、菲-d10=91.8%±4.8%、屈-d12=99.8%±5.9%、苝-d12=98.9%±6.2%。

土壤物理化学性质按通常标准进行测定。总有机碳含量用CNS（Elementar Vario EL,

Elementar Analysensysteme GmbH，Hanau，Germany）分析仪测定。

（4）数据处理

数据统计分析采用带有ADE-4软件的 主成分分析（Principal Component Analysis，PCA）方法来分析多环芳烃PAHs组成间的相关关系，并依据5个不同地区和3个不同土地利用类型来区分样品。对于那些低于检测限的多环芳烃，其浓度假定为仪器检测限的一半。经过标准化转换，用带有统计SPSS11.0软件包的方差分析（Analysis of Variance，ANOVA）方法比较了5个不同地区和3个不同土地利用类型的16种多环芳烃、总的多环芳烃以及致癌性多环芳烃。顺德地区样品主成分结合ADE-4分析多环芳烃的组成、10个乡镇的样品区别、土地类型以及蔬菜种类。土壤和蔬菜样品中多环芳烃比例组成比较采用“T”检测法。另外，采用相关分析法分析蔬菜样品与相对应的土壤样品中PAHs总量之间、土壤特性与不同多环芳烃之间的相关关系。

2.3.3.4　珠江三角洲农田土壤中PAHs分布特征

关于珠江三角洲局部地区农田土壤中PAHs分布特征，此前已有相关报道（Yong Tao Li et al，2008；杨国义 等，2007）。

（1）土壤PAHs的含量

从珠江三角洲地区5个地区东莞、广州、惠州、顺德和中山采集的231个土壤样品中，16种多环芳烃均具有很高的检出率（表2-27）。16种PAHs中有一半检出率超过95%，2个在89%～91%，4个在66%～80%。ANT和BkF检出率相对较低，分别为30%和55%。231个土壤样品中16种PAHs 总量平均为316.5 μg·kg^{-1}（干重），变化范围为未检出至4 079 μg·kg^{-1}。珠江三角洲地区农业土壤中PAHs 含量远高于自然值及其他许多相似地区。土壤中典型的内源性PAHs含量的范围被文献报道为1 ~10 μg·kg^{-1}（Edwards，1983）。Zhang et al（2005）报道香港农场中PAHs含量为31.1 μg·kg^{-1}，城市土壤中含量为169 μg·kg^{-1}。Stalikas et al（1997）报道，在希腊，西马其顿的火力发电厂附近的表层土壤中16种多环芳烃含量为55.2～495 μg·kg^{-1}。Wilcke et al（1999）报道，在大气污染严重的热带大都市土壤中20种PAHs含量较低，为11～347 μg·kg^{-1}。

另外，一些研究者发现，在热带由于微生物降解、光降解及挥发性和淋溶性提高，土壤中PAHs含量较低，存在形式变化显著（Wilcke et al，1999a；1999b）。例如，Smith et al（1995）研究表明，即使Lahore和 Pakistan大气污染要严重得多，但其土壤中PAHs含量仍然要比UK的Birmingham要高。但尽管如此，在本次研究中，土壤中16种PAHs含量仍然要比那些温带地区农业土壤中要高。例如，韩国农业土壤中16种PAHs含量平均为236 μg·kg^{-1}（Nam et al，2003）。

（2）PAHs的存在形式

3环和4环PAHs含量在所有样品中均较高，平均占总量73.0%。含量最高的为PHE、BbF和FTH，平均含量为40.9～53.2 μg·kg^{-1}。其他4～6环 PAHs，除了DahA，占总含量46%。以上10种PAHs总量平均超过10 μg·kg^{-1}，但要比政府规定的无污染土壤中PAHs含量（20～50 μg·kg^{-1}）低（Van Brummelen et al，1996）。另外，5种小分子量PAHs和DahA含量在土壤自然值之内（表2-27）。

表2-27 珠江三角洲地区5个地区土壤样品的PAHs含量及检出率

（μg·kg^{-1}）

PAHs Abbr.	序号	东莞			广州			惠州			顺德			中山			合计			检出率/%
		平均值	含量范围		平均值	含量范围		平均值	含量范围		平均值	含量范围		平均值	含量范围		平均值	含量范围		
NAP	1	3.63	ND	19.50	17.23	ND	275.00	12.10	1.0	82.88	4.77	2.67	8.0	9.08	0.5	74.0	9.12	ND	275.0	97
ACY	2	0.38a	ND	9.00	0.66a	ND	3.58	4.66b	ND	14.21	0.54a	ND	1.0	1.30a	ND	13.0	1.60	ND	14.2	76
ACE	3	1.98a	ND	35.00	36.98b	ND	557.90	1.34a	ND	5.92	0.29a	ND	1.0	0.36a	ND	5.0	6.57	ND	557.9	66
FLU	4	4.05	0.5	27.50	10.02	ND	123.90	4.91	ND	14.70	2.91	0.67	11.0	6.45	1.5	83.0	5.75	ND	123.9	98
PHE	5	0.10b	14.0	822.50	4.11a	ND	106.40	28.07a	ND	131.03	34.13a	10.67	90.5	75.84b	ND	287.5	53.15	ND	822.5	97
ANT	6	3.28	ND	77.50	3.16	ND	90.00	3.37	ND	13.74	ND	ND	ND	1.67	ND	70.5	2.60	ND	90.0	30
FTH	7	57.12c	ND	495.50	5.34a	ND	84.50	28.74b	7.5	147.25	21.04ab	2.67	51.0	57.77c	9.5	220.5	40.94	ND	495.5	97
PYR	8	43.03c	ND	427.00	0.69a	ND	7.19	18.09ab	5.0	102.76	15.08a	2.00	37.5	34.99bc	6.5	134.5	27.09	ND	427.0	96
CHR	9	45.58b	2.0	526.50	6.43a	ND	28.53	13.27a	ND	56.33	16.21a	2.67	35.5	15.19a	ND	108.0	22.08	ND	526.5	95
BaA	10	25.32ab	ND	461.50	5.04a	ND	26.59	14.98a	ND	62.50	4.93a	ND	12.0	45.34b	3.5	270.5	24.36	ND	461.5	96
BbF	11	45.18ab	1.5	612.50	50.27ab	ND	567.80	27.90a	ND	140.50	15.52a	2.00	32.5	72.92b	ND	476.0	48.16	ND	612.5	97
BkF	12	22.68	ND	255.00	29.27	ND	742.90	6.06	ND	25.96	9.79	1.00	21.0	0.05	ND	3.0	12.79	ND	742.9	55
BaP	13	27.70	ND	443.50	24.79	ND	516.70	10.34	ND	40.00	3.50	ND	18.0	10.61	ND	86.5	17.02	ND	516.7	74
IcdP	14	26.98	ND	386.50	8.04	ND	51.30	12.44	ND	65.34	7.53	0.33	28.5	24.50	ND	160.5	18.97	ND	386.5	91
DahA	15	5.64ab	ND	87.00	1.64a	ND	10.15	1.33a	ND	14.00	1.34a	ND	3.0	6.73b	ND	49.5	4.13	ND	87.0	80
BghiP	16	20.30	ND	353.00	40.23	ND	1208.60	11.40	ND	81.06	7.61	ND	34.0	25.86	2.0	131.5	22.14	ND	1 209	89
Σ16 PAHs		412.9 c	29.0	4 079	243.9 ab	ND	2 952	199.0 ab	47.7	862.3	145.2 a	33.7	308.0	388.7 c	78.5	2 033	316.4	ND	4 079	
Σ致癌性 PAHs		199.1	ND	613	125.5	0.02	743	86.3	ND	140.5	58.8	ND	35.5	175.3	ND	476	147.5	ND	2 773	
n		65			35			49			16			66			231			

注：$P<0.01$为ACY，ACE，PHE，FTH，PYR，CHR，BaA，DahA；$P<0.05$ 为 BbF and Σ16 PAHs；$P>0.05$为其他PAHs；*n*为样品总数；Σ致癌性 PAHs：序号9～15。

（3）珠江三角洲农田土壤中PAHs的空间分布特征

1）土壤 PAHs在不同地区的分布

根据单因子随机方差分析（ANOVA），16种PAHs总量及9种PAHs在珠江三角洲5个地区中存在明显差异（$P<0.05$，表2-27）。5个地区的16种PAHs含量分布，大小顺序为东莞（412.9 μg·kg^{-1}）和中山（388.7 μg·kg^{-1}）＞广州（243.9 μg·kg^{-1}）和惠州（199 μg·kg^{-1}）＞顺德（145.2 μg·kg^{-1}）。

2）土壤PAHs在不同用地类型中的分布

3种土地使用类型中16种PAHs含量大小顺序为：蔬菜地（338.8 μg·kg^{-1}，n=141）＞稻田（284.8 μg·kg^{-1}，n=39）和果园地（278.8 μg·kg^{-1}，n=51）。但是，16种PAHs含量及每种多环芳烃（ACY除外）并未显示出统计意义上的差别。蔬菜土壤中PAHs含量高是合理的，因为蔬菜地通常靠近居住区，相比于果园及稻田，受大气污染及污水灌溉影响更深。

3）PAHs在不同地区和用地类型中的分布

土壤中多环芳烃存在形式在5个地区3种用地类型中存在差异。例如，在广州和惠州的蔬菜地中2环芳烃含量较高，广州土壤中3环芳烃较其他地区高，而5-6环芳烃较其他地区低（图2-26）。

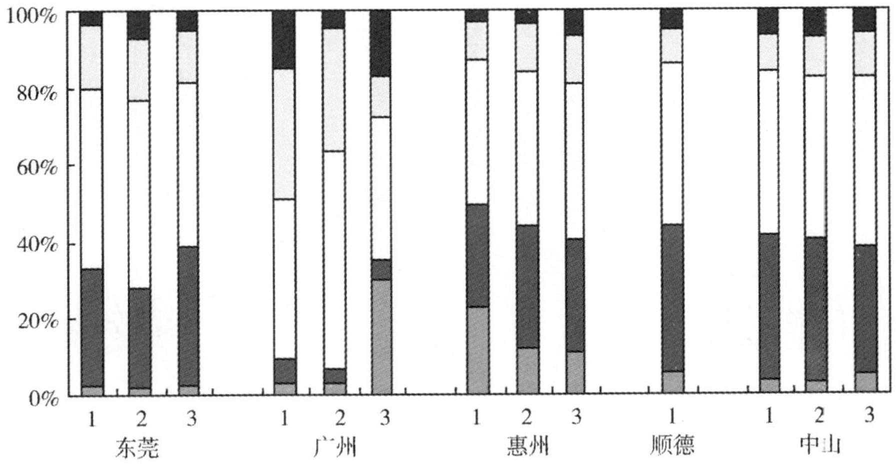

注：1：果园地；2：水稻田；3：蔬菜地。从下至上各部分分别代表2、3、4、5、6环芳烃所占比例。

图2-26　不同利用方式土壤中PAHs的分布

为评价不同地区不同土地类型中16种芳烃的分布，使用PAC作为多变量统计分析方法。在图2-27中，主成分分析提供了较为清晰的图画，用于阐述多变量（16种PAHs）之间的相互关系，并区分出其在5个地区3大土壤用地类型的分布。一个两维变量模型的主成分载荷图如图2-27a所示。向量之间角度较小，表明16种PAHs之间相关且具有相似性，这和Wilcke（2000）揭示的温带地区的数据一致。第一和第二主成分解释的信息量最大（66.7%方差量）。根据在PC1轴上的得分，6个4-5环的致癌多环芳烃在PC1上显著（CHR，BaA，BbF，BaP，IcdP 和 DahA），这表明，PC1代表了高分子量的致癌类PAHs。相反的，PC2上NAP、ACE 和 FLU显著，这些2环芳烃表明PC2代表了分子量较低的低环芳烃。

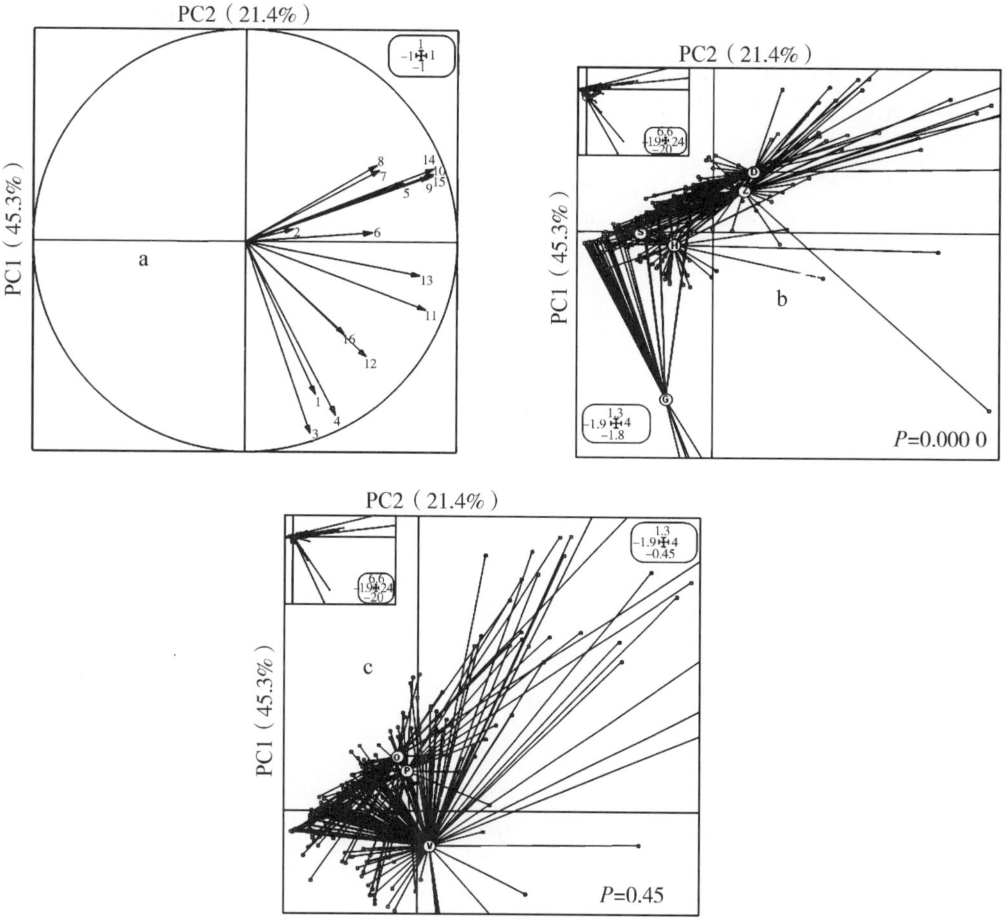

注：a为PAHs分布的PC1（*X*轴）PC2（*Y*轴）两维变量模型载荷图，图中1、2……分别代表16种PAHs；b为不同地区土样得分分布图，图中D、Z、S、H、G分别代表东莞、中山、顺德、惠州、广州；c为不同用地类型得分分布图，图中O、P、V分别代表果园、水稻田、蔬菜地。

图2-27　珠江三角洲地区不同地区不同用地类型PAHs分布的PCA 法分析

在得分分布图上（图2-27a），所有样品采样点及5个地区根据其在*X*轴（PC1）和*Y*轴（PC2）的位置被分成不同组（$P<0.001$）。沿着*X*轴正方向，随着致癌类PAHs分子量的增大，土壤样品被分成3个组：东莞和中山>惠州和广州>顺德。沿着上*Y*轴负方向，随着低分子量的PAHs增加，多环芳烃被分成以下类别：广州>惠州和顺德>东莞和中山（图2-27b）。

相似的，在用地分布得分图上（图2-27c），蔬菜土壤和其他两种用地类型在PC2上区分开来。然而，由于标准偏差较大，这种差别并无统计意义。这表明，空间因素相对于用地类型来说，对于土壤中PAHs的分布更为关键。

（4）小结

从位于亚热带的珠江三角洲5个地区，3种土壤用地类型采集土壤样品，样品中16种PAHs具有高检出率且含量高，其中以3-4环芳烃为主。PAHs存在形式在因不同用地类型及地区而不同。 根据ANOVA法分析，东莞和中山中16种PAHs含量要比其他地区高。PCA分析表明，更多的高分子量的PAHs在东莞和中山的土壤中受到富集。相反，更多的低分子量的PAHs在广州、惠州和顺德的土壤中含量相对较高。蔬菜地中PAHs要比稻田和果园中高，但并无统计意义上的差别。

第3章
土壤质量变（退）化的主要过程与机制

综合第2章的研究结果可知，自全国第二次土壤普查以来，珠江三角洲地区农田土壤特别是蔬菜地土壤质量已发生了明显变化。其中，主要土壤质量变（退）化包括：土壤有机质呈下降趋势与土壤养分的非均衡化，部分蔬菜地土壤次生盐渍化和硝酸盐累积，局部区域土壤环境质量呈下降趋势。认识这些土壤质量变化的物理、化学和生物学过程与机理，对建立农田土壤质量培育理论与技术，有重要的意义。

3.1 土壤有机质下降与养分非均衡化过程与机制

3.1.1 土壤有机质下降与养分非均衡化过程对土壤质量的影响

土壤肥力质量是土壤提供植物养分和生产生物物质的能力。根据第2章研究结果可知，自全国第二次土壤普查以来，珠江三角洲地区农田土壤特别是蔬菜地土壤有机质、速效氮、磷、钾含量已有了明显变化，土壤有机质稳中有降，而土壤速效氮、磷、钾养分明显增加，这种变化一方面表明，土壤供应速效氮、磷、钾养分能力有所提高，但土壤有机质的减少，则意味着土壤的基础肥力有所下降，即同时提供氮、磷、钾 和微量元素能力下降。据统计分析，土壤有机质含量的高低，对土壤全氮含量的影响至关重要。图3–1是惠州市惠阳区农田土壤有机质含量与全氮含量的关系，随土壤有机质含量的增加，全氮含量也相应增加，反之亦然。显然，土壤有机质下降，提供给土壤微生物生命活动的能量与原料减少，将影响土壤营养元素的循环转化，因而影响土壤养分的平衡供给。

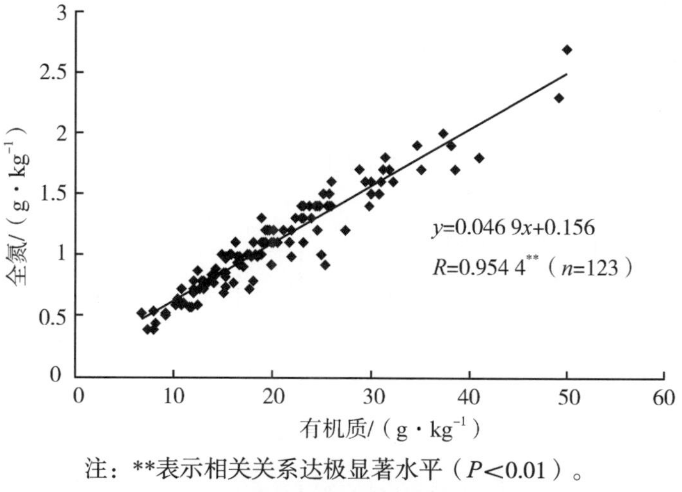

注：**表示相关关系达极显著水平（$P<0.01$）。

图3–1 土壤全氮与有机质的关系

此外，土壤有机质的下降，还将导致土壤结构变差。据对佛山市南海区调查结果，近

20多年来，南海区农田土壤松紧度也有了变化，其表现在土壤容重增加。据对本次调查的20个采样点的土壤容重测定结果统计，50%以上的土壤容重属偏紧或紧实、过紧实，其中40%的表土容重属偏紧实，10%以上的土壤容重属紧实、过紧实。而据第二次土壤普查对部分黏性较大的6个水稻土耕层土壤容重的分析结果，只有33%的土壤样品测定容重属偏紧、紧实、过紧实。本次调查显示的土壤容重增加，显然与土壤有机质的减少有关。

3.1.2 土壤有机质下降与养分非均衡化的形成机制

珠江三角洲地区农田特别是蔬菜地土壤有机质呈下降趋势，土壤速效氮、磷明显累积，与其集约化利用程度的增加相关，同时也受土壤管理方式的影响。

3.1.2.1 土壤系统物质循环与土壤有机质、氮磷养分元素含量变化

珠江三角洲地区农田土壤有机质呈下降趋势、氮、磷元素累积，是土壤系统物质循环与平衡的结果。

（1）大量施用化学肥料的影响

根据南海区农户调查，2002年大田（主要是水田、少量旱地）有机肥料平均施用量为1 941.75 kg·hm^{-2}，化肥平均施用量为：氮肥（尿素）401.25 kg·hm^{-2}；磷肥1 252.5 kg·hm^{-2}，主要以过磷酸钙为主；钾肥375 kg·hm^{-2}，主要以氯化钾为主；复合肥900 kg·hm^{-2}，品种主要有芭田复合肥（15：9：12）、俄罗斯复合肥（15：15：15）、挪威复合肥（15：15：15）、狮马复合肥（13：8：7）和福利龙复合肥（10：0：6）等（图3-2）。大田投入的氮、磷、钾养分，化学肥料占的比例均在90%以上（图3-3）。

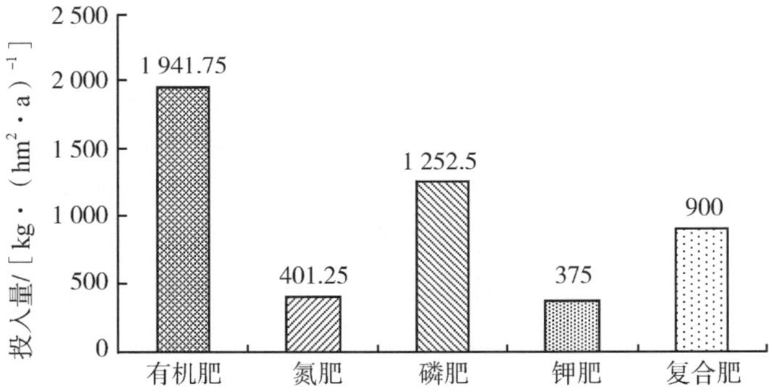

图3-2 大田肥料投入情况

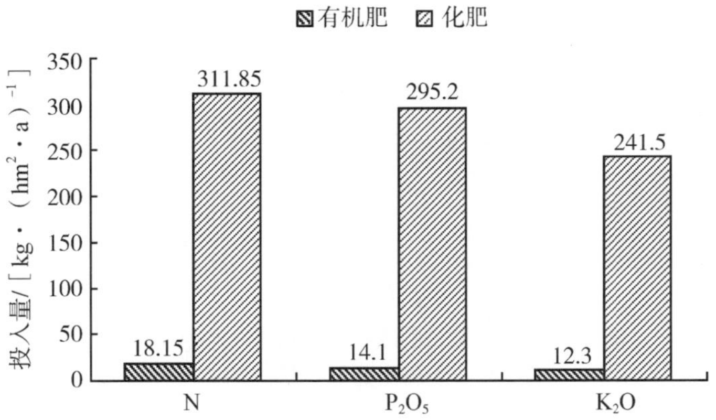

图3-3 大田肥料养分投入情况

根据氮、磷、钾肥料中的有效成分折算成纯氮、磷、钾养分及其比例如图3-4所示。

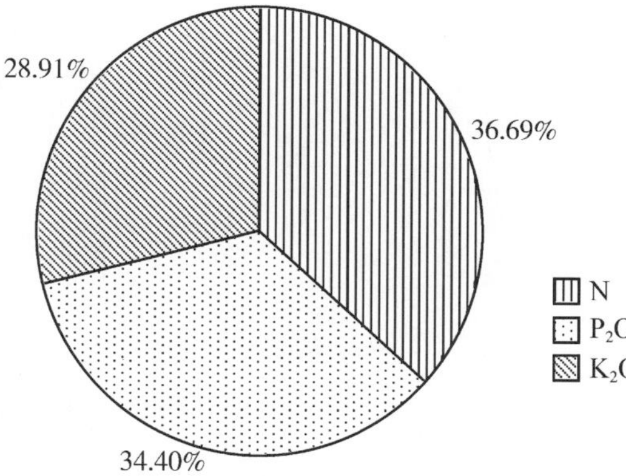

图3-4　大田氮、磷、钾施用比例

根据广东省土壤肥料总站有关资料，“九五”期间，广东省大田的平均单季化肥施用量（$N+P_2O_5+K_2O$）为300 kg·hm^{-2}，施肥的养分构成中，有机肥占15%。由图3-2、图3-3和图3-4可知，南海区大田（主要是水田）化肥施用量（$N+P_2O_5+K_2O$）按单季计低于全省水田的平均水平，有机肥料施用比例要低10%，氮、磷、钾有效养分的比例为1∶0.94∶0.79。其中，施用的化肥中氮、磷、钾有效养分的比例为1∶0.95∶0.77。氮、磷、钾有效养分的比例中，磷、钾养分的比例要比全省“九五”期间水田的比例（分别为0.31和0.77）高。这种情况可能与南海区主要种植耐肥性差的优质稻，对肥料投入不太高，但磷、钾肥所占比例较大有关。

根据南海区种植蔬菜（品种以瓜豆类、叶菜类为主，有的实行稻—菜轮作）的农户调查，2002年，只有40%的农户施用了有机肥，有机肥料施用量平均为2 304.75 kg·hm^{-2}。氮肥（尿素）平均952.5 kg·hm^{-2}，磷肥（主要是过磷酸钙、钙镁磷肥）平均2 175 kg·hm^{-2}，钾肥（氯化钾）平均157.5 kg·hm^{-2}，复合肥平均6 435kg·hm^{-2}（主要品种有挪威复合肥、俄罗斯复合肥、狮马、福利隆和芭田复合肥）。另外有7户农户施用了叶面肥，主要品种有植保素、磷酸二氢钾、农丰壮和云大120等，但施用量不大。

由图3-5、图3-6、图3-7可知，南海区蔬菜地有机肥料施用比例同样少，氮、磷、钾有效养分的比例为1∶0.83∶0.74，其中化肥中氮、磷、钾有效养分的比例为1∶0.80∶0.73。与大田施肥情况比较，蔬菜地施肥有如下特点：化肥施用量较高，其中，复合肥施用量高6.15倍，氮肥施用量高1.37倍，磷肥施用量高73%；化肥中氮、磷、钾有效养分比大田施用的化肥中的高3～4倍。

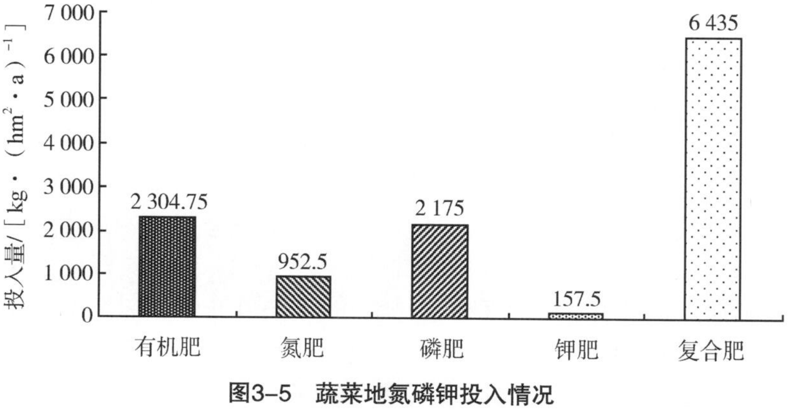

图3-5　蔬菜地氮磷钾投入情况

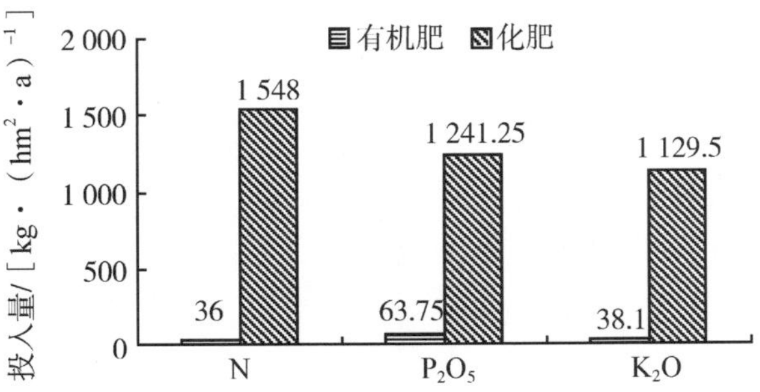

图3-6　蔬菜地肥料养分投入情况

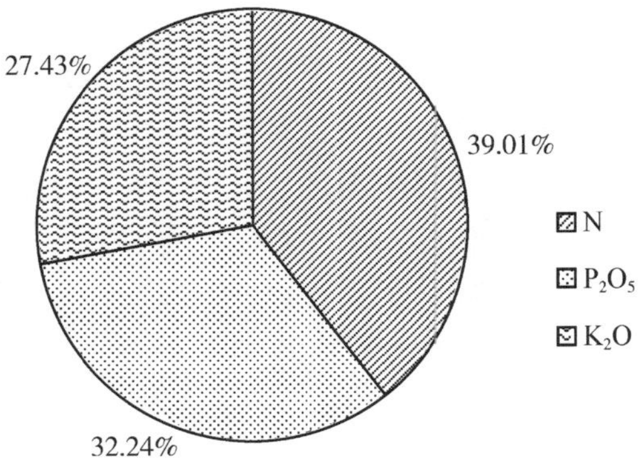

图3-7　蔬菜地氮、磷、钾施用比例

调查表明，南海区蔬菜地年化肥施用量（$N+P_2O_5+K_2O$）为3 900 kg·hm^{-2}，有机肥施用量为2 304.75 kg·hm^{-2}，按平均一年6茬菜计算，平均每茬施化肥（$N+P_2O_5+K_2O$）约645 kg·hm^{-2}，施有机肥仅384 kg·hm^{-2}。化肥施用量明显偏高。根据对南海区葱类菜地养分输入与输出的粗略估算，每产1 620 kg葱，化肥施用量为氮（N）22.7～23.4 kg，磷（P_2O_5）17.3～18 kg，钾（K_2O）14.5～15.2 kg，而葱吸收的养分仅为：氮（N）5.51 kg，磷（P_2O_5）2.92 kg，钾（K_2O）9.72 kg。从以上粗略的估算中可以看出，无论是氮还是磷、钾的施用量都显得过量。

在对博罗县水田和蔬菜地两种种植体系的比较研究时，调查了水田和蔬菜地两种种植体系施肥量，计算结果表明（见表3-1），水田和蔬菜地两种种植体系施肥量差异很大，无论是化肥还是有机肥，氮磷钾差异均达极显著水平。就化肥来说，蔬菜地施氮量150～2 773 kg·hm^{-2}，平均为1 560 kg·hm^{-2}；施磷量650～2 435 kg·hm^{-2}，平均为1 225 kg·hm^{-2}；施钾量0～1 655 kg·hm^{-2}，平均为1 085 kg·hm^{-2}。蔬菜地氮、磷、钾投入量分别为水田的2.4倍、3.4倍和3.8倍，氮磷钾总投入量为3.4倍。有机肥氮磷钾投入量蔬菜地分别为365 kg·hm^{-2}、120 kg·hm^{-2}和310 kg·hm^{-2}。按照山东省对大棚蔬菜的推荐施肥量为氮750～1 030 kg·hm^{-2}、磷180～300 kg·hm^{-2}、钾225～375 kg·hm^{-2}（何启伟，2000）；小麦与玉米全年的推荐施肥量为氮300～390 kg·hm^{-2}、磷80～90 kg·hm^{-2}、钾0～150 kg·hm^{-2}（马文奇，1999）。两个体系的实际施肥量大大地超过了推荐量。蔬菜地土壤碱解氮、全磷、有效磷和速效钾含量，尤其是有效磷含量提高明显，显然与其化肥施肥量更高有关。若以单位产量需氮量估算，每公顷小白菜产量15 t，仅需氮素24.15 kg（陈琼贤，2002）。施入菜地土壤中的氮肥通过硝化作用以各种硝酸盐形式溶解在土壤溶液中，加之其他肥料如过磷酸钙、氯化钾等施用，经吸收及转化形成氯化钙或氯化钠溶解于土壤溶液中，从而使土壤溶液中盐浓度得到很快地提高，这显然是珠江三角洲地区部分蔬菜地土壤发生次生盐渍化现象的主要原因。

表3-1　蔬菜地、水稻田两种种植体系施肥量对比

种植体系		蔬菜地			水稻田		
统计项		平均值	范围	CV/%	平均值	范围	CV/%
有机肥/（kg·hm^{-2}）	N	365	35 ~ 500	76.5			
	P	120	65 ~ 320	80.2			
	K	310	18 ~ 450	77.9			
养分投入量/（kg·hm^{-2}）	N	1 560	150 ~ 2 773	51.2	720	68 ~ 960	44.6
	P	1 225	650 ~ 2 435	35.5	360	84 ~ 560	58.3
	K	1 085	0 ~ 1 655	62.5	285	35 ~ 410	64.2

注：蔬菜地、水稻田调查样本数分别为8和3。

（2）社会经济发展因素的作用

社会经济发展引起农业劳动力结构改变，农田土壤利用中重用轻养、重化肥轻有机肥现象突出。

在珠江三角洲地区经济发展较快的地区如南海、东莞等，近20多年来，社会经济持续发展，而农业则相对萎缩，大量农田被建设等占用，大量农村人口向城市转移，加之农业比较效益较低，本地劳力基本上不再从事农业生产。因此，在本区从事农业生产的劳动力结构发生了很大变化：当地的农业劳动力多为年老或妇女，而相当部分农田则是由外来人员租种。社会经济发展、农业劳动力结构改变给地力培育造成的不利影响是明显的：

1）由于农业比较效益低，当地农民的主要收入不是来源于种地，因此，对地力培育不愿意增加投入，而在大量青壮年劳力向非农业转移的情况下，也无法投入更多劳力从事有机肥的积制、使用等对地力培育有利的工作。这样一来，许多过去行之有效的地力增肥措施，在今天已很难实施。如冬种专用绿肥，绿肥压青还田，过去是提高土壤有机质的重要措施。一方面是因为劳力不足，另一方面是冬种蔬菜面积增加等的影响，近年来，南海区已基本没有冬种绿肥。过去珠江三角洲地区有喷（塘）泥抬田的做法，南海区虽然河、塘泥丰富，但现在已很少有喷（塘）泥抬田的做法。显然，由此而造成的有机肥源不足或有机肥源利用不充分，是不利于农田土壤肥力的保持与提高的。

2）承包经营土地时，受经济利益驱动，很难更好地做到用地与养地结合。据本次调查，南海区不少农田处于高强度利用状态，如承包种菜的农户，为了实现一年多茬（多在5～6茬，有的更多达一年8茬），往往大量施用化肥。据农户调查，蔬菜地的施化学肥料普遍很高。除平均施用复合肥6 435 kg·hm^{-2}外，还另施氮肥（尿素）952.5 kg·hm^{-2}、磷肥（主要是过磷酸钙、钙镁磷肥）2 175 kg·hm^{-2}，钾肥（主要是氯化钾）157.5 kg·hm^{-2}，个别农户年每1/15 hm^2施磷肥竟高达500 kg以上。有机肥施用不足而化肥施用过多，不仅造成土壤硝酸盐累积、土壤板结，而且导致肥料利用效率下降、水体面源污染加重。一些劣质磷肥的大量施用，可能使土壤重金属污染加重。南海区有少部分蔬菜地，由于大量施用化肥而不施有机肥，土壤理化性状已严重变劣到无法继续种植蔬菜的程度。从土壤微量元素状况看，南海农田土壤硼、钼元素还很缺乏，生产实践中少施有机肥料对改善微量元素状况显然不利。

3.1.2.2　田间管理措施的影响

据调查，珠江三角洲地区当地菜农为了防止病虫害往往在蔬菜播种前向土壤中施加少量的石灰，这样同时会对土壤酸碱度产生了一定的影响。前面的结论表明，与水田相比，蔬菜地表层土壤pH值有所升高，这说明了在耕作上向菜地施加一定量的石灰可能对土壤酸碱度的升高有一定的贡献。

此外，在调查中，发现菜农存在将菜地深翻的习惯，有时深翻到犁底层。一般来说，底层土壤有机质比上层要低，这样深翻上来的土壤和表层混合，可能会降低总体耕作层的土壤有机质含量。前面的结论也表明水田改为蔬菜地后土壤有机质含量存在下降的趋势，可能与土层深翻有一定的关系。

3.1.2.3　耕作制度变化的影响

土地利用方式变化、利用强度增大，耕作制度不尽合理对珠江三角洲地区土壤肥力质量的变化有深刻的影响。

近年来，珠江三角洲地区农田的利用方式发生了很大变化，利用强度在增大。在农业的种植业内部，结构调整明显：粮食、花生、甘蔗等播种面积减少，花卉、蔬菜等经济作物种植面积大幅增加，如据统计资料，2000年，南海区粮食作物、花生与甘蔗等经济作物、蔬菜种植的面积分别占全年作物总播种面积的44.22%、2.04%和46.03%，与第二次土壤普查时（1980年）比较，粮食和花生、甘蔗等经济作物播种面积比例分别下降了34.38和19.36个百分点，蔬菜种植已成为种植业重要的组成部分。种植业内部结构调整的结果，使农田复种指数明显提高：1980年全区农田的复种指数为2.16，2002年为2.88。据对农户调查结果，蔬菜地的多茬种植，对复种指数的提高贡献最大。因为大田多种植2～3造，蔬菜地一年多种植5～6茬，有的更多达一年8茬。

土地利用方式、利用强度的变化，在给人们带来更多经济效益的同时，由于在耕作制度方面不尽合理，也给土壤肥力质量造成了不利影响。

1）蔬菜地的不合理施肥及其影响，因其连作过度的影响而变得更为严重。据调查，南海区的蔬菜地一年多种植5～6茬，有的更多达一年8茬，不少蔬菜地连续种菜达10多年。为了实现一年多茬，以取得更大的经济效益，农户往往大量施用化肥，其结果是土壤理化性质变差，肥料增产效率降低，有的甚至产生了次生盐渍化。据实地调查中发现，有的连续3～5年种植韭菜的蔬菜地，土壤严重板结以致不能继续种下去。不少农户反映，蔬菜连作，病虫害增加，有的甚至出现死菜现象。

2）在更多的土地被利用作蔬菜地时，水旱轮作减少，有可能造成更多的土壤有机质的消耗。这是因为，以种植水稻为主的水田土壤，每年会有较长时间处于有利于土壤有机质积累的渍水条件，当更多的土地被用作蔬菜地时，意味着有更多的农田由水耕变为旱作，这对土壤有机质的保持与提高是不利的。在利用强度增大而又少施有机质肥料的情况下，土壤有机质含量的减少是必然的。显然，珠江三角洲地区蔬菜地有机质、全氮平均含量较大田的低，与其可能有更多的土壤有机质的消耗分不开。

过去许多研究表明（王辉，2005b；史春余，2003），长期蔬菜种植会导致土壤养分、盐分和土壤中微量元素发生很大的变化，且耕作（种植）年限越长，其变化趋势越明显。我们在对博罗县水田和蔬菜地两种种植体系进行比较研究时，以附近水田（0年）作为对照，对选取种植年限分别为1～3年、5～8年和大于10年的蔬菜地土壤理化性状变化进行了分析。结果表明，蔬菜地土壤有机质、全NPK、有效态PK和硝态氮、盐分电导率随耕作年限增加而变化。

土壤有机质和全氮、全磷、全钾的变化曲线见图3–8、图3–9和图3–10。与对照水田相比，蔬菜地土壤有机质和全氮显示降低的趋势，且随种植年限的增加逐渐降低，这有可能与蔬菜种植过程中高强度的深翻耕作而加速土壤有机质的矿化有关。土壤全氮含量又与土

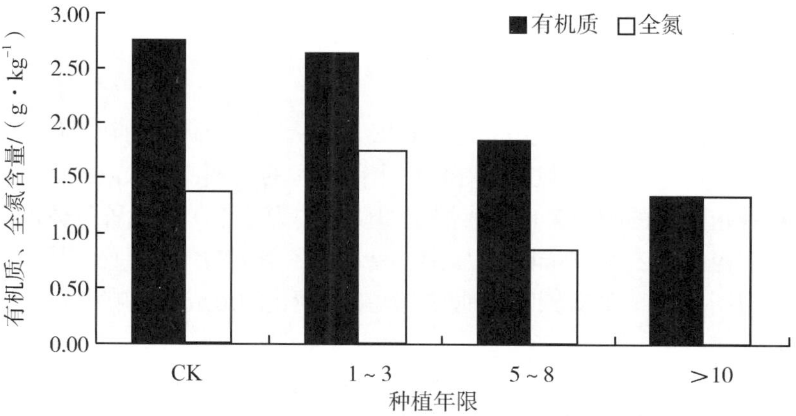

图3–8　不同种植年限土壤有机质和全氮含量的变化

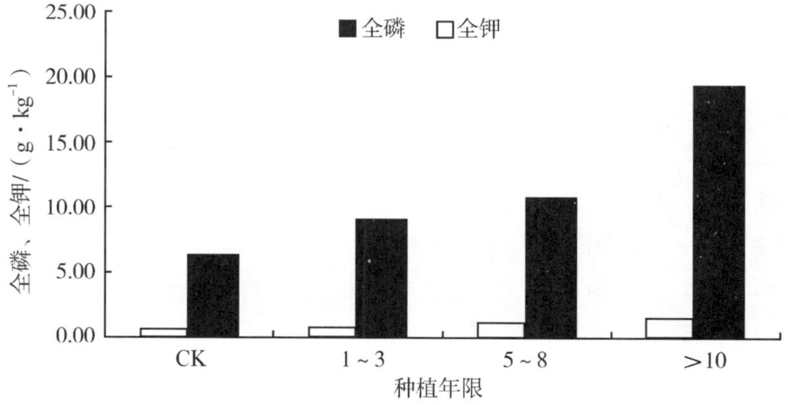

图3–9　不同种植年限土壤全磷和全钾含量的变化

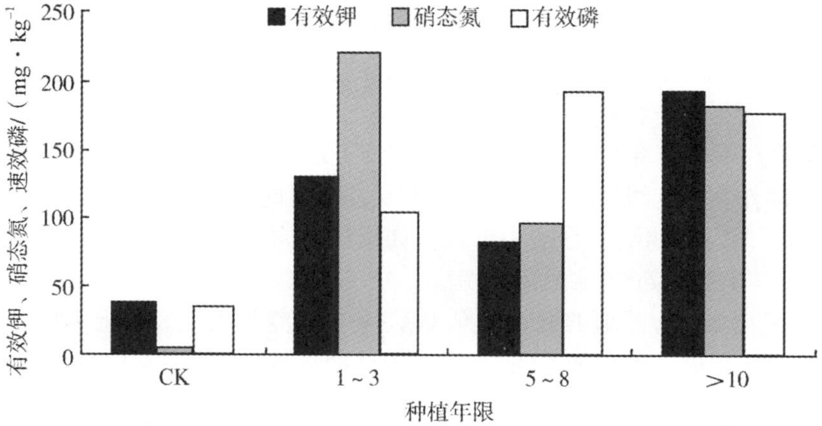

图3–10　不同种植年限土壤有效钾、硝态氮和有效磷含量的变化

壤有机质含量存在密切的正相关关系，所以也表现出随种植年限的增加而降低的趋势。全磷和全钾随种植年限的增加，其含量逐渐上升；土壤速效养分随着使用年限的增加而急剧增加，这显然与蔬菜地施用长期施用更多的化学磷、钾肥的影响分不开。

3.2 土壤次生盐渍化过程与机制

近年来有关大棚土壤盐分累积的报道较多（王辉，2005）。关于露天蔬菜地发生次生盐渍化现象，是我们近年开展珠江三角洲地区农田土壤质量演变研究的新发现。为了进一步揭示露天蔬菜地次生盐渍化过程与机制，在佛山市南海区的西樵、里水以及大沥镇挑选具有代表性的5块连年种植蔬菜的露天菜地（表层土壤质地均为壤土），设置具体的观测位点，采用GPS进行定位，见表3–2。在不同季节（春、夏、秋冬季）的代表月份在同一观测位点采集各层次土壤和地下水样品，对露天蔬菜地发生次生盐渍化的形成与影响因素进行了研究。

表3–2 不同采样点地理位置及农户调查情况

样点编号		1	2	3	4	5
地点		里水麻奢	里水菜场	西樵儒溪	西樵河岗	大沥兴贤
经度		113° 06.710′	113° 09.555′	112° 56.862′	112° 53.889′	113° 04.462′
纬度		23° 13.334′	23° 12.528′	22° 54.685′	22° 56.892′	23° 07.452′
蔬菜种类		以葱蒜类为主	以叶菜类为主	以瓜豆类为主	以叶菜类为主	以叶菜类为主
地下水位/m		＞1	0.90	0.80	0.75	＞1
灌溉方式		沟灌	沟灌	沟灌	畦灌	畦灌
灌溉保证率		充分满足	充分满足	充分满足	充分满足	基本满足
种菜年限/年		9	7	8	7	13
施肥情况/［kg·(y①·a)$^{-1}$］	复合肥	350	400	400	350	500
	尿素	250	350	300	300	350

注：①y为1/15hm^2。

3.2.1 土壤次生盐渍化与硝酸盐累积对土壤质量的影响

土壤次生盐渍化对土壤质量的影响是多方面的，一是土壤盐分含量过高，影响作物对水分的吸收，从而影响作物对养分的吸收；二是土壤盐分组成离子，将抑制作物对养分元素的吸收。而在干旱气候条件下，加强作物的被动吸收过程，使许多离子随蒸腾进入作物体内，从而破坏作物细胞组织，使其失去正常功能。因此，蔬菜地土壤盐渍化，导致土壤养分平衡失调，诱发作物缺素症或中毒症，如植株体内的硝态氮的增加，会影响植株对Ca、Mg的吸收，导致蔬菜产生缺Ca生理病。

根据南海区几个露天菜地的调查结果（表3–3），露天菜地表层土壤盐分在春季、夏季和秋冬季的离子组成，阳离子以Ca^{2+}为主，占全盐量的11.0%～24.1 %；阴离子以NO_3^-和SO_4^{2-}为主，分别占全盐量的8.90%～31.0%和10.9%～45.7%。显然，积累较多的盐分离子是NO_3^-，这显然会最终影响蔬菜对Ca、Mg的吸收，导致蔬菜产生缺Ca的生理病。

表3-3　露天菜地表层土壤盐分累积状况及各离子含量

样点号	1	2	3	4	5	1	2	3	4	5	1	2	3	4	5
	春					夏					秋冬				
Ca^{2+}/(g·kg^{-1})	0.251	0.500	0.121	0.209	0.088	0.150	0.153	0.051	0.029	0.071	0.039	0.093	0.043	0.074	0.105
	(19.6)	(20.7)	(22.6)	(13.4)	(15.6)	(24.1)	(11.0)	(18.8)	(13.2)	(23.2)	(15.0)	(16.3)	(20.2)	(13.9)	(18.6)
Mg^{2+}/(g·kg^{-1})	0.014	0.038	0.010	0.029	0.008	0.009	0.011	0.005	0.005	0.006	0.005	0.008	0.004	0.009	0.008
	(1.1)	(1.6)	(1.9)	(1.9)	(1.4)	(1.5)	(0.8)	(2.0)	(2.1)	(1.8)	(1.8)	(1.3)	(2.0)	(1.7)	(1.3)
K^+/(g·kg^{-1})	0.016	0.117	0.010	0.011	0.006	0.018	0.033	0.007	0.013	0.009	0.021	0.028	0.006	0.004	0.016
	(1.2)	(4.8)	(1.9)	(0.7)	(1.1)	(2.9)	(2.4)	(2.7)	(5.9)	(3.0)	(8.1)	(4.9)	(2.6)	(0.7)	(2.8)
Na^+/(g·kg^{-1})	0.100	0.179	0.015	0.266	0.077	0.020	0.075	0.010	0.034	0.031	0.028	0.051	0.008	0.076	0.051
	(7.8)	(7.4)	(2.9)	(17.0)	(13.7)	(3.2)	(5.4)	(3.9)	(15.4)	(10.0)	(11.0)	(9.0)	(3.9)	(14.4)	(9.0)
NO_3^-/(g·kg^{-1})	0.233	0.382	0.166	0.358	0.112	0.126	0.208	0.061	0.039	0.039	0.035	0.159	0.019	0.096	0.063
	(18.2)	(15.8)	(31.0)	(22.8)	(19.8)	(20.2)	(52.8)	(22.7)	(17.8)	(12.7)	(13.7)	(27.6)	(8.9)	(18.1)	(11.0)
Cl^-/(g·kg^{-1})	0.060	0.156	0.022	0.470	0.056	0.006	0.056	0.010	0.023	0.030	0.023	0.049	0.006	0.157	0.031
	(4.7)	(6.5)	(4.1)	(30.1)	(9.9)	(1.0)	(4.1)	(3.9)	(10.7)	(9.8)	(8.8)	(8.6)	(2.9)	(29.7)	(5.5)
SO_4^{2-}/(g·kg^{-1})	0.584	0.894	0.174	0.171	0.138	0.264	0.264	0.096	0.049	0.051	0.089	0.125	0.117	0.065	0.163
	(45.7)	(36.9)	(32.5)	(10.9)	(24.5)	(42.5)	(19.0)	(35.7)	(22.2)	(16.8)	(34.8)	(21.9)	(55.7)	(12.3)	(28.7)
HCO_3^-/(g·kg^{-1})	0.022	0.154	0.017	0.051	0.079	0.030	0.065	0.028	0.028	0.069	0.018	0.059	0.008	0.049	0.131
	(1.7)	(6.4)	(3.2)	(3.3)	(14.0)	(4.8)	(4.7)	(10.3)	(12.6)	(22.6)	(6.9)	(10.4)	(3.8)	(9.2)	(23.0)
pH值	5.20	6.80	4.89	6.12	6.59	5.42	6.44	5.80	5.47	6.73	5.36	6.84	5.17	6.49	7.46
全盐量/(g·kg^{-1})	1.279	2.419	0.534	1.566	0.563	0.622	0.864	0.269	0.219	0.305	0.257	0.574	0.211	0.529	0.568
EC_{25}/(mS·cm^{-1})	0.414	0.764	0.194	0.572	0.208	0.227	0.293	0.092	0.089	0.121	0.098	0.189	0.073	0.177	0.179

注：HCO_3^-测定过程中调节滴定终点pH值至3.8；全盐量测定结果以8种盐分离子之和来表示；括号中数据为该离子占全盐量的百分率（%）；春季、夏季和秋冬季采样时间分别为2006.03.13—2006.03.16、2006.07.10—2006.07.12和2006.12.25—2006.12.26。

3.2.2 土壤次生盐渍化与硝酸盐累积

3.2.2.1 种植制度与土壤次生盐渍化和硝酸盐累积

由图3–11可见，蔬菜地土壤硝态氮含量高于对照，随种植年限的增加，硝态氮含量和土壤电导率也呈逐渐提高趋势。

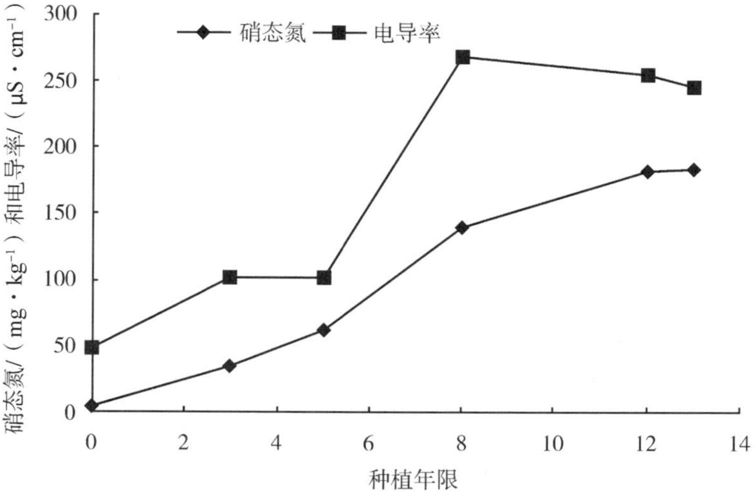

图3–11 不同种植年限土壤硝态氮含量和电导率的变化

3.2.2.2 气候、土壤条件与土壤次生盐渍化和硝酸盐累积

（1）气候条件

气候条件直接关系到降雨量、蒸发量的多少，因此，土体积盐的多少与降雨量、蒸发量的大小有着直接的关系。蒸发量大于降雨量时，容易引起积盐。近年来广东省高温少雨季节较易遭受旱灾，且旱情受全球气候变暖的影响仍然可能在一定范围内长期存在，因此，尽管珠江三角洲地区蔬菜以露地栽培为主，但在旱灾的严重影响下，露地土壤盐分浓度上升较快，从而在一定程度上促成土壤的次生盐渍化。由表3–4可知，南海区10～12月至翌年1～3月的降雨明显较少，其蔬菜地春季的土壤盐分含量较高，部分样点土壤含盐量达2.419 $g \cdot kg^{-1}$（表3–3），这显然与冬、春降雨少，土壤干旱严重有关。

表3–4 2002～2006年佛山市南海区的降雨量分布

月份	各年份降雨量/mm				
	2002	2003	2004	2005	2006
1～3	172.9	130.5	185.0	151.9	227.0
4～6	447.2	586.9	580.4	900.4	822.0
7～9	866.8	843.8	564.6	615.9	673.2
10～12	211.1	53.6	12.2	12.9	288.8
合计	1 698.0	1 614.8	1 342.2	1 681.1	2 011.0

（2）土壤条件

在南海区定点调查的结果表明，蔬菜地土壤各盐分离子在空间上表现出一定的规律性。随着土层深度的增加，各盐分离子的含量逐渐下降。以4号样点土壤为例（表3–5），20～40 cm、40～60 cm、60～80 cm土层的阴离子中，NO_3^-含量分别为表层0～20 cm土壤含量的13.5%、0.2%、0.4%；Cl^-分别为表层土壤的62.7%、19.1%、17.7%，SO_4^{2-}分别为表层土壤的78.7%、36.2%、44.2%；HCO_3^-分别为表层土壤的46.7%、34.4%、24.1%。阳离子中，Ca^{2+}含量分别为表层土壤的35.6%、7.90%、11.2%；Mg^{2+}分别为表层土壤的50.9%、11.9%、17.3%；K^+分别为表层土壤的90.9%、50.0%、54.5%；Na^+分别为表层土壤的66.3%、28.5%、23.%。已有研究认为大棚土壤NO_3^-的累积是全剖面性的，不仅在表层，在80～100 cm土层，土壤NO_3^-也为大田的好几倍。然而本次试验的结果则表明，露天菜地土壤NO_3^-绝大部分都累积在土壤表层，其表聚性十分明显。

表3–5　露天菜地土壤各盐分离子的层间分布

土壤层/cm	各盐分离子含量/（mg·kg^{-1}）							
	Ca^{2+}	Mg^{2+}	K^+	Na^+	Cl^-	SO_4^{2-}	HCO_3^-	NO_3^-
0～20	209.43	29.01	11.22	265.82	470.49	170.71	51.40	357.60
20～40	74.54	14.76	10.20	176.28	295.18	134.37	23.99	48.10
40～60	16.53	3.45	5.61	75.77	89.89	61.77	17.68	0.76
60～80	23.55	5.01	6.12	61.73	83.50	75.38	12.41	1.32

从露天菜地土壤电导率在空间分布上也说明了其土壤盐分呈现一定的表聚性（图3–12）：0～20 cm土层盐分含量最高，随土层深度的增加呈逐渐下降的趋势。以4号样点土壤为例，20～40 cm、40～60 cm、60～80 cm土层电导率分别仅为0～20 cm土层电导率的54.6%、20.2%和 20.9%。上述结果表明，露天菜地土壤盐分有明显的表聚现象。2号样点的60～100 cm土层处有一峰值，这可能与该层土壤质地有关，这一层土壤的粘粒和粉粒含量高于上层，土壤质地相对较黏重，从上层淋洗下来的盐分离子积淀在这一层。

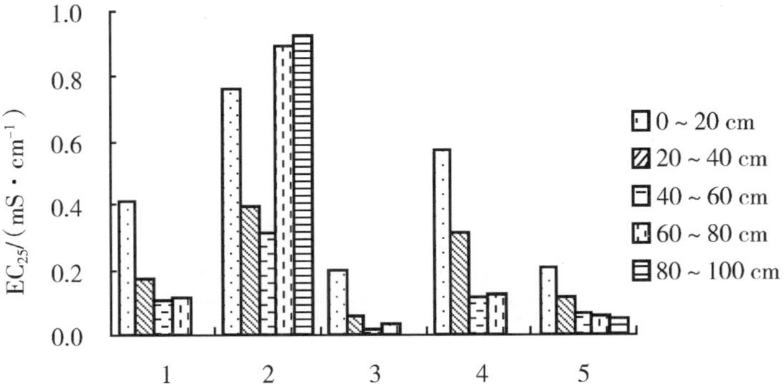

图3–12　露天菜地电导率空间分布

造成这种与设施栽培土壤不同现象的原因，可能是该试验区的地下水位较高。下层土壤中的NO_3^-在高温少雨季节时随着土壤水分的上升在土壤表层累积，在降雨时则被雨水淋洗到地下水中，因而下层土壤不会累积太多的NO_3^-，表层土壤高含量的NO_3^-则来源于氮肥的大量表施和下层土壤NO_3^-随土壤水分向上的迁移。

从表3-6中可以看出，土壤的积盐程度与地下水位的高低有着密切的关系。随着地下水位逐渐变浅，土壤平均全盐量明显升高，土壤积盐程度有加重趋势。原因在于地下水埋深越浅，毛管水上升就越容易，因而潜水蒸发量越大，水逸盐留，使地表土壤趋向积盐。

表3-6　露天菜地各采样点的地下水位与全盐量的关系

地下水位/m	样点数/个	范围/（g·kg^{-1}）	平均值/（g·kg^{-1}）	标准差
低位（>1）	45	0.07～2.42	0.92	0.54
中位（0.60～1）	32	0.02～2.65	1.28	0.69
较高位（0.30～0.60）	52	0.22～2.72	1.31	0.52
高位（≤0.30）	6	0.75～2.52	1.78	0.76

从野外调查的情况来看，次生盐渍化现象主要出现在质地为壤土的土壤上，其表层有零星白色盐霜，次生盐渍化特征明显，蔬菜生长已经受到影响；质地较重的土壤全盐量比质地较轻的土壤全盐量要高。如据南海区面积性调查结果，土壤全盐量超过2.0 g·kg^{-1}、达到轻咸田标准的17个样点中，有16个样点的土壤质地为中到重壤。这可能与质地较重的土壤对盐分吸附力强，有促进盐分积聚的作用，而质地相对较轻的土壤则有利于盐分的淋失有关。壤土比粘土和砂土更易积盐，可能是粘土的毛细管太小，砂土的毛细管又较粗，因而不利于毛管水的上升，而壤土的毛细管刚好适中，毛管水上升迅速，更多的盐分向地表聚集，因此地表土壤盐分浓度更高。

3.2.2.3　灌溉方式和灌溉保证率与土壤次生盐渍化

从调查结果来看，采用不同灌溉方式的菜地，其土壤的平均全盐量也不同，表现为：淹灌>畦灌>沟灌（表3-7）。其原因在于淹灌容易抬升地下水位，破坏土壤结构，使地表土壤更易积盐。

表3-7　露天菜地各采样点的灌溉方式与全盐量的关系

灌溉方式	样点数/个	范围/（g·kg^{-1}）	平均值/（g·kg^{-1}）	标准差
畦灌	92	0.02～2.65	1.20	0.60
沟灌	32	0.07～2.35	1.08	0.63
淹灌	8	0.67～2.72	1.58	0.72

灌溉保证率对土壤全盐量也有一定的影响。从表3-8中可以看出，灌溉保证率越高，土壤的平均全盐量也越高。因为在灌溉保证率充分满足时，其灌溉水的用量相对较大，同时蔬菜实际生产过程中浇水次数亦可能过多，水分处于饱和状态，这样更容易抬升地下水

位。地下水位升高使地表土壤的水溶性盐浓度提高。在土壤全盐量超过2.0 g·kg^{-1}的17个样点中，有14个样点的灌溉保证率是充分满足，其余3个是基本满足。

表3-8　露天菜地各采样点的灌溉保证率与全盐量的关系

灌溉保证率	样点数/个	范围/（g·kg^{-1}）	平均值/（g·kg^{-1}）	标准差
充分满足	100	0.02 ~ 2.72	1.25	0.62
基本满足	32	0.15 ~ 2.37	1.05	0.58
无灌溉条件	4	0.57 ~ 1.50	0.84	0.44

3.2.2.4　不合理施肥与硝酸盐累积

已有研究表明，盐分高的土壤NO_3^-也高，NO_3^-是土壤盐分中积累最快、数量最多的物质，NO_3^-含量与全盐量之间有显著的相关性。佛山市南海区调查结果充分显示，在采集的136个露地土壤样本中的NO_3^-平均含量已高达200 mg·kg^{-1}，在总盐分中占有较高比例，是菜地次生盐渍化过程中增加最多的成分；NO_3^-含量与全盐量之间剔除异常值后经统计检验相关系数达极显著水准（r=0.5665，n=131，P<0.01），见图3-13所示。同样，惠州市博罗县29个露地土壤样本中的NO_3^-平均含量高达284 mg·kg^{-1}。NO_3^-的积累极易导致菜地土壤次生盐渍化的发生。

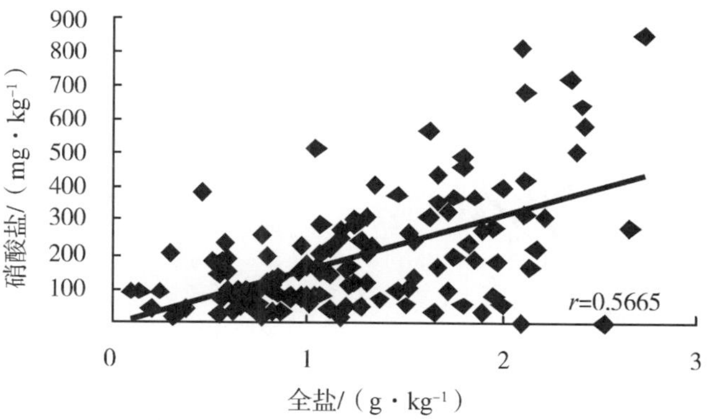

图3-13　全盐量与NO_3^-含量之间的关系

大量的NO_3^-来源于化学氮肥。关于这一点前面已有阐述。施入土壤中的大量氮肥通过硝化作用以各种硝酸盐的形式存在于土壤中，加之过磷酸钙、氯化钾等生理酸性磷、钾肥的施用，经转化形成氯化钙或氯化钠，使土壤中的NO_3^-及水溶性盐分得到很快的提高，高温且缺乏降雨淋洗的异常气候条件下导致盐分在地表土壤中大量累积，除影响蔬菜产品的品质外（蔬菜硝酸盐和亚硝酸盐含量较高），还导致土壤次生盐渍化的产生。

根据土壤全盐量与电导率之间相关关系的统计结果，土壤全盐量与电导率之间也有极显著的相关性（r=0.995，n=15，P<0.01）。其中，各盐分离子含量与电导率之间相关性有所差异，图3-14是相关性达极显著水准的两者关系。阳离子中以Ca^{2+}、Mg^{2+}含量与电导率的相关性最高，阴离子中以NO_3^-含量与电导率的相关性最高，这进一步说明珠江三角洲地区蔬菜地土壤产生次生盐渍化与大量施用化学氮肥有关。

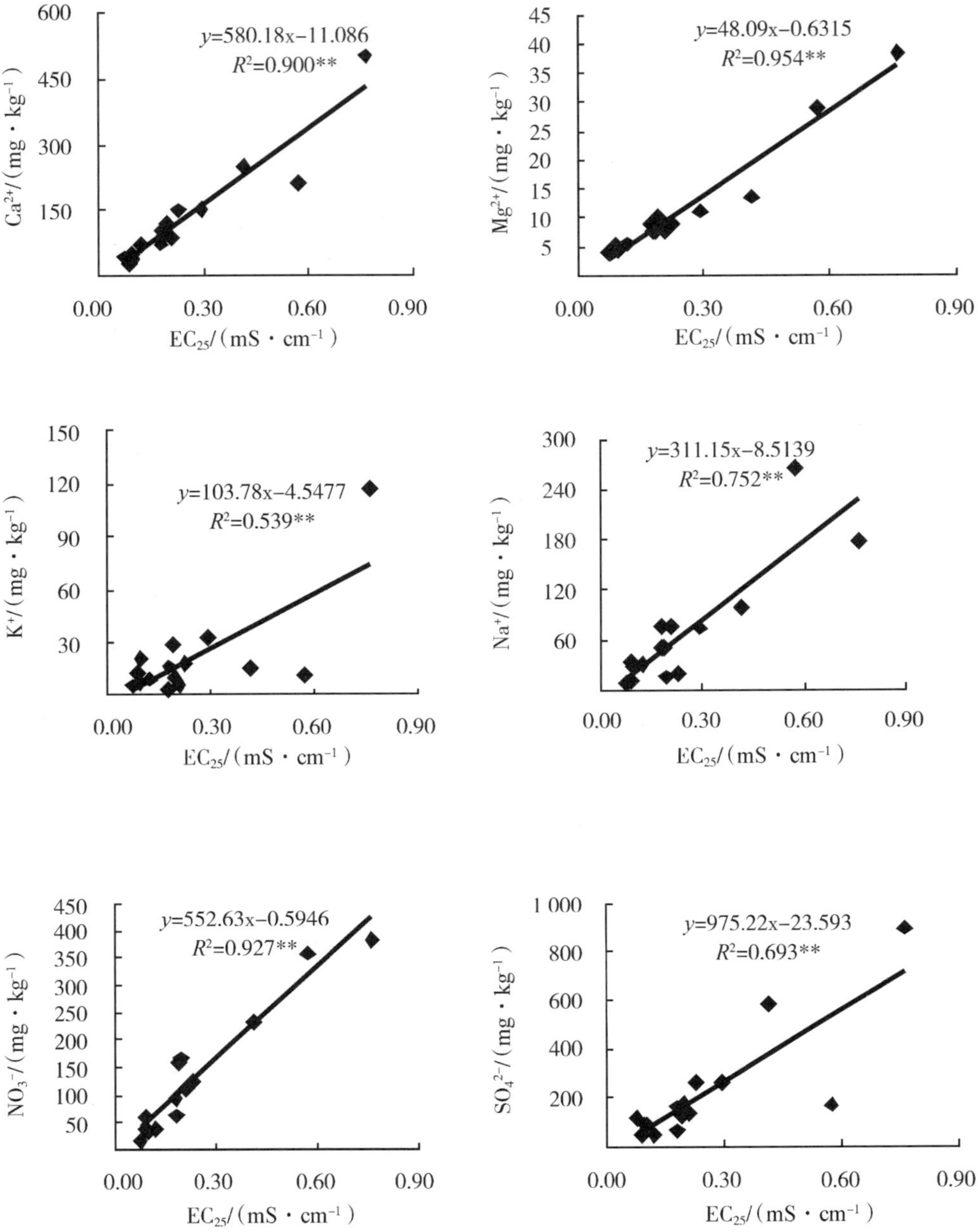

注：**表示相关关系达极显著水平（$P<0.01$）。

图3–14 土壤各盐分离子含量与电导率之间相关性比较

3.3 土壤环境质量演化的影响因素分析

3.3.1 区域环境质量与土壤环境质量变化

改革开放以来，以广州市为中心的珠江三角洲地区，已成为整个珠江流域经济最发达的地区。珠江三角洲地区城镇密度高达11.3个/103 km^2，城镇之间的平均距离近10 km，是全国城市化水平较高的地区之一，总面积41 698 km^2，人口为2 398万人。2002年珠江三角洲国民生产总值（GDP）9 371亿元，年增长13.5%（彭静 等，2004），是我国五大经济带之一，区域经济发达，并具良好的发展前景。在经济迅速增长的同时，该区城市化进程不断加快，以广州、深圳为核心的城市群迅速崛起，城市化水平不断提高，城市和乡村逐渐融为一体。随着工业化、城市化的高速发展，珠江三角洲地区农田面积大量减少，为了满足城市消费群体的日益扩大、消费水平的不断提高的需求，这一地区已成为我国农业集约化程度最高的地区之一，农田土壤正遭受有史以来特别剧烈的人为活动的影响。

3.3.1.1　污水排放与土壤污染

珠江三角洲地区废水排放量较大，据统计，2002年珠江三角洲地区废水排放量41.7亿t（包括重点工业、城市和农村生活），占全省的69.7%。其中，生活废水已占废水排放量的70.7%。在珠江流域和主要干支流的组成中，珠江三角洲地区只占6.67%的水量比例，而排放的废水却占整个珠江水系的54.8%（彭静 等，2004）。

根据珠江三角洲地区农用灌溉水水质监测结果，有部分的农用灌溉水中存在重金属超标现象，这可能是导致部分土壤重金属污染的主要因素。

3.3.1.2　废气排放与土壤污染

2003年珠江三角洲地区工业烟尘排放总量为175 585 t，比2002年减少22.7%。其中工业烟尘处理量为1 189 512 t，比2002年增加15.7%。近10年来三角洲在能源消费持续上升和经济快速增长的情况下，各城市空气质量总体上趋于逐步改善，但局部地区的空气污染问题仍较严重。土壤中Hg的来源是多方面的，首先取决于土壤母质本身，另一方面通过煤、石油燃烧的废气沉降、含汞废水、污泥、农药等进入土壤。珠江三角洲地区部分土壤Hg含量偏高，可能与大气污染有一定关系。

3.3.1.3　固体废弃物排放与土壤污染

珠江三角洲地区固体废物产生量大。2003年，工业固体废弃物处置量为2 090.83 × 10^4t，与2002年相当。工业固体废物利用量3 089.07 × 10^4t，比2002年增加8.4%。固体废物的大量产生与未妥善处置引发出系列环境污染问题。珠江三角洲地区过去存在中小型企业将工业固体废物混入生活垃圾收集的现象，是造成工业固体废物污染的重要原因之一，有可能导致土壤重金属污染产生。

3.3.2　土壤中PAHs的来源特征分析

在第2章，讨论了珠江三角洲地区农田土壤中PAHs的空间分布特征。在此，进一步讨论珠江三角洲地区农田土壤中PAHs来源特征，有助于了解珠江三角洲地区农田土壤中PAHs污染的产生原因（Yong Tao Li et al，2008）。

3.3.2.1　PAHs的来源

PAHs的来源分为天然源和人为源，前人的报道中，土壤中典型的PAHs天然源来自于石油渗漏、沥青、煤炭、植物残体以及森林草原大火等（Yunker et al，2002）。这些自然过程产生的PAHs量少，构成环境中PAHs的天然本底。人为源PAHs主要来自热裂解过程，尤其是工业活动、居民取暖、电厂、垃圾焚烧、交通排放等过程中有机质不完全燃烧（Garban et al，2002；Dyke et al，2003）。热裂解源PAHs中，低分子量的2～3环芳烃（Low Molecular Weight，LMW）会被消耗，而高分子量的4～6环芳烃（High Molecular Weight，HMW）被富集（Soclo et al，2000；Rocher et al，2004），从而导致LMW/HMW＜1。PAHs同样也有来自石油冶炼及化学工厂中石油排放（Mehlman，1992；Yang et al，

2002）。来自石油源的PAHs中LMW显著（Soclo et al，2000），LMW/HMW＞1。

另外，一些多环芳烃的同分异构体比值被广泛用来作为判别PAHs来源的指标（Wilcke，2000；Yunker et al，2002）。例如，Yunker et al（2002）用荧蒽与荧蒽+芘的比值FTH/（FTH+PYR）＜0.4作为是否石油源输入的分界点，0.4～0.5则表示液体燃料燃烧来源，＞0.5则表示草本、木本及煤炭燃烧来源；苯芘［a］蒽与苯芘［a］蒽+芘的比值［BaA/（BaA+CHR）］＞0.35表示植被及化石燃料燃烧来源，0.2～0.35之间表示既有石油来源，也有燃烧来源，而当＜0.20则意味着石油来源；茚并［1, 2, 3-cd］芘与茚并［1, 2, 3-cd］芘+苯并［g, h, i］芘的比值［IcdP/（IcdP+BghiP）］＜0.20，有可能为石油输入来源，0.20～0.50则为液体燃料燃烧来源，而＞0.50则表示草本、木本及煤炭燃烧源。此外，菲与菲+蒽的比值［PHE/（PHE+ANT）］也被用来作为源判别标志，0.98为石油来源，0.77为来源于交通工具化石燃料燃烧，而0.65则为煤烟来源（Wilcke，2000）。

3.3.2.2 珠江三角洲农田土壤中PAHs的来源特征

多变量统计分析，例如主成分分析（PCA），已经广泛应用到环境数据的处理中，以期用较少变量获得最大信息（Sena et al，2002）。在本次研究中，利用PCA通过多变量分析，对16种多环芳烃之间的复杂关系提供了清晰而较详细的阐述，可以对它们在不同乡镇、不同土壤类型及不同蔬菜种类的分布进行区分。分布的差异有助于我们更好地理解其污染来源。

在本次研究中（图3-15），LMW/HMW和BaA/（BaA+CHR）比值揭示，从珠江三角洲地区5个地区土壤样品中的PAHs来自热裂解和石油的混合来源，但以热裂解为主（图3-15a）。土壤中PAHs来源也被IcdP/（IcdP+BghiP）比值进一步证明来自石油、草本、木本、煤炭的燃烧，但根据FTH/（FTH+PYR）比值，大部分是来自草本、木本、煤炭的燃烧（图3-15b）。一些土壤中的PAHs从PHE/（PHE+ANT）比值判断，来自交通排放、煤烟及石油释放（图3-15c）。在许多样品中，PHE/（PHE+ANT）比值等于1，因为ANT的低检出率。Zhang et al（2005）也报道，香港的土壤中ANT的检出率也较低。Fraser et al（1998）也指出，ANT在大气中比PHE更易于降解，这表明在大气进行传输直到沉降至土壤，原始的组成信息已经改变。

由图3-15可知，在5个地区中，LMW/HMW，BaA/（BaA+CHR）以及PHE/（PHE+ANT）有所区别，但IcdP/（IcdP+BghiP）和FTH/（FTH+PYR）相似。广州所有土壤样品及惠州绝大部分样品中PAHs 根据LMW/HMW 比值判断，来自于热裂解来源。而根据PHE/（PHE+ANT）比值，其大部分来自于交通排放和煤烟。这个结果和Bi X. H et al（2003）关于广州大气中PAHs 源季节变化是相一致的，因为大量的机动车排放及火力发电厂使用煤炭作为燃料。所有的中山样品及部分惠州样品（样品采集点与其他地区相离很远）来说，依据BaA/（BaA+CHR）比值，来自燃烧源。另外，东莞和顺德样品中PAHs按LMW/HMW 和 BaA/（BaA+CHR）比值判断，来自于热裂解和石油释放混合源。结果表明，在珠江口两岸，PAHs 水平并无明显差异，即使东岸的经济要强于西岸。可能原因是，风向以东向风为主，主要河道及支流等水系网络分布于西岸。地理位置及气候因素致使西岸变成一个相对污染物汇集区域。另外一个原因则是分布于东岸的工厂，主要属于高新技术型，比如电子和数字化产品。但西岸主要为传统工业，如水泥制造、民用设施、化学和纺织等，这使得西岸消耗更多的能源，产生更多的污染物。

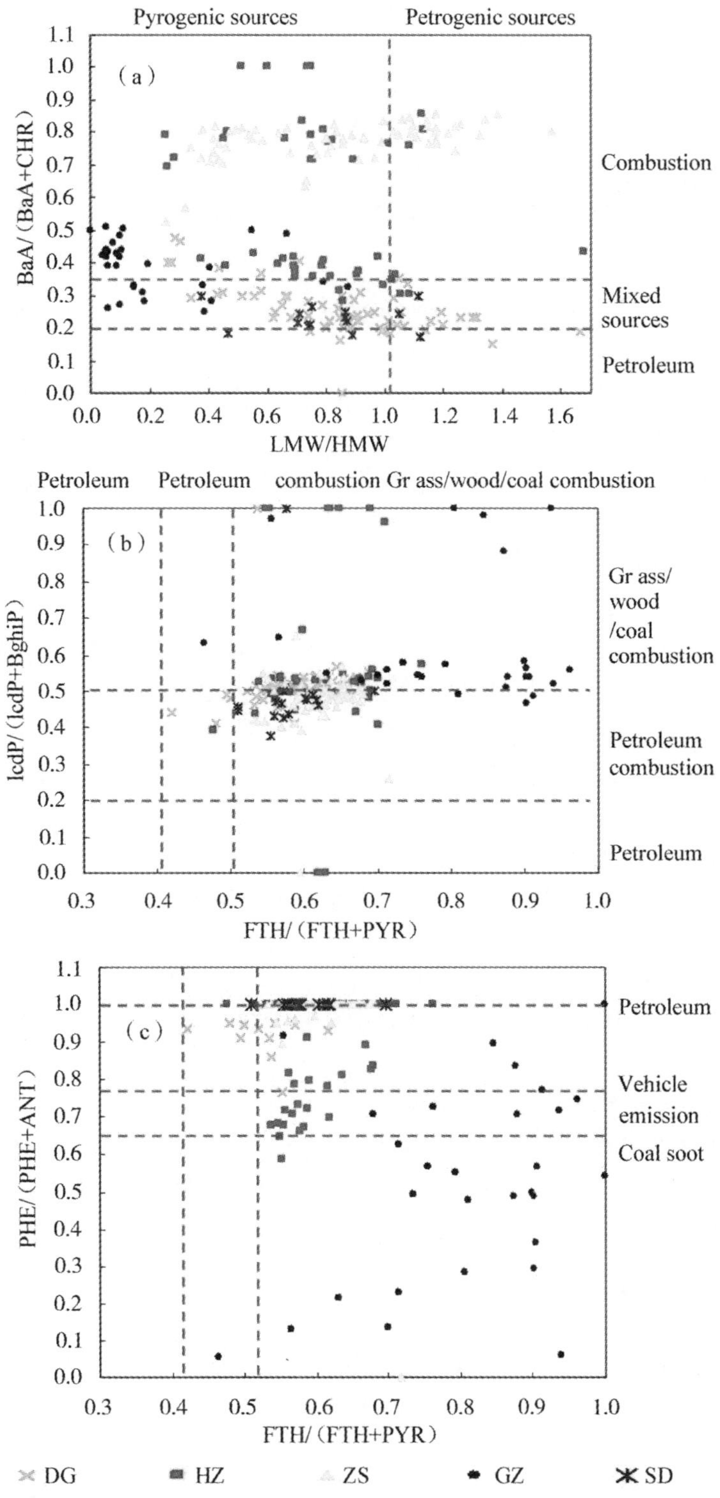

注：Pyrogenic sources燃烧产生的；Petrogenic石油来源；DG、ZS、SD、HZ、GZ分别代表东莞、中山、顺德、惠州、广州。

图3-15　PAHs来源的PCA分析

第4章 土壤质量演变的生态环境效应

综上所述，随着工业化、城市化的高速发展，珠江三角洲地区农田面积大量减少，为了满足城市消费群体的日益扩大、消费水平不断提高的需求，珠江三角洲地区已成为我国农业集约化程度最高的地区之一，其土壤正遭受有史以来特别剧烈的人为活动影响，特别是大量水田改为蔬菜地后，由于施肥、灌溉、耕作方式等的转变，土壤质量已发生了很大的变化。以下的研究结果表明，这些变化已对土壤和周边环境产生了一定影响。

4.1 土壤氮、磷累积的生态环境效应

珠江三角洲地区农田土壤氮、磷的累积是其土壤养分非均衡化这一土壤质量变化过程的结果，主要是人为大量施用化学氮、磷肥料所导致。过去已有许多研究结果表明，土壤氮磷的累积及由此引起的面源污染，是导致水体富营养化的重要原因。本研究表明，珠江三角洲地区土壤氮、磷的累积及其他理化性质的变化，不仅对土壤自身环境产生影响，而且增加了氮、磷流失的风险。

4.1.1 部分蔬菜地土壤产生了次生盐渍化现象

本文第2章的分析已经表明，调查区域蔬菜地土壤与水稻田土壤相比有明显的盐分累积。根据滨海盐土的含盐量分级标准，有20.7%的蔬菜地土壤中全盐含量达轻盐土标准，约6.9%的蔬菜地土壤样品全盐含量达中盐土标准。进一步研究发现，盐分高的土壤样品硝态氮含量也高。相关分析表明，土壤全盐与硝酸盐含量呈显著的正相关关系。由此可见，硝酸盐的积累，已导致蔬菜地土壤次生盐渍化的发生。

4.1.2 对地下水水质产生了一定影响

N和P是水体富营养化的关键因子。近年来蔬菜生产中不合理的施肥方式对环境产生的不良影响引起了人们的广泛关注，尤其土壤硝态氮和溶解态活性磷素的空间积累、渗漏、淋溶等对地下水水质产生一定的污染。以下对博罗典型土壤地下水质的调查结果表明，蔬菜地土壤速效氮、磷含量提高，对地下水水质产生了更大影响。

4.1.2.1 蔬菜地地下水硝态氮浓度较高

不同种植年限蔬菜地和附近对照水田的潜层地下水水质水样（表4–1）可以看出，水田地下水硝态氮浓度为5.37 mg · L^{-1}，而蔬菜地地下水硝态氮浓度0.41 ~ 441.0 mg · L^{-1}，平均浓度为170.8 mg · L^{-1}，是附近水田的31.8倍。世界卫生组织和欧美各国关于饮用水中硝态氮的允许含量为10 mg · L^{-1}或11.3 mg · L^{-1}（Foreman，1975）。我国1986年制定的饮用水硝态氮含量标准：一级为硝态氮10 mg · L^{-1}；二级为硝态氮20 mg · L^{-1}（张维理，1995）。对博罗县典型区域的调查结果表明，水田地下水达到一级饮用水标准，而蔬菜地地下水硝态氮含量变化不一，除了两个水样外，其余严重超过了二级饮用水标准，说明表

层累积的硝态氮已经随水分迁移而淋溶到地下水中，部分水样严重受到了硝态氮的污染。此外，随蔬菜地种植年限越长，其地下水硝态氮浓度则越高，13年种植年限的蔬菜地地下水硝态氮浓度达到441.0 mg·kg^{-1}，严重污染了地下水水质。

表4-1　不同种植年限蔬菜地地下水水质化验

地点	种植年限	采样时间/（月日）	水位深度/m	硝态氮含量/（mg·kg^{-1}）
福田	0	11.23	0.85	5.37
	5	11.22	0.75	2.06
长宁	3	11.22	0.75	59.7
	8	11.22	0.8	242.9
柏塘	1	11.23	0.65	0.41
	3	11.23	0.75	278.7
	13	11.23	0.7	441.0

4.1.2.2　蔬菜地地下水溶解态活性磷浓度较高

据国内外近年来的研究，土壤磷素的过量累积对环境也会带来潜在的威胁。一方面在质地较粗的土壤中可以发生磷素的淋失（刘远金，2002）；另一方面，土壤侵蚀和地表径流会将表土中的磷素带入水体，引起富营养化。

选取的5个剖面样调查结果见表4-2，水田地下水溶解态磷平均浓度为0.044 mg·L^{-1}，而蔬菜地平均值为0.102 mg·L^{-1}，是水田的2.31倍。经计算土壤剖面全P 加权平均值（加权平均值=Σ各土层含量×土层厚度/土层总厚度，下同）为191.5～571.8 mg·kg^{-1}，土壤有效磷的加权平均值为16.1～56.1 mg·kg^{-1}。地下水中溶解态磷浓度范围为0.044～0.138 mg·L^{-1}。地下水中溶解态磷浓度与土壤剖面中全磷、有效磷的加权平均值的相关性达到显著或极显著水平，相关系数分别为0.419 1（$P<0.05$）和0.911 9（$P<0.01$），这说明土壤的磷会影响到地下水中溶解态磷的浓度，土壤溶液中的磷可随着地表径流进入地表水，也可沿着土壤孔隙或裂隙进入地下水，增大水体中的磷浓度，从而增加水体受磷污染的潜能。因此，它们可作为地下水是否受磷污染的评估依据和参考标准，如果土壤中磷含量过高，将会导致地下水磷的污染。

表4-2　土壤剖面全磷、有效磷的加权平均含量与地下水溶解态磷的浓度

剖面号	土壤全P/（mg·kg^{-1}）	土壤有效P/（mg·kg^{-1}）	地下水溶解态P/（mg·L^{-1}）
福田1	400.26	12.503 4	0.044
长宁1	455.378	43.917 6	0.112
长宁2	191.46	16.105 4	0.067 4
柏塘1	275.634	20.931 6	0.089 6
柏塘2	571.764	56.078 8	0.138

4.1.3 水田改种蔬菜土壤磷素流失的环境风险评价

农田土壤中磷素的迁移流失是农业非点源磷污染的重要研究方向，一方面造成了营养元素的大量浪费，另一方面还会导致周边水体的富营养化，因此引起了各国学者的广泛关注（Sims，2000；高超，2001）。采用地表径流的溶解态磷（Dissolved Reactive Phosphorus，DRP）和生物有效磷（Bioavailable Phosphorus，BAP）来评价磷流失对受纳水体富营养化的影响，已经得到越来越普遍的认可（Allen，2006a；Fang，2002）。过去人们对流域农田土壤径流磷流失，往往通过进行长期定点监测或利用模拟降雨装置等手段来研究，但是这些存在周期长、操作应用不够灵活的缺点，而室内模拟径流实验因其快捷、操作应用性强的特点得到广泛的应用。研究表明，农田土壤的供磷素水平和固磷能力与田间土壤地表径流的磷浓度具有较强的相关性（Pote，1996；Schoumans，2000；Beck，2004；Allen，2006），Fang et al（2002）发现采用不同浸提剂提取的磷变量，如Olsen-P、M_3-P、Bray-P等与地表径流磷流失量呈显著正相关。利用经典等温吸附实验而得到的土壤最大吸附量（P Sorption Maxmium，Q_m）、磷零吸持平衡浓度（Equilibrium P Concentration，EPC_0）、磷易解吸量（Readily Desorbed P，RDP）等参数也能较好地表征土壤磷素流失风险特征（Nair，1980；Indiati，1995）。基于草酸—草酸铵提取的P、Fe、Al而计算得到的土壤磷吸持饱和度（Degree of P Saturation，DPS），是衡量土壤磷水平和土壤固磷能力的综合指标，反映土壤固相中的磷进入液相的难易程度（Schoumans et al，2000；Beauchemin et al，1999）。Bech et al（2004）和Pautler（2000）应用此方法将DPS与采用M_1-P方法提取的磷和采用0.01 mol·L^{-1}的氯化钙浸提剂提取的磷进行回归分析，发现它们呈显著正相关。Allen et al（2006）通过分析径流样中溶解态磷（DRP）和生物可利用磷（BAP）与DPS的定量关系，得出它们之间存在显著正相关关系。不同土地利用方式下土壤磷素的流失与诸多因子都有很大的关系，如土壤本身性质、自然条件的影响和人为施肥措施等（Allen，2006）。

前面已经对水田改为蔬菜地土壤理化性状变化及其对土壤环境、地下水质的影响作了初步讨论。在此，通过室内模拟径流试验、等温吸附实验和不同浸提剂提取磷指标的分析，进一步探讨蔬菜地土壤磷素累积的环境风险，为区域农田土壤磷素最佳管理提供依据。

4.1.3.1 实验方法

在田间土壤剖面观测的基础上，通过室内模拟等温吸附实验和径流试验，探讨水田改种蔬菜后土壤磷素累积的环境风险（张国林 等，2007）。具体试验方法如下。

（1）供试土壤

室内模拟试验的土壤选自前面土壤特性变化研究采集的水田和蔬菜地土壤。采集的样品均匀混合后分为两部分，一部分室内风干过20目土筛分析磷的各种有效态含量，部分土样进一步过100目土筛分析pH、有机质和总磷含量等，其中选取部分土壤样品冷藏进行磷素的等温吸附实验。

土壤pH、有机质、全磷、土壤速效磷（Olsen-P）采用常规土壤农化分析方法（鲁如坤，1996）。土壤活性铁（Fe_{ox}）和活性铝（Al_{ox}）是指采用草酸—草酸铵法提取出土壤中的含量，其测定方法参考同上。M_1-P法即双酸法测磷，以0.05 mol·L^{-1}的盐酸和0.012 5 mol·L^{-1}的稀硫酸混合液作为浸提剂，称取5.0 g土样加入25 mL浸提液，振荡

5 min（转速为180 r·min^{-1}），定量滤纸过滤后，滤液中磷浓度用钼锑抗比色法测定。Mehlich3-P法采用0.2 mol·L^{-1} CH_3COOH、0.25 mol·L^{-1} NH_4NO_3、0.013 mol·L^{-1} HNO_3、0.015 mol·L^{-1} NH_4F、0.001 mol·L^{-1} EDTA（Ethylene Diamine Tetraacetic Acid）作为混合浸提剂，水土比为1：10，振荡5 min，过滤，钼锑抗比色；水可溶性磷（Water-extractable P，P_w）的测定：称取1.0 g土样于浸提瓶中，加入25 mL去离子水，振荡5 min，采用0.45 μm滤膜过滤，钼锑抗比色；草酸—草酸铵提取的P（P_{ox}）即采用草酸—草酸铵法（分别量取535 mL 浓度为0.2 mol·L^{-1}的草酸溶液和700 mL浓度为0.2 mol·L^{-1}的草酸铵溶液混合，此时溶液的pH约为3.0）测提取的磷，具体操作为：称取0.5 g土样，加入20 mL 浸提液，振荡2 h，离心20 min，过滤，最后钼锑抗比色法测定（Pote，1996；Beck，2004；Mehlich，1984）。

（2）等温吸附实验

根据改进后的等温吸附实验（Nair，1984），具体操作如下：选取有代表性的水稻田—蔬菜地土样进行等温吸附实验，称取5.0 g预先冷藏好的每对土样于100 mL的PVC离心管中。加入50 mL磷浓度分别为0、4 mg·L^{-1}、8 mg·L^{-1}、12 mg·L^{-1}、20 mg·L^{-1}、30 mg·L^{-1}、40 mg·L^{-1}、50 mg·L^{-1}、100 mg·L^{-1}和150 mg·L^{-1}，电介质为0.01 mol·L^{-1}$CaCl_2$溶液，再加3滴甲苯以防止微生物的生长，在（25±1）℃下振荡24 h，离心6 min（速率为4 000 r·min^{-1}），采用定量滤纸过滤后钼锑抗比色测定平衡溶液中磷浓度。

通过以平衡溶液的磷浓度为横坐标，以土壤的吸磷量为纵坐标绘制等温吸附曲线，来检验曲线与国内外广泛采用的Langmuir方程的直线形式$C/Q=C/Q_m+1/(K\cdot Q_m)$的吻合性。式中C为平衡溶液中磷的浓度，Q为土壤吸磷量，K为与吸附能有关的常数，Q_m为土壤最大吸磷量。根据实验结果及Langmuir方程确定土壤的最大吸附量（Q_m）、表面吸附能常数（K）、易解吸磷（RDP）、磷零吸持平衡浓度（EPC_0）和最大缓冲能力（Maximum Buffer Capacity，MBC）等参数，作为表征水土界面磷迁移和对作物供磷能力的指标。RDP是加磷量为0时土壤固相磷进入液相部分的磷数量，即0.01 mol·L^{-1}$CaCl_2$溶液提取的磷量；将Q对C作图，曲线与C轴的交点为EPC_0，是土壤溶液中的磷在达到吸持与解吸的动态平衡时的浓度，可用来表征磷从固相进入溶液的风险大小，EPC_0越大，固相磷越容易进入土壤溶液（高超，2001；Indiati，1995），MBC为$K\cdot Q_m$。磷吸持饱和度（DPS），指土壤胶体上已吸附磷的数量占土壤磷总吸附容量的百分数。采用公式如下：

$$\mathrm{DPS}(\%)=\frac{P_{ox}}{\alpha\,(Fe_{ox}+Al_{ox})}\times 100$$

式中P_{ox}、Fe_{ox}、Al_{ox}分别表示用草酸—草酸铵提取的P、Fe、Al，单位为mmol·L^{-1}。由于两种不同土地利用类型下每组水田和蔬菜地对比土样均是基于同种土壤类型而采集的，因此本研究中α取值为1.0（Beck，2004）。

（3）模拟径流试验

通过室内模拟径流实验可以模拟特定条件下土壤地表径流样中溶解态磷（DRP）和生物有效磷（BAP）的流失潜能（Indiati，1995），BAP代表可被藻类吸收生长所潜在利用的磷，包括溶解态磷（DRP）和颗粒态生物可利用磷（BPP）两部分，DRP是指能通过0.45 μm滤膜的无机磷酸盐，是生物可直接利用的磷形态，而BPP是指全部固态及在径流中吸附于细颗粒和有机质上的生物可利用的磷，是受纳水体藻类及其他水生植物生长的长期磷源（Sonzogni，1982）。

模拟径流试验具体操作如下（Sharpley et al，1995；Indiati et al，1995）：称取5.0 g土样置入500 mL的塑料瓶中，加入200 mL去离子水，室温下往复振荡24 h；振荡结束后，用去离子水将悬浊混合液稀释到500 mL。随后立即充分搅拌悬浊混合液，取其中50 mL两份分别放入100 mL的离心管中，一份用来测定DRP，另一份用来测定BAP。DRP的测定方法如下，将50 mL的混合液先离心5min，然后用0.45 μm滤膜过滤，滤液中的磷浓度用钼锑抗比色法测定。BAP的测定方法如下（Sharpley，1995；Chardon，1996），将预先制备好的一条10 cm × 2 cm氧化铁滤纸放入50 mL的未过滤的混合液中，在恒温摇床［(25 ± 1）℃］振荡16 h，然后用镊子轻轻取出氧化铁滤纸，用去离子水冲洗滤纸上附着的土颗粒，冲洗干净后将滤纸放入50 ~ 60 ℃的烘箱中烘干，最后将烘干的滤纸放入40 mL浓度为0.1 mol · L^{-1}的稀硫酸溶液中，往复振荡1 h，过滤，比色测定滤液中的磷浓度。

4.1.3.2　结果与讨论

（1）室内等温吸附条件下蔬菜地和水田落干土壤供磷固磷能力比较

表4-3是供试水稻田落干土样和蔬菜地土样的基本理化性质，二者pH、活性铝和土壤中粘粒（$<$0.002 mm）的含量非常接近，而蔬菜地土壤有机质略为降低。

表4-3　29对水田和蔬菜地土壤基本性质

项目	pH（H_2O）	有机质/（mg · kg^{-1}）	粘粒/（mg · kg^{-1}）	总磷/（g · kg^{-1}）	活性铁/（mg · kg^{-1}）	活性铝/（mg · kg^{-1}）
平均值	6.3（6.4）	23.1（21.2）	269.7（284.0）	0.67（1.08）	3.6（2.8）	0.8（0.9）
标准差	0.3（0.5）	6.3（6.2）	67.2（74.6）	0.35（0.53）	1.6（1.2）	0.3（0.4）
最大值	6.9（7.4）	38.2（34.3）	354.9（407.1）	1.53（2.66）	6.1（5.8）	1.8（2.2）
最小值	5.6（4.8）	15.1（8.8）	161.1（161.9）	0.29（0.41）	0.6（0.7）	0.3（0.4）

注：括号内为蔬菜地土壤的参数，其中粘粒测定的样品数n=10，其余参数的样品数n=29。

从表4-3和表4- 4可以看出，与水稻田土壤相比，蔬菜地土壤全磷、Olsen-P、M_1-P、M_3-P、P_w和P_{ox}分别平均增加了0.41 mg · kg^{-1}、68.4 mg · kg^{-1}、221.3 mg · kg^{-1}、247.0 mg · kg^{-1}、17.3 mg · kg^{-1}和319.1 mg · kg^{-1}。同时，水稻田土壤的变异性明显低于蔬菜地土壤，除了有机质和活性铁外，水稻田土壤的其他参数的标准差均低于蔬菜地。

从29对土样中选取10对有代表性的土样进行等温吸附实验。用Langmuir方程来拟合供试土样磷素的等温吸附曲线，其相关性全部达到极显著水平（R^2=0.70 ~ 0.99**，$P<0.01$），说明可用该方程来描述区内土壤磷素在固液相之间的分配特征并据此计算其他相关参数。EPC_0是土壤溶液中的磷在达到吸持与解吸的动态平衡时的浓度，可用来表征磷从固相进入溶液的风险大小，EPC_0越大，固相磷越容易进入土壤溶液；RDP是在不施加磷肥的情况下，土壤溶液中溶解态磷的含量，也就是说自然条件下土壤磷解吸的潜能，RDP越大，土壤磷解吸到溶液中的能力越大，受降雨或浇灌的影响，流失到环境的潜能也就越大。

表4-4测定结果显示，水田落干后土壤的最大吸磷量Q_m略高于蔬菜地土壤，而最

大缓冲容量MBC则高出很多，平均值分别为112.3 L·kg^{-1}和47.3 L·kg^{-1}。蔬菜地土壤的EPC_0范围为127～3 000 μg·L^{-1}，平均值为854.7 μg·L^{-1}，水田落干土样的EPC_0范围11～187 μg·L^{-1}，平均值82 μg·L^{-1}；蔬菜地土壤的RDP范围为0.6～12.5 mg·kg^{-1}，平均值为4.3 mg·kg^{-1}，水田落干土样的RDP范围为0.114～0.5 mg·kg^{-1}，平均值为0.3 mg·kg^{-1}。显然水田落干土样的EPC_0和RDP值大大低于蔬菜地土壤，这体现了区内耕作和农事管理措施对土壤固磷和供磷能力的影响，因为区内多采用“旱重水轻”的施磷方法（高超，2001b），在种植水稻时不施或只施较少量的磷肥，因而土壤速效磷含量较低，而种植蔬菜时大量施加磷肥，造成了土壤磷素超出了蔬菜的生长需求，不断累积，其土壤中有效磷水平不断增加，土壤胶体上吸附磷的量相应增加，饱和度也不断提高。同时，表4–4显示由水稻田改为蔬菜地后土壤磷吸持饱和度DPS的平均值为24.8%，而水稻田土壤的DPS平均值仅为9.6%，因而表征磷素由固相转入液相被淋溶或随径流流失风险指标的EPC_0和RDP的数值要比水田分别高出13.3倍和9.4倍之多也在情理之中。

（2）室内模拟径流条件下蔬菜地和水田落干土壤磷素流失特征比较

用模拟径流试验取得的土壤径流样品中的磷流失参数溶解态磷含量（DRP）和生物可利用磷含量（BAP），可用来反映田间地表径流过程中DRP和BAP的迁移（Sharpley，1995）。

由表4–4可知，水田落干土壤的DRP和BAP分别为0.2 mg·L^{-1}和0.5 mg·L^{-1}，而蔬菜地土壤中的DRP和BAP分别增加了0.3 mg·L^{-1}和1.3 mg·L^{-1}，显然蔬菜地土壤地表径流磷流失潜能比水田增加很多，这与水稻田和蔬菜地两种不同耕种方式和施肥情况是分不开的，这一点在前面已作了阐述。蔬菜地由于高强度的耕作制度与高强度的施肥特征，引起磷素在土壤中的大量累积，其土壤中的有效磷水平不断增加，土壤胶体上吸附磷的量也相应增加，饱和度也不断提高。从表4–4可知，水田改为蔬菜地后土壤DPS的平均值为24.8%，而水稻田土壤的DPS平均值仅为9.6%（张国林 等，2007）。

表4–4 29对水田和蔬菜地土壤的供磷固磷参数和磷素流失参数

参 数	最小值	最大值	平均值	标准差
Olsen–P/（mg·kg^{-1}）	7.8（14.0）	180.0（220.0）	44.6（103.0）	44.5（52.0）
M_1–P/（mg·kg^{-1}）	9.9（11.0）	511.2（1496.0）	90.9（312.0）	115.1（313.0）
M_3–P/（mg·kg^{-1}）	17.4（24.0）	755.4（1102.0）	134.7（382.0）	171.4（271.0）
Water extractable P（P_w）/（mg·kg^{-1}）	0.5（1.5）	47.6（72.2）	7.6（24.9）	12.1（20.3）
Oxalate extractable P（P_{ox}）/（mg·kg^{-1}）	17.7（13.0）	1 237.8（2108.0）	301.2（620.0）	367.5（502.0）
Dissolved Reactive P（DRP）/（mg·L^{-1}）	0.0（0.0）	1.0（1.4）	0.2（0.5）	0.2（0.3）
Bioavailable P（BAP）/（mg·L^{-1}）	0.0（0.2）	2.4（4.6）	0.5（1.8）	0.5（1.2）

续表

参　数	最小值	最大值	平均值	标准差
Degree of P saturation (DPS) /%	1.0（1.6）	38.4（66.9）	9.6（24.8）	10.2（17.8）
P Sorption Maximum (Q_m) /(mg·kg^{-1})	153.9（46.3）	769.2（666.7）	444.7（369.0）	186.9（190.1）
Constant of P sorption（K）	0.1（0.0）	0.8（0.3）	0.3（0.1）	0.2（0.1）
Maximum Buffer Capacity (MBC) /(L·kg^{-1})	35.6（2.7）	238.1（181.8）	112.3（47.3）	66.1（51.4）
Readily Desorbed P (RDP) /(mg·kg^{-1})	0.1（0.6）	0.5（12.5）	0.3（4.3）	0.1（3.7）
Equilibrium P concentration (EPC_0) /(μg·L^{-1})	11.0（127.0）	187.0（3000.0）	82.0（854.7）	56.0（857.1）

注：括号内为蔬菜地土壤的参数。

（3）供试土壤磷提取指标、磷吸持饱和度与其潜在流失的相关性

表4-5为TP、Olsen-P、M_1-P、P_w和DPS与模拟径流实验中DRP和BAP的相关回归方程。DRP浓度与M_1-P、P_w均表现出较强的相关性（r^2=0.843 0，0.786 0且$P<0.01$）。M_1-P与DRP的相关系数最大，说明M_1-P在很大程度上能反映通过模拟土壤径流所得的DRP浓度，即土壤中的M_1-P最能表征土壤径流流失的环境风险。P_w含量与DRP存在显著相关关系，这并不让人感到奇怪，因为所得DRP浓度的径流样就是以水为溶剂得土壤混合液，事实上我们更希望P_w与DRP的相关系数比上面所得的相关系数更大。Torbert（2002）对Texas州几种主要钙质土和非钙质土进行了模拟降雨试验，结果径流样中的DRP浓度与P_w呈显著正相关，且相关系数在0.715～0.961。Fang（2002）也证实了这一点。

表4-5　土壤磷提取变量、DPS和模拟径流样中的DRP、BAP之间相关性和回归方程

土壤磷提取变量/(mg·kg^{-1})	DRP浓度/(mg·kg^{-1})		BAP浓度/(mg·kg^{-1})	
	r^2	回归方程	r^2	回归方程
TP	0.554 4	$y=0.470\,5x-0.061\,3$	0.348 3	$y=1.358\,5x+0.371\,1$
Olsen-P	0.722 4	$y=0.000\,7x^{1.3728}$	0.588 5	$y=0.020\,4x^{0.9471}$
M_1-P	0.843 0	$y=0.001\,8x^{0.977}$	0.791 3	$y=0.031\,2x^{0.7236}$
Pw	0.786 0	$y=0.022\,9x^{0.9543}$	0.790 3	$y=0.193\,3x^{0.7315}$
DPS	0.690 8	$y=0.014\,8x+0.089\,8$	0.640 9	$y=0.051\,9x+0.596\,5$

DRP浓度和TP、Olsen-P相关性，与前两者相比就显得弱些，不过仍然呈极显著相关（r^2=0.554，0.722且$P<0.01$）。（Hartz，2006）对常规几个提磷变量和通过土柱试验采集的径流和渗漏样中的磷含量进行了相关分析，结果表明采用0.01 mol·L^{-1}氯化钙提取的

磷量、离子交换树脂提取的磷量和碳酸氢钠提取的磷量（Olsen-P）与试验结果中流失的磷量相关性更好。这与本研究并不矛盾，只是由于采取不同的磷提取变量。因此，进一步采取较多的磷提取变量，综合分析这些变量和径流液中磷浓度间的相关关系，显得更加全面、更加科学。

每个模拟径流样中，DRP浓度与BAP浓度的比值在6%～40%范围变化，平均为23%，两者也具有极显著的相关性（r^2=0.851，P<0.01）。BAP浓度与TP、OP、M_1-P、P_w也存在着极显著的相关性，只是它们的相关系数略小于DRP浓度与这4个变量的相关系数。Fang（2002）也提到了这一点，这可能是由于使用氧化铁滤纸提取模拟径流样中的BAP浓度过程中，滤纸既要提取溶液中易溶的磷，还要提取沉积物中颗粒态的磷，而影响其过程的因素又比较复杂，任何技术或方法上的微小失误都可能对结果产生较大的偏差。

模拟径流样中DRP浓度与土壤磷吸持饱和度DPS呈极显著相关（r^2=0.690 8，P<0.01）（表4-5）。当土壤溶液中磷浓度不断增加时，则土壤吸附的磷量也在不断增多，相应土壤吸附磷的需求不断得到满足，所以DPS值不断变大。Sharpley（1995）和Hooda（2000）也证实了这一点。而Allen（2006）认为径流液中DRP和BAP浓度与不同表达式的DPS不仅存在线性相关关系，有时候也存在曲线相关关系，他还发现如果剔除土壤样品中的钙质土类，其相关系数会更高。利用两者间的关系，可以通过采集土壤径流DRP浓度来估计DPS；反之，也可以已知DPS得到土壤径流液浓度。例如，荷兰采用土壤磷饱和度为25%作为土壤环境敏感的临界值（Pote，1996），依次我们便可大致预测当土壤的DPS为临界值时，此时土壤地表径流样的DRP浓度和BAP浓度大约就为0.69 mg·L^{-1}和1.58 mg·L^{-1}。事实上，由于不同地区和区域气候等环境条件差异很大，故不同土壤这种相关关系有时候表现很弱，甚至这种关系不存在。因此Sims（2000）认为土壤磷提取变量本身存在一定的局限性，因为这些变量并不能反映研究区域的土壤溶液的水动力学特征，也不能反映当地田间养分管理模式，甚至不能反映肥料施用到土壤表层后，由于地表径流而土壤磷直接迁移流失的那部分量。

以上结果说明，用M_1-P、P_w和DPS比其他指标更能准确地预测磷素流失潜能。

（4）土壤特性变化对水土界面磷素迁移能力的影响

本研究采用因子分析方法对水田落干土样和蔬菜地土壤的基本性质和若干磷指标的变化量（与水田相比）进行分析，选择累计方差贡献达89%的前4个因子进行斜交旋转（Promax）。根据所得斜交因子结构矩阵（表4-6），可对影响区内水土界面磷素迁移能力的主要因素进行分析。第一主成分F_1主要对应其高载荷的Olsen-P、M_1-P、M_3-P、DRP、BAP、DPS和中等载荷的土壤有机质（Organic Matter，OM），说明土壤磷进入径流的风险和数量首先取决于土壤的供磷能力。与水田落干土样相比，蔬菜地土壤磷参数具有较高的测定值，说明其土壤供磷能力较高，进入水体的风险较大（表4-6）。土壤有机质（OM）对应着负的中等载荷，说明有机质能对土壤磷素流失起到一定的缓冲作用。先前的研究已表明，水田改为蔬菜地种植后土壤有机质含量表现出略为降低的趋势，这种变化可能会削弱土壤有机质对磷素流失的缓冲作用，也即增加了土壤磷素的流失潜能，因此水田耕种转变为蔬菜地种植后，土壤有机质含量的降低在一定程度上促进了土壤磷素的流失。

第二主成分F_2主要由活性铁（Fe_{ox}）、活性铝（Al_{ox}）、土壤粘粒（Clay）和吸附能常数k所组成，说明土壤中活性铁、铝和粘粒含量也在很大程度上决定了土壤磷进入径流的风险和数量，这与高超等（2001b）的结论有些出入，这可能与活性铁、铝本身的特性有关，一般认为结晶度极差的活性铁氧化物引起的大量活性表面具有双重作用，即既可增加对磷的吸附，也能增加磷的释放潜能（Zhang，2003）。在本研究中，两种特定土地利用类型下土壤活性铁、铝的有效活性表面所吸附的磷素，可能更主要地表现为磷的释放。吸附能常数k代表土壤对磷结合能的大小，k值越大，则土壤吸附磷的能力越强，相反k值减小，说明土壤潜在释放磷的能力增强，一般来说，吸附能常数k因土壤性质的变化而显示差异；与水田相比，种植蔬菜的土壤吸附能常数明显降低，说明蔬菜地这种高投入、集约化管理的种植模式对先前水田生态系统的土壤性质产生一定的影响，增加了土壤磷素的潜在流失风险。

F_3因子主要对应着负载荷的pH和正载荷的最大吸磷量Q_m、OM，表明土壤pH值、有机质在一定程度上决定了土壤的最大吸磷量，进而影响着土壤磷素流失潜能。

F_4因子对应着P_w和EPC_0，这可能主要与区内水田改为蔬菜地后，由于耕作制度和磷素管理措施的变化，使得蔬菜地土壤中有效磷成分含量不断增加，以至于土壤中磷在吸附与解吸达到平衡时，土壤有效磷含量还相当高，且土壤对磷的吸附能力也不断降低。

表4-6　斜交因子结构矩阵

	F_1	F_2	F_3	F_4
PH	–0.088	–0.027	–0.924	0.247
OM	–0.518	0.484	0.583	–0.547
Olsen–P	0.948	–0.069	0.016	0.318
M_1–P	0.950	–0.005	0.051	0.512
M_3–P	0.973	–0.114	0.016	0.234
Pw	0.375	–0.112	–0.154	0.847
DRP	0.904	–0.223	0.098	0.375
BAP	0.980	–0.048	0.091	0.371
DPS	0.901	0.191	0.103	0.474
Fe_{ox}	0.022	0.906	–0.020	–0.057
Al_{ox}	0.127	0.814	0.539	–0.218
Clay	0.004	0.790	0.009	–0.629
Q_m	0.150	–0.044	0.924	0.147
K	0.365	–0.764	0.213	–0.103
EPC_0	0.579	–0.041	0.022	0.871

（5）两种土地利用方式条件下生物可利用磷在模拟径流中的流失和预测

生物可利用磷（BAP）能为水体中藻类生长提供直接和潜在利用的磷，是研究水体富营养化的关键指标之一。为进一步探讨两种特定土地利用方式下表层土壤磷素水平是如何影响表层土壤磷素的迁移流失，我们尝试以蔬菜地土壤生物可利用磷的增加量ΔBAP（与水田土壤相比），分别与以其ΔOlsen-P、ΔM1-P、ΔM3-P、ΔPw 、ΔEPC$_0$、ΔDPS的增加量的相关关系进行了分析（图4-1）。

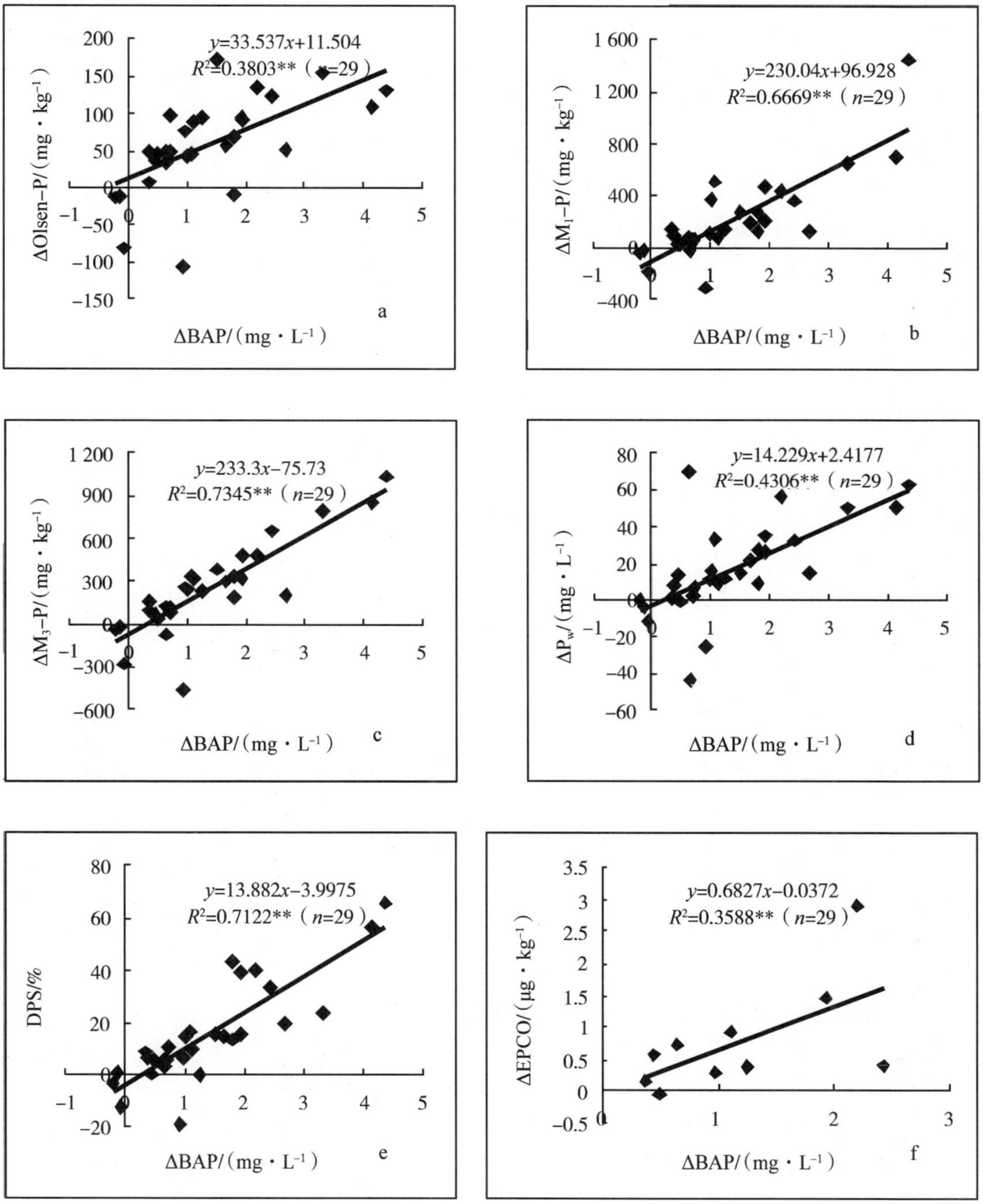

ΔBAP与其ΔOP、ΔM$_1$-P、ΔM$_3$-P、ΔP$_w$、ΔDPS、ΔEPC$_0$的增加量之间的关系

注：**表示相关关系达极显著水平（$P<0.01$）。

图4-1　蔬菜地土壤生物可利用磷的增加量

图4-1中a～f的相关分析表明，模拟径流实验测得的ΔBAP与ΔOlsen-P、ΔM1-P、ΔM3-P、ΔPw、ΔDPS、ΔEPC_0均呈现显著正相关（R^2=0.380 3、0.666 9、0.734 5、0.430 6、0.712 2、0.358 9，$P<0.01$）。这与Pote（1996）、Schoumans et al（2000）研究的结论相一致。由此可见，蔬菜地的累积，特别是速效态磷含量如P_w、M_3-P、M_1-P增加，会增加其土壤磷的流失风险。

在这些指标中，发现M_3-P和DPS与BAP的相关性更高。这可能因为使用Mehlich3提取磷的浸提剂中含有阴离子氟和乙酸有关，Fang（2002）指出，在乙酸保持液体为酸性的浸提环境下，氟离子能促进磷酸根离子的置换。Pote（1996）研究了土壤提取磷与土壤径流磷流失的关系，发现它们均具有显著的相关。Pautler（2000）进一步研究发现，吸持饱和度DPS较高的土壤，则土壤溶液中磷浓度会维持在较高的水平，由于在土壤侵蚀作用或人为施肥、管理等条件下，颗粒态磷尤其生物可利用磷将会以潜在解吸的形态富集起来，从而较为容易地进入水体。M_3-P和DPS与BAP的相关性更高，表明M_3-P和DPS比其他指标更能准确地预测磷素流失潜能。

以上阐述再一次说明，本次调查区域的土壤磷素径流流失的程度与表层土壤有效磷素水平高低有关。

综上所述，与附近水田相比，蔬菜地表层土壤中溶解态磷DRP和生物可利用磷BAP含量均高出很多，其中蔬菜地表层土壤DRP含量是水田的2.5倍，BAP含量是水田的3.6倍，蔬菜地表层土壤磷素径流流失风险要比水田落干后土壤磷素的流失风险大；不同提取态磷指标TP、Olsen-P、M_1-P、P_w和磷吸持饱和度DPS与模拟径流实验中土壤磷流失变量DRP、BAP之间具有密切的正相关关系，尤其用M_1-P、P_w和DPS比其他指标更能准确地预测磷素流失潜能。影响水土界面磷素径流流失的主要因素是土壤有效磷素水平，室内模拟径流实验测定的生物可利用磷BAP的变化量与Olsen-P、M_1-P、M_3-P、P_w、DPS和EPC_0的变化量之间存在显著的正相关关系，且M_3-P和DPS比其他指标更能准确地预测磷素流失潜能。其次，两种特定土地利用类型土壤的pH值、有机质和活性铁、铝也对也对磷素的流失潜能产生一定的影响。

4.2 土壤次生盐渍化对作物生长与环境的影响

4.2.1 对作物生长的影响

土壤盐渍化对土壤质量与作物生长不利影响主要体现在如下方面：导致土壤养分平衡失调，诱发作物缺素症或中毒症，在盐分胁迫情况下，产生生理病害。如植株体内的硝态氮的增加，会影响植株对Ca、Mg的吸收，导致Ca生理病，同时蛋白质遭到破坏，作物体内累积氨基酸及游离酸，产生氨毒。根据佛山市南海区几个露天菜地的调查结果（表3-3），露天菜地表层土壤盐分的离子组成，阳离子以Ca^{2+}为主，占全盐量的11.0%～24.1%；阴离子以NO_3^-和SO_4^{2-}为主，分别占全盐量的8.90%～31.0%和10.9%～45.7%。显然，积累较多的盐分离子是NO_3^-，将会影响蔬菜对Ca、Mg的吸收而导致Ca生理病害。

为了进一步了解土壤盐渍化与硝酸盐累积对作物生长的影响，项目组采用室内盆栽模拟试验，探讨了施肥和种植因子对土壤盐分累积和蔬菜生长性状的影响。供试土壤为南海区菜地0～20 cm耕层土，其基本理化性状见表4-7。供试作物为菜薹（*Brassica campestris L. ssp.* chinensis var. utilis Tsen et Lee），品种为迟心2号。以当地菜农习惯施用的芭田、狮马复合肥以及尿素作为肥源，设置N_0（0 g · kg^{-1}）、N_1（0.05 g · kg^{-1}）、N_2（0.10 g · kg^{-1}）、N_3（0.15 g · kg^{-1}）、N_4（0.20 g · kg^{-1}）、N_5（0.30 g · kg^{-1}）6个不同施肥水平（以N计），每盆装土（过2 mm筛）1.30 kg，按3种肥源习惯施肥量之间的比例关系以及含氮量折算成所需的盆栽施肥量（表4-8）。在此基础上，分为不种菜薹、种1株菜薹、种3株菜薹3种情况。共有16个处理，每个处理4次重复。土壤拌肥后加定量的去离子水，平衡3天后采集土样，测定电导率。菜薹长至两叶一心时，移栽到各处理盆钵中，以后每天进行必要的水分管理，按称重法控制去离子水的灌溉用量，不种菜薹的各处理除了不播种以外，其他管理措施与种植菜薹的各处理相同。试验50天后，用刀片切取所有处理盆钵中的土样作为微域尺度下的研究对象，再次进行电导率的测定。取样的具体操作过程如下：水平向切取0 ~ 2 cm、2 ~ 5 cm、5 ~ 10 cm各层土样；垂直向切取0 ~ 2 cm土层的根周围1 cm内土样定义为近根区，同时0 ~ 2 cm土层的根周围1 cm外土样定义为非近根区。

以下是对上述研究结果的总结与讨论。

表4-7　供试土壤基本理化性状

项目		测试值	分析方法
土壤盐分离子组成/（mg · kg^{-1}）	Ca^{2+}	456.4	火焰原子吸收分光光度法
	Mg^{2+}	22.4	火焰原子吸收分光光度法
	K^+	25.7	火焰光度法
	Na^+	55.0	火焰光度法
	NO_3^-	237.1	离子色谱法
	Cl^-	210.7	离子色谱法
	SO_4^{2-}	187.2	离子色谱法
	HCO_3^-	72.8	电位滴定法
全盐量/（g · kg^{-1}）		1.267	离子加和法
EC_{25}/（mS · cm^{-1}）		0.569	电导法
pH		6.4	电位法
有机质/（g · kg^{-1}）		40.5	重铬酸钾外加热容量法
机械组成/%	<0.002 mm	17.3	吸管法
	0.05 ~ 0.002 mm	51.0	
	2 ~ 0.05 mm	31.7	
土壤质地		粉砂壤	

表4-8　不同处理盆栽施肥量

肥料种类	习惯施肥/（kg · hm^{-2}）	$N-P_2O_5-K_2O$	盆栽施肥/（g · pot^{-1}）					
			N_0	N_1	N_2	N_3	N_4	N_5
芭田	225.0 ~ 262.5	15–5–15	0	0.114	0.228	0.342	0.456	0.684
狮马	375.0 ~ 525.0	15–15–15	0	0.211	0.422	0.633	0.844	1.266
尿素	75.0	46–0–0	0	0.035	0.070	0.105	0.140	0.210

4.2.2 不种植蔬菜时土壤盐分的迁移、分布特点

土壤拌肥浇水平衡3天后取样测定各层土壤的电导率。由图4-2可知，此时5 ~ 10 cm土层的电导率最高，2 ~ 5 cm次之，0 ~ 2 cm最低，原因在于浇水使土壤达到饱和状态时上层土壤的盐分被淋洗到下层土壤中。经F检验及多重比较，所有处理5 ~ 10 cm土层的电导率均明显高于0 ~ 2 cm土层的电导率（$P<0.01$），说明土壤盐分随土壤水分的移动性很强。同时，随着施肥水平的提高，各层土壤的电导率均有不同程度的升高。

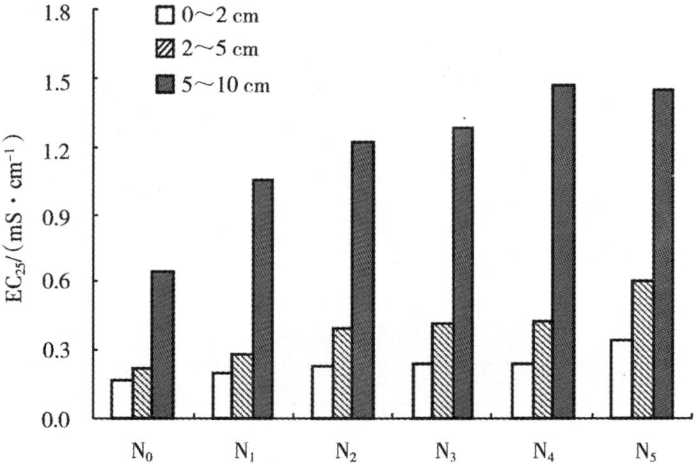

图4-2 施肥浇水平衡3天后不同层次土壤的电导率（EC_{25}）

但试验50天后，土壤盐分分布发生了明显变化。经F检验及多重比较，所有处理0 ~ 2 cm土层的电导率均明显高于其他土层（$P<0.01$），土壤盐分表现出明显的表聚现象（表4-9），原因在于，不种菜蔃情况下裸露土表蒸发作用十分强烈，下层土壤盐分不断地随土壤水分迁移到上层土壤中，水逸盐留，使土表趋向积盐，且施肥量越大，土表积盐趋势越明显。与施肥浇水平衡3天后相比，各处理0 ~ 2 cm及2 ~ 5 cm土层的电导率均明显上升，平均增幅分别高达480%和72.7%，5 ~ 10 cm土层的电导率则相应下降，平均减幅为21.0%。

表4-9 试验50天后不种菜蔃情况下各处理不同层次土壤的电导率

处理	电导率EC_{25} /（mS · cm^{-1}）		
	0 ~ 2 cm	2 ~ 5 cm	5 ~ 10 cm
N_0	0.999 e	0.516 d	0.863 d
N_1	1.118 de	0.539 d	0.877 d
N_2	1.235 d	0.609 c	0.979 c
N_3	1.409 c	0.676 b	1.036 b
N_4	1.624 b	0.741 a	1.078 b
N_5	2.009 a	0.750 a	1.139 a

注：同列不同字母表示F检验差异显著（$P<0.01$）。

4.2.3　种植因子对不同层次土壤盐分迁移、分布的影响

种植菜薹对土壤的盐分含量有一定的影响（图4-3）。在施肥水平相同的条件下，种植菜薹和不种菜薹相比，各层次土壤的电导率均明显降低，其中以5 ~ 10 cm土层的电导率差异最大，0 ~ 2 cm土壤次之，原因在于表层作物覆盖度的增加降低了蒸发耗水量，减缓了土壤盐分向表土的迁移速度和表聚程度。种3株菜薹和种1株菜薹相比，0 ~ 2 cm和2 ~ 5 cm土层的电导率相差不大，而5 ~ 10 cm土层的电导率则为种3株菜薹低于种1株菜薹。这显然是种植密度越大，根系从土壤中吸取的养分数量就越多，从而带走的盐分离子就更多的缘故。

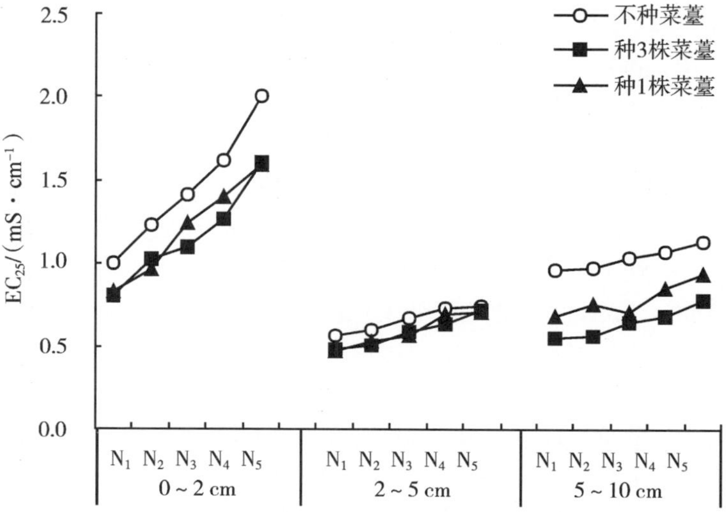

图4-3　不同的施肥水平和种植密度下各层次土壤的电导率（EC_{25}）

表4-10　施肥和种植因子对不同层次土壤电导率（EC_{25}）的影响

处理方法		EC_{25}/（mS·cm^{-1}）			
		0 ~ 2 cm（非近根区）	0 ~ 2 cm（近根区）	2 ~ 5 cm	5 ~ 10 cm
种3株菜薹	N_1	0.809 d	0.994 c	0.479 c	0.560 c
	N_2	1.027 c	1.200 c	0.512 c	0.574 c
	N_3	1.098 c	1.464 b	0.595 b	0.657 b
	N_4	1.272 b	1.529 b	0.640 b	0.688 b
	N_5	1.604 a	1.902 a	0.723 a	0.781 a
种1株菜薹	N_1	0.833 e	1.184 c	0.471 c	0.691 b
	N_2	0.966 d	1.346 c	0.534 b	0.759 b
	N_3	1.245 c	1.711 b	0.566 b	0.716 b
	N_4	1.398 b	1.998 a	0.702 a	0.863 a
	N_5	1.598 a	2.133 a	0.716 a	0.938 a

注：同列不同字母表示F检验差异显著（$P<0.01$）。

此外，在种植菜薹的情况下，对于0～2 cm土层，近根区的电导率均高于非近根区（表4-10），经F检验及多重比较，除种3株菜薹的N_1、N_2处理外，其余处理两者间的差异均达到显著水准（$P<0.05$）。就种植菜薹的各处理而言，蒸发耗水量在减少的同时，植株蒸腾量却在增加，加之根系对土壤水分和养分的吸收，加速了盐分由下向根际的迁移，除部分盐分被菜薹吸收利用外，大部分盐分则残留在根际一带，或者说，菜薹对离子的选择性吸收，使未被根系吸收的剩余盐分离子在根系周围累积，造成近根区土壤电导率高于非近根区。

4.2.4 土壤盐分对菜薹生长的影响

由土壤施肥导致土壤硝酸盐的增加，对菜薹生长的影响见表4-11和表4-12。

由表4-11可知，随着施N量的增加，以及与之相关的土壤盐分的增加，菜薹叶绿素a、b含量及叶绿素总量均逐渐升高，N_2与N_1处理相比，菜薹叶绿素a、b含量及叶绿素总量均变化不大；N_3、N_4、N_5与N_1处理相比，菜薹叶绿素a含量分别上升了6.10%、6.80%和13.2%，叶绿素b含量分别上升了12.4%、13.2%和22.9%，叶绿素总量分别上升了7.90%、8.60%和15.9%。经F检验及多重比较，N_5与N_1、N_5与N_2处理之间菜薹叶绿素a、b含量及叶绿素总量上差异均达到了显著水准（$P<0.05$）。菜薹叶绿素a/b则相反，随着施肥量的增加而减小，N_2、N_3、N_4、N_5分别比N_1降低了1.60%、5.30%、5.60%和7.60%。经F检验及多重比较，N_5与N_1、N_5与N_2之间的差异也均达到了显著水准（$P<0.05$），即相对于N_1、N_2处理，N_5处理明显提高了菜薹叶绿素a、b含量及叶绿素总量，但却明显著降低了菜薹叶绿素a/b值。叶绿素a、b含量及叶绿素总量随施肥量的增加而升高主要是因为菜薹生物量的减少而导致叶色暗绿，叶绿素a/b下降是因为叶绿素a增加得不如叶绿素b快。可见，以NO_3^-为主要盐离子的土壤盐渍化，对蔬菜叶绿素的生成影响较小。

表4-11 不同的施肥水平下菜薹叶绿素a、b含量、叶绿素总量以及叶绿素a/b值的变化

处理	叶绿素a	叶绿素b	叶绿素总量	叶绿素a/b
N_1	1.65 b	0.65 b	2.30 b	2.53 a
N_2	1.67 b	0.67 b	2.34 b	2.49 a
N_3	1.75 ab	0.73 ab	2.48 ab	2.39 ab
N_4	1.76 ab	0.74 ab	2.50 ab	2.38 ab
N_5	1.87 a	0.80 a	2.67 a	2.33 b

注：同列不同字母表示F检验差异显著（$P<0.05$）。

但从表4-12可见，随着施肥量的增加，菜薹的株高逐渐降低，N_2、N_3、N_4、N_5与N_1处理相比，株高分别下降了3.50%、6.10%、9.70%和11.1%，经F检验及多重比较，N_4、N_5与N_1处理之间差异分别达到了显著水准（$P<0.05$），表明施肥量的增加在导致土壤盐分含量增加的同时，已经影响了菜薹的生长。

表4-12　施肥量对菜薹株高、脯氨酸以及硝酸盐含量的影响

处理方法	株高/cm	脯氨酸含量/（$mg \cdot kg^{-1}$）	硝酸盐含量/（$mg \cdot kg^{-1}$）
N_1	18.8 a	22.05 a	6832 b
N_2	18.1 a	29.07 a	7062 b
N_3	17.6 ab	28.30 a	7152 ab
N_4	16.9 b	42.55 a	7185 ab
N_5	16.7 b	56.24 a	7498 a

注：同列不同字母表示F检验差异显著（$P<0.05$）。

此外，随着施肥量的增加，土壤表层以及表层根附近的土壤盐分含量均上升，菜薹的脯氨酸含量在施氮水平为0.05～0.15 $g \cdot kg^{-1}$范围内变化不是太大，而随着施氮水平的进一步提高，菜薹脯氨酸含量则逐渐上升。但各处理之间菜薹脯氨酸含量的差异均未达到显著水准（$P>0.05$），且误差变异较大（表4-11）。

菜薹是一种易于富集硝酸盐的叶类蔬菜。本次试验中，菜薹硝酸盐含量随着施肥量的增加而增加（表4-12）。N_2、N_3、N_4、N_5与N_1处理相比，硝酸盐含量分别上升了3.40%、4.70%、5.20%和9.80%，经F检验及多重比较，N_1、N_2与N_5处理之间差异分别达到了显著水准（$P<0.05$）。

综上所述，土壤盐分胁迫将影响蔬菜的产量与产品的品质。

4.3　土壤重金属污染的生态风险

重金属污染物质不论来自天然矿物还是人为污染源，均以无机和有机混合物的形式进入土壤，这些重金属混合物在与土壤中的有机、无机物质发生物理、化学及生物反应后，通过吸附、螯合、沉淀等作用而被吸附在土壤胶体表面或包含于矿物颗粒之内降低了迁移能力。随着土壤中重金属含量增加，土壤中可溶态重金属因植物吸收而减少，被束缚的重金属就可能不断补充到土壤溶液中，对植物造成伤害。

本项目的模拟试验结果表明，土壤重金属胁迫对白菜生长有一定的抑制作用，并导致白菜生理毒害，表现为生物量降低，在镉胁迫诱导下，白菜产生适应性抵抗反应，超氧化物歧化酶（Superoxide Dismutase，SOD）呈下降趋势，过氧化物酶（Peroxidase isozyme，POD）呈一定的上升趋势（参见第6章）。

对珠江三角洲地区171个蔬菜样品及其对应土壤重金属含量进行概率统计分析（图4-4）表明，蔬菜中Cd、Cr、As、Cu、Zn、Ni含量分布特征表现为受单一污染来源特征明显，其来源与对应土壤重金属来源相关；蔬菜中Hg和Pb含量分布特征表现为受多种污染源特征明显，除了与土壤有关外，还与其他如大气污染有关。由上述结果可知，珠江三角洲地区部分农田土壤的重金属污染，具有潜在的生态风险。

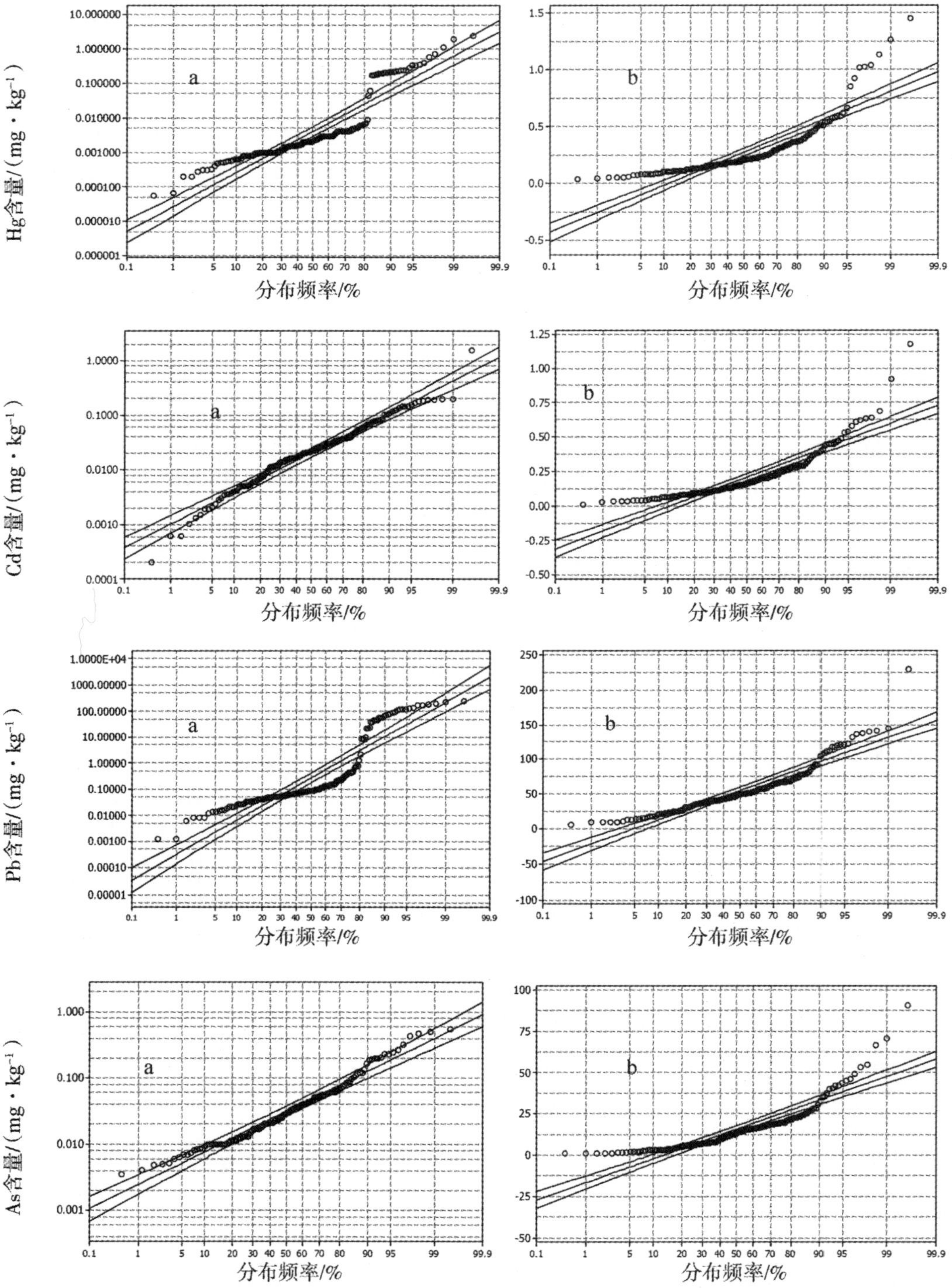
Hg含量/(mg·kg^{-1})
Cd含量/(mg·kg^{-1})
Pb含量/(mg·kg^{-1})
As含量/(mg·kg^{-1})
分布频率/%
a
b

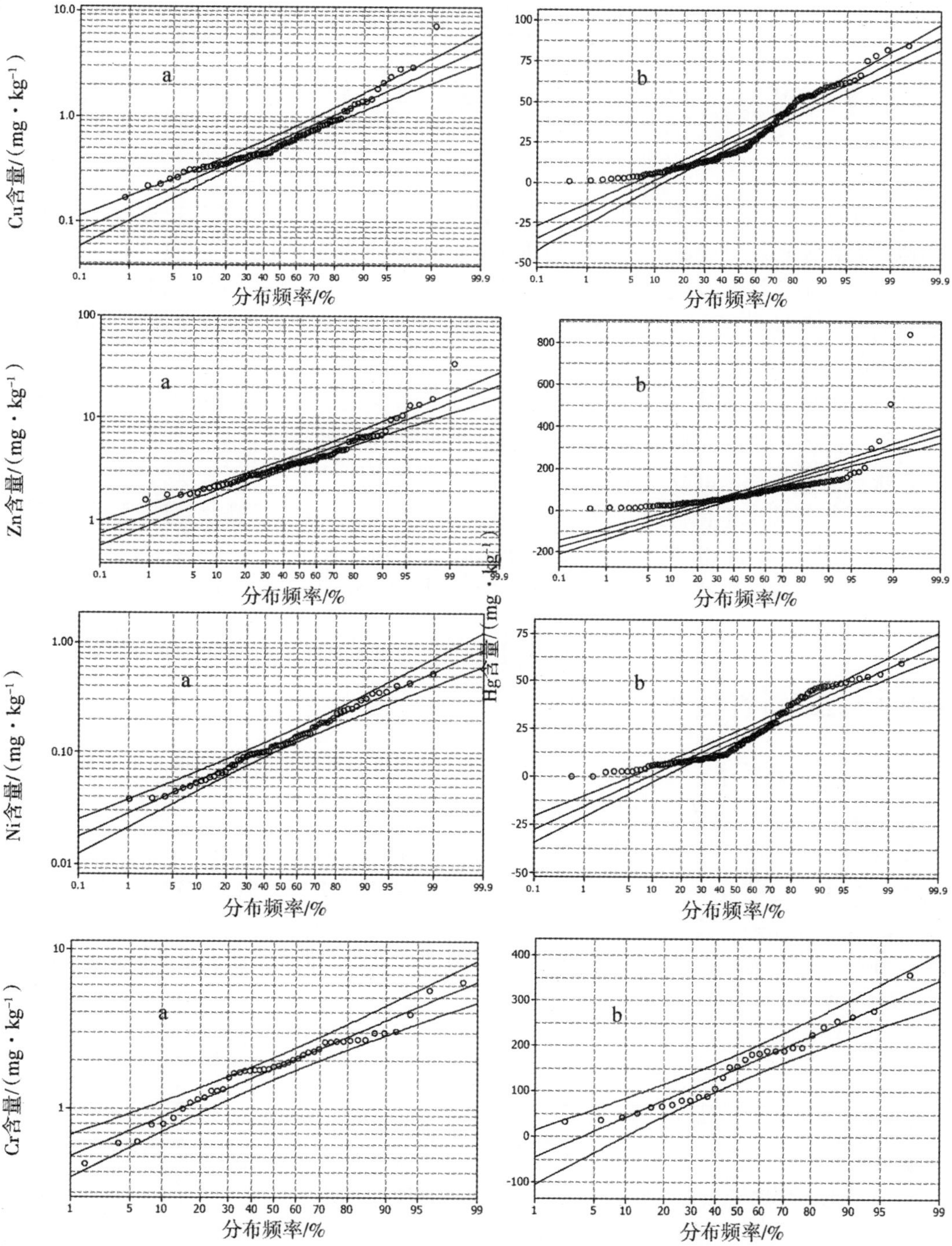

注：a为蔬菜样品；b为土壤样品。

图4–4　蔬菜样品及对应土壤的重金属含量的概率统计分析

第5章

土壤养分非均衡化与盐渍化防控

由前面的研究结果可知，随着集约利用程度提高，化学氮、磷肥施用量增大，珠江三角洲地区农田土壤特别是蔬菜地土壤出现了养分的新的非均衡化，土壤速效氮、磷养分含量明显增加，但土壤微量元素如硼、钼等仍严重缺乏，部分土壤中量元素如镁、硅缺乏。土壤速效氮、磷的累积，补充了土壤氮、磷的库存，但也增加了土壤氮、磷流失和土壤次生盐渍化的环境风险。

针对上述问题，本项目组从建立科学合理的养分均衡、化学肥料投入减量化关键技术出发，自2002年以来，在珠江三角洲地区的几种主要蔬菜的生产基地，开展了系列田间试验，系统地研究了蔬菜的养分需求，施肥对蔬菜产量、品质及土壤肥力的效应，以及不同肥料的施用量与配比（包括氮、磷、钾、微量元素及有机肥的施用量和有机无机不同配比等）对蔬菜产量及品质的影响。运用调查分析与模拟试验方法，探讨了合理施肥、轮作与灌溉等防控土壤次生盐渍化的效果，取得了多方面的结果，以下就是这些成果的系统总结。

5.1 土壤养分平衡调控

5.1.1 材料与方法

5.1.1.1 供试地点、供试土壤与作物

试验分别在增城、高明、惠阳、鹤山等市（区）的蔬菜生产基地进行，供试土壤包括细砂土、粉壤土、粘壤土等质地的土壤，供试土壤速效磷丰富，但土壤中量元素如镁、硅及土壤微量元素如硼、钼等严重缺乏，反映了珠江三角洲地区农田土壤的养分现状。供试蔬菜品种包括小白菜、瓜类（苦瓜、茄瓜、丝瓜、青瓜）和豇豆等蔬菜品种（表5–1、表5–2、表5–3）。

表5–1 试验地点、作物

试验地点	蔬菜基地	蔬菜品种
增城镇龙镇	汉华菜场洋田15组	小白菜（矮脚奶白菜）、苦瓜（大顶）、豇豆（白豆）
增城镇龙镇	汉华菜场洋田12组	小白菜（矮脚奶白菜）、苦瓜（大顶）、豇豆（白豆）
增城派潭镇	刘家合利菜场	小白菜（矮脚奶白菜）
高明合水镇	高明农科中心	小白菜（黑叶白菜）、茄瓜
惠阳平潭镇	惠阳农科所	小白菜（矮脚奶白菜）、马铃薯
鹤山共和镇	大坳村	丝瓜、青瓜、豇豆

表5-2 试验土壤基本性质

地点	品种	pH值	OM/(g·kg^{-1})	大量和中量元素有效养分/(mg·kg^{-1})						
				N	P	K	S	Ca	Mg	Si
汉华菜场15组	小白菜	6.25	17.09	60.61	87.32	87.74	15.57	962.75	44.84	17.85
	苦瓜	6.62	15.33	116.38	141.37	185.00				
	豇豆	6.00	9.42	85.81	132.40	90.00				
汉华菜场12组	小白菜	6.40	21.57	93.90	62.41	151.75	20.92	1322.75	69.68	27.86
	苦瓜	6.13	20.33	135.62	85.01	225.00				
	豇豆	5.55	30.36	208.11	130.88	315.00				
派潭合利菜场	小白菜	5.06	34.63	149.7	14.03	135.62	36.99	903.75	32.13	19.79
高明农科中心	小白菜	6.92	11.8	60.68	59.67	119.17	81.35	1 667.19	86.06	
	茄瓜	6.37	12.4	71.38	52.29	110.09		804.45	76.56	
惠阳农科所	小白菜	7.68	12.1	55.50	149.83	104.03	40.99	2 988.75	83.53	
	马铃薯	6.74	16.8	89.54	282.54	180.72		2 554.38	71.12	
鹤山	丝瓜	5.25	22.7	138.9	139.2	242.9		884.7	57.8	
参考临界值（谢建昌，1997）		—	—	200	60	160	80	800	120	50

表5-3 试验土壤基本性质

地点	品种	土壤质地	微量元素有效养分/(mg·kg^{-1})					
			Mo	B	Fe	Mn	Cu	Zn
汉华菜场15组	小白菜	细砂土	0.067	0.29	50.48	10.05	1.19	3.79
汉华菜场12组	小白菜	粉壤土	0.065	0.27	48.38	20.07	2.82	3.96
派潭合利菜场	小白菜	粘壤土	0.075	0.58	60.66	17.63	0.73	3.88
高明农科中心	小白菜	粘壤土	0.078	0.18	132.74	60.30	1.82	3.51
	茄瓜	粘壤土		0.25			1.71	5.38
惠阳农科所	小白菜	粘壤土	0.077	0.19	22.10	114.18	2.55	4.84
	马铃薯	粘壤土		0.18			2.57	5.86
鹤山	丝瓜	轻壤土	0.14	0.43		16.91	6.29	10.26
参考临界值（谢建昌，1997）			0.15	0.50	10.0	2.0	2.0	1.5

5.1.1.2 试验设计

根据不同蔬菜品种的生产实际，针对前人已有研究工作，项目对不同品种蔬菜进行了不同处理的田间试验。

在增城、高明、惠阳等地的田间试验均采用随机区组排列，每处理三重复，小区面积为13 m^2。田间试验，由NPK基础性试验、L9（3^4）NK三水平正交试验、有机肥与无机肥配比（按等N量计算）试验、不同有机肥用量试验、微量元素配施试验、优选配方验证试验等多个试验组成。

在共和镇同样采用随机区组排列，每处理三重复的试验，其中大量元素平衡施肥试验采用常规5处理设计，分别为：NPK、NP、NK、PK和无肥区对照。试验小区面积为25 m^2或30 m^2，施肥水平为：N 330 $kg \cdot hm^{-2}$，P_2O_5 120 $kg \cdot hm^{-2}$，K_2O 375 $kg \cdot hm^{-2}$。中微量元素试验设对照和叶面施肥二个处理，小区面积30 m^2。微肥于瓜菜揭膜后连续喷施3～4次，每次间隔10～15天，其他管理措施相同。

5.1.1.3 样品采集与分析项目与方法

土壤样本采集按耕作土壤混合样品的方法（中国科学院南京土壤研究所，1983），收获时计产，并采集产品样品和全株样本。

土壤速效N、P、K分别用碱解扩散法、$NaHCO_3$浸提—钼锑抗比色法、NH_4OAC浸提—火焰光度法；有效S用磷酸盐—乙酸浸提-硫酸钡比浊法；有效Si用草酸钠浸提—ICP法；交换性Ca、Mg用1N NH_4OAC浸提—原子吸收光谱法；有效Cu、Zn、Fe、Mn用0.1N HCl浸提—原子吸收光谱法；有效B用沸水浸提—姜黄素比色法测定。

植株的N、P、K用硫酸-过氧化氢一次性消化，测定同土壤；Ca、Mg、B干灰化后，Ca、Mg用原子吸收光谱法，B用姜黄素比色法，S用硝酸—高氯酸消煮—硫酸钡比浊法测定。

蔬菜硝酸盐（NO_3^--N）采用GB/T5009.33—1996的方法分析。维$_{生素C}$用2，6-二氯靛酚滴定法。水溶性糖总量采用氰化盐氧化—碘量法。

5.1.1.4 数据处理

所获数据采用Excel、SAS、SPSS等统计软件进行统计分析。

5.1.2 蔬菜植株的养分元素组成与吸收特点

5.1.2.1 不同蔬菜品种的养分元素组成特点

各种植物在系统发育过程中形成了各自的化学组成。蔬菜植株的养分元素组成尽管因不同的土壤肥力而有所差异，但总的来说，同一品种的养分元素组成有一定的规律。

从表5-4结果可知，土壤质地对小白菜植株各养分元素含量没有显著性影响；小白菜植株体各养分元素含量，以K的最高，其次为N，其大量和中量养分元素含量高低的顺序为K＞N＞Ca＞P＞S＞Mg，微量养分元素含量高低的顺序为Zn＞B＞Cu，表明以小白菜为代表的叶菜类蔬菜，是喜钾的作物。

表5-4　小白菜植株养分元素组成

元素	项目	矮脚奶白菜						黑叶白菜	
		砂　土		壤　土		粘壤土		粘壤土	
		地上部	菜根	地上部	菜根	地上部	菜根	地上部	菜根
N/（$g \cdot kg^{-1}$）	范围	31.52 ~ 50.76	22.94 ~ 23.32	38.77 ~ 57.17	23.75 ~ 26.19	20.92 ~ 53.09	20.13 ~ 23.08	40.79 ~ 50.65	25.56 ~ 27.14
	平均值	44.31	23.13	45.30	24.97	42.00	21.61	44.94	26.14
P/（$g \cdot kg^{-1}$）	范围	7.22 ~ 9.99	6.93 ~ 7.22	7.26 ~ 9.99	5.68 ~ 5.76	6.49 ~ 11.88	6.32 ~ 6.56	6.49 ~ 8.16	3.68 ~ 3.96
	平均值	8.54	7.08	8.57	5.72	9.15	6.44	7.45	3.80
K/（$g \cdot kg^{-1}$）	范围	32.92 ~ 64.85	61.21~61.36	52.38 ~ 67.64	59.86 ~ 59.92	45.78 ~ 75.83	45.78 ~ 47.89	75.00 ~ 97.50	42.50 ~ 57.50
	平均值	52.72	61.29	61.92	59.89	61.50	46.84	87.50	52.50
Ca/（$g \cdot kg^{-1}$）	范围	16.03 ~ 25.53	8.19 ~ 11.59	17.10 ~ 22.34	10.52 ~ 20.04	14.78 ~ 35.19		18.10 ~ 32.10	8.70 ~ 9.10
	平均值	19.99	9.89	18.88	15.28	26.36	20.52	26.87	8.87
Mg/（$g \cdot kg^{-1}$）	范围	1.84 ~ 3.30	2.06 ~ 2.35	2.14 ~ 4.68	2.22 ~ 2.81	1.71 ~ 2.68		1.34 ~ 2.15	1.04 ~ 1.08
	平均值	2.69	2.21	2.49	2.52	2.17	2.83	1.76	1.05
S/（$g \cdot kg^{-1}$）	范围	2.16 ~ 7.20	1.71 ~ 3.31	3.83 ~ 6.66	1.79 ~ 2.31	3.75 ~ 6.86		4.20 ~ 7.10	3.30 ~ 4.30
	平均值	4.80	2.51	5.17	2.05	4.53	2.09	5.37	3.70
B/（$mg \cdot kg^{-1}$）	范围	12.44 ~ 41.76	22.95 ~ 23.96	15.77 ~ 36.79	26.95 ~ 31.20	23.85 ~ 61.06		26.57 ~ 44.21	17.87 ~ 33.85
	平均值	26.47	23.46	25.54	29.08	34.81	29.70	36.23	28.00
Cu/（$mg \cdot kg^{-1}$）	范围	5.67 ~ 13.67	15.21 ~ 17.32	6.25 ~ 12.70	11.84 ~ 16.01	7.90 ~ 21.77		8.37 ~ 16.73	6.51 ~ 10.23
	平均值	9.81	16.27	9.86	13.93	12.33	14.25	11.47	8.37
Zn（$mg \cdot kg^{-1}$）	范围	34.65 ~ 134.70	49.54 ~ 66.74	36.00 ~ 81.12	67.89 ~ 85.22	35.42 ~ 83.26		44.10 ~ 50.23	46.14 ~ 51.86
	平均值	71.28	58.14	53.46	76.56	61.18	88.19	48.05	48.86

注：表中数据为试验中几个有代表性处理，3个重复，共36个分析数据的平均值，以干基计算，下同。

苦瓜植株的养分元素含量状况见表5-5。由表5-4可知，苦瓜植株不同部位各养分元素的分布存在差异：瓜的养分元素含量高低顺序是K>N>P>Ca>Mg>S>B>Zn>Cu，而藤的是K>Ca>N>P>Mg>S>Zn>B>Cu，N、P、K、B的含量是瓜的高于藤的，但Ca、Mg的含量则相反。土壤质地的差异对苦瓜植株不同部位各养分元素的分布没有显著影响。

茄瓜植株的养分元素含量状况见表5-6。由表5-6可知，茄瓜植株不同部位各养分元素的分布存在差异：瓜的养分元素含量高低顺序为K>N>P>Mg≈Ca>S>B >Zn>Cu，藤的养分元素含量高低顺序则为K>N≈Ca>P>Mg>S>Zn>B>Cu，N、P、K、Cu的含量是瓜的高于藤，Ca和Zn的含量则是藤的明显高于瓜。

冬种马铃薯植株的各元素含量测定结果也见表5-6，由表中可知，马铃薯植株所有养分元素含量均是藤高于块茎，部分养分元素在藤和块茎中的分布差异特别显著，如Ca、Mg、B、K在藤中的积累明显，藤的Ca含量是块茎的58倍，Mg是3.5倍，B是3倍，K是2.6倍。因此，块茎的养分元素含量高低顺序为K>N>P>Mg>S>Ca>Zn>B>Cu，而藤的养分元素含量高低顺序为K>N>Ca>Mg>S>P>Zn>B>Cu。

表5-5　苦瓜的养分元素组成

元素含量	项目	砂土		壤土	
		苦瓜	苦瓜植株（藤根）	苦瓜	苦瓜植株（带根）
$N/(g\cdot kg^{-1})$	范围	20.19 ~ 41.65	20.91 ~ 30.76	24.58 ~ 41.80	19.93 ~ 29.70
	平均值	31.37	25.25	31.14	24.27
$P/(g\cdot kg^{-1})$	范围	5.02 ~ 8.47	3.00 ~ 6.44	4.83 ~ 7.88	3.85 ~ 7.01
	平均值	6.70	4.60	6.23	4.87
$K/(g\cdot kg^{-1})$	范围	40.07 ~ 59.66	34.82 ~ 50.94	45.51 ~ 55.61	39.40 ~ 56.14
	平均值	49.99	43.84	49.23	46.09
$Ca/(g\cdot kg^{-1})$	范围	3.25 ~ 5.92	23.26 ~ 37.73	3.796 ~ 5.528	30.76 ~ 41.16
	平均值	4.95	28.24	4.699	35.46
$Mg/(g\cdot kg^{-1})$	范围	2.53 ~ 3.65	3.19 ~ 4.56	2.90 ~ 3.44	3.06 ~ 4.25
	平均值	3.12	3.73	3.15	3. 80
$S/(g\cdot kg^{-1})$	范围	1.40 ~ 2.53	1.610 ~ 2.08	1.99 ~ 2.49	1.62 ~ 2.55
	平均值	1.86	1.86	2.255	2.19
$B/(mg\cdot kg^{-1})$	范围	30.06 ~ 91.40	17.50 ~ 39.68	30.66 ~ 81.42	16.68 ~ 28.53
	平均值	61.68	23.45	51.62	20.52
$Zn/(mg\cdot kg^{-1})$	范围	33.19 ~ 46.56	49.24 ~ 68.43	29.13 ~ 43.18	34.91 ~ 63.39
	平均值	40.66	61.28	34.97	45.22
$Cu/(mg\cdot kg^{-1})$	范围	10.60 ~ 15.31	10.36 ~ 17.88	9.01 ~ 13.52	11.99 ~ 18.20
	平均值	13.70	15.35	11.43	14.97

表5-6　茄瓜、马铃薯养分元素组成

元素含量	项目	茄瓜（果实）	茄瓜植株（带根）	马铃薯块茎	马铃薯植株
N/（g·kg^{-1}）	范围	12.70～21.03	7.50～21.50	11.60～17.40	17.20～36.70
	平均值	17.65	12.63	15.20	27.50
P/（g·kg^{-1}）	范围	3.01～5.30	0.98～4.79	1.61～2.67	1.41～4.53
	平均值	3.74	2.07	2.05	2.14
K/（g·kg^{-1}）	范围	21.10～27.80	12.80～25.90	18.40～29.80	50.60～77.00
	平均值	24.40	19.50	23.40	62.60
Ca/（g·kg^{-1}）	范围	0.83～2.44	—	0.31～0.50	19.20～27.40
	平均值	1.64	12.50	0.40	23.73
Mg/（g·kg^{-1}）	范围	1.60～1.90	—	1.00～1.10	
	平均值	1.70	2.00	1.10	3.90
S/（g·kg^{-1}）	范围	1.44～1.53	—	1.16～1.20	2.49～2.76
	平均值	1.47	1.35	1.18	2.61
B/（mg·kg^{-1}）	范围	16.63～41.22	—	7.18～13.57	13.22～22.40
	平均值	30.41	30.10	9.47	16.30
Zn/（mg·kg^{-1}）	范围	14.82～18.80	—	14.58～15.63	42.86～49.47
	平均值	16.54	49.15	14.95	45.27
Cu/（mg·kg^{-1}）	范围	8.86～11.93	—	4.09～5.13	6.4～7.64
	平均值	10.32	6.41	4.75	6.70

由表5-7可知，豇豆植株不同部位各养分元素的分布与苦瓜、茄瓜的有所不同，不仅大、中量元素与微量元素在植株体不同部位分布存在差异，且其大、中量养分元素含量分布受土壤质地的影响较大。如豆的大、中量养分元素含量高低顺序两种土壤均为N>K>P>Ca>Mg>S，而藤的大、中量养分元素含量高低顺序受土壤质地影响：砂土的为K>N>Ca>S>Mg>P，壤土的为K>N>Ca>Mg>S>P。N、P、K的含量均是豆的高于藤，但Ca、Mg、S的含量则是藤的高于豆，而微量元素含量，两种土壤的豆和藤均是Zn>B>Cu。

5.1.2.2　不同蔬菜品种的养分元素吸收量

蔬菜的植株养分元素吸收量包括地上部的养分吸收量和根的养分吸收量，反映了作物生长对养分的需求量。

表5-7　豇豆的养分元素组成

元素	项目	砂土		壤土	
		豇豆	豇豆植株（带根）	豇豆	豇豆植株（带根）
N/（g·kg^{-1}）	范围	29.85 ~ 41.22	18.60 ~ 31.92	34.46 ~ 42.91	15.49 ~ 23.89
	平均值	35.58	22.60	39.04	19.68
P/（g·kg^{-1}）	范围	3.78 ~ 7.61	3.00 ~ 4.48	4.84 ~ 6.46	2.64 ~ 4.57
	平均值	5.50	3.51	5.60	3.41
K/（g·kg^{-1}）	范围	20.61 ~ 30.37	21.75 ~ 35.97	24.40 ~ 35.37	22.32 ~ 33.36
	平均值	24.27	28.64	27.20	27.13
Ca/（g·kg^{-1}）	范围	2.383 ~ 5.605	16.64 ~ 26.42	3.410 ~ 6.556	8.286 ~ 21.99
	平均值	4.637	22.53	5.081	15.544
Mg/（g·kg^{-1}）	范围	2.64 ~ 4.244	2.866 ~ 4.403	3.325 ~ 4.116	3.98 ~ 5.211
	平均值	3.321	3.706	3.754	4.590
S/（g·kg^{-1}）	范围	1.20 ~ 2.10	3.390 ~ 5.450	1.280 ~ 1.970	3.19 ~ 5.05
	平均值	1.682	4.200	1.628	4.168
B/（mg·kg^{-1}）	范围	22.220 ~ 46.240	32.010 ~ 60.360	34.800 ~ 60.650	28.34 ~ 45.29
	平均值	34.132	40.629	42.151	38.433
Zn/（mg·kg^{-1}）	范围	46.32 ~ 72.85	29.88 ~ 54.49	38.80 ~ 67.37	36.21 ~ 70.60
	平均值	56.83	46.19	55.07	54.97
Cu/（mg·kg^{-1}）	范围	7.18 ~ 14.60	8.44 ~ 20.15	9.16 ~ 15.73	11.22 ~ 15.61
	平均值	10.69	13.02	13.16	12.68

根据表5-8可知，小白菜在同样施肥数量条件下，3种土壤相比，壤质土的氮、钾、钙、硫、硼、铜等多种养分元素的吸收量最大；砂质土的磷、镁、锌吸收量最大；黏质土的吸收量均为最小，说明壤质土较适合小白菜的生长，因而其生物量大，吸收的养分元素量大。黏质土虽然土壤的大多数养分元素含量较高，但由于质地黏重，土壤的通透性能较差，因此，土壤养分元素（如磷素）的作物有效性却较低。虽然与其他质地土壤施入同样数量的肥料，但作物生长并不比其他质地的土壤好，因而作物对各种养分元素的吸收量最小；而砂质土，虽然土壤中大多数养分元素的含量较低，但在适量施肥情况下，养分的利用率较高，作物的生长受影响不大。

表5-8　小白菜全株养分吸收量

元素/（kg·1 000 kg^{-1}）	项目	矮脚奶白菜		黑叶白菜	
		砂土	壤土	粘土	粘壤土
N	范围	3.098～5.712	3.960～5.019	1.530～5.764	1.353～2.326
	平均值	4.000	4.360	2.198	1.959
P	范围	0.690～1.110	0.719～0.980	0.395～1.073	0.266～0.348
	平均值	0.797	0.779	0.527	0.315
K	范围	5.349～8.565	5.310～7.465	2.429～9.219	3.219～4.071
	平均值	5.635	6.126	3.525	3.724
Ca	范围	1.125～1.807	1.627～2.040	0.935～2.095	0.963～1.288
	平均值	1.519	1.776	1.470	1.089
Mg	范围	0.222～0.270	0.218～0.263	0.094 8～0.175	0.070 1～0.077 8
	平均值	0.253	0.238	0.126	0.073 5
S	范围	0.311～0.594	0.419～0.544	0.152～0.391	0.188～0.263
	平均值	0.406	0.459	0.240	0.227
B	范围	0.013 7～0.035 4	0.020 3～0.032 8	0.012 3～0.031 8	0.001 17～0.002 08
	平均值	0.021 6	0.025 6	0.020 0	0.001 58
Cu	范围	0.007 1～0.012 1	0.000 97～0.010 7	0.005～0.009 3	0.000 372～0.000 546
	平均值	0.009 35	0.001 01	0.007 1	0.000 478
Zn	范围	0.039 3～0.083 5	0.004 86～0.067 8	0.030 3～0.045 9	0.001 73～0.002 46
	平均值	0.058 4	0.054 6	0.035 2	0.002 15

注：以鲜基计。

表5-8的结果表明，小白菜（矮脚奶白菜）每形成1 000 kg的产量，必须从土壤中吸收N 2.2～4.4 kg、P 0.53～0.80 kg、K 3.5～6.1 kg、Ca 1.47～1.78 kg、Mg 126～253 g、S 240～459 g、B 20～25 g、Cu 1～9 g、Zn 35～58 g。小白菜（矮脚奶白菜）对大量和中量元素的吸收比例N：P：K：Ca：Mg：S为1：（0.18～0.24）：（1.41～1.60）：（0.40～0.67）：0.06：（0.1～0.11）。

表5-8还表明，每生产1 000 kg黑叶白菜，从粘壤土中携走的养分元素量分别为：氮（N）1.959 kg，磷（P）0.315 kg，钾（K）3.724 kg，钙（Ca）1.089 kg，镁（M）0.073 5 kg，硫（S）0.227 kg，硼（B）1.6 g，锌（Zn）2.2 g，铜（Cu）0.5 g。

表5-9显示，苦瓜每形成1 000 kg鲜物，所需吸收的大量和中量养分元素量，同样是壤土的较大。砂土的苦瓜按鲜物计算的所需吸收的养分元素较低，表明其瓜的干物量较小而水分含量较高。

表5-9　苦瓜和豇豆全株养分元素吸收量

元素/(kg·1 000 kg^{-1})	项目	苦瓜		豇豆	
		砂土	壤土	砂土	壤土
N	范围	1.878 ~ 3.278	3.058 ~ 4.258	3.196 ~ 5.697	3.505 ~ 4.644
	平均值	2.808	3.490	4.327	3.928
P	范围	0.389 ~ 0.681	0.587 ~ 0.875	0.547 ~ 0.832	0.535 ~ 0.709
	平均值	0.555	0.694	0.658	0.593
K	范围	3.568 ~ 5.763	5.426 ~ 7.677	2.528 ~ 5.175	3.070 ~ 3.771
	平均值	4.714	6.192	3.648	3.378
Ca	范围	1.931 ~ 2.756	2.649 ~ 4.200	0.790 ~ 1.509	1.015 ~ 1.502
	平均值	2.294	3.236	1.086	1.209
Mg	范围	0.343 ~ 0.415	0.399 ~ 0.569	0.332 ~ 0.461	0.461 ~ 0.557
	平均值	0.386	0.460	0.386	0.507
S	范围	0.186 ~ 0.231	0.237 ~ 0.346	0.219 ~ 0.320	0.282 ~ 0.372
	平均值	0.203	0.283	0.266	0.332
B	范围	0.003 88 ~ 0.008 76	0.004 14 ~ 0.005 39	0.003 08 ~ 0.005 12	0.004 49 ~ 0.005 85
	平均值	0.005 89	0.004 76	0.004 16	0.005 05
Cu	范围	0.000 915 ~ 0.001 08	0.000 902 ~ 0.001 04	0.000 743 ~ 0.000 819	0.000 752 ~ 0.000 835
	平均值	0.000 981	0.000 974	0.000 784	0.000 784
Zn	范围	0.003 51 ~ 0.003 70	0.002 64 ~ 0.003 12	0.003 68 ~ 0.003 79	0.003 10 ~ 0.003 64
	平均值	0.003 63	0.002 93	0.003 73	0.003 33

注：以鲜基计。

在壤土上，苦瓜每形成1 000 kg产量，必须从土壤中吸收N 3.490 kg、P 0.694 kg、K 6.192 kg、Ca 3.236 kg、Mg 0.460 kg、S 0.283 kg、B 4.76g、Cu 0.98g、Zn 3.0 g。在砂质土上，苦瓜每形成1 000 kg产量，比壤土上吸收的养分略少。

与小白菜、苦瓜植株养分元素吸收量有所不同，豇豆每形成1000kg产量，约需要在土壤中吸收纯养分N 3.9 ~ 4.3 kg、P 0.59 ~ 0.66 kg、K 3.4 ~ 3.6 kg、Ca 1.0 ~ 1.2 kg、Mg 386 ~ 507 g、S 266 ~ 332 g、B 4.16 ~ 5.05 g；与栽培于壤土上的豇豆比较，栽培于砂土上的，形成一定产量时，N、P、K、B的吸收量稍多，而Ca、P、Mg、S吸收量略少（表5-9）。

表5-10的结果显示，每形成1 000 kg茄瓜，必须从土壤中吸收N1.02 ~ 3.48 kg，K 1.87 ~ 4.52 kg，Ca 1.28 ~ 1.45 kg，P 0.25 ~ 0.50 kg，Mg 0.29 ~ 0.36 kg，S 0.22 ~ 0.26 kg，B 4.18 ~ 5.98 g，Cu 1.37 ~ 1.41 g，Zn 5.65 ~ 6.62 g。

表5-10的结果还显示，每形成1 000 kg冬种马薯块茎，必须从土壤中吸收N 1.79 ~ 3.23 kg，K 3.75 ~ 5.20 kg，Ca 0.46 ~ 0.73 kg，P 0.23 ~ 0.43 kg，Mg 0.20 ~ 0.26 kg，S 0.19 ~ 0.24 kg，B 1.31 ~ 2.38 g，Cu 0.6 ~ 0.93 g，Zn 2.61 ~ 3.39 g。

表5-10　茄瓜、冬种马铃薯全株养分吸收量

元素含量/（kg·1 000 kg^{-1}）	项目	茄瓜	马铃薯
N	范围	1.0171～3.478	1.790～3.233
	平均值	2.134	2.610
P	范围	0.249～0.499	0.225～0.430
	平均值	0.386	0.309
K	范围	1.870～4.528	3.746～5.198
	平均值	3.089	4.516
Ca	范围	1.282～1.449	0.463～0.732
	平均值	1.361	0.563
Mg	范围	0.285～0.356	0.200～0.260
	平均值	0.326	0.232
S	范围	0.223～0.265	0.189～0.235
	平均值	0.242	0.219
B	范围	0.004 18～0.005 98	0.001 31～0.002 38
	平均值	0.005 20	0.001 71
Cu	范围	0.001 37～0.001 41	0.000 600～0.000 925
	平均值	0.001 38	0.000 806
Zn	范围	0.005 65～0.006 62	0.002 61～0.003 39
	平均值	0.006 09	0.003 06

注：以鲜基计。

从表5-11可看出，对各大、中量元素的吸收量大小顺序，除了豇豆为N最大之外，其余的小白菜、苦瓜、茄瓜、马铃薯均为K最大；对几种微量元素的吸收量顺序均为Cu最小，除苦瓜、豇豆为B最大外，小白菜、茄瓜和马铃薯均为Zn最大。

表5-11　几种蔬菜对各元素的吸收量顺序

蔬菜品种	吸收量高低顺序比较	
	大量和中量元素	微量元素
小白菜	K>N>Ca>P>S>Mg	Zn>B>Cu
苦瓜	K>N>Ca>P>Mg>S	B>Zn>Cu
豇豆	N>K>Ca>P>Mg>S	B>Zn>Cu
茄瓜	K>N>Ca>P≈Mg>S	Zn>B>Cu
马铃薯	K>N>Ca>P>Mg≈S	Zn>B>Cu

5.1.2.3　不同蔬菜品种的养分元素吸收比例和吸收总量

作物的各养分元素吸收比例反映了该作物对各种养分元素的需求量。本项目研究的几种主要蔬菜吸收各种养分元素的比例情况见表5-12。由表5-12可以得出：

（1）在相同质地的土壤上，不同蔬菜品种对各养分元素的吸收的比例存在差异，N所占的比例是豆类＞瓜类＞叶菜类；P是豆类和叶菜类相似＞瓜类；K是叶菜类＞瓜类＞豆类；Ca是瓜类＞叶菜类＞豆类；Mg是豆类＞瓜类＞叶菜类；S是叶菜类＞豆类＞瓜类。

（2）形成单位产量（1 000 kg）养分元素吸收总量的顺序为：苦瓜＞小白菜＞豇豆＞冬种马铃薯＞茄瓜；氮（N）的吸收量顺序为：豇豆＞小白菜＞马铃薯＞茄瓜＞苦瓜；磷（P）的吸收量顺序为：小白菜＞豇豆＞茄瓜＞苦瓜＞马铃薯；钾（K）的吸收量顺序为：马铃薯＞小白菜＞苦瓜＞茄瓜＞豇豆；钙（Ca）的吸收量顺序为：苦瓜＞茄瓜＞小白菜＞豇豆＞马铃薯、对镁（Mg）养分吸收量顺序为：豇豆＞茄瓜＞苦瓜＞马铃薯＞小白菜。

表5-11　几种蔬菜对大、中量元素吸收的比例

蔬菜品种	土壤类型	大量和中量元素吸收比例/%							大量和中量元素吸收比例
		N	P	K	Ca	Mg	S	总量/（kg·1 000 kg^{-1}）	N：P：K：Ca：Mg：S
小白菜（矮脚奶白菜）	砂土	31.72	6.32	44.68	12.04	2.01	3.22	12.61	1：0.20：1.41：0.40：0.06：0.10
	壤土	31.73	5.68	44.59	12.92	1.73	3.34	13.74	1：0.18：1.41：0.41：0.06：0.10
	粘土	27.18	6.52	43.58	18.17	1.57	2.97	8.09	1：0.24：1.60：0.67：0.06：0.11
小白菜（黑叶白菜）	粘壤土	26.52	4.26	50.41	14.74	0.99	3.07	7.39	1：0.16：1.90：0.56：0.04：0.12
苦瓜	砂土	25.62	5.06	43.01	20.93	3.52	1.85	10.96	1：0.20：1.68：0.82：0.14：0.07
	壤土	24.31	4.83	43.13	22.54	3.20	1.97	14.36	1：0.20：1.77：0.92：0.13：0.08
豇豆	砂土	41.72	6.34	35.17	10.47	3.72	2.56	10.37	1：0.15：0.84：0.25：0.09：0.06
	壤土	39.49	5.96	33.96	12.15	5.10	3.34	9.95	1：0.15：0.86：0.31：0.13：0.08
茄瓜	粘壤土	28.31	5.12	40.98	18.06	4.32	3.21	7.54	1：0.18：1.45：0.64：0.15：0.11
马铃薯	粘壤土	30.89	3.66	53.45	6.66	2.75	2.59	8.45	1：0.12：1.73：0.22：0.09：0.08

注：以鲜基计。

综上所述，不同蔬菜品种对各养分元素的吸收利用存在差异，据此，可以了解不同蔬菜作物对各养分元素的需求，为合理施肥提供依据。

5.1.3　不同蔬菜品种栽培的土壤养分调控与配方优选

施肥对作物营养调节具有重要的作用，本项目的试验研究结果表明，通过合理平衡施肥，可以有效地提高蔬菜作物的产量和品质，改善土壤养分平衡状况，同时实现蔬菜生产过程中化学肥料投入的减量化。

5.1.3.1　小白菜栽培土壤养分调控与配方优选

（1）氮钾与磷肥配施的适用量

小白菜氮钾与磷肥配施试验在增城市的砂土、壤土和粘土3种不同质地的土壤上进行，试验结果见表5-13。田间试验结果显示，在施一定量磷的条件下，合理的NK配施可使小白菜高产优质。小白菜施肥产量效应顺序是：砂质土上，N_2K_2+有机肥＞N_2K_3＞N_3K_3＞N_2K_1＞N_3K_2＞N_2K_2＞N_3K_1＞N_1K_3＞N_1K_2＞N_1K_1，即施中氮高钾不仅可获得最高产量，而且可获得降低硝酸盐、提高维生素C的效果；壤质土的施肥效应是：N_3K_1＞N_2K_2+有机肥＞N_3K_3＞N_3K_2＞N_2K_1＞N_2K_2＞N_2K_3＞N_1K_2＞N_1K_1＞N_1K_3，即高氮低钾虽可获得高产但品质却最差，低氮低钾可获得合适产量、降低硝酸盐和提高维生素C的效果；粘质土的施肥效应是：N_3K_1＞N_1K_3＞N_3K_1＞N_2K_2＞N2K_2+有机肥＞N_2K_1＞N_1K_1，即低氮高钾既可获得较高产量，维生素C、水溶性糖等品质指标均较好，与NPK+有机肥的持平。

表5-14是正交试验结果的直观分析。比较3种土壤的N、K的产量效应极差值可知，N的产量效应大于K；本试验设计的施用范围各自的产量较优的施用量配比：砂质土为N_2K_3，壤质土为N_3K_1，粘质土为N_2K_2。

根据小白菜产量（y）施肥量（x）回归分析曲线图5-1所示，3种不同肥力（土壤水解N在60～250 mg·kg^{-1}）和质地（砂、壤、粘土）的土壤，施N量和施K量与小白菜产量的回归关系均成一元二次抛物线方程，超过一定的施用量均会使小白菜减产。最高产量的施N量，在砂土（水解N含量为60.61 mg·kg^{-1}）和粘土（水解N含量为249.7 mg·kg^{-1}）的均在150～225 kg·hm^{-2}，而壤土（水解N含量为93.9 mg·kg^{-1}）在300 kg·hm^{-2}以上。最高产量的施K（K_2O）量，在砂土（速效K含量为87.74 mg·kg^{-1}）为120~180 kg·hm^{-2}，壤土（速效K含量为151.75 mg·kg^{-1}）在120～150 kg·hm^{-2}，而粘土（速效K含量为135.62 mg·kg^{-1}）则在180 kg·hm^{-2}左右。可见，N、P、K肥施用量并不能完全根据土壤的速效养分含量来决定，而是要同时考虑土壤的质地情况。在本试验条件下，壤质土可多施氮，而粘质土可多施钾。

表5-13　在固定施磷水平下NK配比对小白菜产量与品质影响

处理	砂土				壤土				粘土			
	商品瓜/（$kg \cdot y^{-1}$）②	NO_3^--N/（$mg \cdot kg^{-1}$）	维生素C/（$mg \cdot kg^{-1}$）	水溶性糖/（$g \cdot kg^{-1}$）	商品瓜/（$kg \cdot y^{-1}$）②	NO_3^--N/（$mg \cdot kg^{-1}$）	维生素C/（$mg \cdot kg^{-1}$）	水溶性糖/（$g \cdot kg^{-1}$）	商品瓜/（$kg \cdot y^{-1}$）②	NO_3^--N/（$mg \cdot kg^{-1}$）	维生素C/（$mg \cdot kg^{-1}$）	水溶性糖/（$g \cdot kg^{-1}$）
$N_3PK_1$①	1 559.6	4 079	355.4	204.2	1 846.2	4 137	359.8	151.0	2 618.7	5 539	310.4	86.3
N_3PK_2	1 724.3	4 019	427.4	108.8	1 674.9	2 461	324.6	147.9	—	—	—	—
N_3PK_3	1 826.4	3 153	626.2	129.6	1 724.3	3 171	302.9	162.4	2 366.0	4 969	310.4	13.3
N_2PK_1	1 729.3	4 809	251.8	63.6	1 643.6	2 930	279.4	167.4	1 857.2	5 389	330.6	94.7
N_2PK_2	1 569.5	4 223	294.9	9.6	1 609.1	3 273	243.8	151.5	2 162.8	3 874	296.9	107.3
N_2PK_3	1 888.8	1 710	391.0	52.2	1 574.5	3 747	353.7	176.8	—	—	—	—
N_1PK_1	1 225.3	2 332	440.7	102.2	1 329.1	1 856	392.6	112.7	1 689.1	1 839	300.2	75.2
N_1PK_2	1 232.6	1 623	361.2	201.3	1 370.2	2 297	291.9	176.6	—	—	—	—
N_1PK_3	1 422.9	1 062	482.3	46.9	1 327.4	3 747	319.1	130.4	2 387.5	2 898	291.5	73.0
NP	942.2	2 269	313.5	132.4	1 827.3	2 874	279.4	125.0	1 852.2	1 837	349.1	97.4
NK	1 068.7	1 971	330.1	93.7	1 745.3	3 278	319.1	102.7	1 346.2	1 814	341.6	93.6
PK	633.9	2 812	407.1	67.1	1 121.5	1 649	291.9	81.03	605.6	1 102	366.8	167.8
无肥区	664.8	2 617	390.7	99.6	1 094.6	1 681	392.6	102.7	610.3	711	451.8	163.7

注：①P施用量为P_2O_5 75 $kg \cdot hm^{-2}$，N_1、N_2、N_3施用量分别为N75 $kg \cdot hm^{-2}$、150 $kg \cdot hm^{-2}$、225 $kg \cdot hm^{-2}$，K_1、K_2、K_2施用量分别为K_2O 45 $kg \cdot hm^{-2}$、90 $kg \cdot hm^{-2}$和180 $kg \cdot hm^{-2}$；②表中y为1/15 hm^2。

表5-14　小白菜NK正交试验结果直观分析结果

土壤	处理号	N	K	产量/（kg·y^{-1}）①	平均K值	N	K
砂土	1	N_1	K_1	1 225.3	K_1	3 880.8	4 514.2
	2	N_1	K_2	1 232.6	K_2	5 187.6	4 526.4
	3	N_1	K_3	1 422.9	K_3	5 110.3	5 138.1
	4	N_2	K_1	1 729.3	K_1	1 293.6	1 504.7
	5	N_2	K_2	1 569.5	K_2	1 729.2	1 508.8
	6	N_2	K_3	1 888.8	K_3	1 703.4	1 712.7
	7	N_3	K_1	1 559.6	R（极差）	435.6	208
	8	N_3	K_2	1 724.3			
	9	N_3	K_3	1 826.4			
壤土	1	N_1	K_1	1 329.1	K_1	4 026.5	4 818.9
	2	N_1	K_2	1 370.0	K_2	4 827.2	4 654.0
	3	N_1	K_3	1 327.4	K_3	5 245.4	4 625.8
	4	N_2	K_1	1 643.6	K_1	1 342.2	1 606.3
	5	N_2	K_2	1 609.1	K_2	1 609.1	1 551.3
	6	N_2	K_3	1 574.5	K_3	1 748.5	1 541.9
	7	N_3	K_1	1 846.2	R（极差）	406.3	64.4
	8	N_3	K_2	1 674.9			
	9	N_3	K_3	1 724.3			
粘土	1	N_1	K_1	1 689.1	K_1	4 076.6	4 307.8
	2	N_1	K_2	2 387.5	K_2	4 984.7	4 753.5
	3	N_2	K_1	2 618.7	K_1	2 038.3	2 153.9
	4	N_2	K_2	2 366.0	K_2	2 492.3	2 376.8
					R（极差）	454.0	222.85

注：①表中y为1/15 hm^2。

对小白菜品质指标（硝酸盐、维生素C、水溶性糖含量等）（*y*）施肥量（*x*）的回归分析见图5-2、图5-3、图5-4。

由图5-2可知，在3种不同肥力、质地的土壤上，小白菜的硝酸盐含量均有随施N量增高而增高的趋势，较适宜的施N量，3种土壤均为75～150 kg·hm^{-2}；与施K（K_2O）量，则呈一元二次或三次的回归关系，由小白菜的硝酸盐含量与施钾量回归关系，可得出控制小白菜硝酸盐最低含量时的施钾（K_2O）量：砂土和壤土均为90 kg·hm^{-2}左右，粘土为90～150 kg·hm^{-2}。

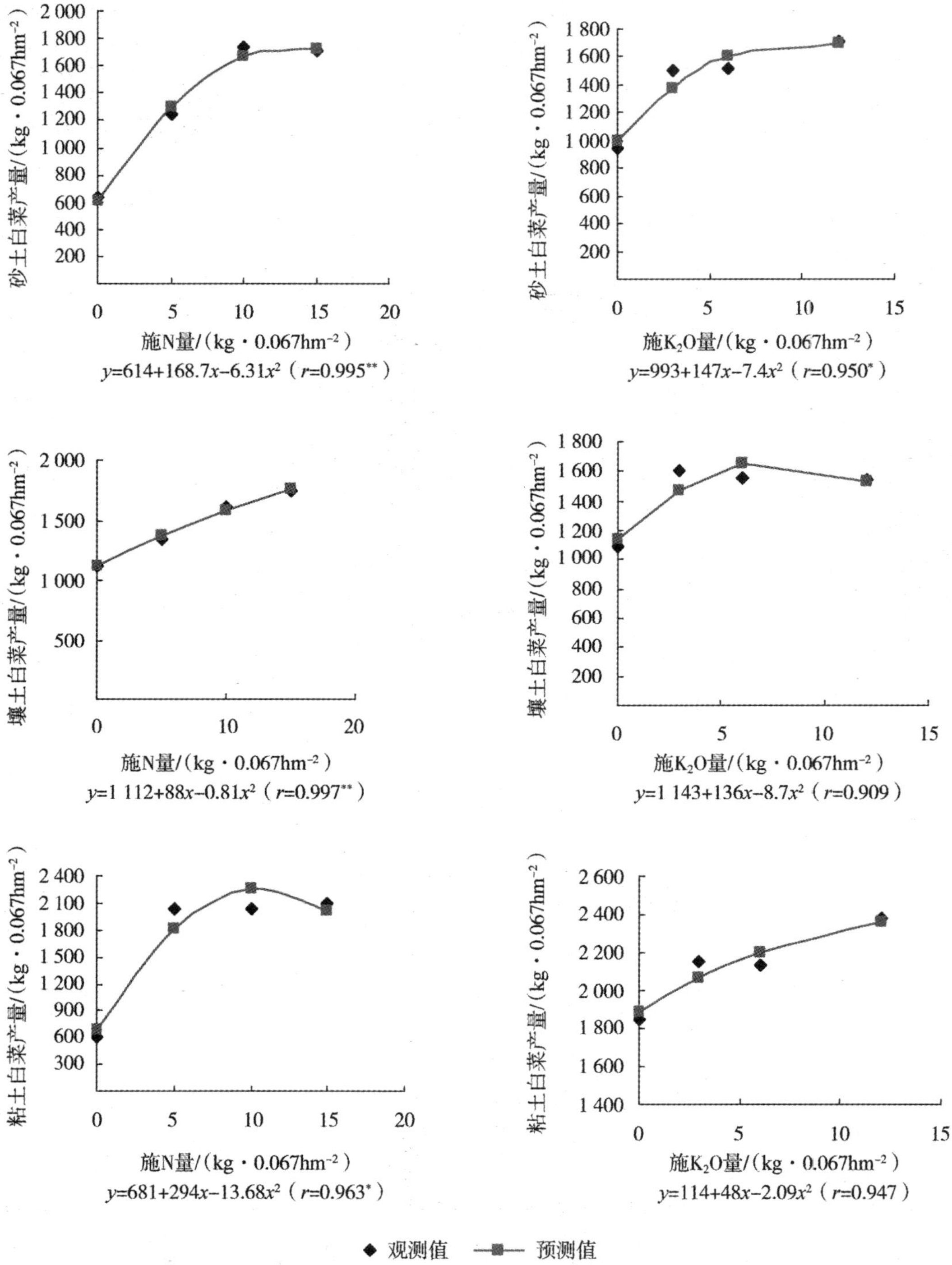

注：*表示回归拟合程度达显著水平（P<0.05）；**表示回归拟合程度达极显著水平（P<0.01）。

图5-1　施肥量与小白菜产量的关系

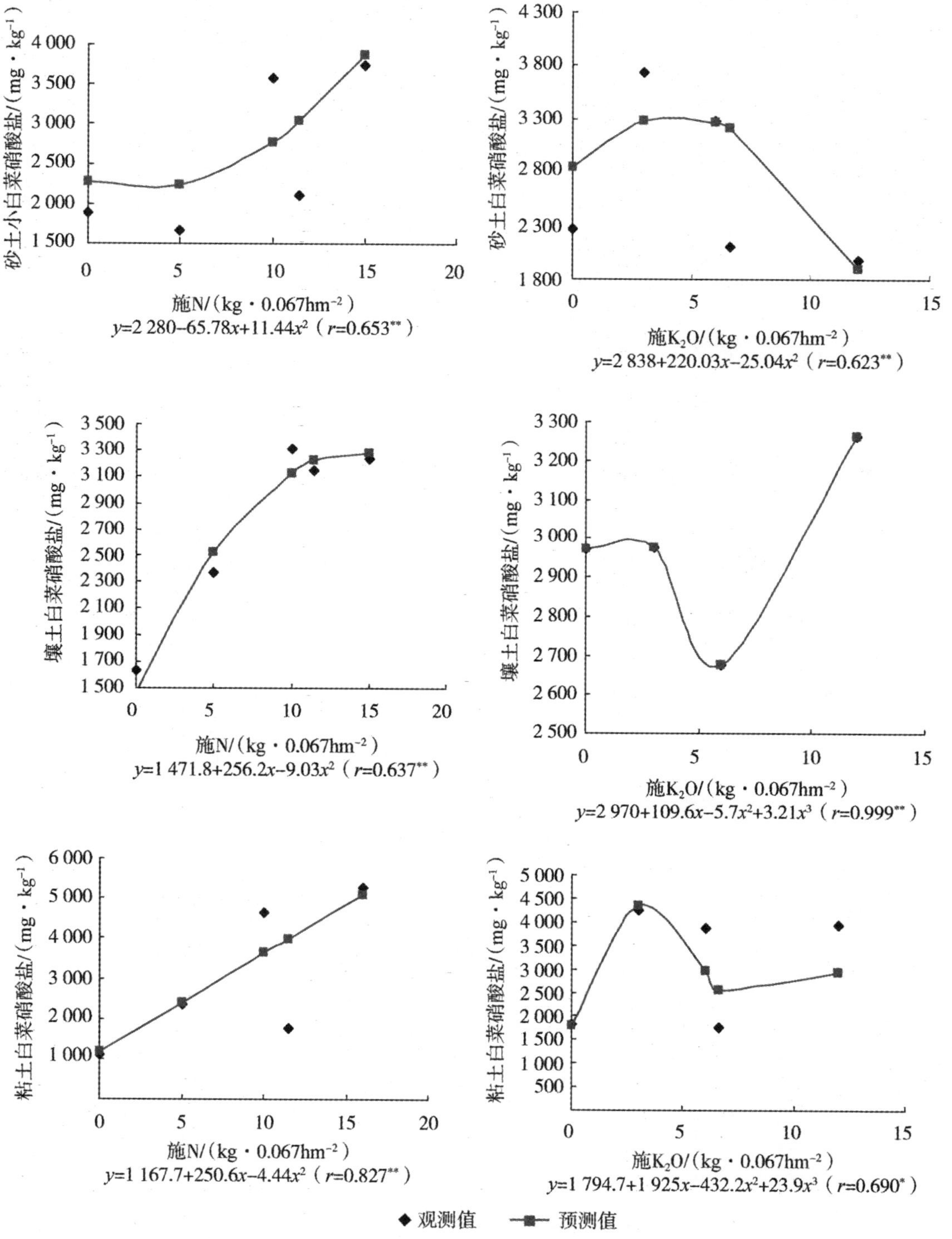

注：*表示回归拟合程度达显著水平（$P<0.05$）；**表示回归拟合程度达极显著水平（$P<0.01$）。

图5-2　施肥量与小白菜硝酸盐含量的关系

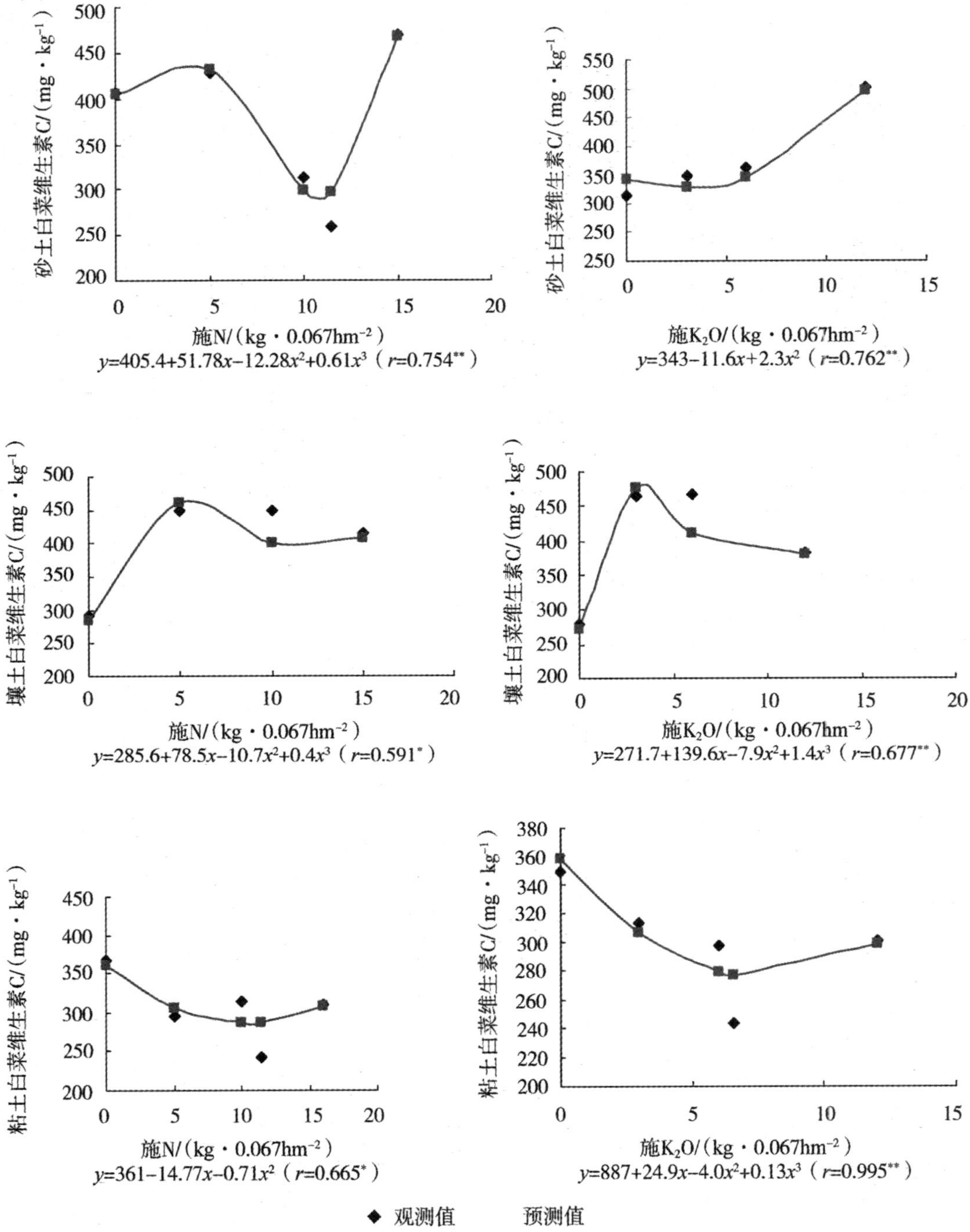

注：*表示回归拟合程度达显著水平（$P<0.05$）；**表示回归拟合程度达极显著水平（$P<0.01$）。

图5-3　施肥量与小白菜维生素C含量的关系

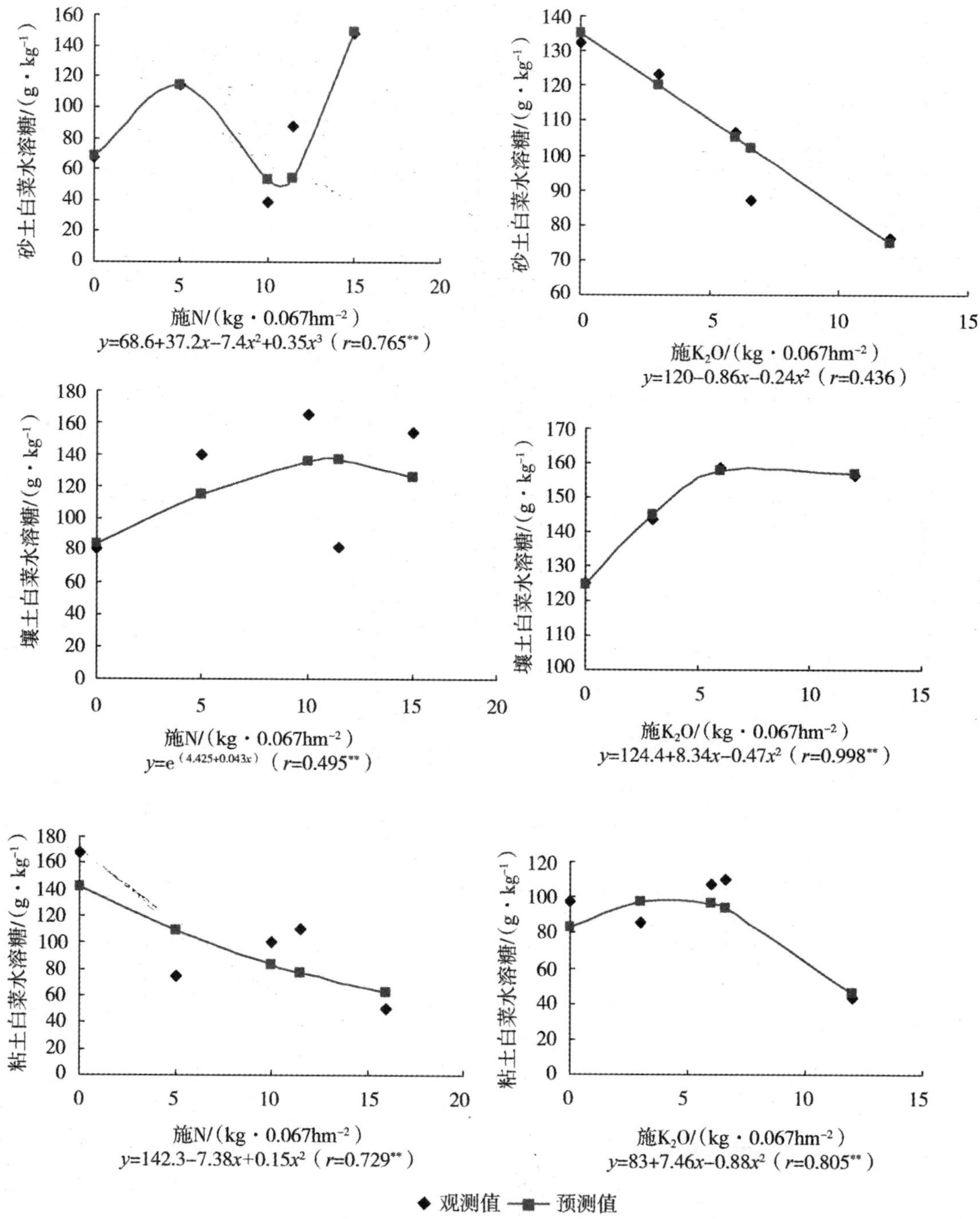

注：**表示回归拟合程度达极显著水平（$P<0.01$）。

图5-4　施肥量与小白菜水溶性糖含量的关系

由回归分析曲线可知（图5–3），施N、K过量时会降低小白菜维生素C含量，维生素C含量最高时的施N量，3种土壤均为75 kg·hm^{-2}左右；而维生素C含量最高时的施K（K_2O）量，砂土为180 kg·hm^{-2}左右，壤土和粘土为75 kg·hm^{-2}左右。

由回归分析曲线可知（图5–4），施氮钾过量时同样会降低小白菜水溶性糖含量，小白菜水溶性糖含量最高时的施N量（最适施氮量），砂土为75 kg·hm^{-2}左右，壤土和粘土为75～100 kg·hm^{-2}；而水溶性糖含量最高时的施K（K_2O）量（最适施K量），砂土为75 kg·hm^{-2}左右，壤土和粘土为90～120·hm^{-2}。

综合上述几方面的讨论，本试验得出的小白菜的N、K配施的优选配方是：纯氮（N）75～150 kg·hm^{-2}，纯钾（K_2O）45～120 kg·hm^{-2}。

（2）有机无机肥的合理配施比例

从表5–15可知，在供试的三种不同质地土壤上，各处理小白菜产量大小顺序为：无机NPK+有机肥＞无机NPK＞高量有机肥＞中量有机肥＞低量有机肥；砂土上，各处理小白菜NO_3^-–N含量高低顺序为：无机NPK+有机肥＞无机NPK＞有机肥高量＞有机肥中量＞有机肥低量；砂土上，单独施有机肥即使施用量高，产量也不可能很高，而小白菜的NO_3^-–N含量却会较高，可达3 000 mg·kg^{-1}以上。

在壤土上，施无机NPK与有机肥配施的产量并不是最好（施微量元素的更好），小白菜的NO_3^-–N含量既高于单施NPK无机肥的也高于单施有机肥的，这可能是由于有机N和无机N总量大大超过了其生长所需而导致养分不平衡而造成的，详细原因有待进一步研究。

粘土上有机肥可以比砂土和壤土多施，与无机肥配施时同样可获更高产量，但也要控制无机NPK肥的合适施用比例，才能控制硝酸盐的含量。

从表5–16中的产量和小白菜的品质指标等试验结果可知，有机无机搭配比例0：1；0.25：1；0.5：1；1：1；1：0.5；1：0；有机N和无机N搭配比例为0.25：1和0.5：1，即有机肥3 060 kg·hm^{-2}配施无机N肥120 kg·hm^{-2}和有机肥5 130 kg·hm^{-2}配施无机N肥99.75 kg·hm^{-2}的处理较合适。其中，在高明进行的试验，有机无机搭配比例为0.5：1处理的产量和维生素C含量均最高，而硝酸盐含量相对较低；在惠阳试验，有机无机搭配比例为0.25：1处理的维生素C含量最高，产量也接近。

（3）施微量元素的效应

在增城市进行的试验表明（表5–17），砂质土上小白菜施NPK条件下，加施各种中微量元素均可增加产量，其中NPK+Mo、NPK+Mg、和NPK+Si增产效果较好。所有中微量元素处理的硝酸盐含量均比对照（NPK）低，其中 Mo＜多元素＜Si＜Ca＜Mg＜Zn＜B、Zn、Mo混合＜B＜CK（NPK）；所有中微量元素处理的可溶性糖含量均高于对照（NPK）。

在壤质土上小白菜施NPK条件下，只有施用BZnMo混合物和Si两处理的产量高于对照，其产量高低顺序为：BZnMo混合物＞Si；施用中微量元素后，小白菜体内硝酸盐含量均有比对照降低，各处理硝酸盐含量顺序为：Ca＜Mg=Zn＜Si＜Mo＜BZnMo＜多元素＜B＜CK；所有中微量元素处理的维生素C含量均高于仅施NPK的对照。

在粘土上小白菜施NPK条件下，只有施用多元素和Mg两处理的产量高于对照；正确施中微量元素可降低小白菜体内的硝酸盐含量，其中，BZnMo混合和多元素处理效果较好；除Mg处理外，所有中微量元素处理的维生素C含量均高于仅施NPK的对照。

表5-15　3种土壤小白菜产量和营养品质分析结果

处　理	砂质土				壤土				粘土			
	商品菜/（$kg \cdot y^{-1}$）④	NO_3^--N/（$mg \cdot kg^{-1}$）	维生素C/（$mg \cdot kg^{-1}$）	水溶性糖/（$g \cdot kg^{-1}$）	商品菜/（$kg \cdot y^{-1}$）④	NO_3^--N/（$mg \cdot kg^{-1}$）	维生素C/（$mg \cdot kg^{-1}$）	水溶性糖/（$g \cdot kg^{-1}$）	商品菜/（$kg \cdot y^{-1}$）④	NO_3^--N/（$mg \cdot kg^{-1}$）	维生素C/（$mg \cdot kg^{-1}$）	水溶性糖/（$g \cdot kg^{-1}$）
无机NPK+有机肥①	2 055.4a	2 152	309.5ab	87.2a	1 795.1a	4 267	247.8b	114.6ab	2 014.2a	2 673	325.0b	61.17bc
无机NPK②	1 569.5b	4 223	294.9b	9.6c	1 609.1ab	3 273	243.8b	151.5a	2 162.8a	3 874	296.9bc	107.3cd
有机肥高量③	892.8cd	2 419	441.9a	60.3b	1 321.6bc	1 300	302.9ab	129.9ab	1 998.9a	548	385.7b	286.5a
有机肥中高量③	844.4cd	3 651	448.4a	76.1b	1 228.8c	1 311	324.6ab	141.43a	960.6b	265	487.1a	207.1b
有机肥中低量③	848.3cd	3 073	441.6a	76.1b	1 272.0c	1 578	359.8a	102.73b	678.9b	200	508.9a	195.5bc
有机肥低量③	751.2c	2 571	455.8a	80.1ab	1 052.6cd	2 052	353.7a	65.57c	657.5b	454	463.5ab	226.1ab
无肥区	664.8d	2 617	390.7a	99.6a	1 094.6cd	1 681	392.6a	102.7b	610.3bc	711	451.8ab	163.7c

注：①无机NPK+有机肥处理的有机肥量是3 000 $kg \cdot hm^{-2}$；②两种无机N、P、K养分等量；③有机肥高、中高、中低和低量分别为7 500 $kg \cdot hm^{-2}$、3 000 $kg \cdot hm^{-2}$、1 500 $kg \cdot hm^{-2}$、750 $kg \cdot hm^{-2}$；④表中的y为1/15 hm^2。表中同列不同字母表示经统计检验差异显著。

表5-16　小白菜施有机肥与无机肥配比试验结果

试验地点	有机N：无机N	有机肥/（$kg \cdot y^{-1}$）①	无机N（$kg \cdot y^{-1}$）	产量/（$kg \cdot y^{-1}$）	NO_3^--N/（$mg \cdot kg^{-1}$）	维生素C/（$mg \cdot kg^{-1}$）
惠阳	0：1	0	10	2 961	2 091	265.3
	0.25：1	204	8	2 926	2 225	265.1
	0.5：1	342	6.65	2 891	2 088	333.6
	1：1	511	5	2 633	1 278	330.1
	1：0.5	680	3.35	2 224	1 668	306.9
	1：0	1 022	0	2 292	2 187	300.0
	当地对照	—	—	2 241	2 368	265
高明	0：1	0	10	3 081	5 080	249.9
	0.25：1	204	8	3 043	4 920	188.2
	0.5：1	342	6.65	3 223	4 007	254.8
	1：1	511	5	2 964	5 476	201.4
	1：0.5	680	3.35	3 111	4 479	202.1
	1：0	1 022	0	2 770	5 456	208.5
	当地对照	—	—	2 315	5 080	188.2

注：①表中y为1/15 hm^2。

表5-17　小白菜在一定N、P、K施用量的条件下，施不同微量元素的效果

处理	砂土				壤土				粘土			
	产量/（$kg \cdot y^{-1}$）①	NO_3^--N/（$mg \cdot kg^{-1}$）	维生素C/（$mg \cdot kg^{-1}$）	水溶性糖/（$mg \cdot kg^{-1}$）	产量/（$kg \cdot y^{-1}$）①	NO_3^--N/（$mg \cdot kg^{-1}$）	维生素C/（$mg \cdot kg^{-1}$）	水溶性糖/（$mg \cdot kg^{-1}$）	产量/（$kg \cdot y^{-1}$）①	NO_3^--N/（$mg \cdot kg^{-1}$）	维生素C/（$mg \cdot kg^{-1}$）	水溶性糖/（$mg \cdot kg^{-1}$）
NPK+有机肥	2 055.4	2 152	309.5	87.2	1 795.1	4 267	247.8	114.6	2 014.2	2 673	325.0	61.17
NPK+全微肥+有机肥	1 849.5	3 482	447.3	121.8	1 638.7	4 267	454.2	159.2	2 419.9	2 622	296.4	73.9
NPK+全微肥	1 783.6	2 098	513.6	227.8	1 362.0	3 209	447.0	97.8	2 490.1	1 553	374.5	61.9
NPK+BZnMo	1 783.6	3 133	513.6	198.2	1 846.2	2 828	412.7	121.8	1 939.6	1 522	334.2	88.9
NPK+Si	1 903.8	2 387	500.3	195.5	1 696.3	2 634	465.9	150.3	1 846.4	2 912	543.1	23.4
NPK+B	1 693.0	3 656	354.5	230.0	1 521.7	3 398	428.5	179.8	1 886.4	2 745	453.4	207
NPK+Zn	1 770.4	3 114	397.6	202.6	1 474.0	2 496	460.5	158.9	1 898.1	4 708	539.8	43.4
NPK+Mg	1 923.6	2 849	316.1	152.2	1 450.9	2 200	471.3	151.5	2 266.9	2 889	263.8	25.7
NPK+Mo	2 009.2	1 885	381.1	173.9	1 408.1	2 726	431.7	128.5	1 894.9	2 279	430.7	64.6
NPK+Ca	1 684.8	2 607	477.1	159.3	1 406.5	2 104	420.6	101.4	2 079.1	4 391	358.9	40.3
NPK（对照）	1 569.5	4 223	294.9	9.6	1 609.1	3 273	243.8	151.5	2 162.8	3 874	296.9	107.3

注：①表中y为1/15 hm^2。

由表5-14可知，有机肥与无机肥配施，可以不用另施微量元素而达到提高小白菜维生素C含量和降低其硝酸盐含量的效果。

（4）小白菜栽培土壤养分调控的优选配方验证

根据小白菜土壤养分调控的田间试验结果，并结合本研究对不同有机肥施用量对小白菜产品重金属含量的影响的分析，确定的几种小白菜土壤养分调控的优选配方见表5-18。配方验证试验结果的统计分析表明，与当地施肥对照比较，这几种配方的增产效果显著。各优选配方之间的产量差异不显著，但高明的黑叶白菜以有机无机肥配比为0.5：1（有机肥约4 500 kg · hm^{-2}，N、P_2O_5、K_2O施用量分别为111.6 kg · hm^{-2}、60 kg · hm^{-2}、73.5 kg · hm^{-2}）的产量最高，惠阳的矮脚奶白菜以有机无机肥配比为0.25：1（有机肥约300 kg · hm^{-2}，N、P_2O_5、K_2O施用分别为150 kg · hm^{-2}、66 kg · hm^{-2}、99 kg · hm^{-2}）的产量也较高。以上处理的小白菜维生素C在较高的水平而硝酸盐含量则在相对较低的水平。显然，在施合适有机肥的基础上，有机肥与无机肥配合施用，不用另外施用微量元素也可达到提高小白菜维生素C含量和进一步降低硝酸盐含量的效果。

表5-18　小白菜优选配方验证试验

地点	优选配方	产量/（kg·y^{-1}）③	维生素C/（mg · kg^{-1}）	NO_3^--N/（mg·kg^{-1}）	水溶性糖/（g·kg^{-1}）	蛋白质/%
高明黑叶白菜	无机N7.44P4K4.9（有机：无机=0：1）	3 081.2a	249.93a	4 920.7a	8.6	29.24
	无机N7.44P4.4K5+有机肥①（有机：无机=0.25：1）	3 043.0a	368.5a	4 414.3ab	9.23	28.1
	无机N7.44P4.4K5+有机肥②（有机：无机=0.5：1）	3 223.2a	254.80a	4 007.7b	8.83	29.62
	当地对照	2 315.4b	188.23b	5 080.7a	8.13	27.88
惠阳矮脚奶白菜	无机N10P4.4K6.6（有机：无机=0：1）	2 961.19a	265.3	2 091	4.45	33.33
	无机N10P4.4K6.6+有机肥①（有机：无机=0.25：1）	2 926.64a	292.4	2 225	3.42	30.97
	无机N10P4.4K6.6+有机肥②（有机：无机=0.5：1）	2 891.83a	333.6	2 088	4.38	30.57
	当地对照	2 241.25 b	265.3	2 368	3.77	36.49

注：①有机肥施用量约3 000 kg · hm^{-2}；②有机肥施用量约4 500 kg · hm^{-2}；③表中的y为1/15 hm^2。表中同列相同字母表示经统计检验差异显著。

5.1.3.2　苦瓜栽培土壤养分调控与配方优选

（1）氮磷钾配施的适用量

苦瓜栽培氮磷钾肥配施试验在增城市的砂土、壤土2种不同质地的土壤上进行，试验结果见表5-19。田间试验结果显示，苦瓜栽培同样的配施处理在不同质地土壤中有不同的效应。总的来说，合理进行NPK配施，可提高苦瓜的产量与品质。苦瓜施肥的产量效应顺序是：砂质土为$N_3P_1K_2>N_3P_3K_1>N_1P_1K_1>N_1P_2K_2>N_3P_2K_3>N_2P_3K_2>N_2P_2K_1>N_1P_3K_3>N_2P_2K_2>N_2P_1K_3$；壤质土为$N_1P_3K_3>N_3P_3K_1>N_2P_2K_1>N_2P_2K_2$+有机肥$>N_2P_3K_2>N_2P_2K_2>N_2P_1K_3>N_3P_2K_3>N_3P_1K_2>N_1P_2K_2>N_1P_1K_1$，即砂质土施氮的增产效果好，粘质土施磷的增产效果好。

表5-19　苦瓜对不同NPK配比的效应

处理	砂质土				壤质土			
	商品瓜/（$kg\cdot y^{-1}$）②	NO_3^--N/（$mg\cdot kg^{-1}$）	维生素C/（$mg\cdot kg^{-1}$）	水溶性糖/（$g\cdot kg^{-1}$）	商品瓜/（$kg\cdot y^{-1}$）	NO_3^--N/（$mg\cdot kg^{-1}$）	维生素C/（$mg\cdot kg^{-1}$）	水溶性糖/（$g\cdot kg^{-1}$）
$N_3P_1K_2$①	1 581.4	523.51	549.5	68.03	806.63	363.29	545.6	141.17
$N_3P_3K_1$	1 507.01	587.49	343.7	80.30	1008.28	520.18	736.2	121.00
$N_3P_2K_3$	1 417.1	433.09	642.0	67.60	856.01	478.9	684.1	122.23
$N_2P_3K_2$	1 391.84	548.15	476.9	78.60	906.22	468.85	504.6	87.27
$N_2P_2K_2$	1 246.49	608.04	561.7	86.10	966.30	423.29	719.7	108.53
$N_2P_1K_3$	1 185.25	536.48	467.1	75.77	860.95	461.63	654.6	124.23
$N_2P_2K_1$	1 335.55	601.09	558.1	69.60	985.40	440.6	579.8	91.77
$N_1P_1K_1$	1 457.24	614.56	556.1	83.10	771.99	623.13	583.9	125.0
$N_1P_2K_2$	1 442.9	447.47	498.0	78.20	803.33	296.73	579.2	112.5
$N_1P_3K_3$	1 313.46	601.77	54.3	76.17	889.76	564.27	785.6	94.67
NP	1 222.98	545.93	456.9	121.37	887.12	468.60	644.6	94.97
NK	1 315.04	544.02	529.2	73.87	916.10	483.26	612.7	83.0
PK	1 408.94	445.73	560.3	107.57	861.61	404.67	580.2	97.33
无肥	1 222.2	308.58	522.8	79.33	686.45	425.34	478.6	76.0

注：①P_1、P_2和P_3施用量分别为P_2O_5 60 $kg\cdot hm^{-2}$、120 $kg\cdot hm^{-2}$和240 $kg\cdot hm^{-2}$，N_1、N_2、N_3施用量分别为N75 $kg\cdot hm^{-2}$、150 $kg\cdot hm^{-2}$、225 $kg\cdot hm^{-2}$，K_1、K_2、K_2施用量分别为K_2O 45 $kg\cdot hm^{-2}$、90 $kg\cdot hm^{-2}$和180 $kg\cdot hm^{-2}$；②表中y为1/15 hm^2。

从表5-20的正交试验结果直观分析中N、K、P的极差的比较可知，砂质土的三元素产量效应大小的顺序是N>K>P，壤质土的三元素产量效应大小顺序为P>K>N。从$K_1K_2K_3$值之间的大小比较，可得出砂质土的产量较优的施肥量为$N_3P_1K_2$；壤质土的产量较优的施肥量为$N_2P_3K_3$。

表5-20　苦瓜正交试验直观分析结果

土壤	处理号	N	K	P	产量/（kg·y^{-1}）[①]	平均K值	N	K	P
砂土	1	N_1	K_1	P_1	1 457.24	K_1	4 213.61	4 299.8	4 223.88
	2	N_1	K_2	P_2	1 442.91	K_2	3 912.63	4 416.15	4 195.56
	3	N_1	K_3	P_3	1 313.46	K_3	4 505.51	3 915.80	4 212.31
	4	N_2	K_1	P_2	1 335.55	K_1	1 404.54	1 435.27	1 407.96
	5	N_2	K_2	P_3	1 391.84	K_2	1 304.21	1 472.05	1 398.52
	6	N_2	K_3	P_1	1 185.24	K_3	1 501.84	1 305.27	1 404.10
	7	N_3	K_1	P_3	1 507.01	R（极差）	177.63	166.78	9.44
	8	N_3	K_2	P_1	1 581.40				
	9	N_3	K_3	P_2	1 417.10				
壤土	1	N_1	K_1	P_1	771.99	K_1	2 646.16	2 765.67	2 439.56
	2	N_1	K_2	P_2	803.33	K_2	2 752.57	2 516.17	2 644.74
	3	N_1	K_3	P_3	1 070.84	K_3	2 670.91	2 787.8	2 985.34
	4	N_2	K_1	P_2	985.40	K_1	882.05	921.89	813.19
	5	N_2	K_2	P_3	906.22	K_2	917.52	838.72	881.58
	6	N_2	K_3	P_1	860.95	K_3	890.30	929.27	995.11
	7	N_3	K_1	P_3	1 008.28	R（极差）	35.47	90.55	181.92
	8	N_3	K_2	P_1	806.62				
	9	N_3	K_3	P_2	856.01				

注：①表中y为1/15 hm^2。

根据苦瓜产量（y）与施肥量（x）的回归分析曲线图（图5-5），在两种（土壤水解氮含量在60.6～93.9 kg·hm^{-2}）不同肥力和不同质地的土壤上，土壤的施N、P、K量与苦瓜产量的回归关系绝大多数成一元二次的抛物线方程，N、P、K超过一定的量均会使苦瓜减产。最高产量的施N量，砂质土（水解N含量为60.61 mg·kg^{-1}）和壤质土（水解N含量为93.9 mg·kg^{-1}）均在150～225 kg·hm^{-2}；最高产量的施P_2O_5量，砂质土（速效P含量为87.32 mg·kg^{-1}）在112.5～187.5 kg·hm^{-2}，壤质土（速效P含量为62.41 mg·kg^{-1}）约为225 kg ·hm^{-2}；最高产量的施K_2O量，砂质土（速效K含量为87.74 kg·hm^{-2}）在180～270 kg·hm^{-2}，壤质土（速效K含量为151.75 kg·hm^{-2}）在75～150 kg·hm^{-2}。

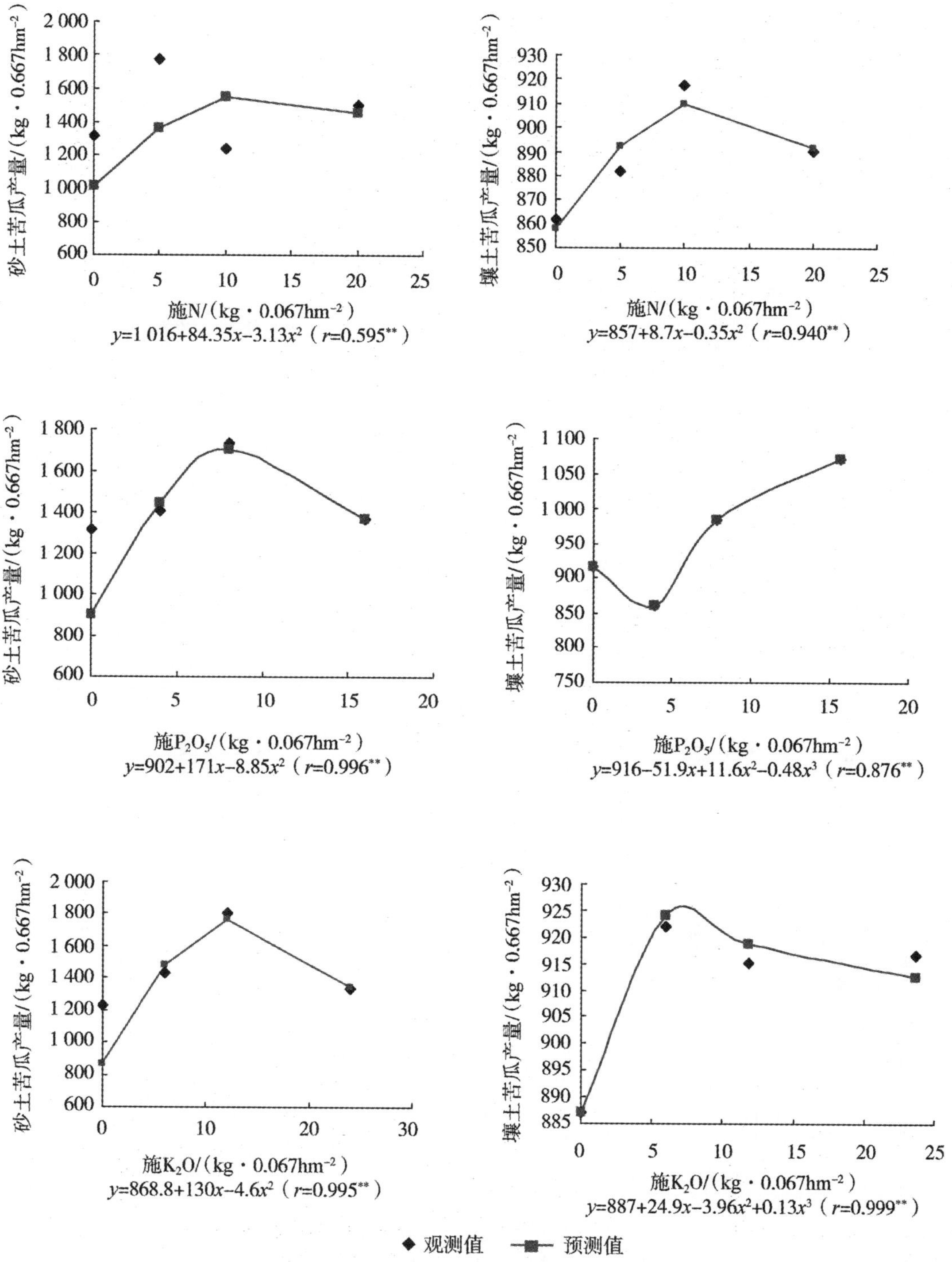

注：**表示回归拟合程度达极显著水平（$P<0.01$）。

图5–5　施肥量与苦瓜产量的关系

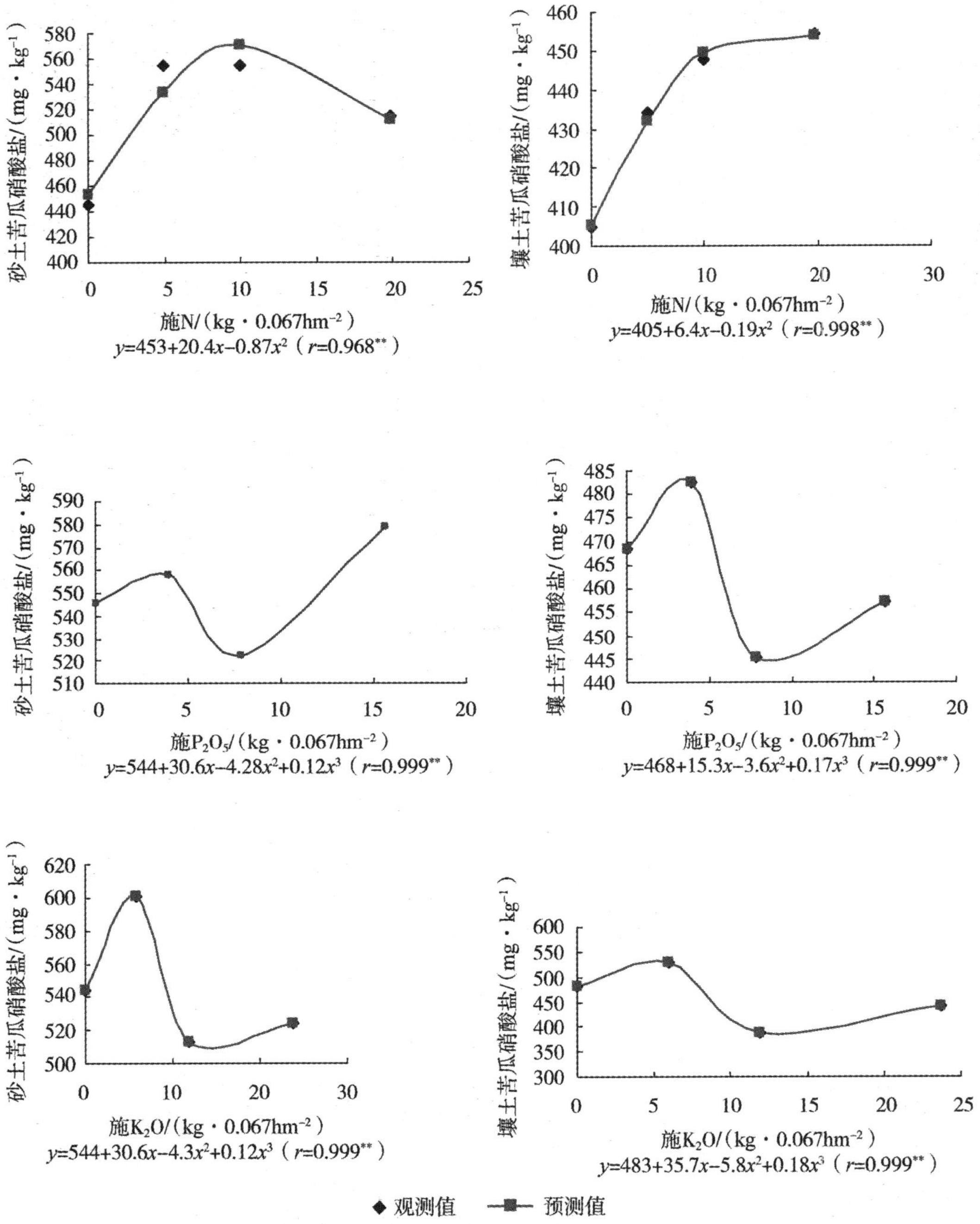

注：**表示回归拟合程度达极显著水平（$P<0.01$）。

图5-6 施肥量与苦瓜硝酸盐含量的关系

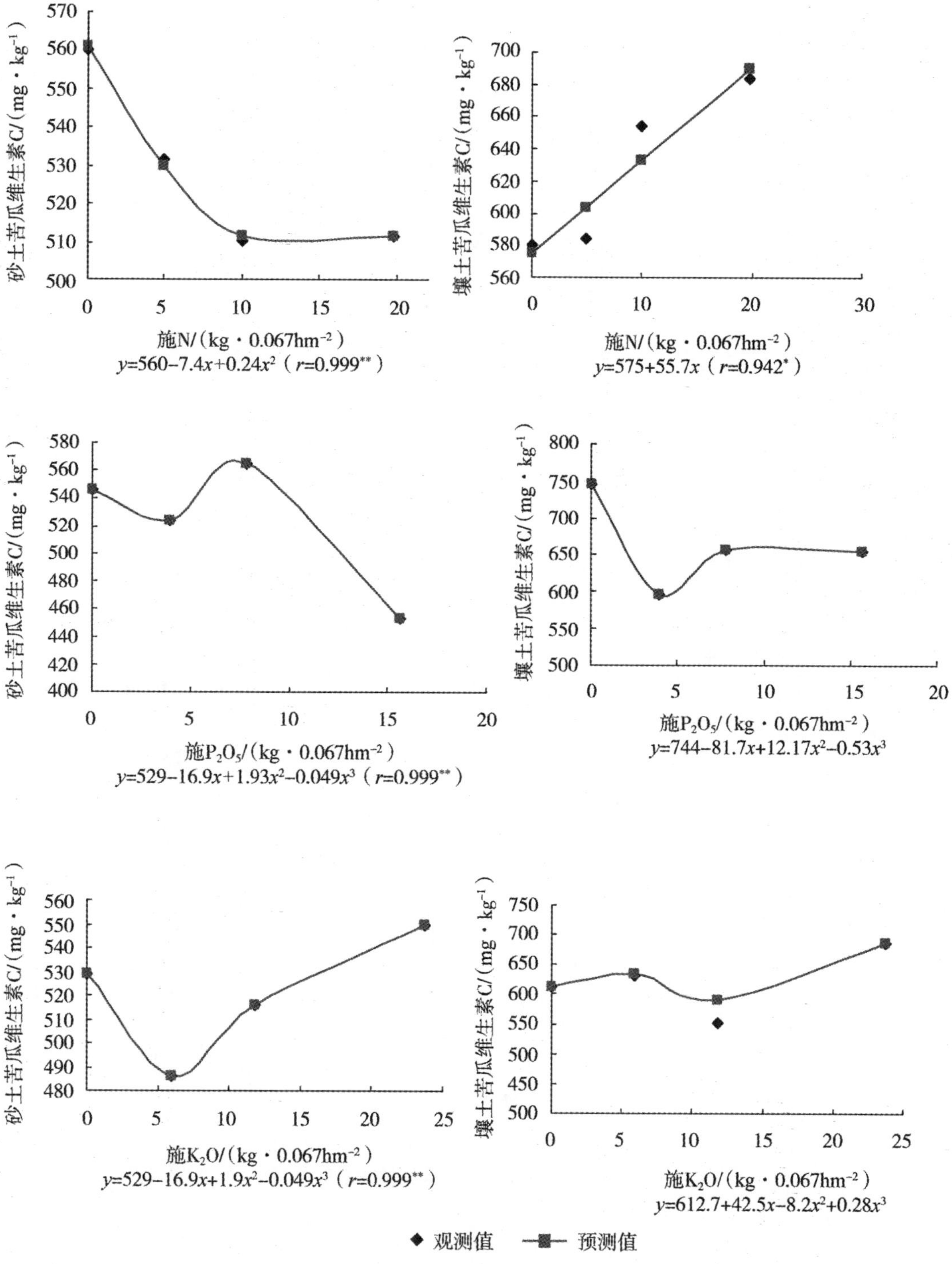

注：*表示回归拟合程度达显著水平（$P<0.05$）；**表示回归拟合程度达极显著水平（$P<0.01$）。

图5-7　施肥量与苦瓜维生素C含量的关系

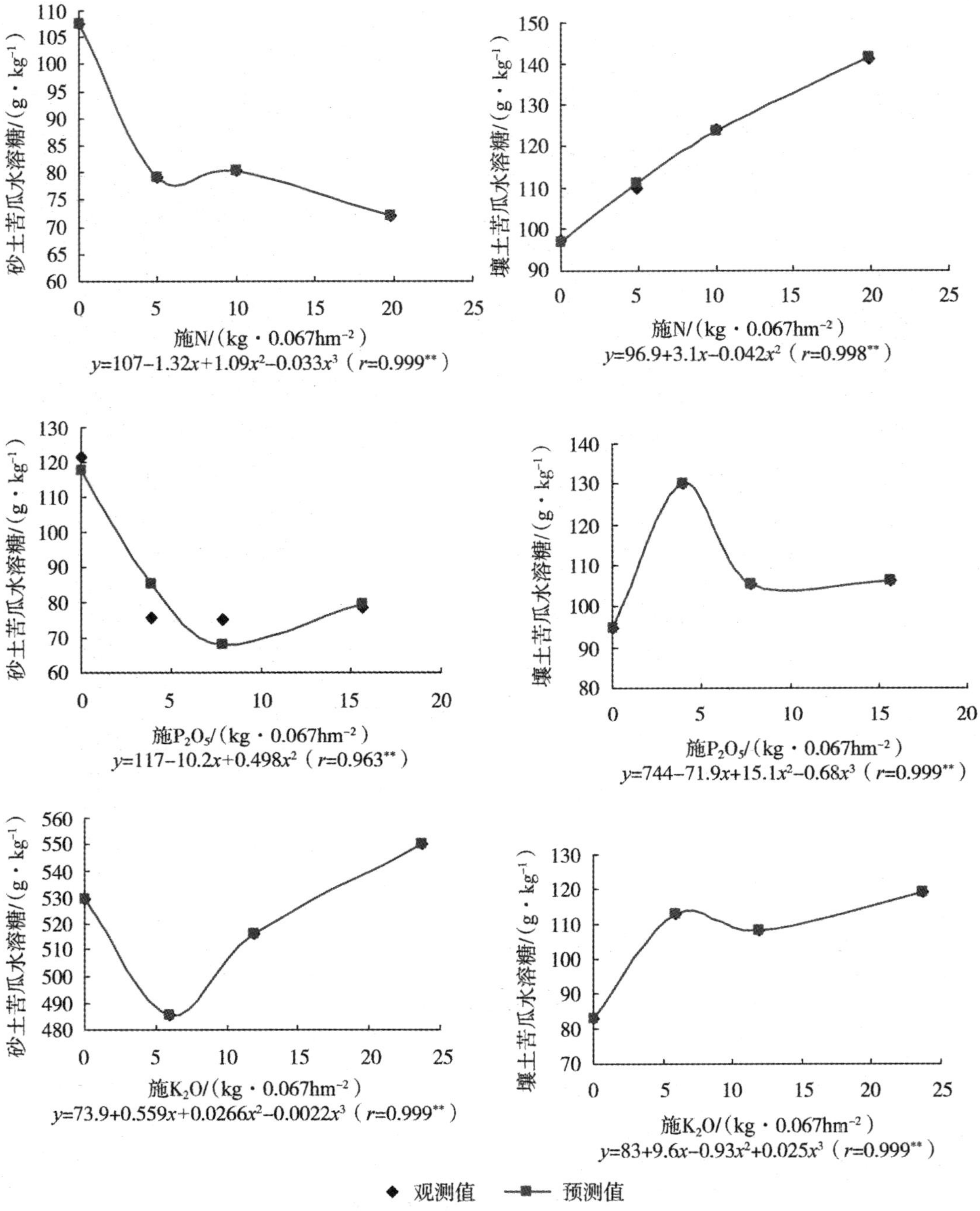

注：**表示回归拟合程度达极显著水平（$P<0.01$）。

图5-8　施肥量与苦瓜水溶性糖含量的关系

根据苦瓜的硝酸盐含量（y）与施肥量（x）回归分析曲线图可知（图5-6），在两种不同肥力、质地的土壤上，苦瓜的硝酸盐含量与施N量的关系，均有随着施N量增高而增高的趋势，较适宜的施N量，两种土壤均为75～120 kg·hm^{-2}，而与施P和施K量的关系，则呈一元二次或三次的回归关系，表明存在硝酸盐含量最低点的P、K施用量最适点。其中P施用量最适点，砂质土和壤质土均为施P_2O_5 75～150 kg·hm^{-2}；K施用量最适点，砂土和壤土均为施K_2O量165～225 kg·hm^{-2}。

苦瓜的维生素C含量（y）与施肥量（x）回归分析曲线图5-7还显示，苦瓜体内的维生素C含量，N、P、K施量同样有最适点。砂土上的较适施N量不能大于150 kg·hm^{-2}，而壤土的则应大于150 kg·hm^{-2}；P_2O_5施用量最适点，两种土壤均为105～150 kg·hm^{-2}；K_2O施用量的最适点，砂土为大于150 kg·hm^{-2}，壤土为大于225 kg·hm^{-2}。

根据苦瓜水溶性糖含量（y）与施肥量（x）回归分析曲线分析（图5-8），施NPK适量可调节苦瓜水溶性糖含量，苦瓜水溶性糖含量的适宜施N量，砂质土为应为150 kg·hm^{-2}左右、壤质土可能为300 kg·hm^{-2}左右；施P_2O_5量，砂质土和壤质土均为75 kg·hm^{-2}左右；水溶性糖含量的适宜施K_2O量，砂土大于150 kg·hm^{-2}，壤土大于75 kg·hm^{-2}。

综合NPK配施对苦瓜产量与品质的影响，可提出优选配方是：氮（N）150～225 kg·hm^{-2}，磷（P_2O_5）75～120 kg·hm^{-2}，钾（K_2O）75～225 kg·hm^{-2}。在实际中其产量也较高。

（2）有机无机肥的合理配施

为了进一步了解有机无机肥的合理配施比例，本研究在增城等地不同质地土壤上进行了单独施用不同量有机肥和有机无机肥的配施试验。

在增城不同质地土壤施用有机肥的试验表明，苦瓜栽培时，若单独施用禽畜粪便类有机肥，壤土可比砂土多施，壤质土的施用量可高至12 000 kg·hm^{-2}，砂质土的可施至7 500 kg·hm^{-2}。此后，若施用量继续增加，有可能造成减产。有机无机肥配合施用的总体效果要比有机肥或无机肥单独施用的效果好（表5-21）。

在本试验土壤条件下，$N_2P_2K_2$+低量有机肥（3 000 kg·hm^{-2}）配施的产量最高，水溶性糖和维生素C含量较高，而硝酸盐含量则较低或最低（表5-21）。

表5-21　不同土壤有机无机肥配施对苦瓜产量和品质的影响

处理	砂质土				壤质土			
	商品瓜/（kg·y^{-1}）③	NO_3^--N/（mg·kg^{-1}）	维生素C/（mg·kg^{-1}）	水溶性糖/（g·kg^{-1}）	商品瓜/（kg·y^{-1}）	NO_3^--N/（mg·kg^{-1}）	维生素C/（mg·kg^{-1}）	水溶性糖/（g·kg^{-1}）
有机肥+$N_2P_2K_2$①	1 632.62a	597.18ab	590.9ab	66.7b	1 070.83a	382.23bc	638.0ab	110.03ab
NPK	1 246.49ab	608.04b	561.7ab	86.1ab	966.3ab	423.29b	719.7a	108.53ab
高量有机肥②	1 215.7b	524.82ab	616.5a	67.17b	879.06ab	589.74a	463.9b	92.13ab
中量有机肥②	1 299.66ab	459.98b	435.6c	96.67a	795.93ab	481.09b	588.5ab	106.9ab
低量有机肥②	1 514.89a	489.32ab	471.6c	105.2a	733.37ab	545.42ab	471.3ab	137.97a
无肥	1 222.2b	308.58a	522.8b	79.33b	686.45b	425.34b	478.6ab	76.0c

注：①有机肥+NPK的有机肥量为3 000 kg·hm^{-2}；②有机肥高、中、低量分别为15 000 kg·hm^{-2}、7 500 kg·hm^{-2}、3 000 kg·hm^{-2}；③表中y为1/15 hm^2。表中同列不同字母表示经F检验差异显著。

（3）施微量元素的效应

从表5-22可知，在砂质土上栽培苦瓜配施有机肥可均衡补充微量元素养分，可提高苦瓜产量；除硼外，所施几种中微量元素的产量均超过对照；砂质土上施微量元素Cu、Mo、B、Si均可使苦瓜的硝酸盐含量比对照降低的同时提高水溶性糖含量，这种作用尤其以Mo、Si 的效果最佳；壤质土配施有机肥和所有供试中微量元素的苦瓜硝酸盐含量均低于对照；壤质土上配施有机肥和微量元素Cu、Mo、B均可使苦瓜的可溶性糖含量高于对照。

由表5-22还可知，有机肥与无机肥配施，可以基本达到与配施中微量元素处理同样的效果。

表5-22 苦瓜在固定NPK施用量的条件下施不同中微量元素的效果

处理	砂质土				壤质土			
	商品瓜/（$kg\cdot y^{-1}$）②	NO_3^--N/（$mg\cdot kg^{-1}$）	维生素C/（$mg\cdot kg^{-1}$）	水溶性糖/（$g\cdot kg^{-1}$）	商品瓜/（$kg\cdot y^{-1}$）	NO_3^--N/（$mg\cdot kg^{-1}$）	维生素C/（$mg\cdot kg^{-1}$）	水溶性糖/（$g\cdot kg^{-1}$）
有机肥+$N_2P_2K_2$①	1 632.62 a	597.18 ab	590.9 ab	66.70	1 070.83 a	382.23	719.7	110.03
全微肥+NPK	1 287.72 bc	570.96 ab	363.7 b	68.47	759.71 b	372.83	567.4	95.93
Si+NPK	1 270.97 bc	499.38 ab	542.5 ab	89.83	869.18 ab	416.21	520.3	84.70
B+NPK	1 028.17 c	469.91 ab	637.6 a	58.33	767.61 b	561.37	652.1	114.83
Cu+NPK	1 374.11 ab	448.42 ab	474.9 ab	64.53	855.68 ab	459.29	587.0	110.53
Mg+NPK	1 300.92 bc	583.32 ab	513.0 ab	56.83	886.47 ab	448.63	701.3	89.93
Mo+NPK	1 275.02 bc	363.22 b	515.3 ab	86.70	812.22 ab	518.87	561.2	113.43
NPK对照	1 246.49 bc	608.04 a	561.7 ab	86.10	889.76 ab	564.27	785.6	94.67

注：①有机肥+NPK的有机肥量为3 000 $kg\cdot hm^{-2}$；②表中y为1/15 hm^2。表中同列不同字母表示经F检验差异显著。

（4）优选配方验证

根据上述试验结果，优选出了苦瓜栽培土壤养分调控的施肥配方（表5-23）。对优选配方验证试验结果的统计分析表明，各优选配方当中，产量差异不显著，但以有机无机肥配施的产量最高，该处理的苦瓜维生素C在较高的水平而硝酸盐含量则在相对较低的水平；若在施合适有机肥的基础上，可以不用另外施用微量元素而达到提高产量和维生素C含量的效果；与当地施肥处理相比，本研究提出的优选配方增产显著，因此可推广应用。

表5-23　苦瓜优选配方验证试验

土壤	优选配方	商品瓜/（$kg \cdot y^{-1}$）②	NO_3^--N/（$mg \cdot kg^{-1}$）	维生素C/（$mg \cdot kg^{-1}$）	水溶性糖/（$g \cdot kg^{-1}$）
砂土	有机肥+$N_{10}P_8K_{12}$①	1 632.62 a	597.18 ab	616.5 a	97.7
	$N_{10}P_8K_{12}$	1 291.87 ab	532.65 b	539.4 b	86.1
	当地对照	1 215.7 b	608.04 a	590.9 ab	67.17
壤土	有机肥+$N_{10}P_8K_{12}$①	1 070.83 a	382.23 b	638.0 ab	110.03
	$N_{10}P_8K_{12}$	966.3 ab	423.29 a	719.7 a	108.53
	当地对照	803.33 b	296.73 c	579.2 b	112.5

注：①有机肥+NPK的有机肥量为3 000 $kg \cdot hm^{-2}$；②表中y为1/15 hm^2。表中同一土壤的同列不同字母表示经F检验差异显著。

5.1.3.3　豇豆栽培中的土壤养分调控与配方优选

（1）氮磷钾配施的适用量

氮磷钾配施对豇豆产量与品质的影响的试验结果见表5-24。由表5-24可知，豇豆是喜磷作物，即使土壤中P的含量不会很低，仍要施P才能使其获得较好产量，适当施P有助于提高豆类蔬菜的品质；适量施N对豆类的产量和品质均有重要影响；不施K处理豇豆产量较高，其维生素C和水溶性糖含量也不会很低，是否说明豆类蔬菜对钾的要求不高？有待验证。

表5-25的正交试验结果直观分析表明，氮磷钾养分元素产量效应大小的顺序，砂质土是P＞N＞K；砂质土上豇豆对NPK配比的产量效应：$N_1P_2K_2 > N_1P_3K_3 > N_2P_2K_1 > N_3P_1K_2 \approx N_2P_3K_2 \approx N_2P_1K_3 \approx N_3P_2K_3 > N_3P_3K_1 > N_1P_1K_1 > N_2P_2K_2$，即低N中PK和低N高PK处理的产量高于中NP低K或高N低中高PK的；壤质土是N＞K＞P；壤质土上豇豆对NPK配比的产量效应：$N_2P_2K_1 \approx N_2P_3K_2 \approx N_2P_2K_2$+有机肥$> N_3P_1K_2 \approx N_1P_1K_1 \approx N_3P_3K_1 > N_3P_2K_3 > N_2P_1K_3 > N_2P_2K_2 > N_1P_2K_2 \approx N_1P_3K_3$，即中N、中高P、低中K的产量大于高低N、低P、高K。从3元素的$K_1K_2K_3$值之间的大小比较可以得出本试验设计豇豆产量较优的3元素施用量：砂质土为$N_1K_2P_2$；壤质土为$N_2K_1P_2$。

根据豇豆产量（y）与施肥量（x）的回归曲线（图5-9），豇豆最高产量的施N量，砂质土（水解N含量为60.61 $mg \cdot kg^{-1}$）应为45～75 $kg \cdot hm^{-2}$，壤质土（水解N含量为93.9 $mg \cdot kg^{-1}$）应为75～105 $kg \cdot hm^{-2}$；豇豆最高产量的施P_2O_5量，砂质土（速效P含量为87.32 $mg \cdot kg^{-1}$）应为150 $kg \cdot hm^{-2}$左右，壤质土（速效P含量为62.41 $mg \cdot kg^{-1}$）应为75 $kg \cdot hm^{-2}$左右；豇豆最高产量的施K_2O量，砂质土（速效K含量为87.74 $mg \cdot kg^{-1}$）应为390 $kg \cdot hm^{-2}$以上，壤质土（速效K含量为151.75 $mg \cdot kg^{-1}$）应为120～195 $kg \cdot hm^{-2}$。

表5-24　豇豆对不同NPK配比的效应

处理	砂质土				壤质土			
	商品豆/($kg \cdot y^{-1}$)②	NO_3^--N/($mg \cdot kg^{-1}$)	维生素C/($mg \cdot kg^{-1}$)	水溶性糖/($g \cdot kg^{-1}$)	商品豆/($kg \cdot y^{-1}$)②	NO_3^--N/($mg \cdot kg^{-1}$)	维生素C/($mg \cdot kg^{-1}$)	水溶性糖/($g \cdot kg^{-1}$)
$N_1P_2K_2$①	1 513.55 a	243.94 ab	180.7 ab	113.23	1 415.23 ab	241.19 a	131.6 c	136.20
$N_1P_3K_3$	1 427.15 ab	203.93 ab	192.2 a	150.47	1 411.85 ab	291.74 a	143.8 bc	186.63
$N_1P_1K_1$	1 108.66 ab	216.5 ab	187.5 ab	195.07	1 497.24 ab	236.67 a	148.6 bc	193.37
$N_2P_2K_1$	1 300.89 ab	211.47 ab	175.9 ab	190.23	1 545.79 a	342.41 a	152.3 bc	178.10
$N_2P_3K_2$	1 232.31 ab	209.74 ab	191.7 a	198.03	1 539.8 a	295.13 a	149.8 bc	149.07
$N_2P_1K_3$	1 213.07 ab	273.79 a	196.3 a	163.30	1 461.85 ab	314.99 a	153.5 bc	144.87
$N_2P_2K_2$	980.35 b	280.28 a	189.7 ab	221.70	1 435.39 ab	248.14 a	160.9 abc	143.27
$N_3P_1K_2$	1 249.93 ab	164.07 b	198.7 a	169.50	1 497.94 ab	280.38 a	154.6 bc	101.47
$N_3P_2K_3$	1 206.43 ab	218.15 ab	168.7 b	184.00	1 471.61 ab	259.77 a	181.9 ab	149.07
$N_3P_3K_1$	1 171.28 ab	247.12 ab	162.4 b	150.50	1 495.94 ab	245.55 a	157.9 abc	98.80
NP	1 186.23 ab	222.37 ab	187.5 ab	361.70	1 465.02 ab	292.53 a	123.4 cd	143.57
NK	762.35 bc	251.22 ab	156.8 b	309.70	1 517.40 ab	274.29 a	127.4 cd	98.50
PK	945.72 bc	197.60 b	155.6 b	287.27	11 425.58 ab	284.68 a	135.1 c	164.10
无肥	618.79 c	204.00 ab	177.9 ab	269.23	11 237.04 b	293.76 a	113.9 cd	107.50

注：①P_1、P_2和P_3施用量分别为P_2O_5 67.5、135和270 $kg \cdot hm^{-2}$，N_1、N_2、N_3施用量分别为N 45 $kg \cdot hm^{-2}$、90 $kg \cdot hm^{-2}$、180 $kg \cdot hm^{-2}$，K_1、K_2、K_2施用量分别为K_2O 97.5 $kg \cdot hm^{-2}$、195 $kg \cdot hm^{-2}$和390 $kg \cdot hm^{-2}$；②表中y为1/15 hm^2。表中同列不同字母表示经统计检验差异显著。

表5-25　豇豆正交试验直观分析结果

土壤	处理号	N	K	P	产量/($kg \cdot y^{-1}$)①	平均K值	N	K	P
砂土	1	N_1	K_1	P_1	1 108.66	K_1	4 049.36	3 580.83	3 571.66
	2	N_1	K_2	P_2	1 513.55	K_2	3 746.27	3 995.79	4 020.87
	3	N_1	K_3	P_3	1 427.15	K_3	3 627.64	3 846.65	3 830.74
	4	N_2	K_1	P_2	1 300.89	K_1	1 349.79	1 193.61	1 190.55
	5	N_2	K_2	P_3	1 232.31	K_2	1 248.75	1 331.93	1 342.29
	6	N_2	K_3	P_1	1 213.07	K_3	1 209.21	1 282.22	1 276.91
	7	N_3	K_1	P_3	1 171.28	R（极差）	140.58	1 383.2	151.74
	8	N_3	K_2	P_1	1 249.93				
	9	N_3	K_3	P_2	1 206.43				
壤土	1	N_1	K_1	P_1	1 497.24	K_1	4 324.32	4 458.97	4 457.03
	2	N_1	K_2	P_2	1 415.23	K_2	4 547.44	4 452.97	4 432.63
	3	N_1	K_3	P_3	1 411.85	K_3	4 465.49	4 345.31	4 447.59
	4	N_2	K_1	P_2	1 545.79	K_1	1 441.44	1 486.32	1 485.68
	5	N_2	K_2	P_3	1 539.80	K_2	1 515.81	1 484.32	1 477.54
	6	N_2	K_3	P_1	1 461.85	K_3	1 488.50	1 448.44	1 482.53
	7	N_3	K_1	P_3	1 495.94	R（极差）	74.37	37.88	8.14
	8	N_3	K_2	P_1	1 497.94				
	9	N_3	K_3	P_2	1 471.61				

注：①表中y为1/15 hm^2。

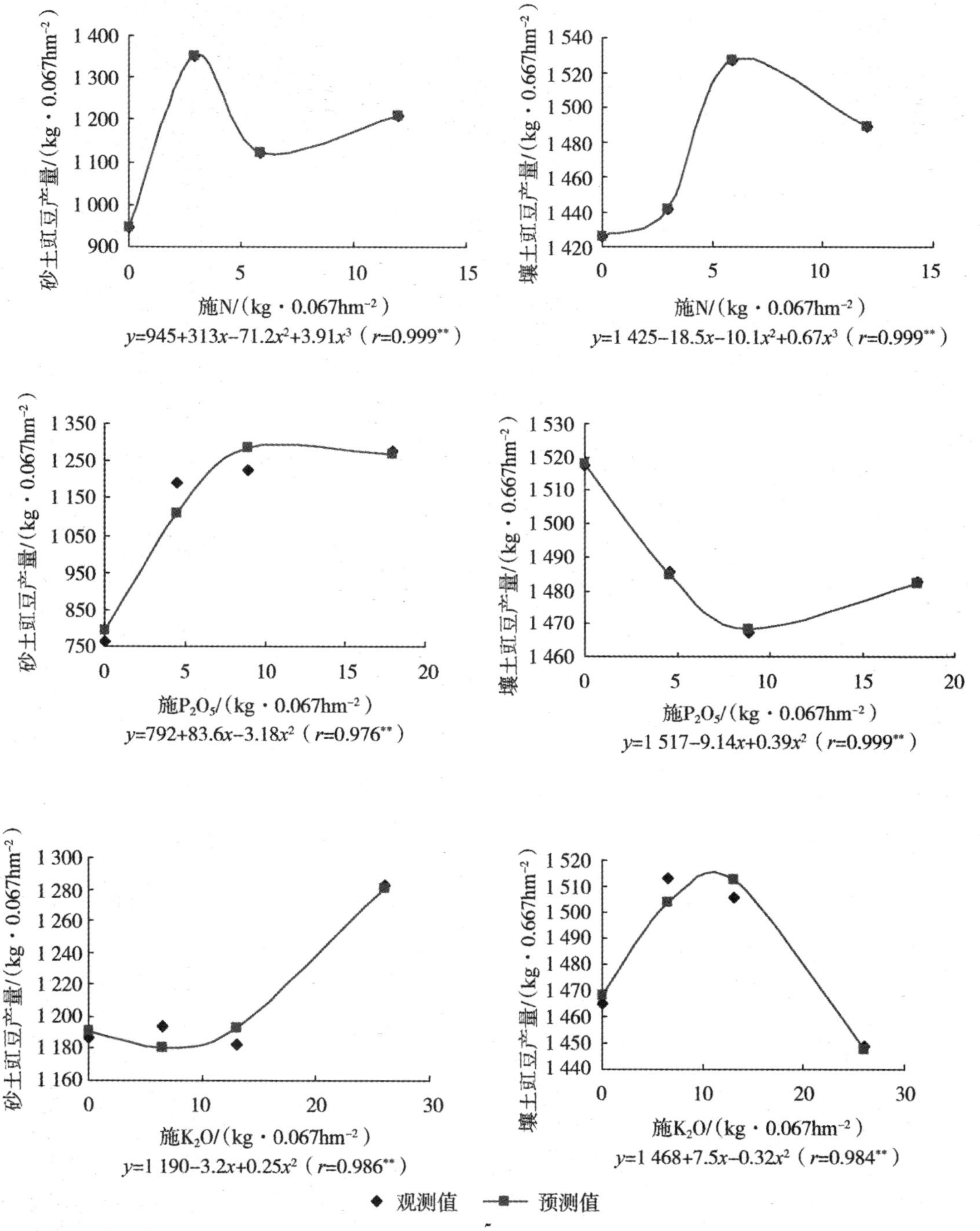

注：**表示回归拟合程度达极显著水平（$P<0.01$）。

图5-9　施肥量与豇豆产量的关系

根据豇豆硝酸盐含量（y）与施肥量（x）回归分析（图5-10），在砂质土上，豇豆硝酸盐含量有随施N量增加而提高的趋势，其较合适的施N量为45kg·hm^{-2}左右。在壤土上硝酸盐含量与施N量呈一元三次方程关系，存在最低硝酸盐含量的施N量最适点，与砂土一样也应在45 kg·hm^{-2}左右。在两种土壤上，豇豆硝酸盐含量与施P量均呈一元三次回归关系，存在硝酸盐含量最低点的P_2O_5的最适施用量：砂土上为75 kg·hm^{-2}左右，壤土为120 kg·hm^{-2}左右。砂土上，硝酸盐含量与施K量呈一元三次的回归关系，硝酸盐含量最低点的K_2O施用最适量为150～225 kg·hm^{-2}。壤质土上豇豆硝酸盐含量的较适施K_2O量应大于225 kg·hm^{-2}。

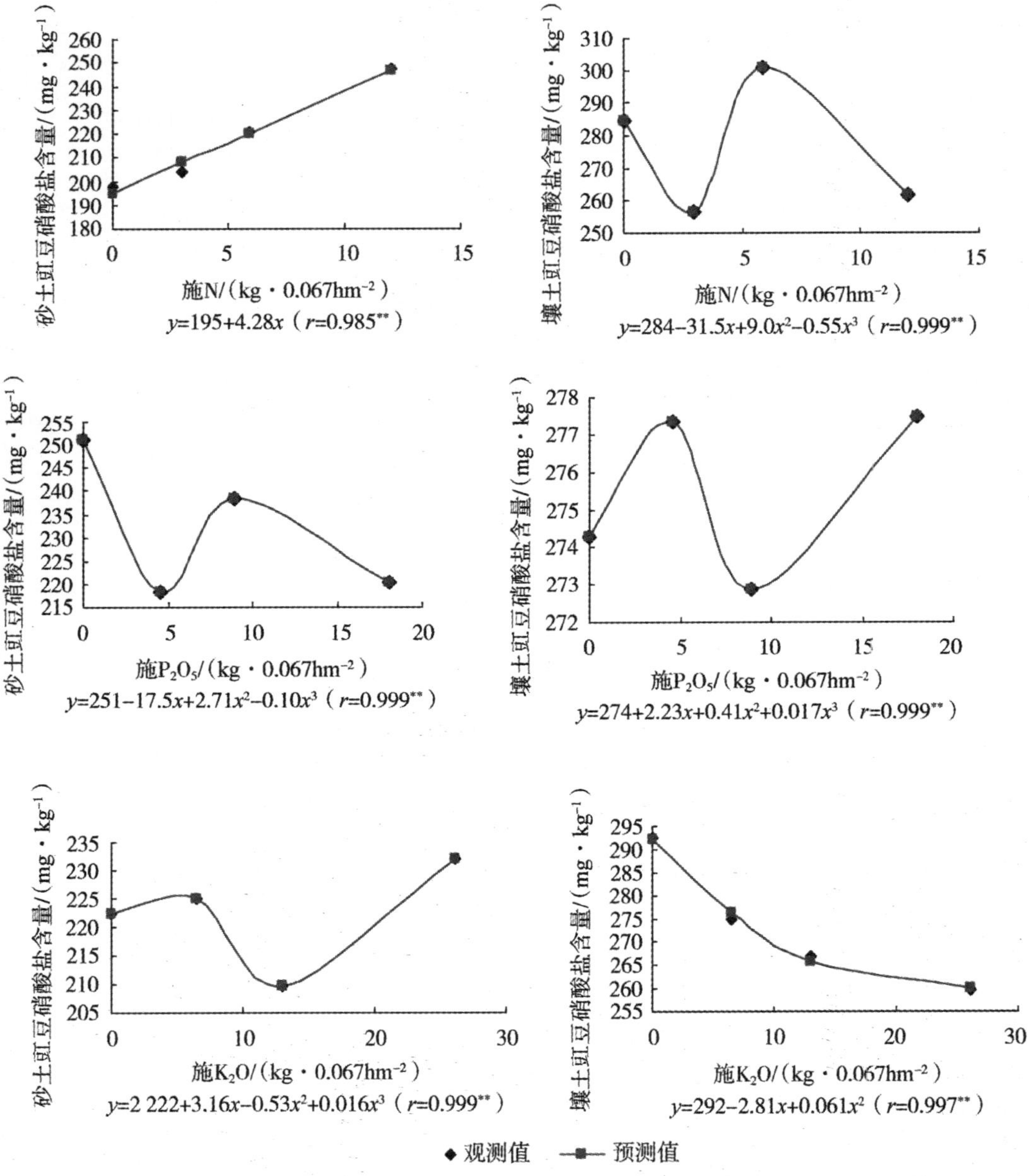

注：**表示回归拟合程度达极显著水平（$P<0.01$）。

图5-10　施肥量与豇豆硝酸盐含量的关系

根据豇豆含维生素C（y）与施肥量（x）回归分析曲线（图5-11），豇豆含维生素C较高时最适施N量，砂质土应在90 kg·hm^{-2}左右，壤质土则应在180 kg·hm^{-2}左右；最适的施P_2O_5量，两种土壤均在60～90 kg·hm^{-2}左右；最适施K_2O量，砂质土在180 ～270 kg·hm^{-2}，壤质土在90 kg·hm^{-2}左右。总体是高P适NK的较好，而高N的较差。

综合上述几方面，豇豆的优选施肥配方是氮（N）45～120 kg·hm^{-2}，磷（P_2O_5）75～150 kg·hm^{-2}，钾（K_2O）150～180 kg·hm^{-2}，在实际中其产量也较高。

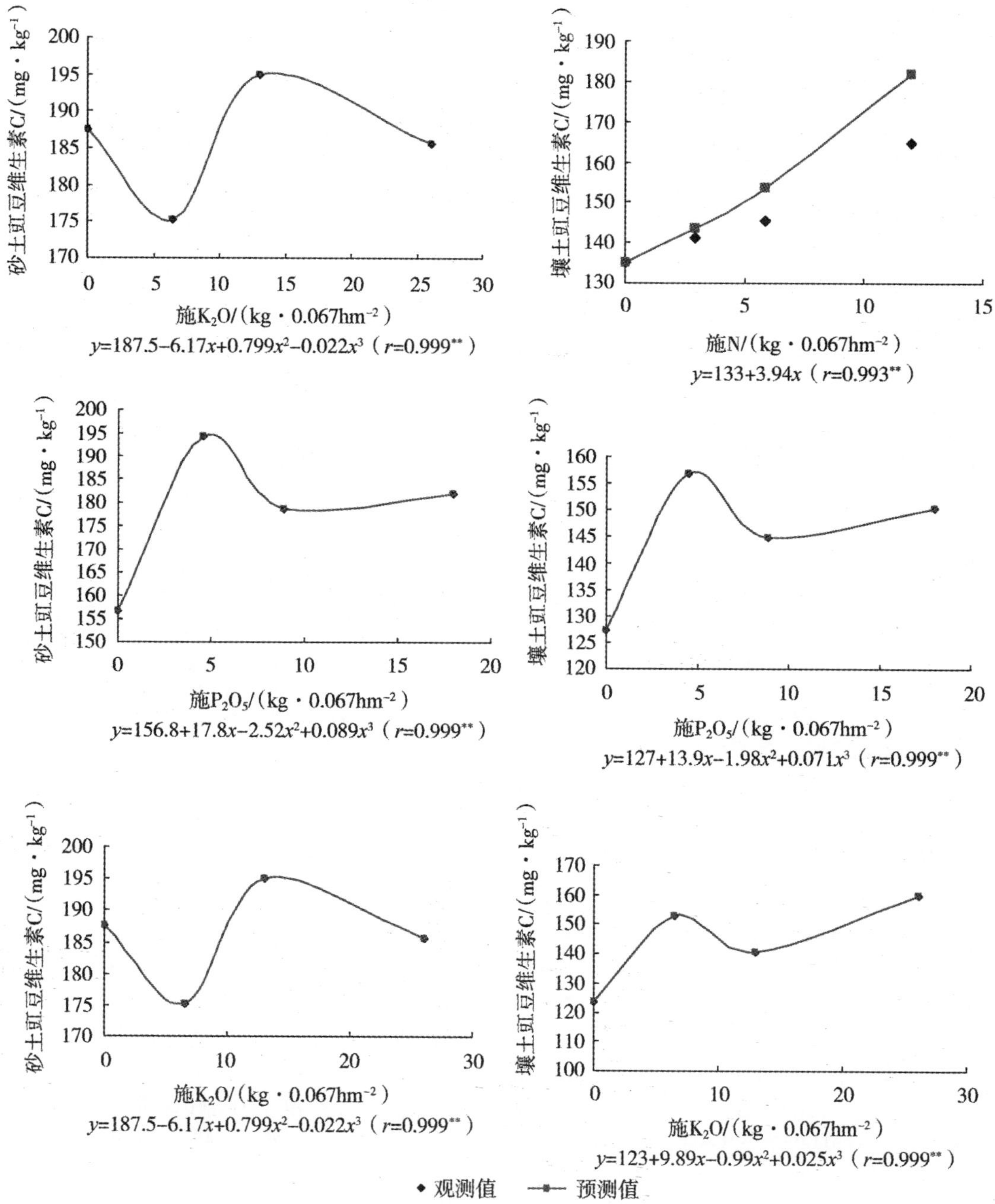

注：**表示回归拟合程度达极显著水平（$P<0.01$）。

图5-11　施肥量与豇豆与维生素C含量的关系

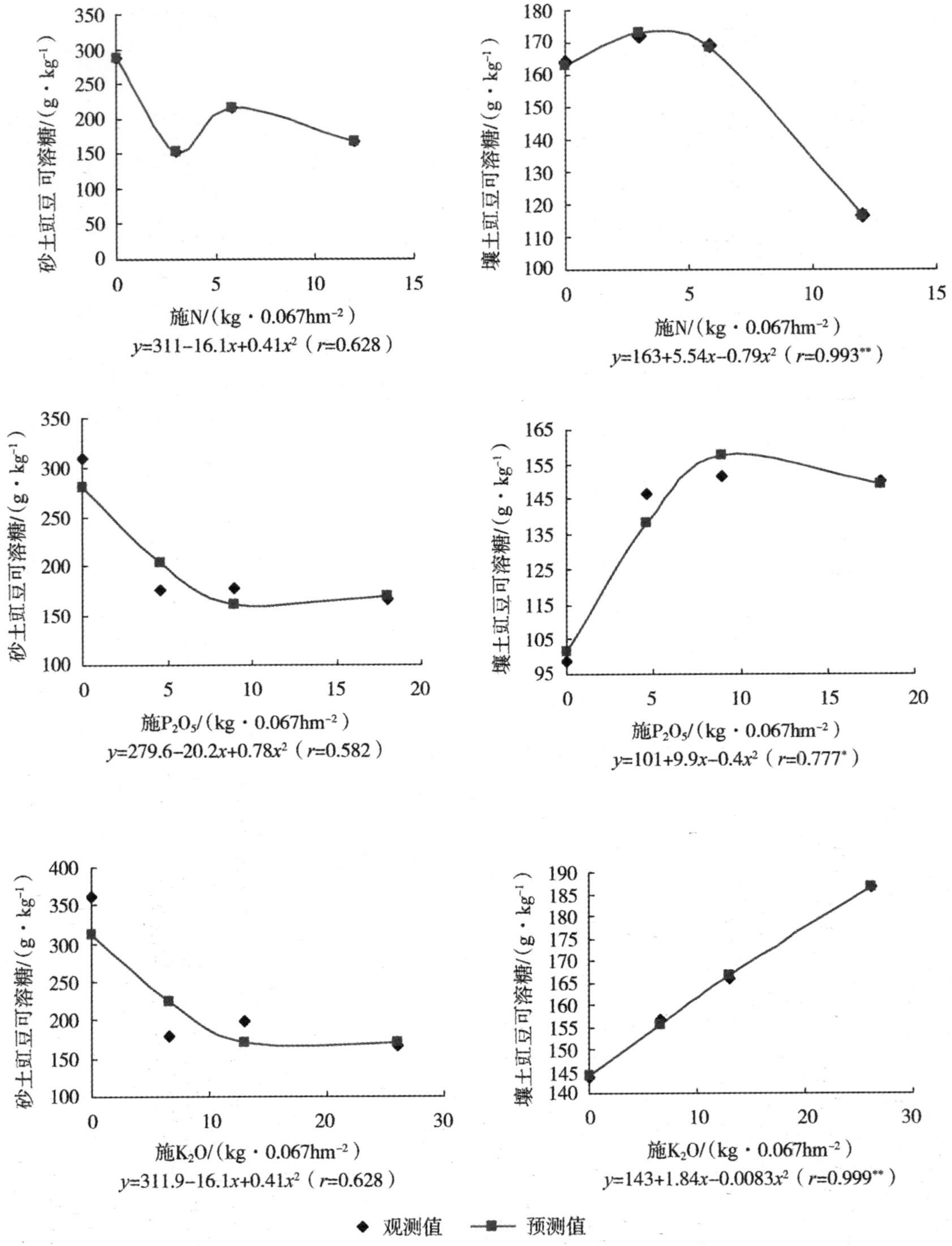

注：*表示回归拟合程度达显著水平（P<0.05）；**表示回归拟合程度达极显著水平（P<0.01）。

图5-12　施肥量与豇豆水溶性糖含量的关系

（2）有机及有机与无机肥合理配施

从表5-26可知，砂质土种豇豆，施较多的有机肥可获得较高产量，但有机肥过量施用对豇豆的水溶性糖和维生素C含量有影响，而有机肥配施无机NPK肥，其产量和维生素C含量均优于单独施等量的有机肥和等量的无机NPK肥；壤质土上种豇豆，在有机肥施用量15 000 kg · hm^{-2}时，豇豆产量、维生素C含量和水溶性糖有随有机肥的用量增加而增加趋势。

表5-26　有机肥及有机肥与无机肥配施对豇豆产量和品质影响

处　理	砂质土				壤质土			
	商品豆/($kg·y^{-1}$)④	NO_3^--N/($mg·kg^{-1}$)	维生素C/($mg·kg^{-1}$)	水溶性糖/($g·kg^{-1}$)	商品豆/($kg·y^{-1}$)③	NO_3^--N/($mg·kg^{-1}$)	维生素C/($mg·kg^{-1}$)	水溶性糖/($g·kg^{-1}$)
有机肥+NPK①	1 331.21 ab	211.38 bc	244.5 ab	138.97	1 523.70 a	311.16	192.6 a	78.53 d
NPK	980.35	280.28	189.7 b	221.7 ab	1 435.39	248.12 ab	160.9 a	143.27
有机肥高量②	1 604.94	220.12	199.9 ab	164.83 b	1 516.05	232.39 ab	147.3 ab	130.93
有机肥中量②	1 469.82	300.22	318.2 a	213.97 ab	1 466.16	248.12 ab	134.9 ab	131.17
有机肥低量②	920.70	188.17	195.4 ab	255.93 ab	1 340.33	170.46 b	125.0 b	125.57
空白	618.79	204.00	177.9 b	269.23 ab	1 237.04	293.76 ab	113.9 c	107.50

注：①无机NPK+有机肥处理的有机肥量是3 000 kg · hm^{-2}；②有机肥高量、中量、低量分别为15 000 kg · hm^{-2}、7 500 kg · hm^{-2}、3 000 kg · hm^{-2}；③表中的y为1/15 hm^2；表中同列不同字母表示差异显著。

（3）施微量元素的效应

根据表5-27，不同质地及养分条件的土壤，豇豆对微量元素的施用效果不同。但在合理施氮磷钾肥的基础上，有选择性地适量施用中、微量元素，不仅可提高其的产量，而且可降低其体内硝酸盐含量。

表5-27　豇豆在固定NPK施用量条件下，施不同微量元素的效果

处 理	砂质土				壤质土			
	商品豆/($kg·y^{-1}$)②	NO_3^--N/($mg·kg^{-1}$)	维生素C/($mg·kg^{-1}$)	水溶性糖/($g·kg^{-1}$)	商品豆/($kg·y^{-1}$)④	NO_3^--N/($mg·kg^{-1}$)	维生素C/($mg·kg^{-1}$)	水溶性糖/($g·kg^{-1}$)
有机肥+NPK①	1 331.21 ab	211.38 bc	244.5 a	138.97 b	1 523.70 a	311.16 a	192.6 ab	78.53 c
全微肥+NPK	1 407.22 ab	243.68a bc	216.2 a	204.73 a	1 356.37 ab	291.80 a	171.2 ab	117.70 bc
Si+NPK	1 577.17 ab	262.52 ab	215.6 a	224.50 a	1 338.27 ab	305.37 a	147.0 b	189.33 ab
B+NPK	1 448.54 ab	260.45 ab	193.8 a	196.20 a	1 399.18 ab	303.81 a	199.9 a	186.53 ab
Cu+NPK	1 147.97 ab	196.48 c	175.9 a	190.73 a	1 454.50 ab	278.39 a	161.6 ab	215.73 a
Mg+NPK	1 561.82 ab	238.21 abc	209.7 a	226.70 a	1 289.68 b	264.08 a	165.5 ab	107.53 bc
Mo+NPK	1 937.52 a	220.42 abc	190.4 a	133.05 b	1 422.46 ab	296.84 a	143.5 b	174.43 ab
NPK对照	980.35 b	280.28 a	189.7 a	221.70 a	1 435.39 ab	248.14 a	160.9 ab	143.27 abc

注：①无机NPK+有机肥处理的机有机肥量是3 000 kg · hm^{-2}；②表中的y为1/15 hm^2。表中同列不同字母表示统计检验差异显著。

在砂质土上，豇豆栽培施各种中微量元素均可增加产量，其中NPK+Mo和NPK+Mg处理效果较好；所有中微量元素处理的硝酸盐含量均比对照（NPK）的低，其中NPK+Cu、NPK+有机肥以及NPK+Mo等处理的效果较好；所有中微量元素处理（除Cu外）的维生素C含量均高于对照（NPK）。

在壤质土上，豇豆栽培施中微量元素的效果不及砂土，只有施Cu同时对产量、可溶性糖和维生素C含量均比对照有改善，施B可同时改善可溶性糖和维生素C含量，而施Si、Mo只可提高可溶性糖的含量，但对硝酸盐的含量影响不显著（表5–27）。

（4）优选配方验证

综合以上研究结果提出的豇豆栽培土壤养分调控优选配方的验证分析结果表明，与当地施肥相比，产量差异显著，但各优选配方当中，产量差异不显著。有机与无机肥配施处理的，豇豆的产量、维生素C和水溶性糖含量较高，而硝酸盐含量则相对较低。砂质土由于极缺乏微量元素，种豇豆时应适当补充微量元素；壤质土的微量元素含量相对较高些，在施用适量的有机肥的基础上，可以不另施用微量元素而可达到提高豇豆的产量和维生素C含量（表5–28）。

表5–28　豇豆优选配方验证试验

土壤	优选配方	商品豆/（$kg \cdot y^{-1}$）②	NO_3^-–N/（$mg \cdot kg^{-1}$）	维生素C/（$mg \cdot kg^{-1}$）	水溶性糖/（$g \cdot kg^{-1}$）
砂土	有机肥+$N_6P_9K_{13}$	1 331.21 ab	211.38 b	244.5 a	138.97 a
	$N_3P_9K_{13}$	1 513.55 ab	243.94 ab	180.7 b	113.23 b
	Mg+$N_6P_9K_{13}$	1 561.82 ab	238.21 ab	209.7 ab	226.70 a
	Mo+$N_6P_9K_{13}$	1 937.52 a	220.42 ab	19.04 b	164.83 ab
	当地对照	980.35 b	280.28 a	18.07 b	101.77 b
壤土	有机肥+$N_6P_9K_{13}$	1 523.70 a	311.16 a	192.6 a	78.53 b
	当地对照	1 435.39 a	248.12 b	160.9 a	143.27 a

注：①无机NPK+有机肥处理的有机肥量是3 000 $kg \cdot hm^{-2}$；②表中的y为1/15 hm^2。表中同列不同字母表示经统计检验差异显著。

5.1.3.4　茄瓜栽培土壤养分调控的效应与优选配方

（1）氮磷钾肥配施适用量

茄瓜栽培土壤养分调控试验在佛山市高明区进行，试验结果见表5–29。由表中可知，茄瓜施氮的效应明显。在各施肥处理中，不施N处理的茄瓜产量、维生素C、总糖和蛋白质含量最低，其中维生素C、总糖和蛋白质含量甚至还低于空白对照的无肥区，这与该试验地的氮素较低有关（水解氮含量只有71.38 $mg \cdot kg^{-1}$）。在施等量磷钾的条件下适量施用氮肥，不仅可提高茄瓜的产量还可相应提高维生素C、总糖和蛋白质含量，但施氮过量在降低产量的同时，除硝酸盐之外的品质指标均会降低；施氮处理的茄瓜的硝酸盐含量随施N量增高而升高，即不施N的茄瓜硝酸盐含量最低，比无肥区略低，不同施氮水平的茄瓜硝酸盐含量为$N_3>N_2>N_1>N_0$。

从表5-29还可知，在一定的施用量范围内，氮磷钾肥合理配施，可提高茄瓜产量的同时改善其品质（具有较合适维生素C、糖和硝酸盐含量）。在本试验土壤条件下（土壤水解N含量为71.38 mg·kg^{-1}，速效P 52.29 mg·kg^{-1}，速效K 110.09 mg·kg^{-1}），茄瓜获较高产量和较合适维生素C、糖和硝酸盐含量时的施肥量：N应为315 kg·hm^{-2}左右，P_2O_5应为120～180 kg·hm^{-2}，K_2O应为210 kg·hm^{-2}左右。

表5-29　茄瓜施不同量氮、磷、钾肥的效应

处理	产量/（kg·y^{-1}）②	干物率/%	NO_3^--N/（mg·kg^{-1}）	维生素C/（mg·kg^{-1}）	水溶性糖/（g·kg^{-1}）	蛋白质/%
$N_1K_1P_1$①	755.61 cd	9.47	131.36 d	32.66 ab	327.9 cd	10.75
$N_1K_2P_2$	908.77 bc	7.08	344.97 bc	30.21 ab	366.8 bc	12.62
$N_1K_3P_3$	849.68 c	8.66	161.37 d	34.49 ab	412.1 ab	10.38
$N_2K_1P_2$	1 104.98 ab	8.62	286.00 cd	33.44 ab	449.5 a	10.86
$N_2K_2P_3$	998.09 b	8.41	393.34 bc	42.37 a	448.3 a	11.19
$N_2K_2P_2$	1 241.36 a	8.97	183.00 d	9.59 cd	390.8 b	12.06
$N_2K_3P_1$	898.06 bc	7.51	395.94 bc	29.64 b	371.3 bc	12.06
$N_3K_1P_3$	1 163.02 a	7.52	403.96 bc	32.87 ab	380.7 bc	12.88
$N_3K_2P_1$	1 092.90 ab	7.37	655.22 a	23.66 b	365.1 c	11.91
$N_3K_3P_2$	1 035.48 ab	7.67	495.43 b	25.85 b	444.5 a	12.18
CK（无肥区）	681.46 e	7.36	47.05 ef	11.23 cd	351.9 c	9.58
PK（磷钾区）	736.93 d	7.35	41.87 ef	10.19 cd	378.6 bc	8.77
NK（氮钾区）	1 024.70 ab	9.03	355.52 bc	11.23 cd	350.0 c	12.00
NP（氮磷区）	1021.31 ab	8.41	388.24 bc	15.10 c	324.9 c	11.52
Pr>F	0.000 1		0.000 1	0.05	0.000 7	

注：①N_1、N_2、N_3施用量分别为65、330和495 kg·hm^{-2}，P_1、P_2和P_3施用量分别为$P_2O_5$75 kg·hm^{-2}、150 kg·hm^{-2}和300 kg·hm^{-2}，K_1、K_2、K_2施用量分别为K_2O135 kg·hm^{-2}、270 kg·hm^{-2}和405 kg·hm^{-2}；②表中y为1/15 hm^2。表中同列不同字母表示经统计检验差异显著。

根据表5-30的极差值，3元素产量效应大小顺序：N>P>K。本试验条件下，选出产量较优的施肥配方是：$N_3K_1P_2$。

而根据表5-31的极差值，3元素维生素C含量的效应大小顺序：P、N>K。本试验设计范围内，在本土壤养分条件下，筛选出茄瓜维生素C较高的配方：$N_2K_1P_3$。

综合上述结果可知，得出茄瓜施肥的优选配方是$N_2P_2K_1$，即N 330 kg·hm^{-2}、P_2O_5 150 kg·hm^{-2}、K_2O 135 kg·hm^{-2}，在实际中其产量也较高，品质较佳。

表5-30　茄瓜正交试验产量结果

处理号	N	K	P	产量/（kg·y^{-1}）①	平均K值	N	K	P
17	N_1	K_1	P_1	755.61	K_1	2 514.06	3 023.61	2 746.57
18	N_1	K_2	P_2	908.77	K_2	3 001.13	2 999.76	3 049.23
19	N_1	K_3	P_3	849.68	K_3	3 291.4	2 783.22	3 010.79
20	N_2	K_1	P_2	1104.98	K_1	838.02	1 007.87	915.52
21	N_2	K_2	P3	998.09	K_2	1 000.38	999.92	1 016.41
22	N_2	K_3	P_1	898.06	K_3	1 097.13	927.74	1 003.60
23	N_3	K_1	P_3	1 163.02	R（极差）	259.11	80.13	100.89
24	N_3	K_2	P_1	1 092.90				
25	N_3	K_3	P_2	1 035.48				

注：①表中y为1/15 hm^2。

表5-31　茄瓜正交试验维生素C结果

处理号	N	K	P	维生素C/（mg·kg^{-1}）	平均K值	N	K	P
17	N_1	K_1	P_1	32.66	K_1	97.36	98.97	85.96
18	N_1	K_2	P_2	30.21	K_2	105.45	96.24	89.5
19	N_1	K_3	P_3	34.49	K_3	82.38	89.98	109.73
20	N_2	K_1	P_2	33.44	K_1	32.45	32.99	28.65
21	N_2	K_2	P_3	42.37	K_2	35.15	32.08	29.83
22	N_2	K_3	P_1	29.64	K_3	27.46	29.99	36.57
23	N_3	K_1	P_3	32.87	R（极差）	7.69	2.99	7.92
24	N_3	K_2	P_1	23.66				
25	N_3	K_3	P_2	275.34				

（2）茄瓜有机无机肥的合理配施比例

从表5-32可知，茄瓜单独施用有机肥时，在15 000 kg·hm^{-2}、24 000 kg·hm^{-2}、45 000 kg·hm^{-2}、75 000 kg·hm^{-2}的施用量范围，有机肥用量到15 000 kg·hm^{-2}的处理便可获得较高的产量，在该施用量附近的维生素C含量最高而硝酸盐含量最低。再增加有机肥施用量时茄瓜产量呈下降的趋势，而硝酸盐含量则呈上升趋势。据此可以认为，茄瓜种植单独施有机肥时约15 000 kg·hm^{-2}已足够。在有机肥与无机肥配施时，有机肥

6 000 kg · hm^{-2}配合无机N180 kg · hm^{-2}，其产量与等N量的纯无机肥和纯有机肥基本持平。

从表5-33的茄瓜产量看，各有机无机搭配比例（0：1，0.25：1，0.5：1，1：1，1：0.5，1：0）之间的差异不十分显著，但有机无机比例为0.25：1处理的产量、维生素C和蛋白质含量较高，与纯无机肥和纯有机肥处理比较，有机无机0.25：1配比处理的产量相当，但维生素C和蛋白质含量则较高。由此可见，有机无机0.25：1配比，即有机肥6 750 kg · hm^{-1}配无机N 255 kg · hm^{-1}的处理可以使茄瓜获得较高产量和较佳的品质。

表5-32 高明茄瓜施不同量有机肥试验结果

试验处理	产量/（kg · y^{-1}）③	干物率/%	维生素C/（mg · kg^{-1}）	NO_3^--N/（mg · kg^{-1}）	蛋白质/%	总糖/（g · kg^{-1}）
无机NPK	1 241.36	8.97	9.59	183.00	11.52	390.83
有机肥+无机NPK①	1 241.09	9.00	11.95	372.44	12.06	457.10
有机肥量$_1$②	862.30	8.22	28.97	50.24	9.93	255.77
有机肥量$_2$②	1 276.00	7.68	11.71	225.5	9.49	471.63
有机肥量$_3$②	1 152.85	7.65	29.37	97.59	9.56	274.13
有机肥量$_4$②	1 253.05	7.33	22.61	177.26	10.45	343.43

注：①无机NPK+有机肥处理的有机肥量是6 750 kg · hm^{-2}；②有机肥量$_1$、量$_2$、量$_3$、量$_4$分别为15 000 kg · hm^{-2}、22 500 kg · hm^{-2}、45 000 kg · hm^{-2}、75 000 kg · hm^{-2}。③表中的y为1/15 hm^2。

表5-33 高明茄瓜有机肥与无机肥不同配比（按等N量计算）试验结果

有机N：无机N	有机肥/（kg · y^{-1}）①	无机N/（kg · y^{-1}）	产量/（kg · y^{-1}）	干物率/%	维生素C/（mg · kg^{-1}）	NO_3^--N/（mg · kg^{-1}）	蛋白质/%	总糖/（g · kg^{-1}）
0：1	0	22	1 241.36	8.97	9.59	183.00	10.548	390.83
00.25：1	450	17	1 241.09	9.00	11.95	372.44	12.267	457.10
00.5：1	750	14	1 113.48	7.89	32.39	331.62	12.056	266.60
1：1	1 125	11	1 114.46	7.81	16.40	398.99	11.771	330.30
1：0.5	1 465	7	1 215.48	8.42	14.94	561.35	11.202	385.30
1：0	2 250	0	1 276.00	7.68	11.71	525.54	9.492	471.60

注：①表中y为1/15 hm^{-2}。

（3）施中微量元素的效应

表5-34结果显示，在该试验土壤条件下，施中微量元素的效果不明显，在施NPK条件下，加施中量元素镁或微量元素硼可提高茄瓜的维生素C和糖的含量，但施禽畜粪有机肥6 750 kg · hm^{-2}可达到同样的效果。

表5-34　茄瓜施不同中微量元素及与施有机肥的效果比较

处理	产量/（$kg \cdot y^{-1}$）②	干物率/（%）	维生素C/（$mg \cdot kg^{-1}$）	NO_3^--N/（$mg \cdot kg^{-1}$）	蛋白质/%	总糖/（$g \cdot kg^{-1}$）
不施肥对照	681.46 bc	7.75 ab	11.23 c	47.05 de	9.583 ab	40.19 b
NPK对照	1 241.36 a	8.97 a	19.59 b	183.00 cd	12.056 a	39.08 bc
NPK+有机肥①	1 241.09 a	9.00 a	32.39 a	331.62 b	12.267 a	45.74 a
NPK+Si	772.29 b	7.48 ab	23.50 ab	297.13 c	11.263 a	44.90 ab
NPK+Mg	1 017.81 ab	7.45 ab	31.34 a	505.38 ab	11.317 a	36.76 c
NPK+B	1 225.69 a	7.39 ab	28.10 ab	257.65 c	11.931 a	45.25 a
NPK+复合微肥	1 036.0 ab	6.62 b	38.44 a	662.27 a	11.902 a	41.09 b

注：①无机NPK+有机肥处理的有机肥量是6 750 $kg \cdot hm^{-2}$；②表中的y为1/15 hm^2。表中同列不同字母表示经统计检验差异显著。

（4）优选配方验证

根据上述试验结果，提出茄瓜栽培养分调控的施肥配方见表5-35。验证试验结果统计分析表明，各优选配方当中，以有机无机N配比为0.25：1（有机肥6 750 $kg \cdot hm^{-2}$，无机N、P_2O_5、K_2O为262.5、150、270 $kg \cdot hm^{-2}$）处理的产量较高，维生素C和蛋白质含量也较高，其产量略高于NPK+B的，说明施鸡粪约6 000 $kg \cdot hm^{-2}$的微量元素已够。

表5-35　茄瓜优选配方验证试验

处理	产量/（$kg \cdot y^{-1}$）①	维生素C/（$mg \cdot kg^{-1}$）	NO_3^--N/（$mg \cdot kg^{-1}$）	蛋白质/%	总糖/（$g \cdot kg^{-1}$）
NPK（22、10、18）（有机：无机=0：1）	1 241.36	9.59	183.00	12.056	17.887
NPK（17.5、10、18）+有机肥（450 $kg \cdot y^{-1}$）（有机：无机=0.25：1）	1 241.09	11.95	372.44	12.267	18.743
NPK（14、10、18）+有机肥（750 $kg \cdot y^{-1}$）（有机：无机=0.5：1）	1 113.48	32.39	331.62	10.548	23.543
NPK（22、10、18）+Mg	1 017.81	31.34	505.38	11.317	17.913
NPK（22、10、18）+B	1 225.69	28.10	257.65	11.931	20.277
当地对照	772.29	23.50	297.13	11.263	20.093

注：①表中y为1/15 hm^2。

5.1.3.5　丝瓜栽培土壤养分调控的效应与优选配方

（1）氮磷钾肥配施适用量

丝瓜栽培氮磷钾肥配施试验在鹤山市共和镇大坳蔬菜基地进行。从试验结果可知（表5-36），NPK配施的丝瓜产量最高，缺氮区相对NPK区的产量百分数为55.1%～73.3%，平均64.1%，表明施氮增产效果显著；缺磷区相对产量为86.2%～96.2%，平均89.1%，表明施磷增产效果不显著；缺钾区相对产量为76.7%～81.4%，平均79.2%，表明施钾仍有增产效果。

表5-36　丝瓜田间试验产量统计结果

试验点	NPK肥区	PK肥区		NK肥区		NP肥区	
	产量/（$kg \cdot hm^{-2}$）	产量/（$kg \cdot hm^{-2}$）	相对产量/%	产量/（$kg \cdot hm^{-2}$）	相对产量/%	产量/（$kg \cdot hm^{-2}$）	相对产量/%
1	22 711.4	16 648.3	73.3	21 850.9	96.2	18 089.0	79.6
2	23 131.6	14 907.5	64.4	19 943.3	86.2	17 742.2	76.7
3	25 404.0	13 985.3	55.1	22 098.0	87.0	20 684.3	81.4
4	24 369.3	15 454.2	63.4	21 171.3	86.9	19 295.4	79.1

表5-37　丝瓜养分吸收与土壤养分测定结果

试验点	NPK肥区			PK肥区		NK肥区		NP肥区	
	吸N量	吸P_2O_5量	吸K_2O量	吸N量	碱解N	吸P_2O_5量	M_3-P	吸K_2O量	M_3-K
1	180.0	30.1	125.3	66.6	62.4	25.0	154.0	64.4	92.6
2	172.9	30.9	125.3	81.4	106.2	20.0	133.6	61.2	62.9
3	120.2	24.9	100.2	95.1	146.7	28.9	183.7	105.1	209.4
4	129.9	20.8	90.1	67.9	99.2	27.4	169.2	41.2	47.5

注：吸N、P_2O_5、K_2O量均指丝瓜地上部吸收的N、P_2O_5、K_2O总量，单位$kg \cdot hm^{-2}$；土壤碱解N、M_3-P、M_3-K含量单位$mg \cdot kg^{-1}$。

表5-37是各处理丝瓜NPK吸收与土壤速效NPK测定结果，对比试验数据统计可得，土壤供磷、供钾量与土壤速效养分测定值间有极显著和显著相关关系，应用下列函数关系式，可估算出某一特定田块的土壤供肥量。

$Y_N=32.757\ \mathrm{Ln}(X_N)-72.804$，$r=0.864$（$n=4$）

$Y_P=28.242\ \mathrm{Ln}(X_P)-117.83$，$r=0.991^{**}$（$n=4$）

$Y_K=40.734\ \mathrm{Ln}(X_K)-114.05$，$r=0.980^{*}$（$n=4$）

应用Stanford所创的测土施肥公式（养分平衡法）：

$$\text{某种肥料的需用量}=\frac{\text{一季作物总季作物-土壤供肥量}}{\text{肥料中该要素含量}\times\text{肥料当季利用率}}$$

结合上述土壤供肥量经验公式，可得出丝瓜的测土配方施肥经验公式如下：

T_N=0.016 8 Y–93.59 Ln（X_N）+208.01，

T_P=0.005 4 Y–141.21 Ln（X_P）+589.15，

T_K=0.009 6 Y–90.52 Ln（X_K）+253.44，

上式中，T为纯养分施肥量（kg · hm^{-2}），Y为目标产量（kg · hm^{-2}），X为有效养分测定值（mg · kg^{-1}），在确定目标产量（Y）和土壤速效养分测定值的条件下，即可快速计算出一造丝瓜的纯养分施用量（表5–38），再根据肥料有效养分含量折算成施肥实物量。

表5–38　共和镇蔬菜基地丝瓜推荐施肥配方

配方施肥分区	项目	目标产量/（kg · y^{-1}）①	施肥量/（kg · y^{-1}）		
			N	P_2O_5	K_2O
来苏管区	丝瓜	2 800	30.0 ~ 33.0	9.0	10.0 ~ 16.0
大坳管区	丝瓜	2 800	28.0 ~ 31.0	6.0	9.0 ~ 12.0
平汉管区	丝瓜	2 800	29.0 ~ 31.0	9.0	9.0 ~ 13.0

注：①表中y为1/15 hm^2。

（2）丝瓜氮磷钾优选配方应用与效果验证

丝瓜配方施肥的田间示范试验于2008年1 ~ 6月在共和镇大坳蔬菜基地进行，设置常规习惯施肥区和配方施肥区两个处理，习惯施肥由农户按照原来的管理习惯进行，配方施肥则按照推荐的施肥量（每1/15 hm^2施有机粪肥800 kg，化学肥料N 30 kg、P_2O_5 6 kg、K_2O 16 kg）。

田间示范试验结果表明（表5–39），实施配方施肥技术可明显提高丝瓜产量，降低施肥成本和增加经济收益：配方施肥比习惯施肥增产9.66%；每1/15 hm^2的产值增加288.2元，每1/15 hm^2分别减少施用P_2O_5、K_2O约20 kg和10 kg，施肥成本减少600多元。

表5–39　丝瓜配方施肥与习惯施肥效果比较

处理	产量/（kg · y^{-1}）①	增产率/%	产值/（元 · y^{-1}）	施肥成本/（元 · y^{-1}）
配方施肥	2 972.0	9.66	3 269.2	654
习惯施肥	2 710.0	—	2 981.0	1 288

注：①表中为1/5 hm^2。

对产品外观质量的调查和内在品质的取样分析结果表明，使用本项目组创制的复合微肥可使丝瓜、苦瓜的外观质量得到改善，产量和内在品质明显提高（图5–40）。丝瓜色泽鲜亮，外形端正，产品商品率提高，丝瓜产量比对照提高9.0%，硝酸盐（NO_3^-–N）含量比对照降低11.5%。此外，还可提高丝瓜水溶性糖的含量（比对照提高20.8%）。

表5-40　镁、硼、锰、钼复合微肥对丝瓜产量和品质的影响

处理	产量/（$kg \cdot hm^{-2}$）	维生素C/（$mg \cdot 100\ g^{-1}$）	水溶性糖/（$g \cdot kg^{-1}$）	NO_3^--N/（$mg \cdot kg^{-1}$）
对照	37 290.5 ± 526.3 b	9.27 ± 0.52 b	32.2 ± 1.28 b	98.3 ± 10.30 a
微肥	40 650.7 ± 365.1 a	9.89 ± 0.23 b	38.9 ± 1.48 a	86.9 ± 8.06 b

注：表中不同字母表示LSD多重比较差异显著（$P<0.05$）。

5.1.3.6　冬种马铃薯栽培土壤养分调控与配方优选

（1）氮磷钾肥配施的适用量

冬种栽培土壤养分调控试验在惠州市惠阳区进行，试验结果见表5-41。根据表5-42的极差值，3种元素产量效应大小顺序：K>N>P；本试验条件下，选出产量较优的NPK施用量应为$N_2P_1K_1$。

马铃薯块茎的还原糖含量，与其加工产品的质量密切相关，当块茎的还原糖含量超过0.5%时会导致薯肉变黑而影响加工。本试验采用的大西洋马铃薯是还原糖含量较低的品种。

根据表5-43的极差值，对马铃薯还原糖的影响程度为：P>K>N，即通过提高施磷水平降低施氮水平和适当施钾可较有效控制马铃薯还原糖含量，在该试验条件下选出对冬种马铃薯还原糖控制在相对较低水平的施肥比例：$N_1P_3K_2$。

根据表5-44的极差值，对冬种马铃薯维生素C影响程度为：N>P>K，筛选出较好维生素C配方：$N_3K_1P_1$。

综合上述几方面的优选的施肥量配方应是：$N_2K_1P_2$，在实际中其产量也最高。

表5-41　惠阳冬种马铃薯施不同NPK配比的效应

处理	产量/（$kg \cdot y^{-1}$）②	干物率/%	维生素C/（$mg \cdot kg^{-1}$）③	还原糖/（$mg \cdot kg^{-1}$）③	淀粉/（$g \cdot kg^{-1}$）④	蛋白质/%④
$N_1P_1K_1$①	1 038.04 a	19.48	219.53 a	1.83 b	154.4 a	9.94 a
$N_1P_2K_2$	974.03 ab	19.83	162.00 b	1.48 b	151.9 a	9.65 ab
$N_1P_3K_3$	933.49 ab	18.67	147.16 b	1.16 b	145.1 ab	8.81 b
$N_2P_2K_1$	1 107.72 a	19.69	154.57 b	1.42 b	147.9 ab	8.88 b
$N_2P_2K_2$	976.39 ab	19.11	170.01 b	1.50 b	153.6 a	9.71 a
$N_2P_3K_2$	1 057.69 a	19.05	160.15 b	1.42 b	140.7 ab	10.08 a
$N_2P_1K_3$	947.78 ab	20.68	197.26 ab	2.14 ab	150.9 a	9.29 ab
$N_3P_3K_1$	963.41 ab	19.38	204.68 ab	1.66 b	134.6 b	9.33 ab
$N_3P_1K_2$	973.64 ab	19.56	263.99 a	1.56 b	129.7 bc	10.40 a
$N_3P_2K_3$	867.32 b	20.06	180.60 b	2.35 a	140.9 b	10.02 a
空白（无肥区）	492.79 c	18.76	99.09 c	1.85 b	136.5 b	8.40 b

续表

处理	产量/($kg \cdot y^{-1}$)②	干物率/%	维生素C/($mg \cdot kg^{-1}$)③	还原糖/($mg \cdot kg^{-1}$)③	淀粉/($g \cdot kg^{-1}$)④	蛋白质/%④
PK（无氮区）	562.71 bc	17.65	102.80 bc	1.82 b	133.8 b	8.34 b
NK（无磷区）	955.92 ab	19.65	178.89 b	1.59 b	149.8 ab	10.22 a
NP（无钾区）	917.53 ab	19.95	102.80 bc	1.89 b	152.3 a	10.63 a

注：①N_1、N_2、N_3施用量分别为$N_120\ kg \cdot hm^{-2}$、$240\ kg \cdot hm^{-2}$、$360\ kg \cdot hm^{-2}$，P_1、P_2、和P_3分别为$P_2O_5\ 52\ kg \cdot hm^{-2}$、$105\ kg \cdot hm^{-2}$、$225\ kg \cdot hm^{-2}$；$K_1$、$K_2$、$K_3$分别为施$K_2O150\ kg \cdot hm^{-2}$、$300\ kg \cdot hm^{-2}$、$450\ kg \cdot hm^{-2}$；②表中y为1/15 hm^2；③鲜样；④干样。表中同列不同字母表示经统计检验差异显著。

表5-42　马铃薯正交试验产量分析结果

处理号	N	K	P	产量/($kg \cdot y^{-1}$)①	平均K值	N	K	P
18	N_1	K_1	P_1	1 038.04	K_1	2 945.56	3 109.17	2 959.46
19	N_1	K_2	P_2	974.03	K_2	3 113.19	3 005.36	2 949.07
20	N_1	K_3	P_3	933.49	K_3	2 804.37	2 748.59	2 954.59
21	N_2	K_1	P_2	1 107.72	K_1	981.85	1 036.39	986.49
22	N_2	K_2	P_3	1 057.69	K_2	1 037.73	1 001.78	983.02
23	N_2	K_3	P_1	947.78	K_3	934.79	916.19	984.86
24	N_3	K_1	P_3	963.41	R（极差）	102.94	120.19	3.46
25	N_3	K_2	P_1	973.64				
26	N_3	K_3	P_2	867.32				

注：①表中y为1/15 hm^2。

表5-43　马铃薯正交试验还原糖分析结果

处理号	N	K	P	还原糖/($g \cdot kg^{-1}$)	平均K值	N	K	P
18	N_1	K_1	P_1	1.827	K_1	4.461	4.901	5.527
19	N_1	K_2	P_2	1.477	K_2	4.971	4.457	5.247
20	N_1	K_3	P_3	1.157	K_3	5.573	5.647	4.231
21	N_2	K_1	P_2	1.417	K_1	1.487	1.634	1.842
22	N_2	K_2	P_3	1.417	K_2	1.657	1.486	1.749
23	N_2	K_3	P_1	2.137	K_3	1.858	1.882	1.41
24	N_3	K_1	P_3	1.657	R（极差）	0.371	0.396	0.432
25	N_3	K_2	P_1	1.563				
26	N_3	K_3	P_2	2.353				

表5-44　马铃薯正交试验V_C含量分析结果

处理号	N	K	P	维生素C/（g·kg^{-1}）	平均K值	N	K	P
18	N_1	K_1	P_1	219.53	K_1	528.69	578.78	680.78
19	N_1	K_2	P_2	162.00	K_3	511.98	586.14	575.06
20	N_1	K_3	P_3	147.16	K_3	727.16	602.91	511.99
21	N_2	K_1	P_2	154.57	K_1	176.23	192.93	226.93
22	N_2	K_2	P_3	160.15	K_3	170.66	195.38	191.69
23	N_2	K_3	P_1	197.26	K_3	242.38	200.97	170.66
24	N_3	K_1	P_3	204.68	R（极差）	71.73	8.04	56.26
25	N_3	K_2	P_1	263.99				
26	N_3	K_3	P_2	258.49				

（2）有机及有机与无机肥合理配施

从表5-45可知，马铃薯单独施用有机肥时，从15 000 kg · hm^{-2}、24 000 kg · hm^{-2}、45 000 kg · hm^{-2}、75 000 kg · hm^{-2}的有机肥施用量范围中，产量最高的是24 000 kg · hm^{-2}的处理，此后，马铃薯产量随有机肥施用量增加而呈下降的趋势，其维生素C含量随有机肥用量增加而增加的趋势不明显。根据增城的试验，小白菜单独施有机肥时施2 250 kg · hm^{-2}，土壤有机质便可维持种植前水平。因此可以认为，马铃薯种植单独施有机肥时22 500 ~ 24 000 kg · hm^{-2}已足够。

从表5-46的冬种马铃薯产量看，有机无机搭配比例从0：1，0.25：1，0.5：1，1：1，1：0.5，1：0等处理中，有机无机搭配比例在（0.25：1）~（0.5：1），即每1/15 hm^{2}施有机肥409 ~ 552 kg，配无机N 12 kg的处理最合适，其产量和干物质含量最高，而影响工业加工的品质指标还原糖含量较低。

表5-45　惠阳冬种马铃薯施不同量有机肥试验结果

处理	产量/（kg·y^{-1}）③	干物率/%	维生素C/（mg · kg^{-1}）	NO_3^-–N/（mg · kg^{-1}）	还原糖/（mg·kg^{-1}）④	蛋白质/%
无机NPK对照	976.39 ab	19.11 ab	170.01 a	369.01 b	1.50 ab	9.71 a
机NPK+有机肥①	1 179.56 a	20.56 a	122.29 a	267.16 c	2.01 a	9.65 a
有机肥量$_1$②	736.47 bc	19.91 a	199.1 a	340.24 b	1.45 ab	9.85 a
有机肥量$_2$②	938.27 b	19.15 ab	128.60 a	244.35 c	2.16 a	9.33 a
有机肥量$_3$②	921.88 b	20.09 a	136.02 a	373.88 b	0.820 c	9.31 a
有机肥量$_4$②	824.58 bc	18.88 ab	217.67 a	576.31 a	0.897 c	10.95 a

注：①无机NPK+有机肥处理的有机肥量是6 000 kg · hm^{-2}；②有机肥量$_1$、量$_2$、量$_3$、量$_4$分别为15 000 kg · hm^{-2}、24 000 kg · hm^{-2}、45 000 kg · hm^{-2}、75 000 kg · hm^{-2}；③表中的y为1/15 hm^2；④鲜样计。表中同列不同字母表示经统计检验差异显著。

表5-46　惠阳冬种马铃薯有机肥与无机肥配比试验结果

有机N：无机N①	有机肥/（kg·y^{-1}）②	无机N/（kg·y^{-1}）②	产量/（kg·y^{-1}）②	干物率/%	维生素C/（mg·kg^{-1}）	NO_3^--N/（mg·kg^{-1}）	还原糖/（mg·kg^{-1}）③	淀粉/（g·kg^{-1}）③	蛋白质/%④
0：1	0	16	976.39	19.11	170.01	369.01	1.500	805.28	9.71
0.25：1	409	12	1 179.56	20.56	122.29	267.16	1.987	811.14	9.65
0.5：1	552	10.6	1 031.39	20.52	142.18	366.50	1.453	832.05	10.58
1：1	818	8	890.59	18.66	126.74	399.94	1.157	808.84	9.90
1：0.5	1 084	5.4	736.47	19.91	199.10	340.24	1.453	827.60	9.85
1：0	1 636	0	938.27	19.15	128.60	244.35	2.163	825.00	9.33

注：①按等N量计算；②表中y为1/15 hm^2；③鲜样计；④干样计。

（3）施用中微量元素的效应

表5-47结果显示，在试验土壤条件下，栽培马铃薯施用中微量元素的效果不大，在施NPK条件下，施禽畜粪有机肥6 750kg·hm^{-2}可起到提高产量的效果，但对改善品质的效果不大；在施同等NPK和有机肥的基础上，加施中量元素镁、硅，微量元素硼或复合微肥在可提高马铃薯的维生素C含量的同时降低还原糖含量，可见可根据马铃薯产品的用途和销售方向，制订合理的施肥方案进行有效调控，从而达到预期的生产目的。

表5-46　马铃薯施不同中微量元素与施有机肥的效果比较试验

处理	产量/（kg·y^{-1}）②	干物率/%	维生素C/（mg·kg^{-1}）	还原糖/（mg·kg^{-1}）③	淀粉/（g·kg^{-1}）③	蛋白质/%④
不施肥对照	492.79 d	18.76 b	99.09 d	1.85 abc	136.5 ab	8.40 b
NPK对照	976.39 ab	19.11 ab	170.01 b	1.50 abc	153.6 a	10.22 a
NPK+有机肥①	1 179.56 a	20.56 a	158.29 bc	2.02 ab	166.6 a	9.71 ab
NPK+有机肥+Si①	916.78 b	19.52 ab	232.52 a	1.95 ab	130.3 ab	10.81 a
NPK+有机肥+Mg①	945.96 ab	19.29 ab	171.28 b	1.63 abc	127.5 b	10.04 ab
NPK+有机肥+B①	897.77 b	21.27 a	178.89 b	2.13 a	138.2 ab	9.58 ab
NPK+有机肥+复合微肥①	959.88 ab	19.56 ab	180.55 b	2.11 a	137.6 ab	10.04 ab

注：①无机NPK+有机肥处理的有机肥量是6 750 kg·hm^{-2}；②表中的y为1/15 hm^2；③鲜样计；④干样计。表中同列不同不同字母表示经统计检验差异显著。

（4）优选配方验证

表5-48的结果显示，各优选配方当中，以有机无机肥配比为0.25：1（有机肥6 750 kg·hm^{-2}，配无机N、P_2O_5、K_2O为240 kg·hm^{-2}、105 kg·hm^{-2}、300 kg·hm^{-2}）的产量最高，其干物质、维生素C、淀粉和蛋白质含量均较高，而还原糖含量也较合适。

表5-48　马铃薯优选配方验证试验结果

处理	产量/（kg·y^{-1}）②	干物率/（g·100 g^{-1}）	维生素C/（mg·kg^{-1}）	NO_3^--N/（mg·kg^{-1}）	还原糖/（mg·kg^{-1}）③	淀粉/（g·kg^{-1}）③	蛋白质/（g·100g^{-1}）④
NPK（16、7、20）（有机：无机=0：1）	976.39 ab	19.11 b	170.01 b	369.01	1.50 c	153.6 a	10.22 a
NPK（16、7、20）+有机肥（有机：无机=0.25：1）①	1 179.56 a	20.56 a	232.52 a	267.16	2.02 b	166.6 a	10.81 a
NPK（16、7、20）+有机肥+Mg①	897.77 b	21.27 a	178.89 b	420.02	2.13 a	138.2 b	9.58 b
NPK（16、7、20）+有机肥+B①	959.88 ab	19.56 b	180.55 b	270.05	2.11 a	137.6 b	10.04 b
NPK+有机肥+全微肥①	959.88 ab	19.56 b	180.55 b	270.05	2.11 a	137.6 b	10.04 b
当地施肥对照	916.78 b	19.52 b	158.29 c	476.08	1.95 b	130.3 b	9.71 b

注：①无机NPK+有机肥处理的有机肥量是6 750 kg·hm^{-2}；②表中的y为1/15 hm^2；③鲜样计；④干样计。表中同列不同字母表示经统计检验差异显著。

5.1.4　施用磷活化剂对磷利用与作物生长的影响

5.1.4.1　施用磷活化剂对磷利用与作物生长的影响的盆栽试验

（1）供试材料

供试的玄武岩砖红壤，采自广东省湛江市雷州，为玄武岩发育的砖红壤，风干后过3 mm筛。土壤pH值为4.18；有机质全量N、P_2O_5、K_2O分别为23.64 g·kg^{-1}、0.92 g·kg^{-1}、0.37 g·kg^{-1}、1.60 g·kg^{-1}；土壤碱解N、有效P、有效K分别为91.1 mg·kg^{-1}、1.50 mg·kg^{-1}、1.50 mg·kg^{-1}；交换性Ca、Mg分别为76.1 cmol/kg和73.0 cmol/kg。

供试的砂页岩赤红壤的pH值为4.88，土壤的有机质、全N、全P分别为2.21 g·kg^{-1}、0.89 g·kg^{-1}、0.60 g·kg^{-1}，有效N、P、K和交换性Ca、Mg分别为60.86 mg·kg^{-1}、3.43 mg·kg^{-1}、68.50 mg·kg^{-1}、393.00 mg·kg^{-1}、70.50 mg·kg^{-1}。

供试活化材料有：

氨化木素，由华南农业大学资源与环境学院廖宗文教授提供；有机1号，江西出产；有机2号，江西出产；无机1号，由江苏等出产。

供试肥料。氮肥：尿素（分析纯）；磷肥：过磷酸钙及磷矿粉，过磷酸钙全磷量为20.3%（（P_2O_5含量），有效磷为15.6%（P_2O_5含量）；磷矿粉为开阳磷矿粉，其全磷量为27.6%（P_2O_5含量），有效磷为5.8%（P_2O_5含量）；磷酸二氢铵（分析纯）。钾肥：硫酸钾（分析纯）。

供试作物为：蔬菜，第1茬菜芯，品种是四九菜芯19号；第2茬生菜，品种是万利158。甘蔗品种为台糖10号；水稻品种为汕优63。

（2）试验方案

1）蔬菜盆栽

在玻璃网室进行，试验分11个处理，每处理设4个重复，每盆装土1.25 kg，氮肥和钾施用量分别为N 0.104 g·kg^{-1}±、K 0.57 g·kg^{-1}±，按不同处理混入各物料并与土壤充分混匀后再装进盆中种上菜苗。蔬菜连续种两造，在种第2造时，补追N、K。

设3个对照，其中CK_3的木素是经多次试验，证明该活化剂和该含量是有效的（张珂等，1992）。

2）甘蔗盆栽

在玻璃网室进行，每盆装土12 kg，试验设7个处理，4次重复。氮钾肥施用量为，0.175 g N·kg^{-1}±，0.15 g K·kg^{-1}±，磷肥和活化剂的设计如下：①不施P；②磷铵；③有机1号+磷铵；④木素+磷铵；⑤磷矿粉；⑥有机1号+磷矿粉；⑦木素+磷矿粉。

3）水稻盆栽

在玻璃网室内进行。磷肥和活化剂一次施下作基肥（与部分氮钾肥于装盆时与土壤混匀），氮钾肥分3次施下（除部分作基肥，其余分2次追）。每盆装土5 kg，试验设10个处理，4次重复。氮钾肥施用量为0.15 g N·kg^{-1}±，0.15 g K·kg^{-1}±，磷肥和活化剂的设计如下：处理1～4，分别为不施肥（CK_1）、不施磷（CK_2）、磷矿粉（CK_3）、磷铵（CK_4）；处理5～7，为磷矿粉组，控释剂分别为木素、有机1号、无机1号；处理8～10为磷铵组，控释剂分别为木素、有机1号、无机1号。

（3）试验结果

1）蔬菜试验结果

从表5-49可知，第1茬菜芯，在磷矿粉组，生物量超过过磷酸钙的只有7处理（无机活化剂），生物量接近过磷酸钙的有4处理（木素），而所有供试活化剂处理的生物量均超过2处理（仅施磷矿粉）。在磷铵组，所有供试活化剂处理的生物量均超过仅施磷铵的处理，而生物量最大的是10处理（有机2号），其次是11处理（无机活化剂）。

表5-49　玄武岩砖红壤上盆栽试验各处理的两茬蔬菜生物量

处理	第1茬菜芯/（g·pot^{-1}）	第2茬生菜/（g·pot^{-1}）	两茬合计/（g·pot^{-1}）	总吸磷量/（g·pot^{-1}）
1　不施肥	22.25 de	4.66 c	26.91 c	6.9
2　磷矿粉（CK_1）	24.00 d	4.93 c	28.93 bc	4.8
3　过磷酸钙（CK_2）	47.25 a	8.97 ab	56.22 a	18.1
4　磷矿粉+5%木素（CK_3）	35.25 c	9.37 a	41.62 ab	12.1

续表

处理	第1茬菜芯/（g·pot^{-1}）	第2茬生菜/（g·pot^{-1}）	两茬合计/（g·pot^{-1}）	总吸磷量/（g·pot^{-1}）
5　磷矿粉+5%有机1号	45.75 ab	6.50 b	52.25 a	8.8
6　磷矿粉+5%有机2号	29.75 cd	7.27 ab	37.02 ab	7.8
7　磷矿粉+20%无机1号	50.75 a	9.10 a	59.85 a	7.8
8　磷铵	26.00 cd	4.91 c	30.91 b	9.3
9　磷铵+14%有机1号	31.75 c	10.17 a	41.92 ab	8.7
10　磷铵+14%有机2号	46.00 ab	8.44 ab	54.44 a	13.2
11　磷铵+50%无机1号	44.75 b	9.16 a	53.91 a	14.9

注：表中数据均为各处理中各重复之间的平均值。同列不同字母表示处理间差异显著，统计用多重比较新复极差（SSR）法。

在第2茬生菜及磷矿粉组，处理4（木素）的生物量赶上过磷酸钙，处理7（无机活化剂）仍保持超过磷酸钙，其他也均超过磷矿粉，而磷铵组，生物量最大的是处理9（有机1号），其次为无机1号和有机2号。

两茬蔬菜的生物量总和，磷矿粉组，所有活化剂处理的均超过对照（仅施磷矿粉），而超过过磷酸钙的则只有无机活化剂；磷铵组，所有活化剂的处理均超过对照（仅施磷铵），其中生物量最大的为有机2号，其次为无机活化剂，再次为有机1号。

由表5-50的结果还可看出，无论在第1茬还是第2茬，在玄武岩砖红壤施用过磷酸钙有较好的效果，其效果均超过磷铵，在玄武岩砖红壤上施用磷铵的效果与施磷矿粉差不多，稍好于不施肥，说明在这种土壤上磷铵和磷矿粉未经活化处理时的生物效应均不良，磷铵中的水溶性磷极易被土壤固定，在生产上造成极大的浪费。而经活化处理后，磷矿粉和磷铵的生物效果与过磷酸钙相当，甚至超过过磷酸钙。

表5-50的试验结果显示，砂页岩赤红壤使用活化剂也取得与玄武岩砖红壤类似的效果：在磷矿粉组，有机1号、无机1号处理效果较好；在磷铵组，有机2号处理效果较好。与玄武岩砖红壤不同的是，磷铵在砂页岩土壤上的效果优于过磷酸钙，经合适的活化剂处理后，磷的效果比玄武岩砖红壤好。

从表5-49、表5-50可看出不同活化剂处理磷肥对提高植株吸磷量的影响。磷矿粉组，所有活化剂处理的植株吸磷量均超过纯磷矿粉对照，玄武岩砖红壤的植株吸磷量提高的幅度为62.5%～152%，砂页岩赤红壤的为1.8%～33.3%，说明所选试剂在玄武岩砖红壤和砂页岩赤红壤上对磷矿粉中的磷有极有效的促释作用。磷铵组，玄武岩砖红壤中有机2号和无机1号处理的植株吸磷量超过纯磷铵对照，其吸磷量提高幅度为41.9%～60.2%，说明在该条件下只有有机2号和无机1号两种活化剂对磷铵有控释（活化）作用，但砂页岩赤红壤中只有有机1号处理的植株吸磷量超过纯磷铵对照。显然，两种土壤中控释（活化）剂对提高植株吸磷量存在差异，其原因有待进一步探讨。

表5-50　砂页岩赤红壤上盆栽试验各处理的两茬蔬菜生物量和吸磷量

处理	第1茬菜芯/（g·pot^{-1}）	第2茬生菜/（g·pot^{-1}）	两茬生物量/（g·pot^{-1}）	植株P含量/（g·kg^{-1}）		总吸磷量/（mg·pot^{-1}）
				第1茬菜芯	第2茬生菜	
1　不施肥	28.75 c	5.38 c	34.13	4.82	1.03	9.5
2　磷矿粉	55.00 abc	11.76 abc	66.76	3.24	1.69	16.5
3　过磷酸钙	56.75 abc	11.98 abc	68.73	3.83	2.20	19.0
4　磷矿粉+5%木素	55.00 abc	13.26 abc	68.26	4.41	1.61	22.0
5　磷矿粉+5%有机1号	62.50 abc	19.15 abc	81.65	3.22	1.86	16.8
6　磷矿粉+5%有机2号	43.75 bc	12.64 abc	56.39	5.80	1.41	21.2
7　磷矿粉+20%无机1号	63.75 abc	15.93 abc	79.68	3.92	2.62	21.8
8　磷铵	72.50 ab	8.53 bc	81.03	4.70	1.81	29.2
9　磷铵+14%有机1号	75.00 ab	12.21 abc	87.21	5.70	1.61	29.9
10　磷铵+14%有机2号	85.00 a	17.99 abc	102.99	5.01	2.56	23.6
11　磷铵+50%无机1号	73.75 ab	21.97 ab	95.72	5.41	2.45	22.9

注：表中数据均为各处理中各重复之间的平均值。同列不同字母表示处理间差异显著，统计用多重比较新复极差（SSR）法。

2）甘蔗试验结果

从表5-51试验结果看出：在磷矿粉组，甘蔗施用供试的2种活化剂均比磷矿粉对照提高了株高、蔗茎长、生物量和甘蔗产量及甘蔗含糖量。其中，产量提高幅度为12.7%～63.4%；在磷铵组，有机1号处理处理比磷铵对照提高了株高、蔗茎长、生物量、甘蔗产量和甘蔗含糖量，产量提高幅度为63%；而木素处理只提高了甘蔗含糖量，但没能提高产量，说明在甘蔗生产条件下，有机1号对难溶磷和水溶磷分别具有促释和控释作用。

表5-51　玄武岩砖红壤上甘蔗施不同活化剂处理的效果

处理	株高/cm	蔗茎粗/mm	蔗茎长/cm	甘蔗产量/（g·pot^{-1}）	生物量/（g·pot^{-1}）	可溶性固形物/%
1　不施P	258.3	2.30	152.33	378.33 c	593.3 d	20.5
2　磷矿粉	251.0	2.35	137.5	492.5b c	757.5 c	21.5
3　磷矿粉+有机1号	270.0	2.30	158.0	555.0 b	828.5b c	23.3
4　磷矿粉+木素	278.3	2.67	170.0	805.0 a	1435.0 a	21.3
5　磷铵	255.5	2.27	127.3	365.0 c	640.0 cd	22.2
6　磷铵+有机1号	262.5	2.55	148.0	595.0 b	972.5 b	22.8
7　磷铵+木素	256.0	2.15	137.3	341.7 c	585.0 d	22.5
显著度（$Pr>F$）				0.0502	0.0046	

注：表中为各处理各重复之间平均值。不同同列字母表示处理间差异显著，统计用多重比较新复极差（SSR）法。

从甘蔗盆栽试验结果还可看出（表5-52），加活化剂处理的不仅可提高植株吸磷量，还可提高植株吸氮量和吸钾量。在磷矿粉组中，磷肥利用率均比对照提高，使磷矿粉的磷利用率从5.16%提高到8%～24%，提高幅度为57%～378%，植株吸氮量比对照增幅52.3%～180.6%，植株吸钾量增幅41.73%～164.0%；在磷铵组，活化剂处理可使磷铵的利用率从8.45%提高到13.45%和11.27%，提高幅度为59%和33%。

表5-52　盆栽各处理甘蔗的吸收利用性能

处理	植株干重/（g·pot^{-1}）	吸P量/（g·pot^{-1}）	P利用率/%	P利用增率/%	吸N量/（g·pot^{-1}）	吸N量增率/%	吸K量/（g·pot^{-1}）	吸K量增率/%
1　不施P	289.9 b	0.104			1.090		0.939	
2　磷矿粉	331.83 b	0.202	5.16		1.344		0.876	
3　磷矿粉+有机1号	404.62 b	0.259	8.13	57.67	2.047	52.3	1.242	41.7
4　磷矿粉+木素	623.32 a	2.573	24.69	378.0	3.771	180.6	2.313	164.0
5　磷铵	314.6 b	0.198	8.45		1.589		1.617	
6　磷铵+有机1号	442.97 b	0.252	13.45	59.17	1.571		1.271	
7　磷铵+木素	367.01 b	0.228	11.27	33.37	1.742	9.6	1.705	55.44
显著度（*Pr*>*F*）	0.018 1							

注：表中数据均为各处理中各重复之间的平均值。不同字母表示处理间差异显著，统计用多重比较新复极差（SSR）法。

3）水稻试验结果。

从表5-53的盆栽试验结果看出，在磷矿粉组，水稻施供试的3种活化剂均比磷矿粉对照提高了分蘖数、穗数、谷粒干物率和稻谷产量，产量提高幅度为22.3%～27.2%；在磷铵组，所有施活化剂处理均比磷铵对照提高了穗长和稻谷产量，产量提高幅度为21.4%～31.3%。说明所选活化剂在水稻生产条件下，对难溶磷和水溶磷分别具有促释和控释作用。

表5-53　盆栽各处理水稻的农艺和产量性状

处理	分蘖数/（条·pot^{-1}）	株高/cm	穗数/（条·pot^{-1}）	穗长/cm	结实率/%	谷粒干物率/%	全株生物量/（g·pot^{-1}）	稻谷产量/（g·pot^{-1}）
1　无磷	23.33	96.8	21.67	27.1	73.79	73.31 c	230.28 ab	44.37 c
2　磷矿粉	23.67	101.8	18.67	28.6	73.97	74.88 bc	214.79 abc	46.64 bc
3　磷矿粉+木素	27.67	99.0	23.00	27.8	71.27	75.19 bc	230.00 ab	57.04 abc
4　磷矿粉+有机1号	27.00	101.5	19.00	28.3	75.07	75.96 abc	206.68 bc	58.08 ab

续表

处理	分蘖数/（条·pot^{-1}）	株高/cm	穗数/（条·pot^{-1}）	穗长/cm	结实率/%	谷粒干物率/%	全株生物量/（g·pot^{-1}）	稻谷产量/（g·pot^{-1}）
5　磷矿粉+无机1号	26.67	100.5	20.00	28.4	76.32	78.75 a	198.13 c	59.33 ab
6　磷铵	29.67	101.5	22.67	27.4	73.56	76.82 ab	230.34 ab	48.26 bc
7　磷铵+木素	28.33	102.2	20.33	29.3	75.93	76.94 ab	201.38 c	63.31 a
8　磷铵+有机1号	29.67	103.4	23.00	27.8	72.84	78.45 a	222.82 abc	63.37 a
9　磷铵+无机1号	31.00	101.1	23.33	27.8	72.25	78.59 a	234.41 a	58.62 ab
显著度（*Pr*>*F*）						0.002 2	0.000 1	0.000 1

注：表中数据为各处理中各重复之间的平均值，不同字母表示处理间差异显著，统计用多重比较用新复极差（SSR）法。

从表5-54可看出，在磷矿粉组和磷铵组的水稻盆栽试验中，加活化剂处理的不仅可提高植株吸磷量，还可提高植株吸氮量：磷矿粉磷的利用率从8.89%提高到10.03%～11.98%，比对照提高12.8%～34.7%，磷铵磷的利用率从9.465%提高到11.9%～15.24%，提高25%～61%；植株吸氮量比对照大多提高10%～23%。

表5-54　盆栽各处理水稻的磷吸收利用效率

处理	植株干物量/（g·pot^{-1}）	吸P量/（g·pot^{-1}）	P利用率/%	P利用增率/%	吸N量/（g·pot^{-1}）	吸N量增率/%
1　不施磷	112.74 bcd	0.164			1.117	
2　磷矿粉	106.56 ed	0.209	8.89		1.106	
3　磷矿粉+木素	110.06 cde	0.224	11.98	34.7	1.219	10.2
4　磷矿粉+有机1号	108.22 cde	0.211	10.29	15.7	1.135	2.62
5　磷矿粉+无机2号	105.06 e	0.224	10.03	12.8	1.340	21.1
6　磷铵	118.87 ab	0.211	9.46		1.206	
7　磷铵+木素	110.05 cde	0.240	15.24	61.08	1.385	14.8
8　磷铵+有机1号	115.11 abc	0.222	12.22	29.17	1.483	22.9
9　磷铵+无机2号	120.36 a	0.224	11.90	25.79	1.422	17.9
显著度（*Pr*>*F*）	0.000 1					

注：表中数据均为各处理中各重复之间的平均值，不同字母表示处理间差异显著，统计用多重比较新复极差（SSR）法。

5.1.4.2　活化磷技术对蔬菜产量和品质的影响的田间试验

（1）对瓜类蔬菜产量和品质的影响

为了证实瓜类蔬菜施用活化磷的效果，以苦瓜为代表进行了田间试验，结果如表5-55。

表5-55　苦瓜施活化磷对产量和品质的影响

土壤	处理	生物量/ ($kg\cdot y^{-1}$)①	商品菜产量/ ($kg\cdot y^{-1}$)①	增产幅度/(%)	水溶性总糖/ ($g\cdot kg^{-1}$)②	维生素C/ ($mg\cdot kg^{-1}$)③	硝酸盐/ ($mg\cdot kg^{-1}$)③
壤质菜田土	CK	1 625.5	890.32		94.7	491.3	564.3
	有机活化剂	1 402.18	734.19		130.7	590.6	458.5
	有机+无机活化剂	1 683.31	1 031.13	15.82	141.7	785.6	497.8
砂质菜田土	CK	2 145.27	1 247.04		86.1	561.7	608.0
	有机活化剂	2 155.65	1 315.72	5.50	92.8	832.0	472.9
	有机+无机活化剂	2 256.74	1 415.27	13.50	102.6	853.6	470.8

注：①表中的y为1/15 hm^2；②干重计算；③鲜重计算。

从表5-55的苦瓜田间试验及品质分析结果可看出，在不同质地的土壤上，施用活化剂，苦瓜的生长效果有不同的反应，砂质土上的苦瓜的增产幅度较壤质土的大。壤质土的苦瓜只有无机与有机活化剂结合处理的比对照增产15.82%，而砂质土上有机活化剂和无机与有机活化剂结合处理的均比对照增产，增产率分别为5.50%和13.50%。

施用了两种活化剂处理磷肥的，无论是砂质土还是壤质土，反映农产品质指标的水溶性总糖和维生素C含量均明显增加，其中有砂质土上提高的幅度比壤质土大的趋势。苦瓜的维生素C在砂质土上比对照增加270.3 ~ 291.9 $mg\cdot kg^{-1}$（鲜样），在壤质土上增加99.3 ~ 294.3 $mg\cdot kg^{-1}$；水溶性总糖，在砂质土上增加79.9 ~ 90.6 $g\cdot kg^{-1}$（干样），在壤质土上增加2.1 ~ 20.4 $g\cdot kg^{-1}$（干样）。而对于有影响人体健康的亚硝酸盐前期物质硝酸盐的含量则施活化剂处理磷肥的均比对照的明显下降，其中在砂质土的比对照下降135.17 ~ 137.26 $mg\cdot kg^{-1}$（鲜样），在壤质土的下降6.43 ~ 105.81 $mg\cdot kg^{-1}$（鲜样）。

2）对豆类蔬菜产量和品质的影响

从表5-56的豇豆田间试验及品质分析结果可看出，在不同质地的土壤上，施用活化剂，豇豆的生长效果有不同的反应，其中在砂质土上的豇豆的增产幅度均比壤质土的大。壤质土上的豇豆只有无机活化剂与有机活化剂共处理磷肥的处理才比对照增产，增产率为3.54%；而砂质土上的豇豆产量两种处理均比对照增产，增产率为14.10% ~ 73.45%。

从表5-56可知，施用了两种活化剂处理磷肥的，无论是砂质土还是壤质土，反映农产品质指标的水溶性总糖和维生素C含量均明显增加，其中有砂质土上提高的幅度比壤质土大的趋势。豇豆的维生素C砂质土上比对照增加16.9 ~ 39.8 $mg\cdot kg^{-1}$（鲜样）、在壤质土上增加19.9 ~ 42.5 $mg\cdot kg^{-1}$（鲜样）。而对于有影响人体健康的亚硝酸盐前期物质硝酸盐的含量则施活化剂处理磷肥的均比对照的明显下降，其中在砂质土的下降49.2 ~ 49.6 $mg\cdot kg^{-1}$（鲜样），在壤质土的下降12.97 ~ 36.73 $mg\cdot kg^{-1}$（鲜样），可见施活化处理磷肥不仅可提高瓜豆类蔬菜的产量，还可提高产品品质。

表5-56 豇豆施活化处理磷肥对产量和品质的影响

土壤	处理	生物量/($kg \cdot y^{-1}$)①	商品菜产量/($kg \cdot y^{-1}$)①	增产幅度/%	水溶性总糖/($g \cdot kg^{-1}$)②	维生素C/($mg \cdot kg^{-1}$)③	硝酸盐/($mg \cdot kg^{-1}$)③
壤质土	CK	3 054.86	1 435.78		143.3	160.9	284.9
	有机活化剂	2 853.77	1 414.53		145.2	180.8	271.9
	有机+无机活化剂	3 040.04	1 486.67	3.54	163.7	203.4	248.1
砂质土	CK	1 636.87	980.74		131.1	189.7	280.3
	有机活化剂	2 769.29	1 701.10	73.45	221.7	206.6	230.7
	有机+无机活化剂	2 073.63	1 119.08	14.10	211.0	229.5	231.1

注：①表中的y为1/15 hm^2；②干重计算；③鲜重计算。

5.1.5 有机、无机肥料施用模式对土壤养分、环境质量的影响

5.1.5.1 有机肥施用量对土壤有机质含量的影响

从有机肥施用量对土壤有机质影响的试验结果（表5-57、表5-58）可知，在蔬菜收获时，土壤有机质含量呈现随有机肥施用量的增加而提高的趋势。由于不同蔬菜的有机肥施用量不同，以下将对几种代表性蔬菜收获时的土壤有机质情况进行讨论。

表5-57 较低水平有机肥试验收获时土壤的有机质含量 ($g \cdot kg^{-1}$)

处理	小白菜①			苦瓜②		豇豆②	
	砂土	壤土	粘土	砂土	壤土	砂土	壤土
种植前	17.09	21.57	34.63	15.33	20.33	9.42	30.36
有机肥低量	10.02	20.77	30.68	18.71	20.09	9.59	29.22
有机肥中低量	10.83	20.45	33.09	16.74	19.20	10.47	31.59
有机肥中高量	12.37	20.77	36.99				
有机肥高量	13.26	21.88	35.06	21.67	24.29	11.41	27.02
无机NPK+有机肥	16.27	24.97	35.16	16.48	22.65	17.43	30.89
无机NPK	11.05	22.32	34.24	17.56	19.37	7.67	27.90
不施肥（空白）	12.37	20.99	27.12	18.88	19.34	8.18	28.89

注：①小白菜的有机肥高量、中高量、中低量、低量分别为7 500 $kg \cdot hm^{-2}$、3 000 $kg \cdot hm^{-2}$、1 500 $kg \cdot hm^{-2}$、750 $kg \cdot hm^{-2}$；②苦瓜和豇豆的有机肥高量、中量、低量分别为15 000 $kg \cdot hm^{-2}$、7 500 $kg \cdot hm^{-2}$、3 000 $kg \cdot hm^{-2}$。

表5-58 粘壤土较高水平有机肥试验收获时土壤的有机质含量

小白菜		茄瓜		冬种马铃薯	
处理	有机质/（$g \cdot kg^{-1}$）	处理	有机质/（$g \cdot kg^{-1}$）	处理	有机质/（$g \cdot kg^{-1}$）
种植前	16.80	种植前	12.4	种植前	18.50
不施肥对照	19.50	不施肥对照	10.6	不施肥对照	16.80
无机NPK对照	23.20	无机NPK对照	12.0	无机NPK对照	21.10
有机肥高量$_1$	21.10	有机肥高量$_1$	15.0	有机肥高量$_1$	20.20
有机肥高量$_2$	22.10	有机肥高量$_2$	18.9	有机肥高量$_2$	20.09
有机肥高量$_3$	22.50	有机肥高量$_3$	17.5	有机肥高量$_3$	37.50
有机肥高量$_4$	24.60	有机肥高量$_4$	28.4	有机肥高量$_4$	29.50

①小白菜的有机肥高量$_1$、高量$_2$、高量$_3$、高量$_4$分别为7 500 kg·hm^{-2}、15 000 kg·hm^{-2}、22 500 kg·hm^{-2}、30 000 kg·hm^{-2}；②茄瓜和冬种马铃薯的有机肥高量$_1$、高量$_2$、高量$_3$、高量$_4$分别为15 000 kg·hm^{-2}、24 000 kg·hm^{-2}、45 000 kg·hm^{-2}、75 000 kg·hm^{-2}。

（1）小白菜试验结果

从表5-57的土壤分析结果可知，在粘土上施用有机肥3 000 kg·hm^{-2}，在小白菜收获时土壤有机质含量可维持种植前的水平，施适量无机NPK肥也可以实现这一点。但从前面表5-15的试验结果已知，当有机肥施到7 500 kg·hm^{-2}时，虽不会影响小白菜的水溶性糖含量，但对小白菜维生素C含量会略有影响，硝酸盐含量也比施中量和低量有机肥的硝酸盐含量成倍增加；在这种土壤上，施有机肥3 000 kg·hm^{-2}+无机NPK在收获时土壤有机质含量虽然与施7 500 kg·hm^{-2}的有机质含量持平，但小白菜的硝酸盐含量却翻了几倍。从以上结果看，粘土上施有机肥量不能太高，1 500 kg·hm^{-2}+适量无机NPK可能是较好的处理。

在壤土上，有机肥必须施7 500 kg·hm^{-2}，或有机肥施3 000 kg·hm^{-2}+无机NPK或适量无机NPK肥，在收获时的土壤有机质才能维持种植前的水平。据前面观测结果（表5-15），在壤土上施有机肥7 500 kg·hm^{-2}与3 000 kg·hm^{-2}相比，小白菜硝酸盐含量虽然变化不明显，但维生素C和水溶性糖含量已明显下降，因此，在这种土壤上施有机肥3 000 kg·hm^{-2}+适量无机NPK可能是较好处理。

在砂土上，只有施有机肥3 000 kg·hm^{-2}+无机NPK，在收获时的土壤有机质含量才接近种植前的水平；仅施有机肥的所有处理，收获时的土壤有机质含量都低于种植前的水平。从前面的试验结果看（表5-15），随着有机肥施用量增加到7 500 kg·hm^{-2}，小白菜的水溶性糖含量明显下降，维生素C含量也开始下降。以上结果说明，这种土壤不能靠单独施有机肥或无机NPK肥提高土壤有机质含量，而有机肥与无机肥的适量配施提高土壤有机质的效果更佳。综合上述结果，估计该土壤施4 500 kg・hm^{-2}+适量无机NPK的处理提高土壤有机质的效果较好。

（2）苦瓜试验结果

由表5-57可知，砂土和壤土上，施有机肥低量（3 000 kg・hm^{-2}），苦瓜收获时的土壤有机质含量可以达到或高于种植前的水平，其苦瓜产量和维生素C及水溶性糖含量也是较高，说明这种土壤上施有机肥3 000 kg・hm^{-2}是较合适的。若配施适量的无机NPK，效果可能更佳，苦瓜产量和维生素C更高，其水溶性糖含量也较高（表5-21）。

（3）豇豆试验结果

由表5-57可知，砂土上，施有机肥3 000 kg・hm^{-2}，豇豆收获时的土壤有机质含量可以达到种植前的水平。此前的结果已表明（表5-26），3 000 kg・hm^{-2}有机肥与无机NPK配施时，豇豆的产量和维生素C含量更高。以上结果说明在这种土壤上豇豆施有机肥3000 kg・hm^{-2}并配施无机NPK，是较适宜的处理。

从表5-57还可知，在壤土上，施有机肥3 000 kg・hm^{-2}，豇豆收获时的土壤有机质含量也接近种植前的水平。此前的结果已表明（表5-26），壤土上3 000 kg・hm^{-2}有机肥与无机NPK配施，豇豆的产量和维生素C含量也较高，但水溶性糖含量略低。综合以上结果来看，这种土壤上豇豆施有机肥4 500 kg・hm^{-2}时可能会效果更好，若与合适的无机NPK配施时，效果会更佳。

（4）茄瓜试验结果

表5-58的结果显示，在春季种植茄瓜到8月份收获时，土壤有机质含量要维持原有水平的话，若种植茄瓜单独施用禽畜粪时，施用15 000 kg・hm^{-2}已足够。从前面的试验结果可知（表5-32），茄瓜单独施用有机肥处理的，施用量在22 500、45 000、75 000 kg・hm^{-2}的几个处理之间的产量差异不显著，而其总糖含量则随有机肥施用量增加呈下降趋势。可见，茄瓜单独施用有机肥的话，施用量不应超过22 500 kg・hm^{-2}。

（5）冬种马铃薯试验结果

表5-58显示，在春季马铃薯收获时，土壤有机质含量要维持原有水平的话，若种植马铃薯单独施用禽畜粪时，施用15 000 kg・hm^{-2}已足够。从前面的试验结果可知（表5-45），马铃薯施有机肥6 000 kg・hm^{-2}与无机肥配施时的产量和品质最佳；单独施用鸡粪超过24 000 kg・hm^{-2}时，产量有下降趋势。因此，马铃薯单独施用鸡粪时，不要超过24 000 kg・hm^{-2}。

5.1.5.2　土壤和各种肥料对蔬菜产量的贡献分析

表5-59的计算结果显示，砂土和粘土最缺乏N素，P、K和微量元素也缺乏，砂土的缺素情况比粘土更为严重。

砂土上，小白菜不施N，只能获得施NPK肥处理和最佳处理的40%和30%的产量；不施K只可获得施NPK肥处理和最佳处理的60%和45%的产量；不施P只可获得施NPK肥处理和最佳处理的68%和52%的产量；施NPK肥也只可获得施最佳处理的76%的产量。

在粘土上，小白菜不施N，只能获得施NPK肥处理和最佳处理的28%和25%的产量；不施P只可获得施NPK肥处理和最佳处理的62%和55%的产量；不施K只可获得施NPK肥处理和最佳处理的85%和76%的产量；仅施NPK肥，只可获得最佳处理的89%的产量。

壤土上小白菜不施N，只能获得施NPK肥处理和最佳处理的57%和40%的产量；不施K虽可获得施NPK肥处理的91%的产量，但只获得最佳处理的65%的产量；不施P虽可获得施NPK肥处理的95%的产量，但只获得最佳处理的68%的产量；施NPK处理也只可获得最佳处理的71%的产量。

表5-59 小白菜缺肥处理相对最佳处理和施NP配施的产量百分数

土壤	最佳处理产量/（kg·y^{-1}）	施NPK产量	不施肥产量		不施N产量		不施P产量		不施K产量	
		最佳处理/%	最佳处理/%	施NPK/%	最佳处理/%	施NPK/%	最佳处理/%	施NPK/%	最佳处理/%	施NPK/%
砂土	2 055.4	76.36	32.32	42.35	30.84	40.39	51.99	68.09	45.84	60.03
壤土	1 846.2	71.57	40.63	56.77	40.97	57.24	68.56	95.80	65.57	91.61
粘土	2 419.9	89.37	25.22	28.22	25.02	28.00	55.63	62.24	76.54	85.64

注：最佳处理包括施合适微量元素和合适有机肥，表中y为1/15 hm^2。

从表5-60可知，施相同的肥料，不同的土壤，其栽培的蔬菜产量不同；同一土壤，不同的肥料组合，蔬菜所吸收的养分来自土壤和肥料的养分比例也不同。

在正常施肥条件下，不管是单施化肥，还是单施有机肥，或施化肥与有机肥的混合肥，小白菜吸收的全部养分中有30%～82%来自土壤。供肥性能较好的壤土，不管施有机肥、化肥，或两种肥混施，其来自土壤的效应均最大，分别占82.82%、68.03%、61.00%；砂土为其次，分别占74.46%、60.76%和32.34%；土壤供肥性能较差的粘土，来自土壤的效应均最小，分别占30.53%、35.95%和30.3%。

苦瓜吸收的全部养分中有71%～94%来自土壤。与小白菜不同，供肥性能较好的壤土，不管施有机肥、化肥，或两种肥混施，其来自土壤的效应均相应低于砂土，分别占78.09%、77.16%、71.04%；砂土则分别占94.04%、94.61%和78.86%。

在砂土上豇豆吸收的养分中有46%～67%来自土壤，其中施有机肥时占67%，施化肥时占63%，两种肥料混施时仅占46%。而壤土上豇豆吸收的养分中有81%～92%来自土壤，施有机肥时占92%，施化肥时占86%，两种肥混施时占81%。土壤供肥性能较好的壤土，来自土壤的效应大于砂土（与小白菜和苦瓜一样）。

但不论什么土壤，什么品种蔬菜，对蔬菜产量的贡献部分，各处理来自土壤的效应的大小顺序是：有机肥＞化肥＞有机肥+化肥，即有机肥和化肥配合施用的处理对蔬菜产量的贡献最大。可见，合理的施肥方式应该是有机肥与无机肥配合施用，它有利于保护土壤肥力。

表5-60　增城蔬菜施肥试验区土壤和各种肥料对蔬菜产量的效应

土壤质地	产量和效应	小白菜				苦瓜				豇豆			
		无肥区	有机肥	无机肥	有机肥+无机肥	无肥区	有机肥	无机肥	有机肥+无机肥	无肥区	有机肥	无机肥	有机肥+无机肥
砂土	小白菜产量/（$kg \cdot y^{-1}$）①	664.8	892.8	1 094.1	2 055.4	1 222.2	1 299.66	1 291.87	1 632.62	618.79	920.70	980.35	1 331.21
	土壤效应/%②	100	74.46	60.76	32.34	100	94.04	94.61	74.86	100	67.21	63.12	46.48
	无机肥效应/%②			38.24	25.09			5.39	13.20			36.88	25.19
	有机肥效应/%②		25.54		42.57		5.96		11.94		32.79		28.33
壤土	小白菜产量/（$kg \cdot y^{-1}$）①	1 094.6	1 321.6	1 609.1	1 795.1	686.45	879.06	889.7	966.3	1 237.04	1 340.33	1 435.39	1 523.70
	土壤效应/%②	100	82.82	68.03	61.00	100	78.09	77.16	71.04	100	92.29	86.18	81.19
	无机肥效应/%②			31.97	13.63			22.84	14.18			13.82	6.73
	有机肥效应/%②		17.18		25.37		21.91		14.78		7.71		81.19
粘土	小白菜产量/（$kg \cdot y^{-1}$）①	610.3	1 998.9	1 697.6	2 014.2								
	土壤效应/%②	100	30.53	35.95	30.30								
	无机肥效应/%②			64.05	36.26								
	有机肥效应/%②		69.47		33.44								

注：①表中y为 1/15 hm^2；②表中数据的计算公式：土壤肥力依存率=（无肥区作物产量/施肥区产量）×100%。

（3）禽畜粪肥过量施用对蔬菜种植收获后土壤重金属的影响

鉴于目前有关有机肥对土壤原有重金属的影响以及本身带入的重金属在土壤中的累积与被作物吸收情况的研究比较少，因而进行了表5-61的分析。

根据对有机肥重金属的测定结果，禽畜类粪肥的Cr、Cd含量普遍高于蔬菜收获后土壤的Cr和Cd含量，而Pb含量则普遍低于土壤的，As含量则不同地方的禽畜类粪肥有不同的情况。

表5-61　不同有机肥施用量对收菜后土壤重金属含量的影响

地点/时间	有机肥用量/（$kg\cdot y^{-1}$）①	土壤重金属含量/（$mg\cdot kg^{-1}$）			
		铬（Cr）	铅（Pb）	砷（As）	汞（Hg）
高明/2004 黑叶白菜	0	29.09	54.95	6.28	0.118
	无机NPK	38.61	55.90	6.28	0.148
	500	41.46	54.70	6.55	0.143
	1 000	35.12	58.45	6.51	0.233
	1 500	38.79	55.90	7.02	0.118
	2 000	32.43	59.90	6.80	0.177
惠阳/2004 矮脚奶白菜	0	25.26	29.97	16.38	0.165
	无机NPK	20.71	29.09	16.11	0.211
	500	33.79	33.72	16.92	0.246
	1 000	35.46	32.01	16.75	0.225
	1 500	35.84	33.08	17.01	0.225
	2 000	39.50	34.98	17.24	0.206
高明/2005 茄瓜	0	22.52	58.60	4.52	0.093
	无机NPK	30.85	64.45	5.86	0.164
	1 000	23.21	55.00	4.52	0.097
	2 000	21.43	57.55	4.93	0.091
	3 000	18.11	52.95	4.88	0.078
	5 000	24.43	55.45	5.52	0.118
	7 500	25.01	54.00	6.52	0.111
惠阳/2004 冬种马铃薯	0	30.01	30.80	14.44	0.157
	无机NPK	25.59	33.71	16.80	0.191
	1 000	28.1	28.05	14.86	0.366
	1 600	24.51	34.28	15.52	0.199
	3 000	24.21	29.86	16.12	0.744
	5 000	23.95	33.31	17.26	0.211
	7 000	34.71	33.37	18.97	0.197
土壤自然背景值		≤90	≤35	≤15	≤0.15

注：①表中y为1/15 hm^2。

从表5–61可知，种植小白菜后，高明和惠阳试验中有机肥用量超过7 500 kg·hm^{-2}的土壤Cr含量均高于不施肥对照和施无机肥处理的，茄瓜和冬种马铃薯试验中有机肥用量超过75 000 kg·hm^{-2}的处理土壤Cr含量也有同样趋势，这可能是试验所施的鸽粪和鸡粪Cr含量较土壤的高所致。

从表5–61还可知，高明小白菜和茄瓜试验中有机肥含As量高于土壤，因此，施大量有机肥在小白菜和茄瓜收获后土壤中As量有增高的趋势，但在惠阳区可能由于所施有机肥含As量较土壤低，施用后对土壤中As量影响不大。

此外，从表5–61可知，高明和惠阳试验有机肥Hg含量均未高于土壤，所以小白菜和收获后土壤的Hg含量均未受影响。然而，试验中有机肥中Pb的含量虽普遍低于土壤，但在高明两个年份的小白菜试验中，其中一个收获后土壤Pb含量有随有机肥增加而升高的趋势；在惠阳的小白菜、马铃薯的试验，均发现试验后土壤Pb含量比不施机有机肥的高。

根据表5–62结果可知，增城粉壤土试验的收获的小白菜，其重金属含量虽均在国家限量标准以下，但施高量有机肥的均值最大，其次是施中量有机肥的，尤其是Cd，即重金属含量有随有机肥用量增加而增加的趋势。这一方面可能与其土壤质地较轻、土壤重金属有效性可能较高有关，同时也显然与施用有机肥中的Cd含量较高有关。

表5–62　不同有机肥施用量对小白菜重金属含量的影响

地点/时间	有机肥用量/（kg·y^{-1}）①	小白菜鲜样重金属含量/（mg·kg^{-1}）				
		砷（As）	铅（Pb）	铬（Cr）	镉（Cd）	汞（Hg）
增城/2003（粉壤土）矮脚奶白菜	0	0.027 4 a	0.116 1 a	0.165 0 a	0.001 78 bc	0.002 138 a
	50	0.031 5 a	0.123 1 a	0.202 1a	0.001 83 bc	0.001 915 a
	100	0.019 67 a	0.165 3 a	0.226 7 a	0.001 03 bc	0.002 151 a
	200	0.023 95 a	0.124 9 a	0.211 3 a	0.002 57 ab	0.002 106 a
	500	0.033 94 a	0.172 1 a	0.236 8 a	0.004 09 a	0.002 620 a
高明/2004（粘壤土）黑叶白菜	0	0.016 5 a	0.033 7 ab	0.043 6 ab	0.019 4 abc	0.000 9 a
	500	0.009 7 b	0.028 3 b	0.048 8 a	0.025 4 ab	0.001 2 a
	1000	0.021 0 a	0.047 0 ab	0.023 6 ab	0.011 5 c	0.001 1 a
	1500	0.002 7 c	0.056 9 a	0.037 6 ab	0.028 5 a	0.000 7 a
	2000	0.005 1 bc	0.069 1 a	0.032 3 ab	0.014 4 bc	0.000 9 a
惠阳/2004（粘壤土）矮脚奶白	0	0.022 9 a	0.003 7 c	0.070 3 ab	0.018 2 c	
	500	0.017 2 a	0.052 8 a	0.104 5 a	0.093 5 a	
	1000	0.021 a	0.015 9 bc	0.087 1 ab	0.023 3 b	
	1500	0.025 3 a	0.053 6 a	0.061 7 b	0.063 8 ab	
	2000	0.022 2 a	0.033 6 b	0.076 1 ab	0.011 4 c	
限量卫生标准		≤0.5[a]	≤0.2[a]	≤0.5[b]	≤0.05[a]	≤0.01[a]

注：①表中y为1/15 hm^2。列数据是3个重复的均值，经差异显著性检验，其显著度均未能达到0.05的水准。限量卫生标准中，a为中华人民共和国农业行业标准，无公害食品白菜类蔬菜（NY5003—2001），b为中华人民共和国国家标准，食品中铬限量卫生标准（GB14961—94）。

目前的禽畜粪肥主要来源于各大禽畜养殖场，由于受饲料添加剂的影响，很多菜场所施用的禽畜粪类有机肥已不是传统的有机肥。上述分析说明，无公害蔬菜种植所施用的这类有机肥，一是其所含重金属不能超标；二是有机肥的用量不能过高，否则可能造成蔬菜产品和土壤重金属含量升高。从而有可能影响蔬菜的产量与品质。

5.1.6　土壤养分平衡调控技术模式应用示范

蔬菜平衡施肥技术，与我省目前开展的测土配方施肥活动结合，已进行了多点示范，增产节肥效果明显，社会经济效益显著。

在佛山市南海区的示范推广表明，叶菜类优选配方的施N量比当地习惯施肥平均减幅达34.08%，施P_2O_5和K_2O量比当地习惯施肥平均减幅分别达74.5%和56.8%（表5-63）。

表5-63　南海菜心平衡施肥示范效果

示范地点/蔬菜品种	处理	施肥的养分量/（kg・y^{-1}）①			产量/（kg・y^{-1}）
		N	P_2O_5	K_2O	
里水菜心	习惯施肥	13.485	13.485	13.485	860.0
	平衡施肥	8.89	2.4	5	908.4
	对比	−4.585	−11.085	−8.485	+48.4
	增减幅度	−33.75%	−82.2%	−62.92%	+30%
狮山菜心	习惯施肥	18.53	6.54	8.72	1 002.7
	平衡施肥	8.89	2.4	5	1 110.1
	对比	−9.64	−4.14	−3.72	+107.4
	增减幅度	−52.0%	−63.3%	−42.66%	+10.71%
里水小白菜	习惯施肥	9.74	9.74	9.74	678.4
	平衡施肥	5.98	1.61	3.59	809.0
	对比	−3.76	−8.13	−6.15	+130.6
	增减幅度	−38.6%	−83.47%	−63.14%	+19.25%
狮山小白菜	习惯施肥	11.76	11.76	11.76	2 787.8
	平衡施肥	5.98	1.61	3.59	2 949.3
	对比	−5.78	−10.15	−8.17	+161.2
	增减幅度	−49.15%	−86.31%	−69.47%	+5.78%
大沥西兰花	习惯施肥	27.97	27.97	27.97	1 367.9
	平衡施肥	25.7	10.1	18.3	1 592.6
	对比	−5.61	−17.87	−9.67	+224.7
	增减幅度	−17.92%	−62.89%	−34.57%	+16.42%
大沥花椰菜	习惯施肥	25.88	25.88	25.88	3 134.8
	平衡施肥	22.5	8	8.25	3 462.0
	对比	−3.38	−17.88	−17.63	+327.2
	增减幅度	−13.06%	−69.09%	−68.12%	+10.43%

注：①表中y为1/15 hm^2。

5.2 土壤次生盐渍化与硝酸盐控制

5.2.1 土壤次生盐渍化与硝酸盐控制机制

从本文第3章关于土壤次生盐渍化过程与形成机制可知，在自然和人为因素的作用下，土壤内部物理、化学过程以及土壤与外界进行的物质交换是导致露天蔬菜地土壤次生盐渍化的主要驱动因素。其中，化学肥料的大量施用以及由此导致的土壤硝酸盐累积，是蔬菜地土壤次生盐渍化的主要影响因子，局部干旱气候条件、土壤地下水位偏高等，有利于盐分离子向表土聚集。由此可见，土壤次生盐渍化与硝酸盐控制，重点是降低土壤硝酸盐的累积，而关键在于减少化学肥料的输入，同时改善土壤水分等条件以及改进田间管理技术。

5.2.2 土壤次生盐渍化与硝酸盐控制方法

（1）科学施肥防盐

本项目进行的施肥试验结果表明，不施或少施氮肥，土壤的电导率（EC_{25}）明显较低（第4章表4–9、图4–2）。显然，蔬菜栽培时，化肥的用量应根据不同蔬菜对营养元素的需求，实行测土配方施肥，氮、磷、钾肥合理搭配使用，适当增施有机肥或者生物有机复合肥，减少化肥施用量。因为它们含有的有机质和有机胶体具有阻隔盐分、缓冲盐分危害等作用，可以减少次生盐渍化的发生；施肥时还要依据各种肥料的特性科学使用，如氮肥深施、磷肥近施等，考虑土壤类型、气候因素，结合肥料缓释、控释技术，使施肥措施更加经济、合理、科学。

小白菜肥料不同施用模式试验结果表明，蔬菜生产基地上常用的磷肥全作基肥，氮钾全作追肥（平均分4次），氮钾基肥和追肥各50%，氮钾基肥30%，追肥70%，氮钾基肥70%追肥30%的几种施肥模式中，产量和品质的差异显著。其中，磷肥全作基肥，氮钾全作追肥（平均分4次）的模式产量较高，硝酸盐含量较低，可作为选用模式（表5–64）。

（2）合理灌溉抑盐

根据土壤硝酸盐累积的表聚集性特点，应通过农田基本建设，适当降低地下水位，采取喷灌等节水灌溉技术，促进土壤水分由表土向下层运动，减少下层盐分向地表聚集。

（3）深翻土壤降盐

同样，根据土壤硝酸盐累积的表聚集性特点，可将菜地土壤上下深翻，使表土和底土互换，这样可使盐分广泛地分散到土壤中，减少表土层盐分。一般每年2次。但是，深耕后耕层土壤肥力可能会比较低，应考虑增加施肥量。

（4）合理轮作除盐

菜地土壤一旦发生次生盐渍化可以采用水旱轮作的方式进行改良。一般在种植2～3年蔬菜中安排种植1季水稻。

据加庆阳等（2005）研究，水芋营养价值较高，质粉黏滑，带有糯性，风味好，市场畅销，在我国港澳地区极受欢迎，部分加工制品还可出口。水芋种植技术易掌握，生产成本低，劳动力投入少，经济效益高，珠江三角洲地区种植水芋每667 m^2纯收入可达6 000元左右，与当地瓜类、茄果类蔬菜种植效益持平或略高。在不减少单位面积蔬菜田收益的前提下，进行有效的水旱轮作，能够真正做到菜田用养结合，值得推广。

表5-64　肥料安全施用试验结果

处理[①]	高明				惠阳			
	产量/（$kg \cdot y^{-1}$）[③]	维生素C/（$mg \cdot kg^{-1}$）	NO_3^--N/（$mg \cdot kg^{-1}$）	水溶性糖/（$g \cdot kg^{-1}$）	产量/（$kg \cdot y^{-1}$）	维生素C/（$mg \cdot kg^{-1}$）	NO_3^--N/（$mg \cdot kg^{-1}$）	水溶性糖/（$g \cdot kg^{-1}$）
PK区	2 807.1	214.93	2233	9.75	908.15	371.5	328	6.1
100%追肥[②]	3 081.2	249.93	3195	8.13	2 961.19	265.3	2 091	4.45
基肥和追肥各50%[②]	2 910.4	297.43	3044	8.46	1 770.39	300.3	3 174	3.56
基肥30%，追肥70%[②]	2 944.1	252.70	4771	6.32	1 829.34	314.6	2 591	3.37
基肥70%，追肥30%[②]	2 875.1	313.73	5529	6.43	1 599.08	325.4	2 903	4.18

注：①除无N区外，肥料的实际施用量N　8.75 $kg \cdot 0.067hm^{-2}$、P_2O_5为4.4 $kg \cdot 0.067\ hm^{-2}$、K_2O为5.7 $kg \cdot 0.067\ hm^{-2}$；②各处理的磷肥全作基肥，基肥和追肥不同比例只是NK肥；③表中y为1/15 hm^2。

第6章

土壤重金属污染控制

土壤重金属污染是指由于人类活动将重金属加到土壤中，致使土壤中的重金属含量明显高于原有含量，并造成生态恶化的现象。随着我国工业化的发展和城市化的进程，特别是中小型企业发展壮大，大量含有重金属的工业废水、废气、废渣和生活垃圾以及各种矿场的废弃物不断输入到土壤，使土壤的健康质量负荷问题严峻。特别是对于面积日趋缩减的农田土壤，受重金属污染的风险持续增大，因此，如何预防和治理重金属对农产品的污染，是21世纪人类需要迫切解决的又一环境问题（侯彦林 等，2005）。由于重金属元素不能为土壤微生物所分解，土壤一旦遭受重金属污染，就较难以在短时间内消除，因此，土壤重金属污染与治理一直是国内外土壤环境保护研究的重要内容。近年来，项目组从施硅肥降低作物吸收典型重金属的效果入手，试图探讨施肥抑制重金属的蔬菜生物有效性之途径，为重金属轻度污染的土壤上抑制作物对重金属的吸收，减轻作物的重金属污染，阻隔其进入食物链，为研究通过施肥措施调控作物重金属污染提供初步依据。以下是相关试验研究结果的系统总结。

6.1　土壤重金属污染控制概述

6.1.1　土壤重金属污染治理技术研究概况

当今世界，环境问题已成为人类面临的重大挑战之一。土壤重金属污染的事例最早可追溯到19世纪发生在日本的足尾铜山公害事件。进入20世纪50～60年代，相继发生在日本的“骨痛痛”和“水俣病”公害事件是土壤受到重金属Cd和Hg污染的两个典型。公害事件为人类敲响了警钟，痛苦经历使人类认识到土壤重金属污染问题已发展到非常严重的程度，有力推动了人们对土壤重金属污染问题的认识和研究。土壤重金属污染研究经历了从最初的重金属来源调查、含量分析、形态转化、对农作物生长发育的障碍等扩展到重金属在土壤–植物系统中的迁移转化、食物链中积累和对人体小剂量累计慢性毒害方面研究到重金属污染土壤生物修复技术、培植超积累植物的研究过程。

土壤重金属治理的途径主要有两种：一是改变重金属在土壤中的存在形态，使其由活化态转变为稳定态；二是从土壤中去除重金属，以使其残留浓度接近或达到背景值。根据这两种治理途径，目前已提出了物理、化学和生物学等改良利用方法（张乃明，1999）。常采用的物理及物理化学方法有热解吸法、电化学法和提取法等。对于挥发性的重金属，例如汞，采用加热的方法可以将其从土壤中解吸出来并回收利用。对于渗透性不高、传导性较差的黏性土壤中的Cu、Cr、As，根据电流能破坏金属–土壤键的原理，可应用电化学的方法予以去除。提取法分为冲洗法、洗土法和浸滤法等。其原理是利用试剂和土壤中的重金属作用，形成溶解性的重金属离子或金属–试剂络合物，最后从提取液中回收重金属，并循环利用提取液。目前，利用易降解、无毒性的生物表面活性剂去除重金属阳离子已成为一种趋向。生物表面活性剂种类较多，它们对不同重金属具有各自的专一性，而且在土壤中能自发循环利用，因而具有良好的应用前景（杨居荣，1994；陈怀满，1996）。

生物学方法主要是利用特殊植物和微生物来去除土壤中的重金属或降低重金属的毒性。对于重金属污染的土壤，可采取种植非食用的植物或抗污染且能对重金属吸收富集的植物的方法去除土壤中的重金属；利用微生物对某些重金属的吸收、沉积、氧化和还原等作用，可减少植物对重金属的摄取，从而降低土壤重金属的毒性与危害。目前，国外已对超积累植物对各种重金属的生物吸收和储藏机制，以及各种根际条件对吸收重金属过程的影响有了较系统的研究，并运用分子生物学技术，积极开展将重金属积累的基因转移到生物量大的植物中去的研究。运用分子生物学技术培育对重金属具有降毒能力的微生物，以消除重金属对土壤的污染，也是环境科学研究最活跃的领域。国内对超积累植物吸收重金属的研究尚处于起步阶段，但在超积累植物种源调查、筛选方面已取得较大进展。如对中国东南部地区一些古老铜矿和铅锌矿区植被调查，已筛选出几种生物量大、生长速度快的铜或锌超积累植物（张乃明，1999；王真辉 等，2002）。

6.1.2　硅减轻植物重金属毒害效应研究现状

硅在地壳中含量丰富，被认为是对植物健康生长的有益营养元素（唐旭 等，2005）。近年来，硅肥在农业生产上的应用越来越广，除传统的水稻、小麦、玉米等粮食作物，还包括甘蔗、水果、棉花、蔬菜等经济作物。硅肥在农业生产上的研究层面日益深入，涉及作物增产的效果、硅素的有效性、硅与作物的其他营养元素相互作用以及硅的抗胁迫（铁、锰、铝毒害和盐害）机制。已有研究发现，硅对许多植物的正常生长起到促进作用，也有部分研究表明硅可提高植物抗病虫害能力。硅肥对减轻作物重金属毒害作用的研究也已取得了一定进展。

6.1.2.1　施硅对植物吸收重金属及其迁移的影响

研究表明，在一定的施硅水平条件下，施硅能抑制植物对重金属镉的吸收。臧惠林等（1989）发现施用含有效硅含量高的炼铁高炉渣硅肥后，水稻、小麦和白菜籽粒或茎叶中的干物重镉含量比施用碳酸钙和钢渣后植物的镉含量都要低，炼铁高炉渣硅肥抑制植株吸收镉的效果最明显。蔡德龙等（2000）进行的室内盆栽试验发现施加硅肥能够显著抑制水稻糙米和稻草对镉的吸收，并随硅肥施用量增加，抑制作用有增强趋势。秦淑琴等（1997）进行的水培试验表明，硅对水稻根系镉的吸收量无明显影响，但明显降低了镉向地上部的迁移。高柳青等（2004）的水培试验研究表明，硅在一定浓度条件下，能有效抑制Cd、Zn的吸收，受镉污染的小麦根、茎、叶及全株的镉浓度施硅比缺硅处理的都有不同程度降低，而较高或较低浓度的硅抗重金属Cd、Zn效果较弱。也有研究表明，硅降低小麦根、茎、叶中的镉含量，但硅对镉在体内的积累和分布因镉水平不同而异：低镉浓度时硅降低镉的整株累积总量和茎叶分布量，而高镉浓度时硅降低镉的整株累积总量但增加镉的茎、叶分布量，因而Si抑制低浓度Cd（0～5 $\mu mol \cdot L^{-1}$）处理下Cd向地上部的迁移，但对高Cd处理，Si却略微促进了Cd向小麦地上部的运转（陈秀芳 等，2005）。杨超光等（2005）的试验表明，施硅极显著降低玉米根、茎和叶中镉的浓度，其中根中累积镉的浓度远大于茎、叶。在镉等量情况下，施硅极显著降低了玉米根、茎和叶吸收镉的绝对量及全株镉总吸收量。然而也有研究表明，施硅虽能显著降低水稻地上部和根部的镉浓度，但由于施硅显著提高了的生物量，加硅显著增加水稻地上部和根部的总镉量（Shi et al，2005）。

由上述结果可知，硅对植物吸收镉的抑制效果可能与镉胁迫程度、施硅的浓度及由此增加的土壤硅含量以及作物品种都有重要关系，对不同施硅水平下，不同作物吸收镉的抑制效果，还有待进一步探讨。

6.1.2.2 施硅对植物抗重金属胁迫的生理生化效应

现有的研究表明，施硅可提高植物对Cd的耐性，降低或解除Cd对植物的生理毒害。施硅可减轻或消除植物镉中毒的症状，生物量增加，株高、根重提高（肖振林 等，2003），茎秆强度增大，株型挺拔，根系生长良好，根重提高（秦淑琴 等，1997）。施硅后镉对水稻幼苗的生理抑制作用得以消除，叶片光合速率、叶绿素（a+b）含量、叶绿素a/b比值、叶片可溶性糖、淀粉及可溶性蛋白质含量升高（周建华 等，1999）。小麦水培试验表明，施硅可使受镉毒害条件下的小麦干重得以一定程度的恢复。适当浓度的Si提高了小麦叶绿素含量，促进光合作用，降低了细胞膜透性，加强了根系活力，因而有效提高了镉毒害的抗逆性；而较低浓度（$<30\ mg \cdot L^{-1}$）或较高浓度（$90 \sim 120\ mg \cdot L^{-1}$）的Si对上述几项生理指标影响不显著，抗重金属Cd污染的能力稍弱（高柳青 等，2004），李德明等（2006）指出Si对小白菜Cd毒害的缓解受制于Cd毒害的程度，两者存在剂量效应。

细胞酶活性及可溶性蛋白质和脯氨酸、膜透性等生理指标是植物受重金属（如Cd）胁迫的生理反应，也被认为可能是植物解毒的一种机制，因此Si对这些指标的影响也很有可能是Si抗重金属（Cd）胁迫的一种机制。最近，有研究者从施硅对植物抗氧化酶系和抗氧化剂进行了考察，认为Si参与了植物的新陈代谢或生理过程或结构组成从而增强了植物抗各种生物和非生物的胁迫。施硅增加了黄瓜超氧化物歧化酶（Superoxide Dismutase，SOD）、抗坏血酸过氧化物酶（Ascorbate Peroxidase，APX）、脱氢抗坏血酸还原酶（De-hydroascor Bate Reductase，DHAR）、谷胱甘肽还原酶（Glutathione Reductase，GR）的活性及抗坏血酸和谷胱甘肽的含量，有效抑制了Mn的毒害作用（Shi et al，2005）。另有研究表明，施硅同样增强了黄瓜的抗盐害能力，提高了叶片SOD、APX、DHAR、GR酶的活性，且随处理时间的延长4种酶的活性有增强趋势，而对过氧化氢酶（Catalase，CAT）的酶活性没影响（Zhu et al，2004）。外源硅提高大麦根部SOD、POD和CAT酶的活性，加强了大麦耐受盐胁迫的能力（Liang et al，2003）。

目前，关于硅-金属复合物（螯合物）的研究是一个国际热点。研究表明，在pH值为6时，溶液中可溶性硅以聚硅酸凝胶状态存在，聚硅酸凝胶在形成过程中可使铁离子、铝离子凝聚下来（栾兆坤 等，1997）。另有报道，Cr^{3+}对水稻毒害水培试验中，水溶性硅酸盐在水溶液中可水解生成呈凝胶状的H_2SiO_3，H_2SiO_3可能会吸附部分的重金属Cr（张伟峰 等，1997）。Neumann et al（2001）证实小豆蔻植物（Cardaminopsis）细胞质中短暂存在Zn-硅酸盐，之后Zn转移到液泡中富集，而SiO_2在细胞质中沉积，以此提高植物耐Zn毒害的能力。Iwasaki et al（2002）研究发现Si增强豇豆抗Mn胁迫的2种机制：①SiO_3^{2-}与细胞壁上的阳离子桥间接地结合于细胞壁内，从而改变了细胞壁对Mn的结合特性，减少了对Mn^{2+}的吸附。②溶解性Si使得叶片非原质体维持在还原状态，抑制Mn^{2+}的氧化变褐。应用电子能量损失谱、电喷雾离子化和核磁共振等技术，已鉴定出硅与部分重金属结合的重金属-硅酸盐沉淀（Perry et al，1998；Neumann et al，2001）。Baylis et al（1994）认为施硅对大豆解除铝毒的机制是通过形成Si-Al复合物来降低铝的有效性。就此有研究者推测，硅对重金属镉也有可能存在Si–Cd复合物形态，从而降低镉的有效性（杨超光 等，2005；熊礼明 等，1992；高柳青 等，2004）。但有关土壤和植物中硅对镉是否也存在这种解毒机制须更进一步地探讨和验证。如植物体内重金属–硅酸盐复合物是否可以整体地被植物吸收，还是Si、重金属先单独被吸收后在植物体内通过特定途径再结合形成复合物，有待深入探讨。

6.1.2.3 施硅对重金属在植物体内吸收、迁移的影响机制

（1）硅诱导的土壤pH值升高，钝化土壤镉的活性和迁移性，减少了镉的植物有效性

溶液中的Cd^{2+}在pH＞6时就会产生沉淀，当pH＞7.5时这些沉淀物很难溶出（夏汉平，1997）。人们普遍认为，硅与重金属作用的机制是施硅提高了土壤的pH值，使硅酸根与Cd、Pb、Hg等重金属发生化学反应形成不易被吸收的硅酸盐沉淀，抑制重金属镉等的活性，在土壤pH值较高的环境下镉沉淀速度和稳定性远远大于酸性土壤，因而受重金属镉污染的程度相对减轻（蔡德龙 等，2000）。土壤pH值的提高，一方面会增加土壤表面的可变电荷而增加对镉的吸附，另一方面将促使Cd^{2+}水解为$Cd(OH)^+$（$Cd^{2+}+H_2O \rightarrow Cd(OH)^+ + H^+$），而$Cd(OH)^+$在土壤吸附点位上的亲和力明显高于$Cd^{2+}$（陈怀满，1996；肖振林 等，2003）。但从Liang et al（2005）试验结果来看，施硅对土壤pH值的影响与施硅水平有关，低Si（50 mg · kg^{-1}）对土壤pH值的影响并不显著。

（2）降低土壤和植物中重金属活性是硅抑制植物吸收镉的一个不容忽视的重要因素

杨超光等（2005）和陈晓婷等（2002）认为硅缓解土壤中镉对植物毒害的机制除了提高土壤pH值、钝化镉活性外，硅本身降低土壤和植物中镉的活性也可能是另一重要机制。臧惠林等（1989）和陈怀满（1996）也认为活性硅本身可能是抑制镉吸收的一个重要因素，当中包含活性硅对土壤活性镉络合的化学作用，也包括活性硅影响植物生理机制的原因。施硅提高土壤有效硅含量，从而使土壤中易被植物吸收的活性镉与硅酸根结合成较牢固的结构（硅酸镉），使土壤有效镉含量明显下降，最终抑制植物对土壤镉的吸收（林匡飞 等，1994；蔡德龙 等，2000）。杨超光等（2005）用连续提取法对Cd进行形态分组，证明在保持土壤pH值不变情况下，施硅处理仍显著降低土壤中交换态镉和铁锰结合态镉的含量，显著提高碳酸盐结合态镉和残渣态镉的含量，说明硅可通过改变土壤介质中金属的形态，降低其有效性，进而减少对植物的毒害。Liang et al（2005）的试验表明，施硅（400 mg · kg^{-1}）减少$CaCl_2$提取态镉和水溶态镉的含量，交换态镉含量显著降低，而专性吸附态镉、铁锰结合态镉和有机态镉含量增加。也有研究表明，施硅后土壤pH值只略微提高（差异不显著），但土壤有效镉含量显著降低，对镉吸收的抑制虽未达显著但效果还是明显，因此认为硅肥抑制小白菜对重金属镉吸收的主要机制可能是硅增加土壤对重金属离子的吸附能力，降低土壤重金属的有效性不能忽视活性硅对重金属（Cd）的结合作用（陈晓婷 等，2002）。熊礼明等（1992）试验添加Na_2SiO_3后，土壤中交换态Cd增加，但植物吸镉量却降低，认为：①可能是SiO_3^{2-}增加了土壤表面负电荷而增加土壤的镉交换吸附点位；②施硅降低Cd的有效性可能是Cd^{2+}与SiO_3^{2-}形成大分子（络合物），掩蔽交换态Cd进入溶液中，并可能降低植物根系对Cd的吸收能力。

（3）硅在植物体内的沉积阻碍了镉的吸收、迁移特性

Liang et al（2005）发现土壤pH值和水溶态镉及交换态镉等其他形态镉变化都不显著的条件下，加硅50 mg · kg^{-1}仍然抑制了玉米对Cd的吸收，Si使根部Cd含量显著提高，而地上部Cd含量却大大减少，加Si处理使植物吸镉量增加，但更多的镉是累积在根部。杨超光等

（2005）也发现玉米根中累积的Cd远大于茎、叶，认为根系具有阻止镉向地上部运输的过滤机制。施硅后硅在植株地上部的茎、叶中大量积聚阻碍了镉向地上部分的迁移，从而减少镉在地上部分的累积，使镉滞留在植物根部，很少向地上部位转移（秦淑琴 等，1997）。

硅处理使水稻地上部的镉总量减少，而根部的镉总量增加，且85%的Cd累积在水稻根部，有效抑制了Cd和质外体荧光示踪素PTS向地上部迁移，抑制率分别达23%和36%，X射线能谱（EDX）分析显示，Cd分布在水稻根的内皮层和表皮附近，而Si更多地沉积在内皮层，表皮沉积较少。硅对根皮层细胞壁的孔性没影响，但质外体PTS从根部向地上部的迁移受到抑制，很可能与沉积在根内皮层的硅降低了根内部组织尤其是根部内皮层细胞壁孔性，因而限制了PTS质外体运输过程，在一定程度上也说明Si在内皮层的沉积一定程度上物理性阻塞了根部的质外体旁通流量，限制了Cd的质外体运输过程。镉在水稻根中87%是分布于共质体中，而只有13%是分布在质外体中，加硅后，根和叶中共质体镉和质外体镉有不同程度减少，但叶中共质体镉和质外体镉的区域分布比例没有很大影响（Shi et al，2005），而另有研究发现，硅修饰的细胞壁具有对Cd^{2+}较强的亲和性，明显抑制了Cd^{2+}毒害，由于$SiOH_4$上羟基与细胞壁多糖上的羟基通过亲水/亲水分子间弱相互作用，在细胞质外体空间内形成了有序的SiO_2胶体，该有序的SiO_2胶体表面态具有硅醇的配体性质，可与Cd^{2+}等金属离子配合形成Cd-Si复合氧化物，从而降低了Cd^{2+}毒害（Wang et al，2000；宫海军 等，2004）。玉米水培试验中，施硅后Cd大量结合于根细胞壁中，而只有少量Cd是结合于细胞溶质（cytosol）或共质体中，表明硅在缓解过量镉毒害中具有一定的质外体功能（Apoplastic role）（Liang et al，2005）。但硅如何在植物体内控制镉污染，是何种形态的硅起作用，植物体内是否会存在硅-镉复合物而降低镉毒害，迄今仍缺乏直接证据。镉胁迫下硅在植物体内的微域分布仍有待深入研究。

（4）硅改善了植物的受镉毒害的生理生化过程，提高植物抗镉胁迫的能力

有少量研究表明，施硅可减轻或消除植物镉中毒的症状，提高植物的生物学产量，增加叶绿素含量，叶片可溶性糖、淀粉及可溶性蛋白质含量增加，细胞膜透性减少。

Liang et al（2005）发现，木质部汁液中的镉含量浓度，加硅处理的比缺硅处理的更低，认为是“稀释效应”所致，本研究认为也可能是硅与植物体内某些介质结合抑制或减缓了Cd的吸收、运输和积累，也可能是硅在植物体内诱导了某些镉解毒机制，或者是镉的毒害作用促发了植物体的某些解毒生理效应。硅酸被吸收后在植物组织内沉积或与植物组织结合，会改变水和部分溶质在植株内的运输和亲和性，因此在一定程度上影响重金属（如Cd等）在植物体内的迁移和累积。

总结以上的论述，施硅抑制植物吸收镉的机制主要表现在以下方面：①提高土壤pH值，钝化镉的活性。②活性硅改变土壤中镉的形态，降低镉的有效态比例及其生物有效性，减少镉在土壤-植物系统间迁移转化的几率（Liang et al，2005；杨超光 等，2005）。③活性硅可改良土壤的理化性状（蔡德龙，2000），因此增加土壤对重金属离子的吸附能力，降低土壤重金属的有效性不能忽视硅的结合作用。④硅在根部内皮层的沉积阻塞了主要分布在内皮层和表皮附近的镉在根部的质外体旁通流量，限制了Cd的质外体运输过程（Shi et al，2005），导致镉在根部的高浓度积聚（杨超光 等，2005）或大比例的绝对量滞留（Liang et al，2005；Shi et al，2005），因而使根系具备了阻止镉向地上部运输的过滤机制（杨超光 等，2005）。⑤纳米硅胶颗粒沉积在木质部导管壁上，影响导管的亲疏

水性，改变水和溶质在导管内的运输速率（邹春琴 等，2005）。⑥硅可影响Cd的区域化分布，硅显著降低共质体镉及质外体镉的浓度，一定程度上改变叶片共质体镉和质外体镉分布比例，使镉更易于结合到叶片的细胞壁中（Shi et al，2005；Liang et al，2005），有利于避免镉对细胞原生质的毒害。⑦植物组织内的硅参与植物的新陈代谢或生理生化过程，介导了某些镉的解毒效应（Liang et al，2005）。⑧硅改善了植物的健康生长状况，增强抗各种生物和非生物胁迫的能力，生物量的提高稀释有毒重金属镉在体内的浓度。

其中，有一种观点认为硅可能参与了植物的生理或代谢过程（Liang et al，2003；Gong et al，2005；Shi et al，2005），如施硅提高叶绿素含量，增加抗氧化酶系的活性和抗氧化剂的含量，例如超氧化物歧化酶（SOD）、过氧化氢酶（CAT）、过氧化物酶（POD）、谷胱甘肽还原酶（GR）、抗坏血酸（AsA）等，增加组织可溶性糖或蛋白质含量，减少丙二醛的积累和质膜透性等。然而，有关的生理生化研究主要针对盐胁迫下或生物胁迫下植物施硅后的生理生化变化（Zhu et al，2004），涉及施硅影响镉胁迫下植物生理生化的研究较少（高柳青 等，2004），而其中涉及抗氧化酶活性的影响的研究更少（周建华 等，1999）。因此，有关施硅对植物镉胁迫下缓解镉毒害的生理生化影响的研究亟待加强。

6.2　土壤重金属污染的施硅控制技术研究

6.2.1　施硅减轻小白菜镉污染效应与机制研究

6.2.1.1　材料与方法

（1）供试土壤和作物

选用的作物材料为葵扇矮脚黑叶白菜，由广州长合种子有限公司生产；供试的化学试剂为分析纯；供试的土壤采自增城某水稻田，土壤基本理化性质见表6-1：

表6-1　盆栽土壤基本理化性质

项目	测定值	测定方法
pH值	4.43	电位法（中国科学院南京土壤研究所，1983）
有机质/（$g \cdot kg^{-1}$）	25.5	高温外热重铬酸钾氧化–容量法（鲁如坤，1999）
有效硅/（$mg \cdot kg^{-1}$）	40.96	柠檬酸提取–硅钼蓝比色法（鲁如坤，1999）
全量镉/（$mg \cdot kg^{-1}$）	0.050	GB/T 17141—1997（中国环境监测总站，1997）
有效镉/（$mg \cdot kg^{-1}$）	0.042	盐酸浸提–石墨炉原子吸收分光光度法（孟洁 等，1995；贺建群 等，1994）

（2）试验设计和过程

1）试验设计

分别进行了冬季白菜盆栽试验（试验Ⅰ）和夏季白菜土培盆栽（试验Ⅱ）。

试验Ⅰ：于2005年11月13日至2006年1月16日在广东省生态环境与土壤研究所温室大棚内进行。旨在探讨施硅对土壤理化性状、镉生物有效性和白菜吸收重金属镉的影响。

盆栽试验完全随机区组设计，6次重复。设不同硅和镉含量2个因素，硅含量设3个水平，镉含量设4个水平。Na_2SiO_3含量为0.0（$Si_{0.0}$）、0.5 $g \cdot kg^{-1}$（$Si_{0.5}$）、1.0 $g \cdot kg^{-1}$（$Si_{1.0}$）；

Cd含量为0.0（$Cd_{0.0}$）、0.3 mg・kg^{-1}（$Cd_{0.3}$）、0.6 mg・kg^{-1}（$Cd_{0.6}$）、0.9 mg・kg^{-1}（$Cd_{0.9}$）。

试验Ⅱ：于2006年4月25日至2006年7月16日进行，目的是进一步探讨施硅对白菜镉吸收累积、影响，镉在白菜体内分布、迁移，以及施硅对提高白菜抗重金属镉胁迫的生理生化效应。

仍采用完全随机区组设计，设不同硅和镉含量2个因素，设4次重复，硅含量设4个水平，镉含量设4个水平。Na_2SiO_3含量为0.0（$Si_{0.0}$）、0.5 g・kg^{-1}（$Si_{0.5}$）、1.0 g・kg^{-1}（$Si_{1.0}$）和2.0 g・kg^{-1}（$Si_{2.0}$）；Cd含量为0.0（$Cd_{0.0}$）、0.3 mg・kg^{-1}（$Cd_{0.3}$）、0.6 mg・kg^{-1}（$Cd_{0.6}$）、1.2 mg・kg^{-1}（$Cd_{1.2}$）。

2）水肥管理

试验Ⅰ：挑选饱满的白菜种子播于育苗盆内，每钵放2颗种子。

基肥每千克土施尿素0.332 g，磷酸二氢钾0.288 g，氯化钾0.159 g，折合N 0.15 g・kg^{-1}，P_2O_5 0.15 g・kg^{-1}，K_2O 0.20 g・kg^{-1}。

基肥与Na_2SiO_3（$Na_2SiO_3\cdot 9H_2O$）以固体形式与1 kg土壤混匀；Cd处理以$2CdCl_2\cdot 5H_2O$配成含Cd 0.0、0.3 g・L^{-1}、0.6 g・L^{-1}、0.9 g・L^{-1}的系列溶液，取少量已拌匀的土壤加入相应系列的Cd溶液1 mL湿润拌匀后，再加入到剩余土壤中继续搅拌直至均匀，装入塑料盆（13 cm × 11 cm），加入去离子水使土壤含水量保持为田间持水量的60%，平衡1周后移栽苗龄达3周的生长较一致的白菜，每盆种1株。平时进行正常的田间管理，及时观察记录白菜生长状况。

试验Ⅱ：基肥施用量不变，Cd（$2CdCl_2\cdot 5H_2O$）、Na_2SiO_3（$Na_2SiO_3\cdot 9H_2O$）与基肥都以固体形式加入土壤混匀，每塑料盆（40 cm × 30 cm × 14 cm）装土9 kg。浇去离子水至土壤水分保持田间持水量的60%，平衡1周后移栽较一致的已长至2片真叶的白菜苗，每盆种6株。日常的田间管理同冬季试验。

（3）样品采集与处理

试验Ⅰ：白菜生长45天后分开地上部和地下部收获称鲜重，经自来水冲洗干净后再过两次去离子水润洗，最后放于烘箱60 ~ 65 ℃烘干，测完地上部和地下部干重后用粉碎机粉碎备用。将塑料盆内土壤混匀，取约500 g土风干，再四分法将部分土壤磨碎分别过20目、60目和100目筛备用。

试验Ⅱ：白菜生长55天后收获，分开根、茎、叶三部分处理和测生物量，植株样品的其他处理同冬季试验。土壤样品的采集和处理亦同冬季试验，过20目和100目筛备用。另外用培养皿装原土50.00 g按试验设计的硅、镉水平培养1周后风干过20目筛用于测定土壤有效镉含量。

（4）样品的实验室内分析与方法

土壤pH值——电位法（中国科学院南京土壤研究所，1983）；土壤有效硅含量——柠檬酸提取-硅钼蓝比色法（鲁如坤，1999）；土壤有效镉含量——HCl浸提-石墨炉原子吸收分光光度法（孟洁 等，1995；贺建群 等，1994）；植株硅含量——Na_2CO_3熔融-硅钼蓝比色法（中国土壤学会农业化学专业委员会，1983）；植株镉含量——湿式消解-石墨炉原子吸收光谱法（中华人民共和国卫生部，1996）；叶绿素相对含量——叶绿素仪直接读数；叶片细胞质膜透性——电解质外渗量法（关军锋，1999；谈建康 等，1998）；过氧化物酶（POD）活性——愈创木酚法（李合生，2001）。

（5）数据处理

原始数据由Excel进行整理和计算，再转入到SPSS11.5进行统计分析。

6.2.1.2　结果与讨论

（1）施硅对镉胁迫下白菜生长和抗胁迫能力的影响

硅对镉胁迫下白菜的生长的影响

a.施硅对镉胁迫下白菜株高有一定促进作用

施硅对镉胁迫下白菜株高的影响见表6-2。

表6-2　施硅对白菜株高的影响

试验Ⅰ								
处理 / Na_2SiO_3水平/（$g \cdot kg^{-1}$）	外源Cd水平/（$mg \cdot kg^{-1}$）							
	0.0		0.3		0.6		0.9	
	株高（%）	升高率（%）	株高（%）	升高率（%）	株高（%）	升高率（%）	株高（%）	升高率（%）
0.0	7.2 a	0.00	7.4 a	0.00	7.3 a	0.00	7.3 a	0.00
0.5	7.4 a	2.78	7.1 a	–4.05	7.5 a	2.74	7.4 a	1.37
1.0	7.6 a	5.56	7.7 a	4.05	7.6 a	4.11	7.6 a	4.11
试验Ⅱ								
处理 / Na_2SiO_3水平/（$g \cdot kg^{-1}$）	外源Cd水平/（$mg \cdot kg^{-1}$）							
	0.0		0.3		0.6		1.2	
	株高（%）	升高率（%）	株高（%）	升高率（%）	株高（%）	升高率（%）	株高（%）	升高率（%）
0.0	14.6 a	0.00	14.8 a	0.00	13.9 b	0.00	13.5 b	0.00
0.5	14.8 a	1.37	15.1 a	2.03	14.2 ab	2.16	14.6 ab	8.15
1.0	15.2 a	4.11	15.2 a	2.70	14.8 ab	6.47	14.8 ab	9.63
2.0	15.5 a	6.16	15.6 a	5.41	15.3 a	10.07	15.3 a	13.33

注：表中同列不同字母表示处理间有显著差异。

由表6-2可见，在试验Ⅰ中，除$Si_{0.5}$ $Cd_{0.3}$处理的白菜株高略低于不加硅处理外，施硅后白菜株高有一定程度增加，增幅达1.37%～5.56%。试验Ⅱ中，在相同硅水平下，随外源镉含量（0.6～1.2 $mg \cdot kg^{-1}$）增加，白菜株高有所降低，而以不施硅处理的株高降幅较大，为4.81%和7.56%，可见重金属镉对白菜株高有一定的抑制作用；施硅后白菜增高1.37%～13.33%，在同一硅水平下，随镉处理含量（0.3～1.2 $mg \cdot kg^{-1}$）加大，硅对株高的促进作用呈现逐渐增强的趋势，如$Si_{0.5}$水平下，$Cd_{0.3}$、$Cd_{0.6}$、$Cd_{1.2}$处理的植株比不施硅的镉处理白菜分别增高2.03%、2.16%和8.15%；$Si_{1.0}$水平下增高2.70%、6.47%和9.63%；$Si_{2.0}$水平下则为5.41%、10.07%和13.33%。可见，在镉污染加剧的情况下施硅对白菜的增高效果更好，在较高Cd（0.6 $mg \cdot kg^{-1}$、1.2 $mg \cdot kg^{-1}$）处理下施高量2.0 $mg \cdot kg^{-1}$显著增加了白菜株高。

总的来说，施硅一定程度地增加了两次试验（Ⅰ，Ⅱ）的白菜株高，尤以试验Ⅱ的增高效果较好。可见，施硅总体上是有利于促进白菜生长。

b. 施硅对镉胁迫下白菜地上部生物量有促长作用

土壤添加镉后，特别是在较高外源镉水平下，白菜地上部鲜重随外源镉含量增加渐减，见图6-1a和图6-1b，表明土壤受镉污染程度加重，对白菜的生长是不利的。施硅后，白菜地上部生物量比不施硅处理的有不同程度的提高，在试验Ⅰ中，单株种植的白菜施硅后其地上部鲜重显著增加，各个硅水平处理间差异亦显著；而在6株共植的试验Ⅱ中，施硅对白菜地上部的增重虽不显著，但增产的效果仍比较明显，达到2.33%～12.20%。以上结果表明，施硅能促进白菜的生长。与相应镉水平的不施硅处理相比，施硅后白菜地上部干重在两次试验中都有所增加，尤以试验Ⅰ的增重较试验Ⅱ明显（图6-2a，图6-2b）。

c. 施硅对镉胁迫下白菜不同器官的生物量的影响有差异

由表6-3可见，施硅对白菜的不同部位鲜重的影响各异：施硅显著增加白菜茎的鲜重，与不施硅处理相比，施硅增加白菜茎的生物量达6.75%～75.37%，在较高土壤镉污染水平（0.6 mg·kg^{-1}、1.2 mg·kg^{-1}）下，施硅促进白菜茎生长的效果最佳；施硅降低白菜叶片的鲜重，但降幅较为平缓，不足14%；而施硅会抑制白菜根的鲜重，随施硅量增加，白菜根鲜重渐降，降幅达到6.90%～46.85%。

植物根系与土壤相宿相依，紧密接触，是植物与土壤环境接触的重要界面，对土壤环境敏感（张玲 等，2002）的土壤一旦受到污染，则根部首先受害，土壤中镉对植物的危害首先会表现在根系的变化上。从本试验的结果来看，施硅可促进黑叶白菜地上部的生长（图6-1，图6-2），但对其鲜根系的生长不利（表6-3）。这可能与施硅带入的钠离子所产生的盐害有关。但施硅带入的钠离子所产生的盐害对白菜不同部位干物质量的积累影响显然较小，从表6-4结果可知，施硅后，无论是白菜的叶、茎还是根的干生物量都有所上升，其中叶干重增加2.56%～18.92%，茎增加2.02%～36.36%，根增重4.76%～15.57%。可见，施硅可促进白菜不同部位干物质量的积累。硅对白菜叶、根的鲜重和干重影响效果相反，可能与硅对白菜叶、根的水分含量或水分利用率产生重要影响有关，相关的研究有待深入。

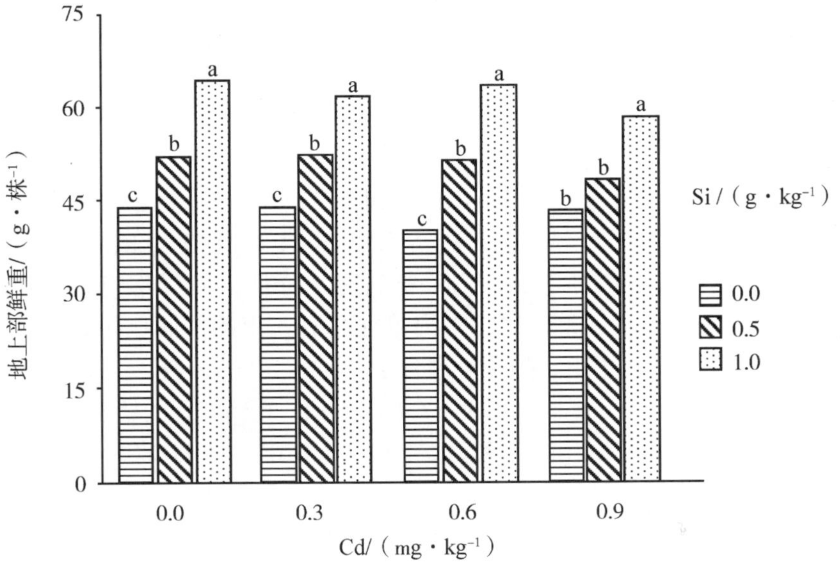

注：不同字母表示处理间有显著差异。

图6-1a 施硅对白菜地上部鲜重的影响（试验Ⅰ）

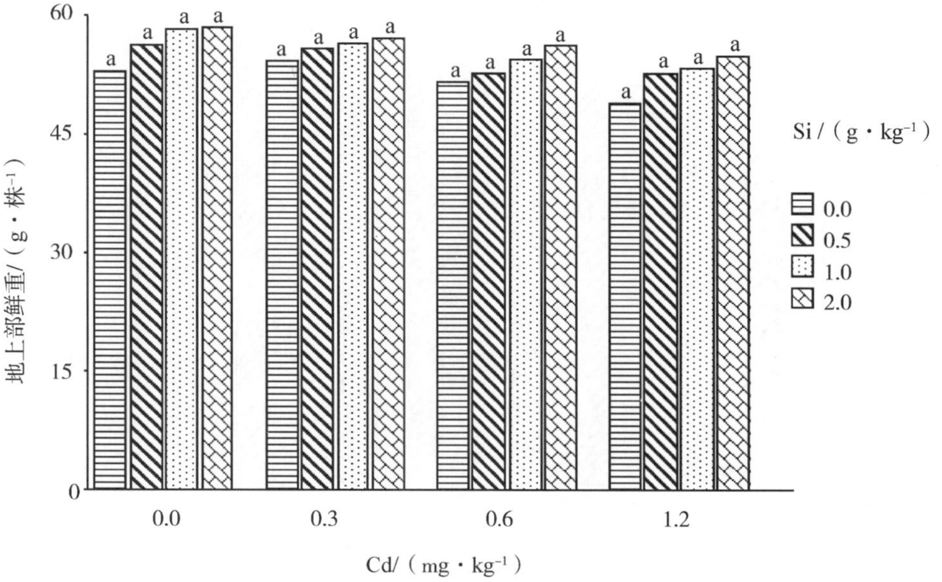

注：相同字母表示处理间无显著差异。

图6-1b　施硅对白菜地上部鲜重的影响（试验Ⅱ）

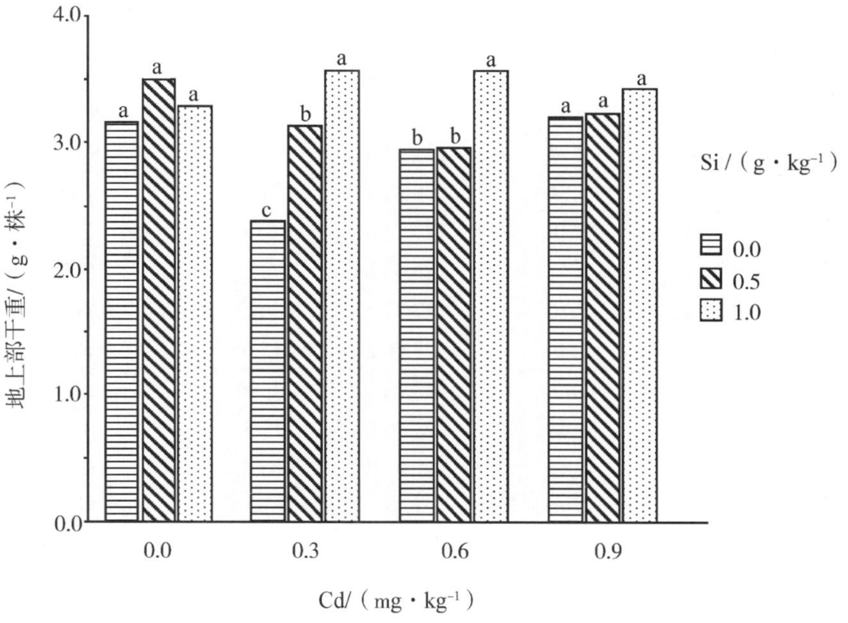

注：不同字母表示处理间有显著差异。

图6-2a　施硅对白菜地上部鲜重的影响（试验Ⅰ）

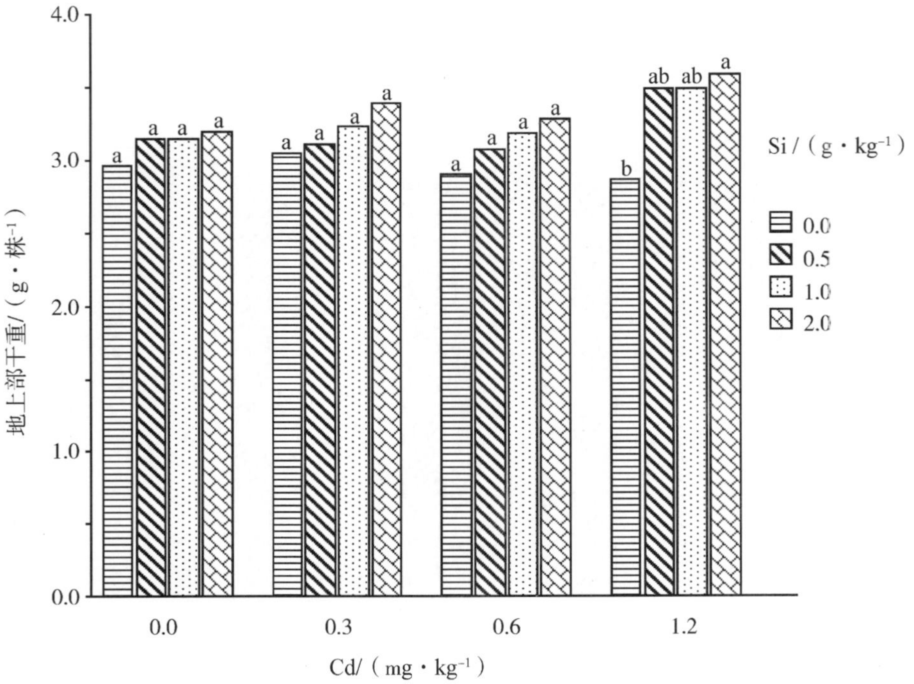

注：不同字母表示处理间有显著差异。

图6-2b　施硅对白菜地上部鲜重的影响（试验Ⅱ）

表6-3　施硅对白菜叶、茎、根鲜重的影响（试验Ⅱ）

处理		叶鲜重（g·株$^{-1}$）	降低率（%）	茎鲜重（g·株$^{-1}$）	升高率（%）	根鲜重（g·株$^{-1}$）	降低率（%）
$Cd_{0.0}$	$Si_{0.0}$	29.15 a	0.00	23.80 b	0.00	1.43 a	0.00
	$Si_{0.5}$	29.00 a	−0.51	27.33 a	14.83	0.97 ab	−32.17
	$Si_{1.0}$	28.35 a	−2.74	27.95 a	17.44	0.96 ab	−32.87
	$Si_{2.0}$	28.03 a	−3.84	30.33 a	27.44	0.76 b	−46.85
$Cd_{0.3}$	$Si_{0.0}$	30.55 a	0.00	24.73 a	0.00	1.13 a	0.00
	$Si_{0.5}$	29.20 a	−4.42	26.40 a	6.75	1.04 a	−7.96
	$Si_{1.0}$	28.35 a	−7.20	27.13 a	9.70	0.86 a	−23.89
	$Si_{2.0}$	26.28 a	−13.98	28.60 a	15.65	0.64 a	−43.36
$Cd_{0.6}$	$Si_{0.0}$	29.05 a	0.00	18.08 b	0.00	1.16 a	0.00
	$Si_{0.5}$	28.05 a	−3.44	21.30 b	17.81	1.08 a	−6.90
	$Si_{1.0}$	28.05 a	−3.44	26.40 ab	46.02	1.08 a	−6.90
	$Si_{2.0}$	26.35 a	−9.29	27.38 a	51.44	0.96 a	−17.24
$Cd_{1.2}$	$Si_{0.0}$	28.45 a	0.00	18.15 c	0.00	1.19 a	0.00
	$Si_{0.5}$	27.93 a	−1.83	25.58 b	40.94	1.05 a	−11.76
	$Si_{1.0}$	25.55 a	−10.19	28.75 ab	58.40	0.77 a	−35.29
	$Si_{2.0}$	24.73 a	−13.08	31.83 a	75.37	0.76 a	−36.13

注：表中同列不同字母表示处理间有显著差异。

表6-4　施硅对白菜叶、茎、根干重的影响（试验Ⅱ）

处理		叶干重（g·株$^{-1}$）	升高率（%）	茎干重（g·株$^{-1}$）	升高率（%）	根干重（g·株$^{-1}$）	升高率（%）
$Cd_{0.0}$	$Si_{0.0}$	1.95 a	0.00	1.02 a	0.00	0.31 a	0.00
	$Si_{0.5}$	2.15 a	10.26	1.24 a	21.08	0.30 a	−0.82
	$Si_{1.0}$	2.03 a	3.85	1.25 a	22.55	0.33 a	9.02
	$Si_{2.0}$	1.95 a	0.00	1.27 a	24.75	0.35 a	15.57
$Cd_{0.3}$	$Si_{0.0}$	1.95 a	0.00	1.12 a	0.00	0.32 a	0.00
	$Si_{0.5}$	2.05 a	5.13	1.12 a	0.22	0.34 a	8.73
	$Si_{1.0}$	2.00 a	2.56	1.14 a	2.01	0.35 a	10.32
	$Si_{2.0}$	1.90 a	−2.56	1.16 a	4.03	0.32 a	0.79
$Cd_{0.6}$	$Si_{0.0}$	1.85 a	0.00	0.90 a	0.00	0.29 a	0.00
	$Si_{0.5}$	1.98 a	6.76	1.01 a	11.98	0.31 a	7.83
	$Si_{1.0}$	2.20 a	18.92	1.16 a	28.97	0.30 a	5.22
	$Si_{2.0}$	1.93 a	4.05	1.13 a	25.35	0.31 a	6.09
$Cd_{1.2}$	$Si_{0.0}$	1.98 a	0.00	0.99 b	0.00	0.26 a	0.00
	$Si_{0.5}$	2.30 a	16.46	1.17ab	18.43	0.28 a	4.76
	$Si_{1.0}$	2.18 a	10.13	1.31 a	31.82	0.29 a	9.52
	$Si_{2.0}$	2.13 a	7.59	1.35 a	36.36	0.30 a	15.24

注：表中同列不同字母表示处理间有显著差异。

（2）施硅增强白菜抵御镉胁迫、缓解镉毒害的生理效应

1）施硅对白菜叶绿素含量的影响

从表6-5的结果可知，低含量的镉可促进叶绿素合成，叶绿素测定值（SPAD值）有所提高，但较高含量镉处理则抑制了白菜的叶绿素合成，随外源镉水平增加，白菜叶绿素值加剧减少，可见，镉对白菜产生一定的生理毒害。而在较低镉浓度（0.0、0.3 mg·kg^{-1}、0.6 mg·kg^{-1}）处理下，施适量硅（0.5 g·kg^{-1}、1.0 g·kg^{-1}）一定程度上提高了白菜叶绿素SPAD值，但施较高量硅（2.0 g·kg^{-1}）则降低了叶绿素SPAD值；对于较高镉水平（1.2 mg·kg^{-1}）处理的土壤，施硅反而降低白菜叶绿素值，随硅水平递增叶绿素SPAD值递减（表6-5）。这可能与土壤施硅带入的钠离子和土壤在外源镉双重胁迫下，硅缓解盐害和重金属毒害的功效受到遏制有关。有研究表明，盐胁迫下根系选择性吸收Na^+增加且选择性向上输送加强，叶片中Na^+含量升高，影响光合功能（钱琼秋 等，2006）和叶绿素生成。在镉胁迫下，植物根系对Ca、Cu、Fe、Mg、Mn、Na的吸收量随Cd^{2+}浓度升高而增加，K、Zn的吸收量随Cd^{2+}浓度升高而减少（张玲 等，2002），植物体内Na^+增加和K^+、Zn^{2+}减少将不利于叶绿素的生成。因此，通过施硅来减轻白菜的镉污染毒害时，应关注硅肥种类的选择。因为在硅酸钠盐带入的Na^+和土壤外源镉双重胁迫下，硅的有益作用可能被掩盖。

表6-5　施硅对镉胁迫下白菜叶绿素SPAD值的影响（试验Ⅱ）

处理	外源Cd水平/（$mg \cdot kg^{-1}$）			
Na_2SiO_3水平/（$g \cdot kg^{-1}$）	0.0	0.3	0.6	1.2
0.0	45.0 b	49.7 a	47.8 a	47.8 a
0.5	48.9 a	50.7 a	48.7 a	47.0 a
1.0	49.9 a	50.3 a	49.4 a	45.9 a
2.0	49.1 a	47.4 a	47.4 a	45.2 a

注：表中同列不同字母表示处理间有显著差异。

2）施硅对镉胁迫下白菜叶片细胞质膜透性的影响

植物细胞膜系统是植物细胞和外界环境进行物质交换和信息交流的界面和屏障（张金彪 等，2000），是反映环境胁迫的指示器官。当植物遭受逆境伤害，往往导致细胞质膜透性增大，电解质外渗（宫海军 等，2003）。Cd浓度大于1 $mg \cdot L^{-1}$时引起油菜叶细胞膜脂质过氧化水平升高和细胞膜透性增大，此效应随Cd浓度的升高和处理时间的延长而加强（徐秋曼 等，2001）。

从表6-6可知，在本试验条件中，随镉水平提高，叶片细胞膜损伤加剧，电解质外渗率增强；在不同镉水平范围内，施适量的外源硅可一定程度降低白菜叶片的细胞质膜透性，缓解镉胁迫造成的膜脂过氧化损伤，但施用较高量硅（2.0 $g \cdot kg^{-1}$）时膜透性有所升高，与高柳青等（2004）在小麦试验中的结果相似，高浓度硅（120 $mg \cdot L^{-1}$ SiO_2）导致细胞膜透性升高。

表6-6　施硅对镉胁迫下白菜叶片细胞质膜透性的影响

处理	外源Cd水平/（$mg \cdot kg^{-1}$）			
Na_2SiO_3水平/（$g \cdot kg^{-1}$）	0.0	0.3	0.6	1.2
0.0	15.05 a	15.37 a	16.06 a	18.53 a
0.5	14.83 a	14.73 a	15.58 a	17.17 a
1.0	13.94 a	14.41 a	15.21 a	16.89 a
2.0	16.52 a	16.47 a	17.41 a	19.46 a

注：叶片细胞质膜透性以相对电导率表示，单位为%；表中同列相同字母表示处理间无显著差异。

3）施硅对镉胁迫下白菜叶片超氧化物歧化酶、过氧化氢酶、过氧化物酶活性的影响

植物的组织时刻面临着来自自身体内生理代谢过程中（如光合作用、光呼吸等）产生的各种活性氧自由基（Reactive Oxygenspecies，ROS）如O^{2-}、OH^-、O_2、H_2O_2的威胁。即使在正常情况下，植物在多种代谢过程中也会产生 ROS（Sudhakar et al，2001；Zhu et al，2004）。植物在衰老或遭受胁迫的环境下会产生更多的ROS而在组织内过多积累，引发细胞膜质膜过氧化，损伤膜结构和其他生物功能大分子如光合色素、蛋白质和核酸等（Zhu et al，2004），此将引发植物启动抗氧化防御系统，调节活性氧产生与消除之间的动态

平衡（Shi et al，2005；钱琼秋 等，2006）。其中超氧化物歧化酶（SOD）、过氧化氢酶（CAT）、过氧化物酶（Peroxidase，POD）等是重要的抗氧化酶类。

由表6-7可知，在镉胁迫诱导下，黑叶白菜产生适应性抵抗反应（Liang et al，2003），随着土壤镉浓度的提高，黑叶白菜的SOD活性呈下降趋势，而其POD活性呈一定的上升趋势。施硅进一步降低黑叶白菜的SOD活性；在适量的施硅水平（0.5 g · kg^{-1}、1.0 g · kg^{-1}）下，施硅可在一定程度上提高黑叶白菜CAT和POD活性；而较高量施硅（2.0 g · kg^{-1}）时，CAT活性比不施硅略降低，而POD在与较高镉（1.2 mg · kg^{-1}）共胁迫下其活性略微降低，但仍维持在一个较高水平上，这对清除H_2O_2等活性氧自由基对白菜组织的损害非常有利。由此可见，在一定的施硅水平下，施硅在一定程度上可以减轻镉对黑叶白菜的生理损害。

表6-7　施硅对镉胁迫下白菜SOD、CAT、POD活性的影响（试验Ⅱ）

处理		SOD活性/［μ ·（g · min）$^{-1}$］	CAT活性/［μ ·（g · min）$^{-1}$］	POD活性/［μ ·（g · min）$^{-1}$］
$Cd_{0.0}$	$Si_{0.0}$	63.78 a	32.25 a	190 a
	$Si_{0.5}$	55.11 a	32.25 a	248 a
	$Si_{1.0}$	54.60 a	32.83 a	280 a
	$Si_{2.0}$	48.47 a	31.00 a	285 a
$Cd_{0.3}$	$Si_{0.0}$	44.46 a	32.50 a	305 a
	$Si_{0.5}$	44.22 a	32.56 a	310 a
	$Si_{1.0}$	44.17 a	33.69 a	314 a
	$Si_{2.0}$	41.26 a	32.00 a	357 a
$Cd_{0.6}$	$Si_{0.0}$	44.17 a	31.50 a	333 a
	$Si_{0.5}$	44.09 a	32.67 a	352 a
	$Si_{1.0}$	43.00 a	33.42 a	360 a
	$Si_{2.0}$	40.48 a	30.94 a	375 a
$Cd_{1.2}$	$Si_{0.0}$	44.16 a	31.44 a	342 a
	$Si_{0.5}$	41.70 a	32.25 a	346 a
	$Si_{1.0}$	41.35 a	33.31 a	332 a
	$Si_{2.0}$	38.14 a	30.06 a	328 a

注：表中同列相同字母表示处理间无显著差异。

（3）施硅对白菜硅、镉的吸收、累积和迁移的影响

1）施硅影响硅在白菜体内的吸收、积累

a. 施硅促进白菜地上部对硅的吸收、累积

硅在植物内主要以二氧化硅胶（$SiO_2 \cdot nH_2O$）或蛋白石（Opal）沉积在细胞腔、细胞壁、胞间隙或细胞外层结构中（Epstein，1994）。植物不同种类或同一植物不同器官或不同生育期，植物硅的形态和含量不尽相同。

表6-8数据表明，施硅对白菜地上部硅的吸收与累积有一定的影响。在不同镉浓度处理土壤中，施硅均增加了试验Ⅰ和试验Ⅱ中白菜地上部干样的硅含量，如在镉0.6 mg·kg^{-1}处理中加硅≥1.0 g·kg^{-1}与不加硅相比，硅显著提高了白菜干样中的硅含量（表6-8）。同时在各个镉水平下，施硅不同程度地增加了硅在白菜地上部的累积，随硅施用量增加，白菜地上部吸收的硅总量增加，增幅达9.36%～164.84%（试验Ⅰ）和9.09%～126.48%（试验Ⅱ）；其中镉0.3 mg·kg^{-1}、0.6 mg·kg^{-1}（试验Ⅰ）或0.6 mg·kg^{-1}、0.9 mg·kg^{-1}（试验Ⅱ）处理后施硅≥1.0 g·kg^{-1}，白菜地上部干样中累积的硅总量显著增加。

表6-8　施硅对白菜地上部吸收、累积硅含量的影响

试验Ⅰ								
处理	干样硅含量/（g·kg^{-1}）				硅总量/（mg·株$^{-1}$）			
Na_2SiO_3水平/（g·kg^{-1}）	外源Cd水平/（mg·kg^{-1}）				外源Cd水平/（mg·kg^{-1}）			
	0.0	0.3	0.6	0.9	0.0	0.3	0.6	0.9
0.0	2.587 a	2.070 a	2.617 b	2.330 a	7.989 a	4.949 b	7.660 b	7.405 a
0.5	3.283 a	3.095 a	2.837 b	2.775 a	11.451 a	9.582 ab	8.377 b	9.154 a
1.0	3.330 a	3.653 a	4.857 a	3.263 a	10.776 a	13.107 a	17.187 a	11.216 a
试验Ⅱ								
处理	干样硅含量/（g·kg^{-1}）				硅总量/（mg·株$^{-1}$）			
Na_2SiO_3水平/（g·kg^{-1}）	外源Cd水平/（mg·kg^{-1}）				外源Cd水平/（mg·kg^{-1}）			
	0.0	0.3	0.6	0.9	0.0	0.3	0.6	0.9
0.0	1.450 a	1.437 a	1.371 b	1.604 a	4.375 a	3.906 a	3.834 b	4.694 b
0.5	1.544 a	1.769 a	1.962 ab	1.823 a	4.773 a	5.321 a	6.116 ab	6.620 ab
1.0	1.651 a	1.805 a	2.197 a	1.785 a	5.630 a	6.002 a	8.684 a	6.260 ab
2.0	2.160 a	2.051 a	2.287 a	1.977 a	6.886 a	6.433 a	8.242 a	7.239 a

注：表中同列不同字母表示处理间有显著差异。

b. 施硅对白菜不同部位吸收、累积硅的影响

施硅提高白菜各部位的硅含量以及硅吸收总量，随施硅水平提高植物组织内累积的硅含量依次增加，而硅总吸收量则有不同程度的提高。白菜各器官间的硅含量分布为根＞叶＞茎，硅总量分布为叶＞茎＞根（表6-9），这与镉在白菜体内的含量和总量分布趋势一致。这可能是硅和镉在白菜体内形成硅-镉复合物共同沉积于根、茎、叶中的结果，但目前仍缺乏直接证据证实硅-镉复合物的存在，有待进一步的研究。

表6-9　施硅对白菜干样不同部位吸收硅含量及其总量的影响（试验Ⅱ）

处理		叶硅含量/（$g \cdot kg^{-1}$）	茎硅含量/（$g \cdot kg^{-1}$）	根硅含量/（$g \cdot kg^{-1}$）	叶硅总量/mg	茎硅总量/mg	根硅总量/mg
$Cd_{0.0}$	$Si_{0.0}$	1.881 a	1.019 a	2.249 a	3.731 a	1.057 a	0.682 b
	$Si_{0.5}$	1.889 a	1.239 a	2.253 a	4.122 a	1.609 a	0.645 b
	$Si_{1.0}$	2.063 a	1.319 a	2.399 a	4.210 a	1.763 a	0.803 ab
	$Si_{2.0}$	2.305 a	1.515 a	3.258 a	4.405 a	1.957 a	1.081 a
$Cd_{0.3}$	$Si_{0.0}$	2.007 a	1.154 a	2.074 a	3.861 a	1.348 a	0.627 a
	$Si_{0.5}$	2.153 a	1.386 a	2.116 a	4.284 a	1.541 a	0.728 a
	$Si_{1.0}$	2.215 a	1.431 a	2.499 a	4.420 a	1.679 a	0.879 a
	$Si_{2.0}$	2.625 a	1.478 a	2.639 a	4.647 a	1.687 a	0.820 a
$Cd_{0.6}$	$Si_{0.0}$	1.988 a	1.282 a	2.102 a	3.808 a	1.061 a	0.619 a
	$Si_{0.5}$	2.406 a	1.518 a	2.424 a	4.795 a	1.546 a	0.731 a
	$Si_{1.0}$	2.439 a	1.953 a	2.498 a	5.319 a	2.123 a	0.766 a
	$Si_{2.0}$	2.427 a	1.896 a	2.565 a	4.835 a	2.307 a	0.795 a
$Cd_{1.2}$	$Si_{0.0}$	1.900 a	1.307 a	2.181 a	3.813 a	1.297 a	0.570 b
	$Si_{0.5}$	2.079 a	1.398 a	2.378 a	4.902 a	1.659 a	0.715 ab
	$Si_{1.0}$	2.092 a	1.479 a	3.090 a	4.570 a	1.957 a	0.870 ab
	$Si_{2.0}$	2.251 a	1.510 a	3.332 a	4.855 a	1.860 a	0.965 a

注：表中同列不同字母表示处理间有显著差异。

2）施硅对白菜镉的吸收、累积和迁移、转化的影响

a．施硅对白菜地上部镉的吸收与累积的影响

表6-10数据表明，随土壤外源镉污染程度加剧，白菜地上部吸收镉的含量都成倍数急剧地显著增加，而施硅能有效抑制白菜地上部对重金属镉的吸收与累积。与不施硅处理比较，试验Ⅰ中施硅处理的白菜鲜样的镉含量下降幅度达12.40%～74.02%，白菜干样镉含量下降3.62%～51.87%；试验Ⅱ中则分别下降9.30%～79.79%和11.11%～70.96%，随施硅浓度的增大，这种抑制作用都呈增强趋势。在试验Ⅰ中采用较高浓度镉（0.6 $mg \cdot kg^{-1}$、0.9 $mg \cdot kg^{-1}$）处理时，不同硅水平处理间对抑制白菜鲜样吸收镉含量的效果显著；在试验Ⅱ中采用较低浓度镉（0.3 $mg \cdot kg^{-1}$）处理时，施较高量硅（2.0 $g \cdot kg^{-1}$）能显著降低白菜鲜/干样的镉含量，施低量硅（0.5 $g \cdot kg^{-1}$）对抑制吸收镉的效果不显著，而采用较高浓度镉（0.6 $mg \cdot kg^{-1}$、0.9 $mg \cdot kg^{-1}$）处理时，不同硅水平处理间对抑制白菜吸收镉的效果显著。

表6-10　施硅对白菜地上部吸收镉含量的影响

试验Ⅰ								
处理	鲜样镉含量/（mg·kg^{-1}）				干样镉含量/（mg·kg^{-1}）			
Na_2SiO_3水平/（g·kg^{-1}）	外源Cd水平/（mg·kg^{-1}）				外源Cd水平（mg·kg^{-1}）			
	0.0	0.3	0.6	0.9	0.0	0.3	0.6	0.9
0.0	0.040 a	0.253 a	0.518 a	1.041 a	0.553 a	4.589 a	7.064 a	13.976 a
0.5	0.035 a	0.204 a	0.346 b	0.630 b	0.533 a	3.371 ab	5.981 a	9.146 b
1.0	0.024 a	0.182 a	0.191 c	0.418 c	0.448 a	3.109 b	3.400 b	7.229 c
试验Ⅱ								
处理	鲜样镉含量/（mg·kg^{-1}）				干样镉含量/（mg·kg^{-1}）			
Na_2SiO_3水平/（g·kg^{-1}）	外源Cd水平（mg·kg^{-1}）				外源Cd水平（mg·kg^{-1}）			
	0.0	0.3	0.6	0.9	0.0	0.3	0.6	0.9
0.0	0.043 a	0.477 a	1.049 a	1.840 a	0.781 a	7.522 a	12.913 a	26.847 a
0.5	0.039 a	0.338 ab	0.748 b	1.071 b	0.608 a	6.149 a	11.478 a	18.830 b
1.0	0.032 a	0.268 ab	0.482 bc	0.816 b	0.599 a	4.881 ab	7.472 b	13.744 c
2.0	0.027 a	0.143 b	0.212 c	0.457 c	0.464 a	2.520 b	3.908 c	7.797 d

注：表中同列不同字母表示处理间有显著差异。

同时，随土壤外源镉污染水平增大，镉在白菜地上部的积聚总量显著上升。施硅处理能显著地降低较高镉浓度（0.6 mg·kg^{-1}、0.9 mg·kg^{-1}）处理的土壤上白菜地上部吸收镉的总量，而在未经镉处理的土壤上施硅则对地上部吸收的总量镉没影响（图6-3a，图6-3b），可见，在镉胁迫下施硅抑制白菜地上部吸收、累积镉的效果更佳，例如试验Ⅰ

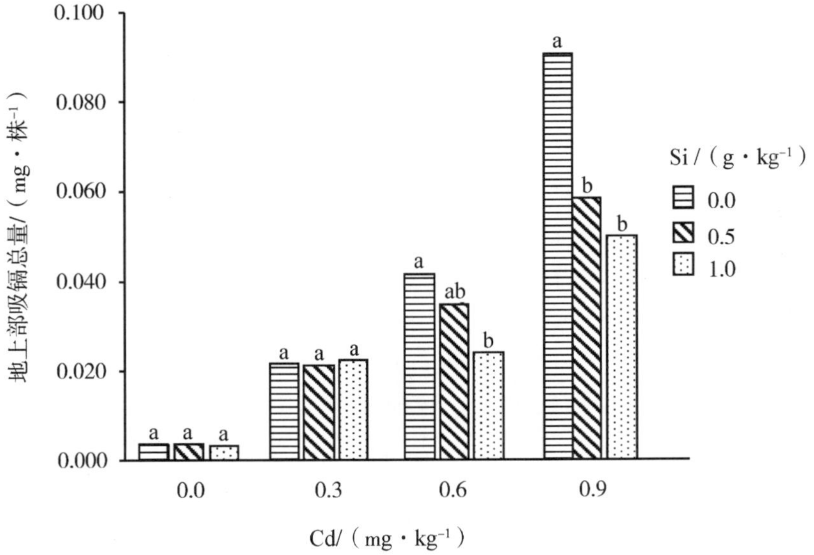

注：不同字母表示处理间有显著差异。

图6-3a　施硅对白菜地上部吸镉总量的影响（试验Ⅰ）

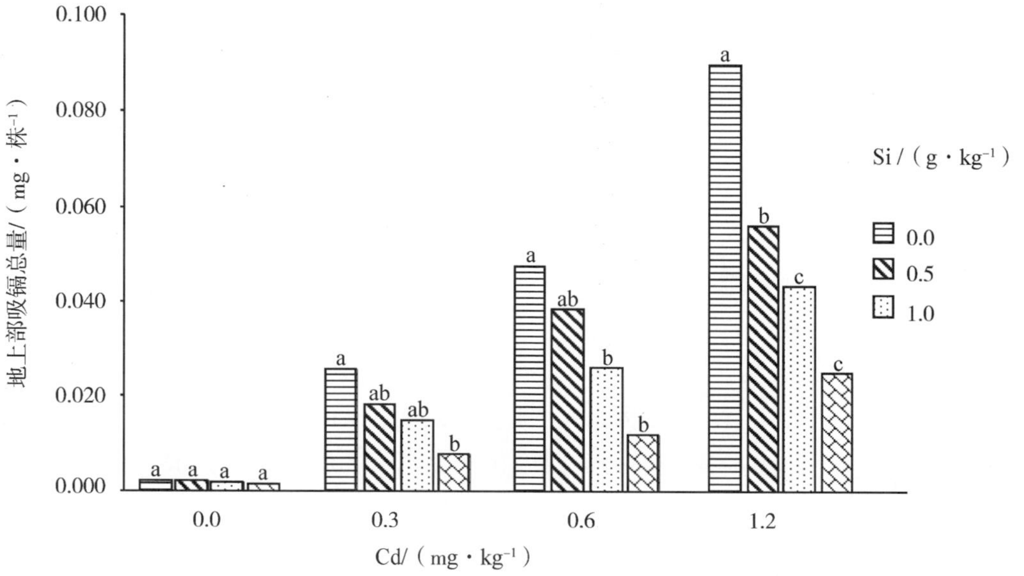

注：不同字母表示处理间有显著差异。

图6-3b　施硅对白菜地上部吸镉总量的影响（试验Ⅱ）

中，随外源镉浓度（0.6 mg·kg^{-1}、0.9 mg·kg^{-1}）增大，施硅（0.5 g·kg^{-1}、1.0 g·kg^{-1}）对地上部总镉吸收的抑制效率呈增强趋势，依次达16.67%和42.86%以及34.44%和44.44%（图6-3a）。试验Ⅱ中施硅（0.3～1.2 g·kg^{-1}）对白菜地上部累积镉总量的抑制效率达到0.00%～74.74%（图6-3b）。

b．施硅对镉在白菜不同部位的分布、累积影响

杨超光等（2005）认为玉米根系具有阻止镉向地上部运输的过滤机制。由表6-13可见，外源镉处理下缺硅白菜根的镉含量低于叶片的镉含量，施硅后白菜体内镉的含量分布为根>叶>茎，说明硅一定程度降低了镉向地上部的迁移，使镉滞留在植物的根部。随外源镉水平的提高，白菜根、叶、茎的镉含量相应急剧增加。施硅比不施硅有效地降低了白菜根、茎、叶中的镉含量，且有随外源镉水平提高施同量硅抑制白菜各部位吸收镉的效果有逐渐显著的趋势，同一镉处理不同硅水平间差异亦渐显著。施硅同时有效减少了白菜根、茎、叶累积镉的绝对量（表6-11），由于生物量的影响，白菜各部位吸收的总镉量分布为叶>茎>根，与镉含量分布有异；施硅后白菜根、茎、叶中累积的镉总量变化与镉含量变化趋势基本一致；施硅降低白菜体内累积的镉绝对量的大小为叶>茎>根。无论是白菜根、茎、叶中的镉含量还是镉总量，施硅显著降低了镉在植株组织内的吸收和累积。

表6-11　施硅对白菜干样根、茎、叶吸收和累积镉的影响（试验Ⅱ）

处理		叶镉含量/（mg·kg^{-1}）	茎镉含量/（mg·kg^{-1}）	根镉含量/（mg·kg^{-1}）	叶镉总量/mg	茎镉总量/mg	根镉总量/mg
$Cd_{0.0}$	$Si_{0.0}$	0.868 a	0.694 a	1.843 a	0.001 7 a	0.000 7 a	0.000 7 a
	$Si_{0.5}$	0.669 a	0.549 a	1.423 a	0.001 5 a	0.000 8 a	0.000 5 a

续表

处理		叶镉含量/（mg·kg^{-1}）	茎镉含量/（mg·kg^{-1}）	根镉含量/（mg·kg^{-1}）	叶镉总量/mg	茎镉总量/mg	根镉总量/mg
$Cd_{0.0}$	$Si_{1.0}$	0.659 a	0.539 a	1.291 a	0.001 3 a	0.000 6 a	0.000 5 a
	$Si_{2.0}$	0.521 a	0.406 a	0.891 a	0.001 0 a	0.000 5 a	0.000 3 a
$Cd_{0.3}$	$Si_{0.0}$	8.009 a	7.035 a	7.811 a	0.018 7 a	0.008 5 a	0.002 9 a
	$Si_{0.5}$	6.448 a	5.849 a	7.738 a	0.012 9 ab	0.006 3 a	0.003 1 a
	$Si_{1.0}$	5.005 ab	4.756 ab	7.216 ab	0.009 7 ab	0.005 3 ab	0.003 4 a
	$Si_{2.0}$	2.597 b	2.443 b	3.130 b	0.004 9 b	0.002 9 b	0.000 9 a
$Cd_{0.6}$	$Si_{0.0}$	14.156 a	11.670 a	13.532 a	0.033 9 a	0.012 3 a	0.004 6 a
	$Si_{0.5}$	12.960 a	9.997 a	13.211 a	0.025 1 ab	0.011 8 a	0.004 5 a
	$Si_{1.0}$	7.560 b	7.385 b	10.741 a	0.017 4 bc	0.009 1 a	0.003 7 ab
	$Si_{2.0}$	4.039 b	3.776 c	5.689 b	0.007 3 c	0.004 2 b	0.001 9 b
$Cd_{1.2}$	$Si_{0.0}$	30.051 a	23.643 a	26.916 a	0.069 9 a	0.021 4 a	0.009 2 a
	$Si_{0.5}$	20.429 b	17.230 b	20.766 b	0.038 5 b	0.018 9 ab	0.007 6 a
	$Si_{1.0}$	14.556 c	12.932 c	19.106 b	0.027 6 c	0.015 9 b	0.006 9 a
	$Si_{2.0}$	8.559 d	7.035 d	10.743 c	0.015 3 d	0.009 4 c	0.003 9 b

注：表中同列不同字母表示处理间有显著差异。

c．施硅对镉在白菜体内的迁移、转化影响

有研究表明硅可减少镉在植物根部向地上部的运转（秦淑琴 等，1997；陈秀芳 等，2005），本论文中参照Carbonell-Barrachina et al（1997）和胡钟胜等（2006）的方法，研究施硅对根吸收系数（Root Absorption Index，RAI，即作物根中某物质的含量与土壤中该物质的含量之比，本试验中土壤镉含量以外源镉量加上土壤镉本底值计算）、初级转移系数（Primary Transport Index，PTI，即作物茎中某物质含量与根系中该物质含量之比）、次级转移系数（Secondary Transport Index，STI，即作物叶中某物质的含量与茎中该物质的含量之比）、地上部转移系数（即作物地上部某物质的含量与根系中该物质含量之比）和地上部吸收系数（Shoot Absorption Index，SAI，即地上部某物质的含量与土壤中该物质含量之比）的影响。由表6-12结果可知，施硅明显抑制白菜根对镉的吸收系数，随硅浓度水平渐增RAI值递减，其中$Si_{2.0}$与$Si_{0.0}$差异显著，抑制效果最佳。RAI值愈小，说明土壤中该物质愈难被植物吸收利用（胡钟胜 等，2006）。与降低根对镉的吸收系数相比，施硅更显著地降低了白菜地上部对镉的吸收系数，且SAI＜RAI，可见，施硅有效降低土壤中镉的生物有效性，减少土壤中有效镉被植物吸收并向地上部迁移的风险，且白菜吸收的镉更多的是滞留在根部，迁移到地上部的较少。

除在不加外源镉处理下施硅略微升高镉PTI、STI和地上部转移系数外，在各外源镉处理下施硅不同程度地降低镉初级、次级及地上部的转移系数，在一定程度上抑制被根吸收的镉进一步运输到地上部，因而减轻了作物受镉污染的程度，保障了蔬菜的安全。由表

6–12可见，PTI＜1而STI＞1，说明白菜根中的镉较难运转到茎部，而输送到茎部的镉却易于向叶片迁移，施硅与缺硅处理相比，硅一定程度上抑制了镉在植物地上部进一步向茎和叶迁移与分布。

表6–12　施硅对白菜根和地上部镉吸收系数及镉初级和次级转移系数的影响（试验Ⅱ）

处理		根吸收系数（RAI）	初级转移系数（PTI）	次级转移系数（STI）	地上部转移系数	地上部吸收系数（SAI）
$Cd_{0.0}$	$Si_{0.0}$	26.33 a	0.38 a	1.25 a	0.45 a	11.18 a
	$Si_{0.5}$	20.33 ab	0.39 a	1.22 a	0.45 a	8.71 ab
	$Si_{1.0}$	18.44 bc	0.42 a	1.22 a	0.51 a	8.57 ab
	$Si_{2.0}$	12.73 c	0.46 a	1.28 a	0.50 a	6.68 b
$Cd_{0.3}$	$Si_{0.0}$	21.11 a	0.90 a	1.14 a	0.97 a	20.33 a
	$Si_{0.5}$	20.91 a	0.76 a	1.10 a	0.78 ab	16.61 b
	$Si_{1.0}$	19.50 a	0.66 a	1.05 a	0.69 b	13.19 b
	$Si_{2.0}$	8.46 b	0.78 a	1.06 a	0.82 ab	6.81 c
$Cd_{0.6}$	$Si_{0.0}$	20.20 a	0.86 a	1.21 a	1.00 a	19.27 a
	$Si_{0.5}$	19.72 a	0.76 ab	1.30 a	0.87 ab	17.13 a
	$Si_{1.0}$	16.03 a	0.67 b	1.02 a	0.70 b	11.15 b
	$Si_{2.0}$	8.49 b	0.66 b	1.07 a	0.69 b	5.83 c
$Cd_{1.2}$	$Si_{0.0}$	21.19 a	0.88 a	1.27 a	1.02 a	21.14 a
	$Si_{0.5}$	16.35 a	0.83 a	1.19 a	0.92 ab	14.83 b
	$Si_{1.0}$	15.04 a	0.68 a	1.13 a	0.71 b	10.82 c
	$Si_{2.0}$	8.46 b	0.65 a	1.22 a	0.73 b	6.14 d

注：表中同列不同字母表示处理间有显著差异。

（4）硅减轻白菜镉污染毒害的机制探讨

对施硅抑制植物吸收重金属镉、减轻重金属镉对作物的生理毒害的作用机制虽有了一定程度的了解，但还很不充分。在此，将通过对本次试验的结果的进一步分析，探讨硅减轻白菜镉污染毒害的可能机制。从本次试验的结果看，硅减轻白菜镉污染毒害的机制是多方面的。

1）施硅降低了土壤中重金属镉的活性，从而减少镉的植物有效性

前面已述，施硅对土壤pH值及土壤中硅、镉元素生物有效性影响的研究结果表明，施硅可提高土壤pH值及土壤中有效硅含量而降低土壤有效镉含量，这可能是施硅抑制白菜地上部从土壤中吸收重金属镉，从而减轻镉污染毒害的重要机制。

土壤pH值对土壤有效硅的影响与土壤粘粒对硅酸的吸附作用有关。土壤矿物风化所释放的单硅酸可吸附在各种氧化物及铝硅酸盐矿物表面裸露的—OH基团上（于群英 等，1998），施硅后土壤pH值升高是由弱酸盐（硅酸钠）发生水解或溶解中和了土壤溶液及

土壤胶体表面吸附的H^+和Al^{3+}，随着土壤pH值的增加，土壤中—OH基团数量增加，土壤吸附硅酸的能力增强，矿物风化作用释放出来的单硅酸不易淋失，土壤中吸附态的硅酸含量提高，因而使得土壤有效硅含量提高。

pH值是土壤化学性质的综合反映，是影响土壤镉的吸附与解吸，控制镉移动性和有效性的重要因子，pH值改变制约Cd的地球化学行为和存在形态变化。廖敏等（1999）实验表明镉离子从溶液中迁移到土壤中是一个快反应过程，90%左右的镉离子在15 min内被吸附，可见，在一般情况下，土壤中水溶态镉的含量相对较少，镉在土壤中主要是交换性吸附态（王孝堂，1991），因此可交换态镉是土壤中各形态镉中所占比例较大的形态（杨忠芳 等，2005）。pH值对土壤吸附镉的速率及吸附量有明显影响，镉吸附速率和吸附量随pH值升高而增加，而水溶态镉含量随pH值升高而下降，在pH<6酸性条件下，交换态镉含量随土壤pH值上升而增加，pH>6时，随pH值上升而降低（廖敏 等，1999），因此，要清除酸性土壤镉的污染，控制土壤pH值在6以上是关键。

陈晓婷等（2002）认为提高土壤pH值是抑制小白菜重金属（Cd、Pb、Zn）吸收的有效方法，但作者同时也指出：硅肥抑制植物吸收重金属镉的主要机制不能忽视活性硅对重金属的结合作用，蔡德龙等也认为施硅肥后提高的土壤有效硅有利于与活性镉形成硅酸镉沉淀而降低土壤有效镉的含量（蔡德龙 等，2000）。

本次试验施加外源镉、硅的浓度与土壤的理化性质的变化的简单相关关系见表6-13。土壤有效镉含量与外源镉浓度极显著正相关，一定程度上也说明了加入的外源镉（$2CdCl_2 \cdot 5H_2O$）有效性很强。土壤pH值和土壤有效硅含量都极显著地受到外源硅的影响，两者与硅浓度成正相关。土壤有效硅含量与土壤pH值亦极显著正相关。

表6-13　施入的硅、镉浓度与土壤pH值、有效硅含量和有效镉含量的相关关系

	项目	土壤pH值	土壤有效硅含量	土壤有效镉含量
试验Ⅰ	土壤有效硅	0.895**	1.000	0.088
	施硅浓度	0.940**	0.936**	−0.162
	外源镉浓度	0.148	0.235	0.976**
试验Ⅱ	土壤有效硅	0.964**	1.000	−0.035
	施硅浓度	0.989**	0.954**	−0.053
	外源镉浓度	−0.045	−0.008	0.996**

注：数据为Pearson相关系数，**表示极显著水平（$P<0.01$）。

土壤环境中各要素之间的关系错综复杂，交互影响，简单的相关分析还不能完全说明土壤理化性质变化的实质，为了进一步了解施硅对减轻镉污染的作用机制。本文通过逐步回归的分析探讨了外源镉浓度（X_1）、施硅浓度（X_2）、土壤pH值（X_3）之间相关关系，结果表明：

土壤pH值（Y）与施硅浓度（X）之间呈极显著的正相关关系：

$Y_{pH}=0.880X_2+5.582$　（$r=0.940$）（实验Ⅰ）

$Y_{pH}=0.831X_2+4.553$　（$r=0.989$）（实验Ⅱ）

土壤有效硅含量与土壤pH值呈直线极显著正相关：

$Y_{土壤有效硅}=45.687X_{土壤pH}-193.619$　（$r=0.895$）（实验Ⅰ）

$Y_{土壤有效硅}=55.830X_{土壤pH}-210.893$　（$r=0.964$）（实验Ⅱ）

以上结果与刘鸣达等（2001）、蔡阿瑜等（1997）的研究结果一致。

土壤有效镉含量（Y）与外源镉浓度（X_1）呈极显著正相关关系，但与土壤施硅浓度（X_2）、土壤pH值（X_3）呈极显著或显著负相关关系：

$Y_{土壤有效镉}=0.813X_1-0.128X_3+0.738$　（$r_{y1\cdot3}=0.992$　$r_{y3\cdot1}=-0.811$）（实验Ⅰ）

$Y_{土壤有效镉}=1.014X_1-0.033X_2+0.083$　（$r_{y1\cdot2}=0.998$　$r_{y2\cdot1}=-0.601$）（实验Ⅱ）

综合多元回归及上述的分析可以得出：施硅显著提高了土壤pH值，钝化了土壤镉的活性，这就降低了土壤镉向植物系统迁移的几率。这从以下对白菜不同部位吸收镉、硅元素的量与土壤pH值、土壤有效镉含量的相关关系的分析可以得到进一步的说明。

本次试验白菜不同部位吸收镉、硅元素的量与土壤理化性质的简单相关关系见表6–14。

根据表6–14的多元回归分析结果可知，白菜干叶、干茎的总镉量都分别与土壤有效镉含量（X_1）呈极显著的线性正相关，而与土壤pH值（X_2）呈极显著的线性负相关：

$Y_{干叶镉含量}=13.941X_1-5.075X_2+26.993$　（$r_{y1\cdot2}=0.917$　$r_{y2\cdot1}=-0.746$）

$Y_{干茎镉含量}=11.428X_1-3.982X_2+21.408$　（$r_{y1\cdot2}=0.934$　$r_{y2\cdot1}=-0.772$）

$Y_{干根镉含量}=14.083X_1-4.057X_2+22.464$　（$r_{y1\cdot2}=0.961$　$r_{y2\cdot1}=-0.803$）

$Y_{干叶总镉量}=0.029X_1-0.012X_2+0.066$　（$r_{y1\cdot2}=0.871$　$r_{y2\cdot1}=-0.714$）

$Y_{干茎总镉量}=0.012X_1-0.004X_2+0.020$　（$r_{y1\cdot2}=0.967$　$r_{y2\cdot1}=-0.831$）

上述分析再次说明，施硅显著提高了土壤pH值，钝化了土壤镉的活性，从而降低了土壤镉向植物系统迁移的几率。根据另外对镉的地上部吸收系数（Y）与土壤pH值（X）的关系进行的相关分析也证明了这一点（$Y=-6.925X+48.961$，$r=-0.846$）。显然，提高土壤pH值是减轻白菜镉污染的一种有效途径。

2）施硅有助于改善白菜生理代谢过程，从而提高白菜抗镉胁迫的能力

a. 外源硅在一定程度上有利于镉胁迫下白菜生理生化过程的改善

由表6–15可见，土壤的理化性质及外源硅、镉浓度与白菜生物和生理性状的相关指标存在极显著或显著相关。因此，在外源镉污染土壤上施硅，有可能通过促进白菜生长、改善白菜生理代谢过程，进而提高白菜抗镉胁迫的能力，进一步多元回归分析可以证明这一点。

根据多元回归分析结果，白菜的生长、生理变化指标与外源镉浓度（X_1）、外源硅浓度（X_2）、土壤pH值（X_3）、土壤有效镉含量（X_4）、土壤有效硅含量（X_5）之间有如下相关关系：

细胞质膜透性与外源镉浓度（X_1）呈正相关关系，与外源硅浓度（X_2）呈负相关关系：

$Y=2.516X_1-2.337X_2+0.065X_5+11.381$　（$r_{y1\cdot25}=0.882$　$r_{y2\cdot15}=0.882$　$r_{y5\cdot12}=0.948$）

表6-14　白菜不同部位吸收镉、硅元素的量与土壤理化性质的简单相关关系（试验Ⅱ）

项目	地上部鲜样镉含量	地上部干样镉含量	地上部总镉量	干叶镉含量	干茎镉含量	干根镉含量	干叶总镉量	干茎总镉量	干根总镉量	地上部干样硅含量	地上部总硅量	干叶硅含量	干茎硅含量	干根硅含量	干叶总硅量	干茎总硅量	干根总硅量
土壤pH值	−0.497*	−0.468	−0.484	−0.471	−0.464	−0.419	−0.505*	−0.427	−0.425	0.751**	0.695**	0.686**	0.559*	0.778**	0.532*	0.732**	0.828**
土壤有效硅含量	−0.411	−0.389	−0.401	−0.389	−0.389	−0.361	−0.417	−0.363	−0.379	0.753**	0.653**	0.697**	0.537*	0.736**	0.485	0.647**	0.743**
土壤有效镉含量	0.812**	0.857**	0.837**	0.849**	0.866**	0.908**	0.795**	0.910**	0.904**	0.080	0188	−0.032	0.218	0.202	0.290	0.075	−0.102
外源镉浓度	0.775**	0.827**	0.803**	0.818**	0.836**	0.887**	0.758**	0.887**	0.883**	0.142	0.256	0.009	0.271	0.255	0.352	0.141	−0.052
外源硅浓度	−0.465	−0.426	−0.446	−0.430	−0.420	−0.366	−0.472	−0.377	−0.370	0.821**	0.760**	0.745**	0.633**	0.791**	0.614*	0.791**	0.834**

注：数据为Pearson相关系数，*表示显著水平（$P<0.05$），**表示极显著水平（$P<0.01$）。

表6–15　土壤理化性质及外源硅、镉浓度与白菜生物和生理性状的简单相关关系（试验Ⅱ）

项目	细胞质膜透性	叶绿素SPAD值	SOD活性	CAT活性	POD活性	株高	地上部鲜重	地上部干重	根鲜重	茎鲜重	叶鲜重	根干重	茎干重	叶干重
土壤pH值	0.337	−0.147	−0.330	−0.442	0.263	0.801**	0.694**	0.651**	−0.796**	0.779**	−0.723**	0.387	0.638**	0.387
外源镉浓度	0.770**	−0.486	−0.684**	−0.205	0.616*	−0.394	−0.632**	0.411	−0.089	−0.152	−0.527*	−0.723**	0.045	0.474
外源硅浓度	0.339	−0.128	−0.383	−0.375	0.330	0.789**	0.673**	0.683**	0.820**	0.778**	−0.754**	0.370	0.643**	−0.014
土壤有效硅含量	0.472	−0.244	−0.371	−0.593*	0.299	0.711**	0.564*	0.583*	−0.709**	0.670**	−0.701**	0.298	0.506*	−0.170
土壤有效镉含量	0.760**	−0.466	−0.682**	−0.204	0.611*	−0.436	−0.666**	0.364	−0.061	−0.206	−0.476	−0.734*	−0.007	0.440
细胞质膜透性	1.000	−0.641**	−0.564*	−0.729**	0.449	−0.140	−0.384	0.401	−0.245	−0.047	−0.640**	−0.565*	0.150	0.136
叶绿素SPAD值	−0.641**	1.000	0.000	0.447	0.077	0.122	0.379	−0.358	−0.035	−0.053	−0.575*	−0.547*	−0.082	−0.137
SOD活性	−0.564*	0.000	1.000	0.177	−0.915**	−0.070	0.134	−0.503*	0.503*	−0.106	0.510*	0.182	−0.129	−0.160
CAT活性	−0.729**	0.447	0.177	1.000	−0.077	−0.049	0.037	−0.102	0.130	−0.079	0.345	0.200	−0.057	0.265
POD活性	0.449	0.077	−0.915**	−0.077	1.000	−0.054	−0.176	0.338	−0.372	−0.074	−0.442	−0.265	−0.055	0.103

注：数据为Pearson相关系数，*表示显著水平（$P<0.05$），**表示极显著水平（$P<0.01$）。

SOD活性与外源镉浓度（X_1）呈负相关关系：

Y=-9.912X_1-3.331X_2+53.942　（$r_{y1\cdot2}$=-0.740　$r_{y2\cdot1}$=-0.525）

CAT活性与外源硅浓度（X_2）呈正相关关系，与土壤有效硅含量（X_5）呈负相关关系：

Y=2.707X_2-0.069X_5+35.565　（$r_{y5\cdot2}$=-0.843　$r_{y2\cdot5}$=0.786）

POD活性与外源镉浓度（X_1）呈正相关关系：

Y=63.643X_1+282.650　（r=0.616）

从上述回归方程可见，施入土壤的外源硅、镉浓度和土壤的理化性质变化也同时影响了白菜的生长状况和生理代谢过程，其中外源硅在一定程度上有利于镉胁迫下白菜生理生化过程的改善（如降低细胞质膜透性，提高CAT活性），从而增强白菜抗镉胁迫的能力。

外源硅对镉胁迫下白菜生理生化过程的改善，一方面与外源硅抑制了白菜对镉的吸收有关，另一方面也与硅元素本身的作用有一定关系。这从以下对白菜体内不同部位镉、硅元素的量与白菜生理指标的相关关系分析可以得到一定的说明。

对白菜不同部位吸收累积镉的量与白菜的生理如细胞质膜透性（X_1）、SOD活性（X_2）、CAT活性（X_3）之间的相关关系进行的回归分析表明，白菜干叶、干茎、干根的镉含量以及地上部干样镉含量、镉总量与细胞质膜透性和CAT活性呈极显著和显著正相关关系（表6-16）。其中：

干叶总镉量与细胞质膜透性（X_1）的相关关系的回归方程为：

Y=0.006X_1-0.080　（r=0.507）

干茎总镉量与SOD活性（X_2）的相关关系的回归方程为：

Y=-0.001X_2+0.033　（r=-0.547）

地上部鲜样镉含量与细胞质膜透性（X_1）的相关关系的回归方程为：

Y=0.168X_1-2.205　（r=0.512）

此外，根据表6-16进行的回归分析表明，白菜干叶硅含量和硅总量、干茎硅含量、地上部干样硅含量和硅总量都与POD活性成显著正相关。

由上述可见，施硅后白菜的生理过程与白菜各部位对硅、镉元素的吸收存在一定的关联。施适量硅一定程度上改善了白菜的生理状况，降低了细胞质膜透性，提高了POD活性，与施硅减少了白菜不同部位对镉的吸收累积，从而降低了镉对白菜的生理毒害有一定相关关系，也与白菜体内硅的累积有一定相关关系。

b. 白菜的生长、生理状况之间相互影响，有助提高抗镉毒害的能力

由表4-16还可知，植物的抗镉胁迫的生理生化过程之间是紧密联系、相互影响的，某个生理指标的变化有可能诱发其他生理代谢过程，因此，施硅缓解白菜重金属镉毒害应是多个过程联合作用的结果。对白菜生理指标如叶绿素含量（X_1）、细胞质膜透性（X_2）、SOD活性（X_3）、CAT活性（X_4）、POD活性（X_5）之间的相关关系的回归分析可以说明这一点。

多元回归分析结果表明，白菜生理指标如叶绿素含量（X_1）、细胞质膜透性（X_2）、SOD活性（X_3）、CAT活性（X_4）、POD活性（X_5）之间有如下相关关系：

叶绿素与细胞质膜透性（X_2）、SOD活性（X_3）之间呈负相关关系：

Y=-1.086X_2-0.140X_3+72.044　（$r_{y2\cdot3}$=-0.776　$r_{y3\cdot2}$=-0.570）

细胞质膜透性与叶绿素含量（X_1）、SOD活性（X_3）、CAT活性（X_4）之间呈负相关

表6-16 白菜不同部位镉、硅元素的量与白菜生理指标的简单相关关系（试验Ⅱ）

项目	地上部鲜样镉含量	地上部干样镉含量	地上部总镉量	干叶镉含量	干茎镉含量	干根镉含量	干叶总镉量	干茎总镉量	干根总镉量	地上部干样硅含量	地上部总硅量	干叶硅含量	干茎硅含量	干根硅含量	干叶总硅量	干茎总硅量	干根总硅量
叶绿素含量	–0.184	–0.204	–0.186	–0.206	–0.201	–0.252	–0.158	–0.241	–0.223	0.013	–0.077	0.097	0.096	–0.389	–0.045	0.072	–0.072
细胞质膜透性	0.512*	0.535*	0.522*	0.539*	0.529*	0.544*	0.507*	0.536*	0.512*	0.294	0.291	0.122	0.241	0.495	0.226	0.189	0.181
SOD活性	–0.421	–0.462	–0.453	–0.447	–0.479	–0.514*	–0.401	–0.547*	–0.520*	–0.494	–0.469	–0.538*	–0.592*	–0.319	–0.567*	–0.429	–0.220
CAT活性	–0.079	–0.046	–0.057	–0.063	–0.025	0.015	–0.075	0.012	0.061	–0.171	–0.083	–0.047	–0.039	–0.344	0.068	–0.029	–0.189
POD活性	0.464	0.488	0.487	0.476	0.501*	0.520*	0.444	0.543*	0.505*	0.557*	0.532*	0.618*	0.711**	0.152	0.616*	0.457	0.071

注：数据为Pearson相关系数，*表示显著水平（$P<0.05$），**表示极显著水平（$P<0.01$）。

关系：

Y=–0.382X_1–0.111X_3–0.690X_4+61.799（$r_{y1\cdot34}$=–0.753　$r_{y3\cdot14}$=–0.811　$r_{y4\cdot13}$=–0.751）

POD活性与SOD活性（X_3）之间呈负相关关系：

Y=–6.513X_3+614.524　（r=–0.915）

不仅白菜的生理过程之间是相互影响的，而且白菜的生长状况（如株高、生物量）与生理状况也息息相关，有关的回归方程没具体列出。

从以上分析可知，白菜的生长状况改善（如叶绿素含量、株高、生物量的提高）与生理状况改善（如细胞质膜透性降低、CAT活性提高）是相互协调的。施硅能促进白菜生长，有助于增强对镉胁迫的耐受力，减轻镉对植物造成的生理伤害；同时，施硅有利于生理生化指标的改善，又将进一步促进了白菜的生长，两者相辅相成，相得益彰。

3）白菜对硅的吸收、累积影响了其对镉的吸收、迁移

在硅元素缓解植物重金属毒害的机制研究中，硅–金属复合（螯合）物的作用引起人们极大的关注。硅与铝可形成无毒或低毒的铝硅酸复合离子（HAS），减轻小麦、水稻等的铝毒害（黄昌勇 等，2003；顾明华 等，2002；Gu et al，1998），Neumann et al（2001）发现植物细胞壁、细胞间隙、细胞质和细胞核中存在含Si和Zn的共沉淀物，电子能量损失谱鉴定出该沉淀物是锌–硅酸盐复合物。在施硅后保持土壤和培养液pH值恒定或施硅后土壤pH值和土壤有效镉及镉形态没影响的情况下，硅仍然显著减少植物地上部镉的含量（杨超光 等，2005；秦淑琴 等，1997；Liang et al，2005），因此有学者猜测土壤中或植物体内也可能形成镉–硅沉淀或复合物（杨超光 等，2005；高柳青 等，2004）来减少植物活性镉离子的毒性。

在本试验中，白菜体内硅与镉的含量和总量分布趋势一致，都为根＞叶＞茎和叶＞茎＞根，一定程度上说明硅和镉在白菜内有可能形成硅–镉复合物共同沉积于根、茎、叶中，但目前仍缺乏直接证据证实硅–镉复合物的存在。根据对镉的地上部吸收系数与干根总硅量的相关关系分析结果表明，镉的地上部吸收系数（Y）与干根总硅量（X）呈极显著负相关关系（Y=–27.333X+33.405，r=–0.703），可见硅在植物根内的累积与地上部的镉吸收的减少是有关联的，硅在植物体内的沉积抑制了镉吸收，这也与试验数据的结果一致，但植物硅是如何抑制镉吸收的，相关的过程和机制还不清楚。

4）硅在白菜体内的吸收、累积与生理生化效应联合作用抑制白菜不同部位对镉的吸收、累积

在两次试验中，镉在白菜各器官内的吸收、累积与硅的吸收、累积成负关系，但两者之间相关关系不显著。由于白菜的生理生化过程极显著或显著影响白菜不同部位对镉的吸收累积（前文已有回归分析），为进一步说明是否存在硅参与白菜的生理生化代谢过程而缓解植物镉毒害，抑制镉吸收从而减轻镉污染的作用机制，进行了白菜生理变化过程和各器官中硅的吸收累积与白菜各器官中镉的吸收累积的多元回归分析，得到白菜不同部位中镉的吸收累积与细胞质膜透性（X_1）、CAT活性（X_2）、干根硅含量（X_3）、干根硅总量（X_4）的相关关系。

白菜干叶镉含量、干叶镉总量、地上部鲜样镉含量、地上部干样镉含量、地上部镉

总量与细胞质膜透性、CAT活性极显著或显著正相关，而与白菜干根的硅总量极显著负相关。

另外，干茎、干根的镉含量（Y）与细胞质膜透性（X_1）、CAT活性（X_2）呈极显著正相关，与干根硅含量（X_3）呈极显著负相关关系，回归方程分别为：

$Y_{干茎镉含量}=6.053X_1+5.299X_2-9.760X_3-236.226$　（$r_{y1\cdot 23}=0.902$，$r_{y2\cdot 13}=0.787$，$r_{y3\cdot 12}=-0.771$）；

$Y_{干根镉含量}=7.259X_1+7.010X_2-9.293X_3-309.592$　（$r_{y1\cdot 23}=0.912$，$r_{y2\cdot 13}=0.882$，$r_{y3\cdot 12}=-0.715$）。

由上述分析可知，白菜体内的硅尤其是根部累积的硅含量或硅总量与白菜的生理生化过程存在联合作用，共同抑制白菜不同器官对镉的吸收和聚积，减少镉在植株体内吸收积聚的含量和总量。因此，硅有可能是通过影响植物的生理生化代谢过程或直接参与生理生化代谢过程间接或直接起到缓解植物镉毒害、抑制镉吸收的效应的。

6.2.2　施硅减轻小白菜铬、锌、铅污染效应研究

参考前面试验方法，项目还进行了施硅减轻小白菜铬、锌、铅污染效应研究，具体方法，不再详述。

6.2.2.1　模拟铬污染施硅调控效果

（1）施硅对铬胁迫下白菜的生长的影响

表6-17和表6-18的盆栽试验结果表明，施入Cr量在50 mg·kg^{-1}水平时，小白菜的生物量高于对照，而施Cr量达到100 mg·kg^{-1}水平时，小白菜的生物量下降。说明当较低量的重金属Cr进入土壤时，对蔬菜的生长有一定的促进作用，而高量的Cr对小白菜生长有毒害作用。而在本试验范围的各施Si水平均可提高无污染土壤上小白菜的生物量。在Cr施入50 mg·kg^{-1}水平时，施Si在50 mg·kg^{-1}水平时小白菜产量最高，但施Si达到100 mg·kg^{-1}时产量虽高于对照，但已低于施50 mg·kg^{-1}水平，当施Si水平达到150 mg·kg^{-1}水平时小白菜产量已低于对照；即在轻度Cr污染土壤上，施适量Si可有效提高小白菜产量，但随着施Si量的提高，小白菜产量会下降。当Cr施入量达到100 mg·kg^{-1}和200 mg·kg^{-1}时，施Si已不能提高小白菜的产量。

表6-17　第一次模拟铬污染土壤上施Si对小白菜鲜重的影响

处理	Si/（mg·kg^{-1}）			
Cr/（mg·kg^{-1}）	0/（g·株$^{-1}$）	25/（g·株$^{-1}$）	50/（g·株$^{-1}$）	100 /（g·株$^{-1}$）
0	42.04	44.97	46.02	54.86
50	43.96	50.16	46.57	44.59
100	42.17	43.96	40.53	36.52
150	36.93	40.54	37.70	29.83

注：第一次试验是在冬季进行，每处理6盆，每盆1株，表中数据是6盆的平均值。

表6-18　第二次模拟铬污染土壤上施Si对小白菜生物量的影响

处理		根	茎	叶	总生物量
Cr/（mg·kg^{-1}）	Si/（mg·kg^{-1}）	/（g·株）			
Cr_0	Si_0	1.56 ± 0.14 a	33.79 ± 1.13 a	34.66 ± 1.38 a	70.01 ± 2.38 a
	Si_{50}	1.59 ± 0.10 a	34.16 ± 2.30 a	38.16 ± 1.39 a	73.90 ± 2.39 a
	Si_{100}	1.43 ± 0.06 b	40.58 ± 3.83 a	34.47 ± 2.69 a	76.49 ± 2.77 a
	Si_{150}	1.47 ± 0.64 a	41.83 ± 1.62 a	35.18 ± 1.19 a	78.48 ± 2.29 a
Cr_{50}	Si_0	1.71 ± 0.19 a	35.12 ± 0.78 b	37.82 ± 1.41 a	74.65 ± 1.58 b
	Si_{50}	1.97 ± 0.10 a	47.29 ± 2.47 a	45.19 ± 1.58 a	94.45 ± 1.11 a
	Si_{100}	1.02 ± 0.70 a	38.96 ± 1.75 b	34.11 ± 0.71 b	76.10 ± 1.93 b
	Si_{150}	1.17 ± 0.50 a	38.66 ± 1.64 b	33.14 ± 0.96 b	72.98 ± 0.96 b
Cr_{100}	Si_0	1.49 ± 0.21 a	33.93 ± 1.87 a	33.46 ± 2.24 b	68.89 ± 3.80 a
	Si_{50}	1.42 ± 0.14 a	31.36 ± 0.86 a	35.36 ± 2.96 a	68.14 ± 2.08 a
	Si_{100}	1.34 ± 0.56 a	34.63 ± 2.05 a	31.12 ± 3.00 a	67.09 ± 4.55 a
	Si_{150}	0.91 ± 0.58 a	35.30 ± 1.06 a	28.08 ± 1.26 a	64.29 ± 1.93 a
Cr_{200}	Si_0	1.23 ± 0.11 a	30.37 ± 0.88 ab	35.04 ± 1.36 a	66.64 ± 0.92 ab
	Si_{50}	0.60 ± 0.10 a	34.71 ± 1.85 a	32.43 ± 0.62 ab	67.74 ± 2.43 a
	Si_{100}	1.06 ± 0.47 a	29.99 ± 2.05 b	31.60 ± 1.34 b	62.65 ± 3.24 ab
	Si_{150}	0.88 ± 0.36 a	30.59 ± 1.41 ab	29.46 ± 0.85 b	60.93 ± 1.33 b

注：第二次试验是在春季进行，每处理4盆，每盆6株，表中数据是4盆的平均值，同列不同字母表示处理间有显著差异。

（2）施硅对铬在白菜不同部位的分布、累积影响

表6-19的结果显示，重金属铬在小白菜体内的部位是根＞叶＞茎，但生物量是叶和茎远远大于根，可见叶菜体内的重金属铬的分布主要是在食用部位的叶和茎。

表6-20和表6-21的盆栽试验结果显示，施Cr可显著提高小白菜的Cr含量，但适量施Si可适当降低小白菜的Cr含量。Cr施入量为50 mg·kg^{-1}、100 mg·kg^{-1}和200 mg·kg^{-1}浓度范围时，施Si 50 mg·kg^{-1}，可在使小白菜提高产量（达到所有处理的最高产量）的同时，显著降低小白菜各器官的Cr含量；其中Cr施入量为50 mg·kg^{-1}时，施Si浓度在5 mg·kg^{-1}、100 mg·kg^{-1}、150 mg·kg^{-1}的范围内提高Si施用水平可使小白菜各器官的Cr含量持续下降。当Cr施入量为100 mg·kg^{-1}和200 mg·kg^{-1}时，提高Si施用浓度也可使小白菜各器官的Cr含量有下降趋势。

表6-19　第一次模拟铬污染土壤上施Si对小白菜地上部Cr含量的影响　（$mg \cdot kg^{-1}$）

处理	Si			
Cr	0	25	50	100
0	0.020 9	0.009 1	0.008 4	0.006 7
50	0.039 5	0.055 6	0.044 8	0.044 0
100	0.167 0	0.109 3	0.148 5	0.146 4
150	0.338 9	0.225 3	0.226 6	0.304 3

注：蔬菜的铬限量指标为0.5 $mg \cdot kg^{-1}$。

表6-20　第二次模拟铬污染土壤上施Si对小白菜Cr含量的影响　（$mg \cdot kg^{-1}$）

处理		Cr（根）	Cr（茎）	Cr（叶）	茎和叶食用部分Cr含量
Cr_0	Si_0	0.380 ± 0.037 a	0.004 61 ± 0.001 a	0.039 4 ± 0.011 a	0.022 0
	Si_{50}	0.377 ± 0.076 a	0.004 80 ± 0.000 a	0.024 6 ± 0.005 a	0.014 7
	Si_{100}	0.264 ± 0.093 a	0.005 07 ± 0.001 a	0.031 5 ± 0.006 a	0.018 3
	Si_{150}	0.347 ± 0.112 a	0.003 30 ± 0.000 a	0.018 0 ± 0.004 a	0.010 7
Cr_{50}	Si_0	0.710 ± 0.062 a	0.016 75 ± 0.004 a	0.057 3 ± 0.002 a	0.037 0
	Si_{50}	0.449 ± 0.001 b	0.005 86 ± 0.002 b	0.036 6 ± 0.001 b	0.021 2
	Si_{100}	0.212 ± 0.010 c	0.005 93 ± 0.000 b	0.033 2 ± 0.002 b	0.019 6
	Si_{150}	0.214 ± 0.046 c	0.004 40 ± 0.001 b	0.025 4 ± 0.006 b	0.014 9
Cr_{100}	Si_0	0.499 ± 0.155 a	0.032 90 ± 0.014 a	0.075 8 ± 0.001 a	0.054 3
	Si_{50}	0.755 ± 0.062 a	0.008 65 ± 0.001 b	0.042 2 ± 0.003 b	0.025 4
	Si_{100}	0.433 ± 0.183 a	0.008 49 ± 0.002 b	0.053 0 ± 0.006 b	0.030 7
	Si_{150}	0.532 ± 0.163 a	0.009 67 ± 0.003 ab	0.023 6 ± 0.004 c	0.016 6
Cr_{200}	Si_0	1.582 ± 0.089 b	0.102 29 ± 0.010 a	0.251 0 ± 0.038 a	0.176 6
	Si_{50}	1.923 ± 0.297 b	0.027 04 ± 0.004 bc	0.104 4 ± 0.006 b	0.065 7
	Si_{100}	1.195 ± 0.676 a	0.036 45 ± 0.006 b	0.116 9 ± 0.027 b	0.076 7
	Si_{150}	0.855 ± 0.048 b	0.009 35 ± 0.001 c	0.067 3 ± 0.012 b	0.038 3

注：表中同列不同字母表示处理间有显著差异。

6.2.2.2　模拟锌污染施硅调控效果

锌污染造成毒害可使小白菜产量降低，施Si可提高锌污染条件下的小白菜生物量，且在Si 100 g・kg^{-1}之内可随施Si水平的提高而提高（表6-21）。

而小白菜的Zn含量，有随施Si水平的提高而下降的趋势（表6-22）。

表6-21　模拟锌污染土壤上施Si对小白菜鲜重的影响

处理	Si/（mg・kg^{-1}）			
Zn/（mg・kg^{-1}）	0/（g・盆$^{-1}$）	25/（g・盆$^{-1}$）	50/（g・盆$^{-1}$）	100/（g・盆$^{-1}$）
0	42.04	44.97	46.02	54.86
200	14.66	31.51	40.16	48.27

表6-22　锌污染土壤上施Si对小白菜Zn含量的影响

处理	Si/（mg・kg^{-1}）			
Zn/（mg・kg^{-1}）	0/（g・盆$^{-1}$）	25/（g・盆$^{-1}$）	50/（g・盆$^{-1}$）	100/（g・盆$^{-1}$）
0	10.6 a	4.04 b	2.49 c	1.89 d
150	148.04 a	122.91 b	95.20 c	44.15 d

注：表中同列相同字母表示处理间无显著差异。

6.2.2.3　模拟铅污染施硅调控效果

表6-23的试验结果显示，铅污染造成的毒害对小白菜生物量影响不明显，但施Si可提高铅污染条件下小白菜的生物量，在Si100 mg・kg^{-1}的浓度之内有随施Si浓度的提高而提高的趋势。

表6-24的结果显示，铅污染土壤上，施硅同样有可显著降低小白菜含铅量的效果。

表6-23　模拟铅污染土壤上施硅对小白菜产量（地上部鲜重）的影响

处理	Si/（mg・kg^{-1}）			
Pb/（mg・kg^{-1}）	0/（g・盆$^{-1}$）	25/（g・盆$^{-1}$）	50/（g・盆$^{-1}$）	100/（g・盆$^{-1}$）
0	43.56 c	47.79 bc	51.87 b	64.21 a
300	45.30 c	55.72 ab	53.96 b	62.24 a

注：表中同列不同字母表示处理间有显著差异。

表6-24　模拟铅污染土壤上施硅对小白菜植株铅含量的影响

处理	Si/（mg・kg^{-1}）			
Pb/（mg・kg^{-1}）	0/（g・盆$^{-1}$）	25/（g・盆$^{-1}$）	50/（g・盆$^{-1}$）	100/（g・盆$^{-1}$）
0	0.090 a	0.084 a	0.082 a	0.059 a
300	5.865 a	4.695 b	1.887 b	0.420 c

注：蔬菜食品的Pb限量指标为≤0.2 mg・kg^{-1}；表中同列不同字母表示处理间有显著差异。

6.2.3　砷污染土壤生菜叶面喷施铈硅复合溶胶调控效果研究

采用水热合成法，利用正硅酸乙酯和硝酸铈分别制备了二氧化硅和二氧化铈溶胶。通过土培盆栽模拟试验，在砷污染土壤上种植意大利生菜，研究了叶面喷施不同浓度二氧化硅、二氧化铈以及不同掺杂比的铈硅复合溶胶对生菜地上部生物量、叶绿素含量、砷含量以及生菜地上部砷积累量的影响。

6.2.3.1　叶面喷施铈硅复合溶胶对砷胁迫下生菜生长的影响

叶面喷施铈硅复合溶胶可以显著促进生菜生长，提高地上部生物量（图6–4）。其中以处理2%Ce–Si生菜地上部生物量最高，单株干重达到了7.1 g，是对照（CK）的1.6倍。铈硅复合溶胶处理的生菜生物量要高于单独用5 mmol · L^{-1}氧化硅溶胶处理；处理5Si、1%Ce–Si、10%Ce–Si、20%Ce–Si、25%Ce–Si生菜地上部生物量分别比对照增加了26.4%、48.4%、44.1%、37.1%、37.2%。单独喷施氧化硅溶胶的生菜地上部生物量随着氧化硅溶胶浓度的增加而增加；但单独喷施5 mmol · L^{-1} Si和10 mmol · L^{-1} Si的生菜地上部生物量之间差异不显著（$P>0.05$）。单独喷施2 mmol · L^{-1}氧化铈溶胶生菜地上部生物量比对照增加了58.5%。

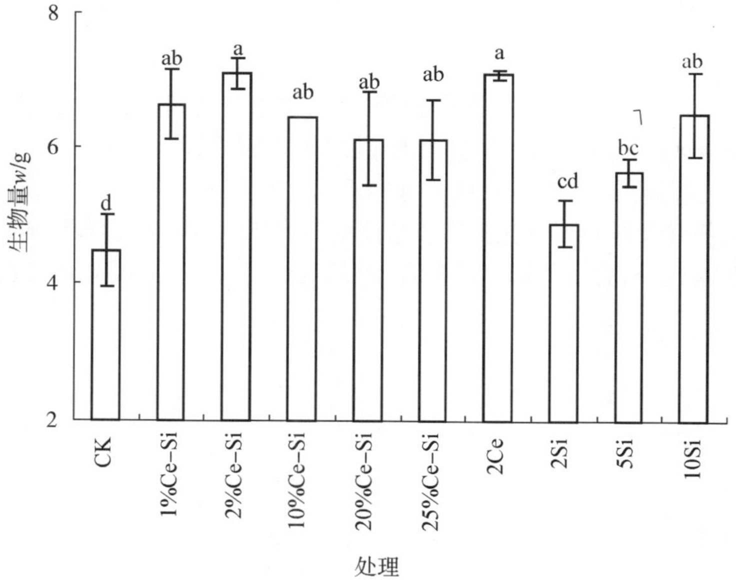

注：n=3，误差线为标准差，不同字母表示差异显著。

图6–4　不同铈硅复合溶胶处理对生菜地上部生物量鲜重的影响

6.2.3.2　叶面喷施铈硅复合溶胶对砷胁迫下生菜叶绿素的影响

从图6–5可以看出，叶面喷施5 mmol · L^{-1}氧化硅掺杂不同浓度氧化铈的复合溶胶，生菜叶片叶绿素含量随着氧化铈溶胶浓度的升高出现先升高后降低的趋势；但除了处理2%Ce–Si生菜叶片叶绿素含量显著高于对照外（$P<0.05$），其他各处理均与对照无显著差异（$P>0.05$）。在叶面单独喷施不同浓度氧化硅溶胶处理中，生菜叶片叶绿素含量均与对照无显著差异；虽然叶面喷施2 mmol · L^{-1}氧化铈生菜叶片叶绿素含量低于对照，但差异并不显著。

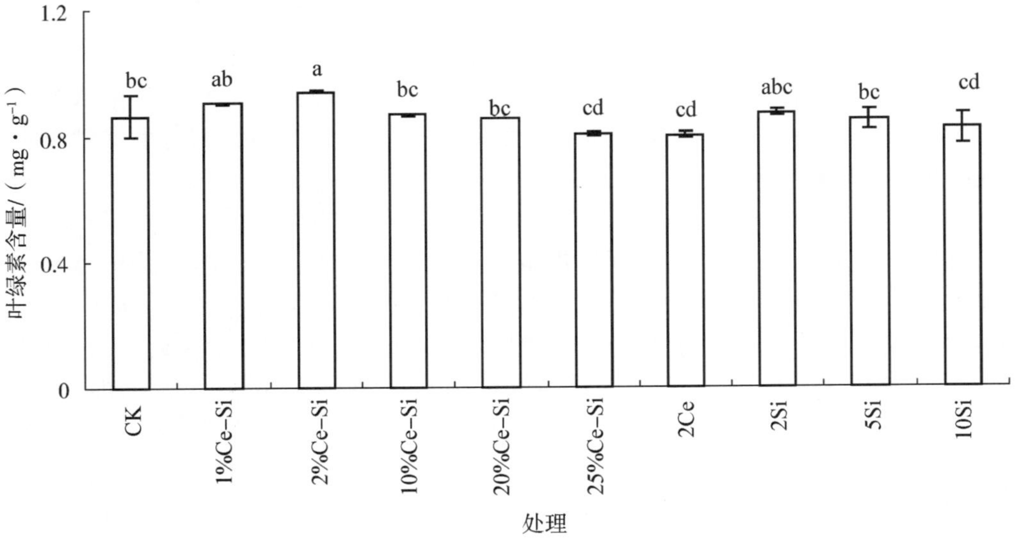

注：n=3，误差线为标准差，不同字母表示差异显著。

图6-5　不同铈硅复合溶胶处理对生菜地上部叶绿素含量的影响

6.2.3.3　叶面喷施铈硅复合溶胶对生菜地上部砷含量的影响

叶面喷施各种氧化铈、氧化硅溶胶处理，均能显著降低生菜地上部砷含量，下降幅度达23.5%～48.6%（图6-6）。其中以2%Ce-Si处理生菜地上部砷含量最低，为5.68 mg·kg^{-1}，是对照的48.6%。叶面喷施5 mmol·L^{-1}氧化硅掺杂不同浓度氧化铈的复合溶胶，生菜地上部砷含量随着氧化铈溶胶浓度的升高出现先降低后升高的趋势，其中处理1%Ce-Si和处理2%Ce-Si的生菜地上部砷含量显著低于其他各浓度氧化铈复合5 mmol·L^{-1}

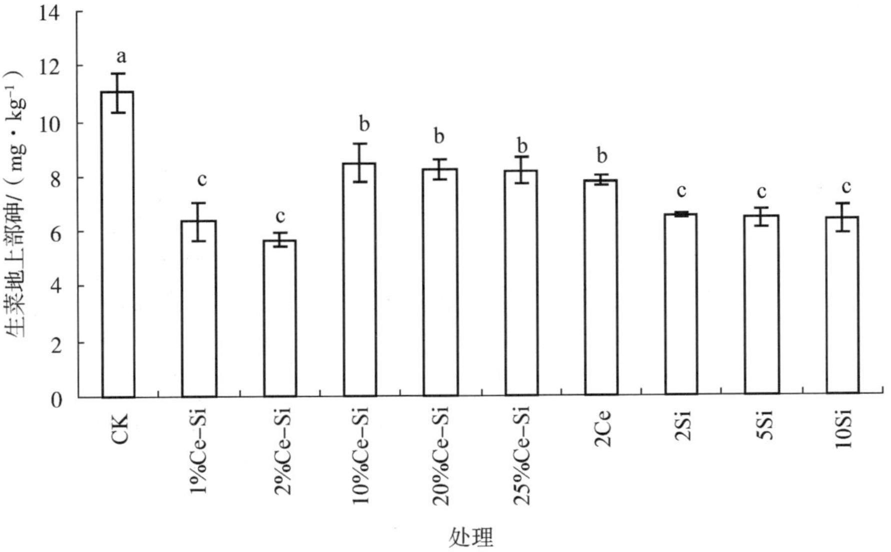

注：n=3，误差线为标准差，不同字母表示差异显著。

图6-6　不同铈硅复合溶胶处理对生菜地上部砷含量的影响

氧化硅溶胶处理；喷施不同浓度单独氧化硅溶胶处理间生菜地上部砷含量无显著差异，但均显著低于对照含量。

6.2.3.4　叶面喷施铈硅复合溶胶对生菜地上部砷含量的影响

从图6–7可以看出，除了处理10%Ce–Si和处理2Ce外，其余各处理均能显著降低生菜地上部砷积累量。其中以处理2Si生菜地上部砷积累量最低，为每株1.48 μg，是对照的58.1%。这表明叶面喷施铈硅复合溶胶不但可以降低生菜地上部砷浓度，而且可以减少生菜对砷的吸收积累。因此，叶面喷施铈硅复合溶胶可以降低砷通过食物链危害人体健康的风险。处理2%Ce–Si生菜地上部砷积累量显著高于处理2Si。这可能与处理2%Ce–Si生菜地上部具有较高生物量有关（图6–4）；但处理2%Ce–Si生菜地上部砷含量最低（图6–6），因此在摄入等量生菜条件下，食用处理2%Ce–Si生菜的健康风险更小。

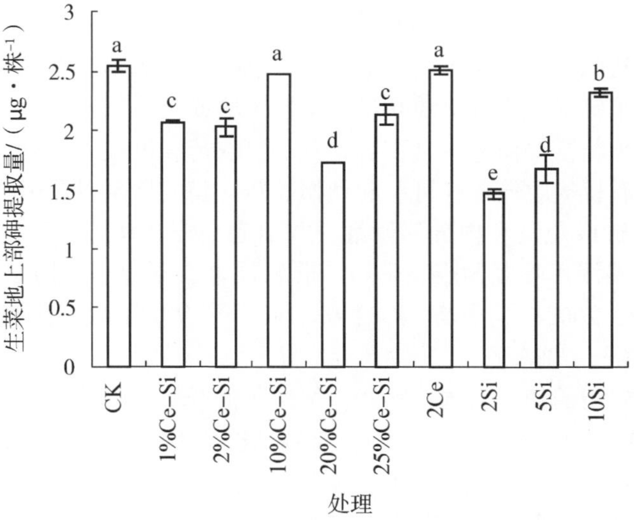

注：*n*=3，误差线为标准差，不同字母表示差异显著。

图6–7　不同铈硅复合溶胶处理对生菜地上部干物质砷提取量的影响

6.2.3.5　小结

叶面喷施不同浓度铈溶胶、硅溶胶及不同掺杂比的铈硅复合溶胶均可以缓解生菜砷毒害，表现为生菜的地上部鲜重升高了9% ~ 58.8%，砷含量降低了23% ~ 48%。叶面喷施低浓度的二氧化铈掺杂5 mmol·L^{-1}二氧化硅复合溶胶可以增加生菜叶片叶绿素含量，进一步提高二氧化硅缓解生菜砷毒害效果。其中以叶面喷施5 mmol·L^{-1} 2%铈掺杂二氧化硅复合溶胶生菜地上部鲜重最高为对照的1.6倍；砷含量最低为对照的51.4%。叶面喷施铈硅复合溶胶不仅可以降低生菜可食用部位砷浓度，而且可以减少生菜地上部吸收积累砷总量，从而降低了砷通过食物链对人体健康的危害。与传统土壤施用硅肥相比，叶面喷施具有成本低、利用率高、操作简单等优点。因此，叶面施硅为土壤砷污染控制提供了一种新的选择。

第7章

土壤有机氯农药还原转化过程与机制

有机氯大多具有持久性，其自然降解过程极其缓慢，降解周期一般都较其他农药长［如α-HCH和γ-HCH的降解半衰期分别为26年和42年（Ngabe et al，1993）］，并具强烈的生物毒性，难以被微生物利用与转化。首批被列入关于《持久性有机污染物的斯德哥尔摩公约》受控名单的12种持久性有机物中有机氯杀虫剂占9种，分别是滴滴涕、氯丹、灭蚁灵、艾氏剂、狄氏剂、异狄氏剂、七氯、毒杀酚、六氯苯。有机氯农药在通常条件下不被氧化，也难以水解，在高有机质含量的酸性土壤或沉积物上具有很高的吸附性，且能被植物吸收，通过生物富集而进入食物链。有机氯农药经过吸入、食入或经皮肤吸收进入动物体内。大多数有机氯农药本身可引起动物硫转移酶的抑制以及甲状腺分泌的减少。吸入或经皮肤吸收可造成免疫和内分泌紊乱，并引起头痛、疲倦、眼睛、黏膜及皮肤的刺激症状、神经痛、多汗、呼吸困难、发绀、肝肾损害、不育等（杨淑贞 等，2005；李伟民 等，2003；常浩，2002；洪华嫦 等，2003；叶雪平 等，2006；陈海刚 等，2006；方征等，2006；魏雪涛 等，2004）。

我国是有机氯农药的使用大国，从20世纪50年代开始广泛使用包括滴滴涕（DDT）和六六六（HCHs）在内的各种有机氯农药。直到1983年有机氯农药被禁止生产，我国累计生产的有机氯农药占全世界总生产量的20%以上（Hua et al，1996）。1983年以后，随着有机氯农药的全面禁用，食物和人乳中有机氯农药的含量已显著下降。但是，由于这类物质的持久性，它们仍然广泛存在于自然环境，特别是在作为污染物汇集的土壤环境中，并且通过生物积累和放大效应对生态系统特别是人体健康造成广泛而持久的影响。而珠江三角洲地区作为我国华南地区最繁华的经济区，开展集约化农业生产的时间较早，并具备较高的水平，土壤受有机氯农药污染较为普遍（马晓轩 等，2009）。广东省生态环境与土壤研究所近年来承担的国家环境保护部项目“典型区域土壤环境质量状况探查研究”显示，珠江三角洲地区土壤有机氯污染范围广、种类多，已经引起突出的农产品质量与环境健康问题。因此，研究有机氯农药在土壤中的环境行为，探讨有机氯在土壤中的转化过程与机制，具有重要的科学意义。

近年来，在国家自然科学基金等科研项目的资助下，项目组开展了土壤粘粒中的铁氧化物及其界面五氯酚的还原转化过程与机制研究，取得了一系列有意义的研究结果，加深了对土壤有机氯复合污染物的自净过程、界面有机氯还原转化过程的认识。以下是这一研究工作的总结。

7.1 土壤有机氯农药转化研究概述

7.1.1 环境中有机氯的污染处理技术

环境有机氯农药污染的处理措施，包括吸附、生物降解、氧化措施和还原脱氯在内的物理的、生物的、化学的方法已被大量研究。下面我们以五氯酚为例，对有机氯农药的污染处理技术进行分析阐述。

在特定的pH值条件下，五氯酚能吸附到土壤或者沉积物中。据报道，五氯酚在土壤pH 4.6～5.1时的吸附量达到最大，但是，pH＞6.8时基本没有吸附（Choi et al，1974）。在给定pH值条件下，五氯酚的吸附量随着土壤有机质含量的增加而增加。研究表明，可以利用五氯酚在有机粘粒（Stapleton et al，1994）、木炭（Edgehill et al，1998）、泥炭膨润土混合物（Viraraghavan et al，1999）、活性炭颗粒（Mollah et al，1996； Jung et al，2001； Leyva et al，2003； Paola et al，2006）、壳聚糖（Zheng et al，2004）等表面的吸附而去除污染水体中的五氯酚。五氯酚在吸附剂表面吸附与π－π键引起的扩散力有关，并且吸附是可逆的。

也有研究表明，在适当的条件下，五氯酚可以被一些细菌、真菌好氧或者厌氧降解。五氯酚也对这些特定的微生物生长有抑制作用，因此在一定程度上限制了生物处理措施的实用性，同时也增加了处理的难度（Moos et al，1983；Wilson et al，1997；Visvanathana et al，2005）。

氧化措施，比如湿法氧化和超临界湿氧化（Lin et al，1998；Lee et al，2002）、电化学氧化（Comninellis，1994；Rodgers et al，1999）、过氧化氢或（和）臭氧超声氧化（Chen et al，1999；Chao et al，2005；Zeng et al，2006）、Fenton或类Fenton光氧化（Benitez et al，1999；Kwon et al，1999；Rivas et al，2004；Gunlazuardia et al，2005；Czaplicka，2006）被认为是有机污染物的高效处理措施，可以使土壤或者水体中可溶性有机污染物几乎全部发生降解并矿化（Masten et al，1994；Andreozzi et al，1999；Chamarro et al，2001；Mishra et al，1995）。这些处理措施效率很高，但是处理的成本也很高，而且一般适合处理COD小于5 $g \cdot L^{-1}$的污染水体（Mishra et al，1995）。

大量关于氯化甲烷、乙烷、乙烯等在零价铁、Fe（Ⅱ）/铁氧化物体系中的还原脱氯的研究表明，还原脱氯是处理有机氯类污染物的高效措施，并且处理成本较低。尤其是Fe（Ⅱ）/铁氧化物体系在厌氧条件下发生，对于典型的土壤厌氧环境中有机氯的去除具有非常重要的科学和实际意义（Amonette，2000；Maithreepala，2004；Elsner et al，2004；Elsner et al，2004； Dai，2006；Jeon，2003）。

7.1.2 环境有机氯转化机制

有机氯在土壤环境中经历着缓慢的自然转化过程（Vogel et al，1987；Lee et al，2003；He et al，2003），包括生物转化与非生物转化过程。但是，PCBs、六六六、DDT等有机氯具有强烈的生物毒性，难以直接被微生物利用与转化，主要依靠非生物转化过程，而其他的有机氯都能在一定程度上利用微生物活动进行自身的转化降解。

（1）生物转化机制

五氯酚可以在生物的作用下进行厌氧降解，也可以进行好氧降解。不同种类的细菌由于其自身降解污染物的生化机制不同，使得五氯酚的降解途径多样化。厌氧条件下，厌氧微生物经过进化具有利用特定的有机卤化物作为最终电子受体的能力，还原脱氯作用是常见有效的五氯酚生物代谢方式，五氯酚依次脱去氯原子而转化为四氯酚、三氯酚、二氯酚和氯酚后，生成苯酚，并最终得到矿化。Bouchard（1996）等从混合菌群中分离出一株脱亚硫酸菌属纯化菌（Desulfitobacterium Frappieri），该菌可通过邻位、间位和对位脱氯的方式将五氯酚转化为3-氯酚。好氧条件下，细菌Rhodococcus 降解的第一步为需氧和NADPH的酶催化，脱去对位的氯，生成四氯对苯二酚（Haggblom et al，1988），再经过一次羟基化和三次还原性脱氯以后形成1, 2, 4-三羟基苯（Haggblom et al，1989）。白腐真菌（Phanerochaete Chrysosporium）脱去五氯酚中全部氯元素的过程（Reddy et al，2000）则是首先氧化脱氯形成四氯苯醌，苯醌经两种路径继续代谢，一种是苯醌首先还原为四氯对苯二酚，再经过四次还原脱氯生成对苯二酚；另一种是经羟基化作用，最终形成三羟基苯，在开环之前，脱去所有氯原子。

（2）非生物转化机制

有机氯的非生物转化主要包括氧化转化与脱氯转化。氧化转化又包括暗态下的化学氧化转化与光化学氧化转化；脱氯转化过程包括脱氢卤化反应、加氢脱氯反应、脱双卤反应、二聚脱氯反应与亲核置换反应等过程。亲核置换反应包括水解反应与取代反应。光化学过程只能在表面1 mm厚度土壤发生；化学氧化过程只能发生在好氧条件且高价矿物如铁锰氧化物存在的状态下；而脱氯过程的范围条件通常厌氧环境，因而可以在整个土壤剖面发生。含低价铁的自然矿物界面的非生物脱氯转化过程是有机氯脱毒的关键过程，因而备受关注（Hooker et al，1994；Krlegman-Kling et al，1994）。

对于五氯酚非生物转化的研究报道较多。其转化产物主要有四氯酚、三氯酚、二氯酚（Ahn et al，2003）、氯酚、氯苯（Skurlatov et al，1997；Ho et al，1998）、二氯顺丁烯二酸（Mills et al，1993）、四氯邻苯二酚（Hong et al，2000）、2, 4-二氯对苯二酚（Ahn et al，2003）、二氯环戊烯、多氯二苯二氧（杂）芑等（Hoekstra et al，1999）。在厌氧条件下，五氯酚的主要脱氯位置是邻位（Ortho-position）和对位（Para-position）。氧化条件下可以生成邻苯二酚和对苯二酚，而且邻位的氯离子比对位更容易脱除（Skurlatov et al，1997；Ho et al，1998；Mills et al，1993； Hong et al，2000；Benitez et al，2003）。第一步是羟基对取代氯的亲核攻击。但是光照条件下，容易形成PCDD/Fs和二氧（杂）芑（Skurlatov et al，1997；Hong et al，2000；Hoekstra et al，1999）等。因为氯离子的电负性，氯代酚比较难于被氧化（Ukrainczyk et al，1993）。

7.1.3 铁氧化物及其界面有机氯的非生物转化

7.1.3.1 土壤中的铁氧化物

（1）土壤铁氧化物的结构、形态与性质

在我国热带、亚热带红壤区，由于受独特的高温多雨的生物气候影响，土壤粘粒的矿物组成和化学性质具有明显地带性特点：水云母迅速减少，氧化铁矿物显著增加，高岭化逐渐加强（李庆逵，1982）。因此，红壤（熊毅，1983；于天仁 等，1990；赵其国，2002；Scheinost et al，1993；Sumner et al，1999；黄成敏 等，2002；Park，1990；丁振华，1998）及红壤地带的水稻土（张效年，1963；Kojima et al，1969；苏玲 等，2001）胶体中含有大量的铁氧化物（包括氢氧化物）。

红壤中主要铁氧化物包括针铁矿、赤铁矿、纤铁矿、磁赤铁矿等（Vasudevan et al，2006；Xie，1997）。针铁矿和赤铁矿（Oades，1963；Jackson，1964；陆彦椿 等，1984）最为常见。水稻土的心土层（张效年，1961），质地较轻的潜育土或排水不良而富含有机质的土壤（Jackson，1964）以及锈斑中（Kojima et al，1969）都有不同含量的纤铁矿存在；磁赤铁矿等也可以在一定土壤中找到（熊毅 等，1987）。粘粒中的铁氧化物是成土过程和成土环境的反映（鲁安怀 等，2000），其含量与成土母质和环境条件密切相关（于天仁，1987；于天仁 等，1990）。土壤中铁氧化物的存在形态包括晶体态、游离态、结合态和无定形态等，其中无定形态的氧化铁比表面积大、活性较高。

（2）土壤铁氧化物的形态转化及影响因素

氧化铁形态的转化大致可以分为老化与活化两种过程：①氧化铁的老化。沿着“离子态—非晶质—隐晶质—晶质”的方向转化。氧化铁的转化序列为：氢氧化铁—纤铁矿—针铁矿—磁赤铁矿—赤铁矿（陈家坊，1981）。②氧化铁的活化。沿着“晶质—非晶质—离子态”的方向转化。土壤中氧化铁及其水合物的老化和活化过程，是通过高价铁被还原成低价铁，以及与有机质相结合来实现的。具有还原条件和提供配位体的条件可以使土壤中各种氧化铁还原溶解和络合溶解而变为离子态铁和络合态铁，进而水解、氧化、沉淀为具有较大表面积的氢氧化铁或者水铁矿等，实现氧化铁的活化（于天仁 等，1990）。

土壤氧化铁的转化受温度、酸碱性和氧化还原条件（pH/Eh）和有机质等因素影响。温度主要影响氧化铁脱水的速率和强度，从而影响氧化铁的形态转化速率。淹水使土壤结晶态氧化铁含量减少，无定形氧化铁增加，可由原来的1 $mg \cdot L^{-1}$增加几百倍（苏玲 等，2001；Kumar，1981）。当土壤溶液氧化还原电位（Eh）低于120 mV时，Fe^{3+}极易被还原成为Fe^{2+}。湿地土壤的Eh一般在0～200 mV，还原态的铁含量是其他离子的10倍或更多（Moore et al，1989）。这些还原态的铁离子通过“泵升作用”迁移到氧化层，重新氧化形成无定形水化氧化铁，增加氧化铁的活化度（Sah et al，1989）。在大多数时候，pH与Eh同时对土壤氧化铁的活化起作用，两者相互牵制。Cornell et al（1976）的研究发现，有机质妨碍$Fe(OH)_3$的老化，使之不易转化为针铁矿，也使针铁矿和磁赤铁矿不易转化为赤铁矿，其原因可能是无定形氧化铁强烈吸附有机质而阻碍了氧化铁晶核的成长；或者是铁与腐殖酸形成络合物，影响结晶速率（Kodama et al，1977）。此外，铝和铁的同晶置换也同样影响氧化铁的结晶速率（Schwertmann，1979）。

（3）土壤中铁离子的形态及其转化

土壤中铁离子主要有络合态、吸附态与离子态。铁氧化物与有机质结合形成络合态的铁。在中性水稻土0～30 cm土层中，络合铁（Fe）的含量为130～520 $mg \cdot kg^{-1}$，为游离铁的1%～4%（熊毅 等，1987）。水溶态、吸附态、络合态的Fe（Ⅱ）、Fe（Ⅲ）的活性强，容易与有机污染物发生强烈的化学反应，同时Fe（Ⅱ）被氧化成Fe（Ⅲ）。

Fe（Ⅱ）是土壤中重要的还原性物质，其存在的数量与土壤的体系条件密切相关。土壤的化学性质如酸碱性和氧化还原条件（pH/Eh）是影响Fe（Ⅱ）形成与转化的关键因素。在还原性较为强烈的水稻土中，Fe（Ⅱ）的含量达到每百克土400～500 mg（丁昌璞 等，1958）。Fe（Ⅱ）可分为水溶态、吸附态、络合态（与土壤固相部分络合者）和沉淀态等4部分（熊毅，1983；保学明 等，1964）。水溶态Fe（Ⅱ）一般低于Fe（Ⅱ）总量的1%。水稻土中吸附态Fe（Ⅱ）一般低于Fe（Ⅱ）总量的2%，其数量随还原条件的加强和

pH的降低而增高。沉淀态Fe（Ⅱ）可高于Fe（Ⅱ）总量的50%。

7.1.3.2　铁氧化物界面有机氯的非生物转化

有机氯在土壤环境中经历着缓慢的自然转化过程（Bao et al，1964；Vogel et al，1987；Lee，2003；He et al，2005），包括生物转化与非生物转化过程。PCBs、六六六、DDT等有机氯具有强烈的生物毒性，难以直接被微生物利用与转化，主要依靠非生物转化过程。有机氯的非生物转化主要包括氧化转化与脱氯转化。氧化转化又包括暗态下的化学氧化转化与光化学氧化转化；脱氯转化过程包括脱氢卤化反应、加氢脱氯反应、脱双卤反应、二聚脱氯反应与亲核置换反应等过程；亲核置换反应包括水解反应与取代反应。光化学过程只能在表面1 mm厚度土壤发生；化学氧化过程只能发生在好氧条件且高价铁锰氧化物存在的状态下；而脱氯过程则可以在整个土壤剖面发生。因此，含低价铁的自然矿物界面的非生物脱氯转化过程是有机氯脱毒的关键过程，因而备受关注（Krlegman-Kling et al，1994；Hooker et al，1994）。

（1）脱氯转化过程

脱氯转化过程包括还原脱氯过程、亲核置换过程与脱氢卤化过程。还原脱氯转化过程需要外部电子转移的反应，主要包括加氢脱氯作用、脱双卤作用、二聚脱氯作用。亲核置换过程与脱氢卤化过程属于加成反应，不发生电子转移的过程（Vogel et al，1987）。

1）加氢脱氯反应是指特定的过渡金属元素及其化合物可以还原氯代脂肪烃类化合物，这些过渡金属元素及其化合物则相应的被氧化。可以发生加氢脱氯还原反应的过渡金属有镍、铁、锰、铜、铬和钴。

$$RCl+H^{+}+2e^{-}\longrightarrow RH+Cl^{-} \quad (1)$$

2）脱双卤作用是指第二个取代卤素从自由基碳原子邻位的碳原子上脱除而生成烯烃，这个反应生成的烯烃是比较稳定的，并且少了两个取代卤素原子。

$$—CHCl—CHCl—+2e^{-}\longrightarrow —CH{=}CH—+2Cl^{-} \quad (2)$$

3）二聚脱氯作用是指氯代烷烃形成烷基自由基并通过聚合脱氯的过程，既包括标准还原电势差驱动的还原态过渡金属的电子转移，也包括氯素原子的转移，反应速率由碳—氯键能控制的过程。一般来说，碳氯键能越小，单电子（两步）还原反应越快。土壤中过渡金属离子能够催化上述还原转化过程的发生，提高其还原脱氯过程的速率。

$$2RCl+2e^{-}\longrightarrow R—R+2Cl^{-} \quad (3)$$

4）脱氢卤化作用是指卤代烷烃在水中可以发生脱除卤化氢反应生成烯烃，脱氢卤化反应不包括外部电子转移，并且反应分子的氧化状态的改变过程中没有净电荷产生。

$$—CHCl—CH_2—\longrightarrow —CH{=}CH—+HCl \quad (4)$$

5）亲核置换作用包括水解反应与取代反应，不需要外部电子转移的反应，主要受界面酸碱度的显著影响。

$$RCl+H_2O\longrightarrow R—OH+HCl \quad (5)$$

$$RCl+HS^{-}\longrightarrow R—SH+Cl^{-} \quad (6)$$

（2）还原性Fe的形成

在厌氧的地表或者沉积环境中，Fe（Ⅱ）可以通过铁氧化物的异化还原（Roden et al，1996；Nevin et al，2002；Lovley et al，1997）或者化学还原溶解作用产生（Suter et al，1991；Dos Santos et al，1990；Dos Santos et al，1992；Larsen et al，2002；Roden，2004）。Fe（Ⅱ）本身具有一定的还原能力，Fe（Ⅲ）/Fe（Ⅱ）的标准氧化还原电位为0.77V，而Fe（Ⅱ）与固体表面羟基结合后形成的$FeOH^{+}$（E_{h}^{0}=0.356V）或者$Fe(OH)^{0}$（E_{h}^{0}=-0.145V）可以成为比溶液中Fe（Ⅱ）还原能力更强的还原剂（Timothy，et al，2002）。主要原因可能有：①Fe（Ⅱ）在固体表面以表面羟基作为配位体形成内圈键（Inner-sphere bonds）［如式（1），（2）所示］，因而增加了吸附Fe（Ⅱ）周围的电子云密度（Stumm，1992）。②吸附在固体表面的Fe（Ⅱ）原子相互之间距离近，可以促进多电子转移反应（Amonette et al，2000）。

$$\equiv Fe^{\mathrm{III}}OH+Fe^{\mathrm{II}} \rightleftharpoons Fe^{\mathrm{III}}OFe^{\mathrm{II}+}+H^{+} \quad (7)$$

$$\equiv Fe^{\mathrm{III}}OH+Fe^{\mathrm{II}}+H_2O \rightleftharpoons Fe^{\mathrm{III}}OFe^{\mathrm{II}}OH^{0}+2H^{+} \quad (8)$$

而且由于溶液中Fe（Ⅱ）可以通过三种可能的机制补给消耗的表面结合态Fe（Ⅱ），多相体系中的Fe（Ⅲ）/Fe（Ⅱ）的强还原能力可以保持较长的时间。这3种可能的机制是：①Fe^{2+}/$Fe(OH)_2^{+}$比例较大时，表面结合态Fe（Ⅲ）可以快速水解生成一价的可以被二价Fe（Ⅱ）解吸的$Fe(OH)_2^{+}$，从而完成溶液中Fe（Ⅱ）与表面结合Fe（Ⅲ）之间的有效的离子交换。②当溶液中Fe（Ⅱ）浓度远大于$Fe(OH)_2^{+}$时，溶液中Fe（Ⅱ）可以完成对表面结合态Fe（Ⅲ）的还原作用。③表面结合Fe（Ⅲ）水解形成新的表面结合活性位，从而形成新的表面结合态Fe（Ⅱ）（Amonette et al，2000；Klausen et al，1995；Maithrepala et al，2004）。

（3）影响脱氯过程的因素

土壤条件影响胶体界面脱氯过程主要是通过影响有机氯的吸附过程、铁氧化物形态的转化，进而影响电子转移过程来实现的。土壤胶体界面有机氯的脱氯过程伴随着铁氧化物的溶解过程与形态转化的过程，土壤体系条件显著影响铁氧化物形态的转化过程，进而影响界面有机氯的脱氯转化过程。

1）Eh和pH。土壤化学性质如酸碱性与氧化还原条件（Eh/pH）是影响还原脱氯过程最关键的因素。影响土壤Eh/pH性质的物理性质如含水量、土壤孔隙状况、土壤粒径分布等均会影响还原脱氯效率；Eh/pH 条件显著影响铁氧化物形态转化，同一Eh/pH 条件下不同铁氧化物形态的还原转化也不同；土壤矿物中铁的价态有+2和+3价，锰多呈+3和+4价。Fe^{2+}、Mn^{2+}、Mn^{3+}是土壤中重要的还原性物质，其存在数量与土壤体系条件密切相关。在还原条件下，铁锰氧化物发生明显的还原溶解过程，生成大量的Fe^{2+}、Mn^{2+}、Mn^{3+}。当土壤溶液Eh低于120 mV时，Fe^{3+}极易被还原成为Fe^{2+}。低pH值环境更有利于铁氧化物的还原溶解（Dasgupta et al，2006；Hyun et al，2005）。

2）铁氧化物的结构与形态。铁氧化物的结构与形态显著影响其还原溶解与络合反应，从而影响胶体界面铁离子、吸附态铁与络合态铁的含量，间接影响胶体界面还原脱氯活性；铁氧化物包裹在胶体表面，影响胶体的表面酸性与表面电荷性质，从而影响界面有机氯的亲核置换脱氯活性（Liu et al，2006；Lei et al，2006）。

3）植物根系分泌物。土壤中有机酸等植物根系分泌物强烈影响铁氧化物的形态转化与还原溶解，进而影响根际土壤的脱氯过程。植物根系分泌物能够促进铁氧化物的还原溶解、提高微生物的活性、促进微生物参与铁的地球化学循环、参与电子转移过程。铁氧化物可以与有机酸配体形成配合物，发生还原溶解，生成还原性铁离子、吸附态铁或络合态铁。有机酸与铁氧化物的相互作用也因铁氧化物的形态而存在显著差异，结晶程度越高，越难以被还原溶解。根系分泌物将显著影响铁氧化物界面的化学反应过程，这种影响与根系分泌物种类与浓度、铁氧化物形态密切相关（Li et al，2006；Hislop et al，1999；Balmer et al，1999）。

土壤尤其是根际土壤含有种类丰富的低分子量有机酸，包括草酸、柠檬酸、丙二酸、乙酸、邻苯二酚等（Pizzeghello et al，2006），这些有机酸的存在可以促进多种氨基甲酸盐类农药（环氧乙烷、甲氨叉威等）和硝基芳香类化合物被Fe（Ⅱ）还原的过程（Timothy et al，2002；Naka et al，2006）。Fe（Ⅱ）与有机酸根配合可以显著降低Fe（Ⅲ）/Fe（Ⅱ）氧化还原电对的单电子氧化还原电位（Naka et al，2006），提高了Fe（Ⅱ）与有机酸根配合物的还原能力。比如，五氯酚的E_h^0为0.99V（Lovley，1997），Fe（Ⅲ）/Fe（Ⅱ）的氧化还原电位为0.77V，Fe（oxalate）^{0}、Fe（oxalate）$_2^{2-}$和 Fe（oxalate）$_3^{4-}$的氧化还原电位分别为0.503V、0.256V和 −0.018V（Timothy et al，2002）。

4）共存重金属离子。复合污染条件下土壤中重金属离子能够显著影响还原转化过程。一般的，土壤中重金属以铜镍等含量较高，铜镍离子具有良好的催化活性，能参与土壤中发生的电子转移，催化水解与取代脱氯等反应过程。铜、镉、汞、铬及镍等重金属均属于d区过渡金属元素，可形成不同价态和形态的化合物；不同价态或形态的重金属可以作为电子受体或作为电子供体（如$E^0_{Cu^{2+}/Cu^+}$=0.159 V，$E^0_{PbO_2/Pb^{2+}}$= 1.455 V，$E^0_{Cr_2O_7^{2-}/Cr^{3+}}$=1.33 V等），显著影响土壤胶体界面的电子转移过程与氧化还原电位，从而显著影响土壤胶体界面有机氯的还原转化过程。表面富含Fe^{2+}的铁氧化物表面络合Cu^{2+}可被Fe^{2+}还原为Cu^+，又通过提供给有机氯（RCl_x）一个电子将其还原脱氯而自身又转化为Cu^{2+}［式（9）、（10）］，Cu^{2+}在其中担当了电子转移的媒介，促进了土壤胶体界面有机氯的还原脱氯转化（Maithreepala et al，2004，2005）。研究证实Cu（Ⅱ）能够显著促进四氯化碳在铁氧化物表面还原脱氯反应，赤铁矿体系中添加0.5 mmol · L^{-1}铜离子可以提高四氯化碳还原转化速率33倍（O' Loughlin et al，2003）。重金属对有机氯还原转化过程的影响与重金属的种类、价态和形态密切相关。

$$\text{Cu(II)} + \text{Fe(II)} \rightleftharpoons \text{Cu(I)} + \text{Fe(III)} \qquad (9)$$

$$\text{Cu(I)} + RCl_x \rightleftharpoons \text{Cu(II)} + RCl_{x-1} + Cl^- \qquad (10)$$

5）参与电子转移的阴离子。可能影响土壤氧化还原平衡的土壤阴离子如SO_4^{2-}、CO_3^{2-}、NO_3^-等因素均显著影响还原脱氯过程（Dasgupta et al，2006；Hyun et al，2005）。例如，连二亚硫酸盐的分解为PCE的脱氯加氢反应提供了必要的质子（H^+）和电子（e^-），连二亚硫酸盐溶液处理的粘土矿物悬液中全氯乙烯的还原脱氯反应速率显著提高（Nzemgung et al，2001）。

（4）异化铁还原条件下的还原脱氯过程

异化铁还原（Dissimilatory Iron Reduction）是指微生物通过呼吸作用将电子转移至细胞外的铁氧化物表面，将Fe（Ⅲ）还原成Fe（Ⅱ）的过程。长期以来，Fe（Ⅲ）还原被误认为是化学反应，即使可能有微生物参与，也被认为是非专一性的，其作用仅在于降低氧化还原电位（Lovley，1997）。20世纪80年代起，人们逐渐认识到，Fe（Ⅲ）还原是由特定微生物驱动的酶促反应，具有Fe（Ⅲ）还原能力的细菌是铁氧化物还原的真正动力。近年来的大量研究已经证明，异化铁还原是自然环境中Fe（Ⅲ）还原的主要途径（Fredrickson et al，1996；Lovley et al，1997）。

异化铁还原反应的本质是呼吸链上的电子传递。铁还原菌可以通过氧化乙酸等电子供体偶联Fe（Ⅲ）还原，并从这一过程中储存生命活动的能量。已陆续发现其他一些物质，如蒽醌-2，6-二磺酸（AQDS）、腐殖质、氧气、NO_3^-、延胡索酸与某些氯代有机物，能代替Fe（Ⅲ）作为铁还原菌的电子受体。其中，以有机氯作为电子受体氧化乙酸等电子供体的过程称为脱氯呼吸（Dechlororespiration）（Krumholz，1997）。Krumholz（1997）发现Desulfuromonas Chloroenthenica可以同时进行Fe（Ⅲ）还原与脱氯呼吸。铁还原菌的直接还原脱氯作用日益受到关注，因为它为有机氯污染的原位修复提供了一条新途径。然而，Fe（Ⅲ）与有机氯同为电子受体，两者间的竞争性还缺乏研究。

实际上，直接脱氯代谢只是异化铁还原条件下的还原脱氯过程之一，铁还原菌可以通过强化三价铁的还原提供吸附态Fe（Ⅱ），从而强化化学还原脱氯反应。Fe（Ⅲ）微生物还原条件下的还原脱氯研究已成为一个国际热点领域。提高铁还原速率是强化还原脱氯的关键。从反应实质分析与操作性考虑，加速铁还原的可能措施有：①增加电子供体数量。例如，在淡水沉积物中添加葡萄糖、乙酸或H_2等电子供体，均可加速氧化铁的微生物还原（Liesack et al，2000）。②降低土壤溶液Fe（Ⅱ）的浓度。Fe（Ⅲ）还原反应容易被还原产物Fe（Ⅱ）抑制，主要原因是Fe（Ⅱ）积累于细胞/铁氧化铁界面，导致热力学驱动力下降。实验证明，添加Fe（Ⅱ）螯合剂（如菲咯嗪、天然有机质等）可以强化赤铁矿的微生物还原（Royer et al，2002）。③提高电子受体的生物可利用性。添加人工螯合剂NTA（氨三乙酸）作为溶铁螯合剂，可显著提高铁还原速率（Lovley，1997）。④提高电子供体的周转率。Fe（Ⅲ）作为电子受体，尽管土壤中的含量较高，但它的还原活性受矿物晶形控制，而且它不像O_2那样可以得到持续补充，因此，Fe（Ⅲ）的氧化再生显得尤其重要（He et al，2003）。⑤提高电子转运效率。自然环境中广泛存在的腐殖质、植物根系分泌物以及腐殖酸类似物AQDS（蒽醌-2，6-二磺酸）都具有电子穿梭功能，0.1 mmol · L^{-1}的AQDS就可将氧化铁的还原速率提高4.2倍（Lovley et al，1997）。由于铁在红壤地区的高丰度分布及本地区湿润多雨的气候特征，铁的微生物还原过程能在淹水土壤或旱地土壤的厌氧微区广泛发生。

7.2　土壤粘粒中的铁氧化物及其界面有机氯还原转化与机制研究

对于PCBs、六六六、DDT等具有强的生物毒性、难以直接被微生物利用与转化的有机氯农药的降解，非生物转化过程具有非常重要的意义。下面以五氯酚为目标有机氯，对其在土壤粘粒中铁氧化物界面的还原转化过程进行了系统研究，旨在揭示Fe（Ⅱ）/铁氧化物体系对五氯酚非生物转化机制及其主要影响因素，促进对土壤中有机污染自然转化过程的认识，为处理有机氯类污染物污染土壤提供一条可行的非生物转化途径。

7.2.1　材料与方法

（1）常见铁氧化物的合成

采用化学方法合成针铁矿（goethite，α-FeOOH）、纤铁矿（lepidocrocite，γ-FeOOH）、赤铁矿（hematite，α-Fe_2O_3）、磁赤铁矿（maghemite，γ-Fe_2O_3）4种常见铁氧化物。

α-FeOOH的合成采用水热法合成（Schwertmann et al，1991； Liu et al，2006）。向1 mol · L^{-1} Fe（NO_3）$_3$溶液中添加5 mol · L^{-1} KOH直到pH增加到12，悬液用恒温水浴（70℃）加热60 h后过滤，并用超纯水冲洗至pH＜7.0。所获固体部分在低温条件下烘干（低于55℃），研磨过100目筛备用。

γ-FeOOH的合成采用$FeCl_2$ · $4H_2O$作为先驱物用水热法合成（Schwertmann et al，1991； Liu et al，2006；Yen et al，2002）。将16 g的$FeCl_2$ · $4H_2O$，22.4 g的（CH_2）$_6N_4$和5.6 g 的$NaNO_2$分别溶于400 mL、80 mL和80 mL去离子水中，完全溶解后将其混合，搅拌5 min使溶液混合均匀，混合溶液在60 ℃水浴中反应3 h 后得到深黄色沉淀。把沉淀过滤分离，用蒸馏水洗涤3次，用95 %的乙醇洗涤2次，直至滤出液中无Na^+、Cl^-和有机物。洗涤后的沉淀在60 ℃下烘48 h，然后用玛瑙研钵研磨得橙黄色粉末，即γ-FeOOH。

用γ-FeOOH粉末在马弗炉中420 ℃烧2 h（升温速率2 ℃ · min^{-1}）可得α-Fe_2O_3（Schwertmann et al，1991；Liu et al，2006）。

γ-Fe_2O_3采用水热法合成。500 mL 0.2 mol · L^{-1}的 $FeCl_2$、100 mL 2 mol · L^{-1}的（CH_2）$_6N_4$和100 mL 1.25 mol · L^{-1} 的$NaNO_3$ 混合后生成的黑绿色沉淀，然后在80℃水浴中反应6 h，用乙醇和蒸馏水洗涤3次去除表面吸附的离子，然后在60℃烘箱保持60 h后获得。

（2）土壤胶体的分离提取（熊毅，1985；李庆逵 等，1958）

采集不同土壤类型的土壤及其剖面样品。称取过60目筛的风干土样50g（根据胶体的提取量而定），调节水土比10：1，用0.5 mol · L^{-1}的 NaOH调节pH到7.4左右后，然后超声波振动分散。将分散后的土壤悬液配成3%的悬液（pH8.0 ~ 9.5悬液较稳定）后移到高型烧杯中，在烧杯的外壁距杯底5 cm（虹吸管的吸嘴高度）和15 cm（虹吸管的吸嘴高度5 cm+颗粒沉降深度10 cm）处各画一条线，加入的悬液刚好到15 cm刻度处。用铜片制的带孔圆形搅拌棒，先将杯底的土壤搅起，然后上下搅动10次（防止产生旋涡），立即记录沉降时间，并测定悬液温度（如果日温差较大则多次测量，取其平均值），根据温度，查表求得小于2 μm颗粒沉降10 cm所需的时间。在规定时间前0.5 min，将虹吸管轻轻插入烧杯底部，将胶体悬液吸到另一个容器中。重复上述操作直到在规定沉降时间不再显浑浊为止。分离出的悬液根据研究需要，直接用巴氏滤管抽滤干，再经过低温脱水干燥，保存备用。

（3）铁氧化物和土壤胶体的性质表征测试

1）XRD表征其晶体结构

铁氧化物的晶体结构及土壤粘粒的矿物组成采用日本理学公司D/MAX-ⅢA型X射线衍射分析（XRD）在以下条件下测定：管电压30kV，管电流30 mA，扫描区间3° ~ 70° / 2θ，v=8° min^{-1}。

2）BET测试其比表面积

铁氧化物的BET-BJH表征采用美国Micromeritics公司ASAP-2010型比表面积孔径分析仪在77 K的液氮温度下进行测定，N_2为吸附质。

3）SEM-EDX测试其表面化学组成

采用装备了能量弥散 X 射线探测器（EDX）的Hitachi H-600-2扫描电镜测试铁氧化物及土壤粘粒的表面形貌和化学组成，探测电流1×10^{-9} A，加速电压15 kV。

4）FTIR法测试其表面基团性质

样品的FT-IR分析利用PE公司傅立叶红外分析（FTIR）1760测试，采用KBr压片法，扫描范围为400 ~ 4 000 cm^{-1}。

（4）动力学批试验过程

采用西林瓶（20 mL）+摇床（200 r · min^{-1}）反应体系。把试验材料（铁氧化物或土壤粘粒）按照试验设定的固液比称入20 mL西林瓶中。在氮气保护条件下吸取事先配置的反应液20 mL（含10 mg · kg^{-1}五氯酚钠，PCP），经过24 h 0.06 m^3 · min^{-1}的充氮排氧至20 mL西林瓶中，充氮排氧，盖上橡胶盖，全过程在15 min内完成，加铝盖密封，（25 ± 1）℃恒温持续摇动（200 r · min^{-1}），平衡24 h后，反应开始。小瓶数目根据采样次数确定。

测定时，随机取样，将悬液摇匀，然后剔去铝盖，打开胶塞。①摇匀直接吸取1 mL，至50 mL容量瓶中，加10%乙酸钠5 mL，加0.1%邻菲络啉5 mL，显色1 h，离心分离，取上清液510nm比色，作为溶液中的Fe（Ⅱ）。②吸取1 mL，至50 mL容量瓶中，加10%盐酸羟胺5 mL，加10%乙酸钠5 mL，加0.1%邻菲络啉5 mL，显色后离心分离，取上清液510 nm比色，作为溶液中总Fe离子含量，二者的差值为溶液中的Fe（Ⅲ）。③吸取1 mL悬液于具塞的含4 mL 0.5 mol · L^{-1}盐酸浸提液的10 mL离心管中，室温下静置浸提24 h（Jeon et al，2003； Lovley et al，2004；曲东 等，2001）后离心（4 500 r · min^{-1}，10 ~ 20 min）分离取上清液按①、②测定反应过程中的总Fe（Ⅱ）和总Fe，表面结合态Fe（Ⅱ）采用0.5 mol · L^{-1}盐酸提取Fe（Ⅱ）与溶液中Fe（Ⅱ）的差值计算可得表面结合态Fe（Ⅱ）（Amonette et al，2000；Maithreepala，2004），重复3次。

（5）铁氧化物表面五氯酚转化的影响因素试验

1）铁氧化物剂量

以赤铁矿（Hematite，α-Fe_2O_3）为例研究铁氧化物剂量与五氯酚还原转化的关系。准确称取20 mg、40 mg、80 mg、120 mg、200 mg的赤铁矿于20 mL西林瓶，分别加入20 mL含0.038 mmol · L PCP反应液，具体动力学试验过程操作见（4）。

2）不同铁氧化物

准确称取80 mg的铁氧化物（包括针铁矿、赤铁矿、纤铁矿和磁赤铁矿）分别置于20 mL的西林瓶（剂量4 g · L^{-1}），分别加入20 mL含0.038 mmol · L^{-1}的PCP反应液，具体动力学试验过程操作见（4）。

3）pH值

以针铁矿（剂量4 g · L^{-1}）为例，采用选定的缓冲液体系（乙酸-乙酸钠，磷酸二氢钠-柠檬酸，磷酸二氢钠-磷酸氢二钠），配制pH 3.0、3.5、4.0、4.5、5.0、6.0、7.0、8.0时的0.038 mmol · L^{-1}的五氯酚反应液，研究pH对铁氧化物界面五氯酚还原转化影响。

4）Fe（Ⅱ）

以针铁矿（剂量4 g · L^{-1}）为例，配制含有不同Fe（Ⅱ）［Fe（Ⅱ）采用硫酸亚铁铵］浓度系列（0.4 mmol · L^{-1}、0.8 mmol · L^{-1}、1.2 mmol · L^{-1}、1.6 mmol · L^{-1}、2.0 mmol · L^{-1}、3.2 mmol · L^{-1}）的五氯酚反应液，研究不同Fe（Ⅱ）浓度对铁氧化物表面五氯酚还原转化的影响。

5）不同有机酸

配制含1.0 mmol · L^{-1}的草酸、柠檬酸、琥珀酸、酒石酸的五氯酚反应液，研究不同有机酸对针铁矿、赤铁矿、纤铁矿和磁赤铁矿（剂量4 g·L^{-1}）表面五氯酚还原转化的影响。

6）有机酸浓度

以草酸和针铁矿（剂量4g·L^{-1}）为例，研究了不同草酸浓度（0.5 mmol·L^{-1}、1.0 mmol·L^{-1}、1.5 mmol·L^{-1}、2.0 mmol·L^{-1}、2.5 mmol·L^{-1}、3.0 mmol·L^{-1}、3.5 mmol·L^{-1}、4.0 mmol·L^{-1}）对针铁矿表面五氯酚还原转化的影响。

7）Mn（Ⅱ）及Co（Ⅱ）、Ni（Ⅱ）、Cu（Ⅱ）、Zn（Ⅱ）等过渡金属离子

以针铁矿（剂量4 g·L^{-1}）为例，用Mn（Ⅱ）及Co（Ⅱ）、Ni（Ⅱ）、Cu（Ⅱ）、Zn（Ⅱ）等过渡金属离子的硝酸盐配制含有1.0 mmol·L^{-1} Mn（Ⅱ）及Co（Ⅱ）、Ni（Ⅱ）、Zn（Ⅱ）和0.5 mmol·L^{-1} Cu（Ⅱ）的五氯酚反应液，研究了不同二价过渡金属离子对铁氧化物表面五氯酚还原转化的影响。

（6）土壤粘粒表面五氯酚还原转化的影响因素试验

1）不同母质发育不同土壤粘粒表面五氯酚的还原转化

准确称取200 mg从赤红壤、水稻土中分离提取的粘粒（剂量10 g·L^{-1}）于20 mL西林瓶，分别加入20 mL含0.038 mmol·L^{-1}的PCP反应液，研究不同母质、不同土壤类型对土壤粘粒表面五氯酚还原转化的影响。

2）Fe（Ⅱ）

配制含有1.0 mmol·L^{-1} Fe（Ⅱ）［Fe（Ⅱ）采用硫酸亚铁铵］的五氯酚反应液，研究Fe（Ⅱ）浓度对不同土壤粘粒（剂量10 g·L^{-1}）表面五氯酚还原转化的影响。

3）有机酸

配制含有1.0 mmol·L^{-1}草酸的五氯酚反应液，研究草酸对不同土壤粘粒（剂量10 g·L^{-1}）表面五氯酚还原转化的影响。

4）土壤性质的影响

结合土壤粘粒的矿物组成、表面元素组成及各种形态铁含量，研究了土壤性质对土壤粘粒表面五氯酚还原转化的影响。

（7）主要测定项目及方法

1）土壤样品的化学分析

pH：电极法（土水比1∶2.5）。

有机质：重铬酸钾外加热法（南京农业大学，1996）。

全铁：氢氟酸-高氯酸-硝酸稍煮-邻菲咯啉比色法（南京农业大学，1996）。

游离铁：连二亚硫酸钠-柠檬酸钠-重碳酸钠法（DCB法）（熊毅，1985；李庆逵等，1958）。

无定形铁：草酸铵浸提法（熊毅，1985；李庆逵 等，1958）。

络合态铁：焦磷酸钠提取法（熊毅，1985；李庆逵 等，1958）。

溶液中Fe（Ⅱ）：使用邻菲咯啉比色法测定。

2）动力学批试验测定项目与方法

氯离子用DIONEX公司的ICS（Ion chromatography system离子色谱）测定。配置RFIC™ IonPac AG14A预柱（4 mm×50 mm）和DIONEX AMMS Ⅲ 4 mm 抑制器，IonPac AS14A阴离子柱（4 mm×250 mm）。Chromeleon操作软件。流动相用

8.0 mmol · L^{-1} Na_2CO_3和1.0 mmol · L^{-1} $NaHCO_3$，用0.05 mol · L^{-1} H_2SO_4作为抑制器再生液。流速为1.0 mL · min^{-1}，进样量为20 μL。

五氯酚用HPLC（高效液相色谱）测定，配置Waters 1525双泵，Waters 2487双波长UV/Vis检测器和Symmetry-C18反相柱（250 mm ×4.6 mm，5 μm，Waters，USA）。流动相为水（含1%醋酸） 和甲醇（体积比20 : 80），流速为1.0 mL · min^{-1}，等度洗脱，柱温控制在（30 ± 1）℃，检测波长为295 nm（Yuan et al，2005），进样量20 μL。Breeze操作软件。

本试验体系中五氯酚的测定均为平衡浓度。与样品悬液经过乙醇提取（体积比1 : 1）（Bryant et al，1991） 后的测定结果相比，发现经过乙醇提取后体系中五氯酚的浓度略高于未经过前处理的样品，但是用两种方法测定出来的去除率（C_t/C_0）之间没有显著差异。另外，为了说明体系中五氯酚的消失确为发生了还原转化，我们测定了体系中的氯离子作为辅证。因此，五氯酚样品的测定未经前处理。

（8）试验数据处理

数据主要采用Origin Lab Corporation Origin 7.0和Microsoft Excel进行处理，XRD图谱借助MDI Jade 5.0进行分析。

7.2.2　铁氧化物及其界面五氯酚的还原转化与机制

7.2.2.1　铁氧化物的结构性质表征结果（Lei et al，2006； Liu et al，2006）

（1）XRD表征

图7-1为本研究中所合成的4种铁氧化物的XRD图谱。从图中可以看出，每种合成的铁氧化物所有的衍射峰都与相应的铁氧化物的标准衍射图谱相对应，表明4种铁氧化物合成成功，并且每种铁氧化物都具有相应的单晶结构。

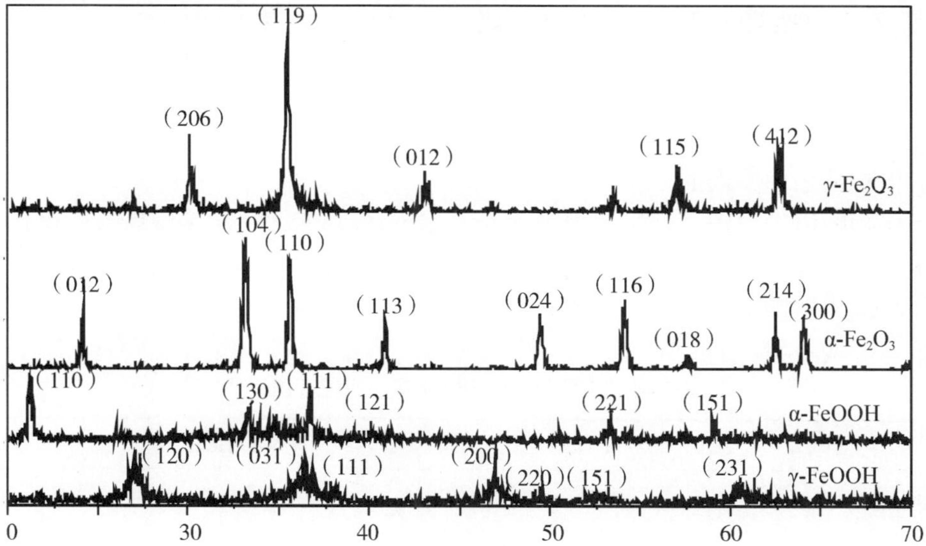

图7-1　4种合成铁氧化物的XRD图谱

（2）电子扫描电镜（SEM）表征

图7-2为4种铁氧化物的SEM照片，从照片上可以看出，不同的铁氧化物形态相差较

大，γ-FeOOH为叶状形态并具有多孔结构，α-FeOOH为不均匀分布的针状形态，γ-Fe_2O_3为单一的球状，而α-Fe_2O_3则为珊瑚状。铁氧化物的SEM图还表明，其多孔结构主要是由铁氧化物颗粒之间孔状结构形成。

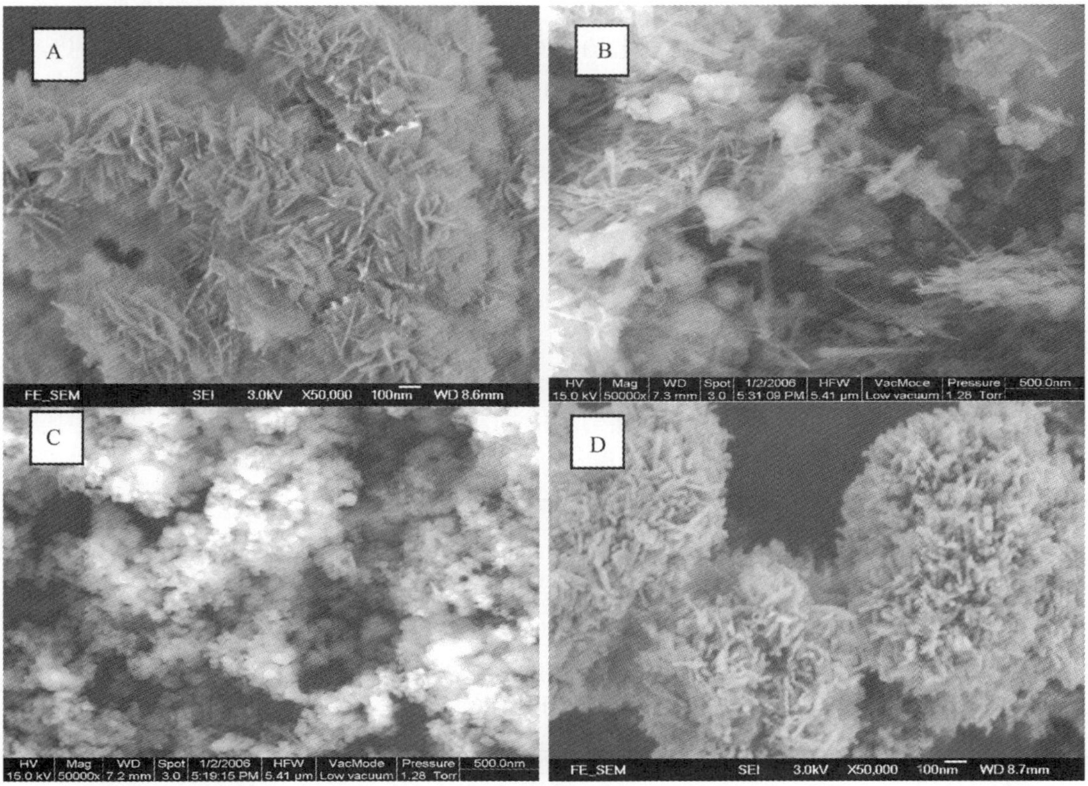

注：A. γ-FeOOH；B. α-FeOOH；C. γ-Fe_2O_3；D. α-Fe_2O_3。

图7-2　4种主要铁氧化物的SEM照片

（3）BET比表面积表征

铁氧化物的BET-BJH表征采用美国Micromeritics公司ASAP-2010型比表面积孔径分析仪在77 K的液氮温度下进行测定，N_2为吸附质。结果如表7-1所示，不同的铁氧化物其比表面积和总孔体积相差较大。

表7-1　铁氧化物的BET比表面积表征结果

铁氧化物	α-Fe_2O_3	γ-Fe_2O_3	α-FeOOH	γ-FeOOH
比表面积/（$m^2 \cdot g^{-1}$）	29.40	14.36	120.93	115.44
总孔体积/（$cm^3 \cdot g^{-1}$）	0.274 7	0.05	0.156 7	0.297 7

7.2.2.2　铁氧化物界面五氯酚的还原转化动力学

（1）铁氧化物剂量试验

以赤铁矿（Hematite，α-Fe_2O_3）为例研究铁氧化物剂量与五氯酚还原转化的关系。研究结果表明，体系中五氯酚的浓度随着反应的进行逐渐降低，其降解过程可用表观一级动力学方程ln（C_t/C_0）=$-k_{obs}t$模拟。用（$-\ln C_t/C_0$）对反应时间（t）回归可得五氯酚降解的表观一级动力学速率常数k。五氯酚的去除效果和转化速率常数随着铁氧化物（赤铁矿）添加量的变化趋势如图7-3所示，从图中可以看出，随着铁氧化物剂量的增加，五氯酚降解的动力学常数增大，在铁氧化物添加量达到4 g·L^{-1}后速率常数基本不再随铁氧化物添加量的增加而增加，k达到最大值。

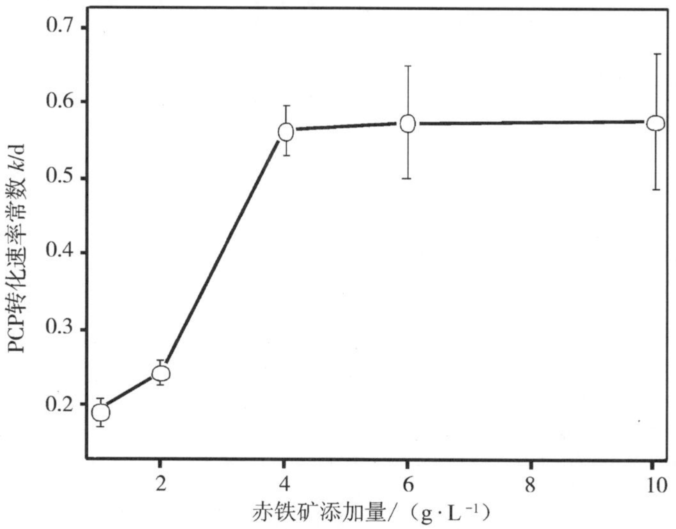

图7-3　不同赤铁矿添加量对五氯酚转化的影响

（2）铁氧化物界面五氯酚的还原转化

4种常见铁氧化物针铁矿（Goethite）、赤铁矿（Hematite）、纤铁矿（Lepidocrocite）、磁赤铁矿（Maghematite）对五氯酚均有一定的转化效果（图7-4），但是，不同的铁氧化物界面五氯酚的还原脱氯效率不同，在本试验条件下，经过7天的还原转化后，纤铁矿对五氯酚的去除率最高，达到71.2%；其次为赤铁矿，去除率36.0%；针铁矿和磁赤铁矿最低，去除率分别只有8.49%和2.71%。反应过程中，pH随着反应的进行逐渐升高，在反应进行2天以后逐渐趋于稳定。 由于反应液中pH值高于6.5，溶液中的Fe（Ⅱ）含量非常低，用邻菲咯啉比色法基本无法检出。用（$-\ln C_t/C_0$）对反应时间 （t） 进行分析的结果表明，五氯酚在4种常见铁氧化物表面的还原转化符合表观一级动力学方程（表7-2），经检验均达到显著水平。五氯酚的转化速率以纤铁矿最大，达到0.144/d；其后依次为赤铁矿、针铁矿和磁赤铁矿。

对4种铁氧化物的化学分析发现，四种铁氧化物中铁的价态主要为Fe（Ⅲ），针铁矿、赤铁矿、纤铁矿和磁赤铁矿中Fe（Ⅱ）的含量仅分别为1.08%、1.11%、1.22%和1.28%。从形态上来说，主要以游离态存在，针铁矿、赤铁矿、纤铁矿和磁赤铁矿中游离铁含量分别占其总铁含量的97.04%、99.96%、99.69%和95.83%。从晶形上来说，主要以晶态铁氧化物存在，针铁矿、赤铁矿、纤铁矿和磁赤铁矿中无定形铁仅分别占13.07%、2.91%、20.61%和8.04%，不同铁氧化物间差异显著。无定形铁氧化物易被异化还原（Roden et al，1996； Nevin et al，2002；Lovley et al，2004）或者化学还原溶解（Suter et al，1991；

Dos Santos et al，1990，1992；Larsen et al，2001；Roden et al，2004）而释放出Fe（Ⅱ）。

4种铁氧化物的Fe（Ⅱ）含量之间差异并不显著，但它们对五氯酚的去除率之间差异比较明显。这不仅可能与铁氧化物的构相（α/γ）有关，因为α构相被认为是比较稳定的组分，而γ构相则被认为是容易参与腐蚀过程的构相（Yamashita et al，1994），而且还可能与其中无定形态所占比例、比表面积、总孔体积有一定的关系。

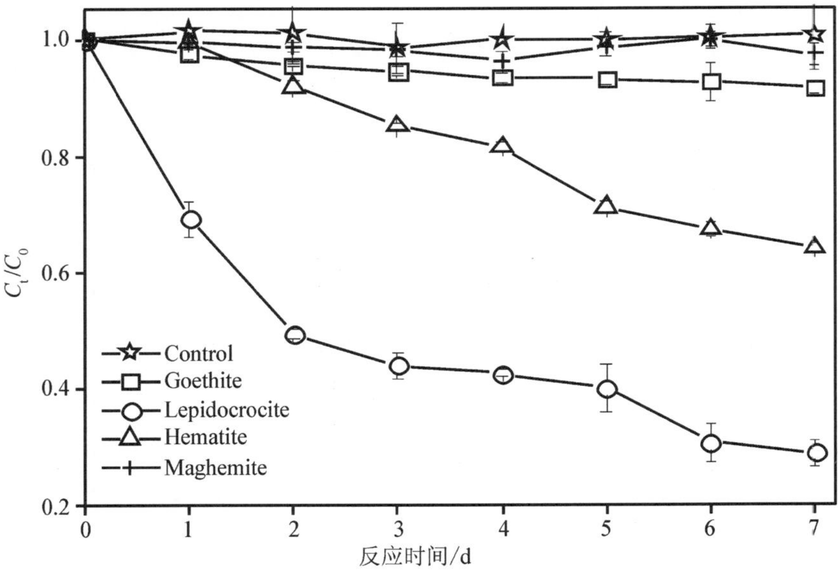

图7-4　铁氧化物界面五氯酚的转化

由表7-2可知，针铁矿、纤铁矿、磁赤铁矿表面五氯酚的还原转化速率与其中无定形铁含量有正相关关系，也与其比表面积、总孔体积之间有一定的正相关关系。而赤铁矿表面五氯酚的还原转化速率则明显与铁氧化物的总孔体积有关。

表7-2　4种铁氧化物表面五氯酚转化的表观一级动力学分析及其显著性检验

铁氧化物	表观一级动力学常数k/d	相关系数	粒径/nm	置信区间Prob＞｜t｜
针铁矿	0.014 ± 0.001	0.963	8	0.000 1
赤铁矿	0.062 ± 0.003	0.988	8	0.000 1
纤铁矿	0.144 ± 0.008	0.991	8	0.000 1
磁赤铁矿	0.004 ± 0.001	0.807	6	0.042 4

7.2.2.3　影响铁氧化物界面五氯酚转化的主要因素

（1）缓冲液的影响

选择了一个固定的pH值，测试不同对缓冲体系对针铁矿表面五氯酚转化的影响。结果表明，磷酸盐缓冲液和柠檬酸磷酸盐缓冲体系效果差异不明显（图7-5），经过7天的反应，五氯酚残留率分别为87.36%和83.75%，与不添加缓冲液相比，去除率略高。而醋酸-醋酸钠缓冲液体系无法缓冲pH到6.0，在pH5.0时的测定结果与前两者在转化过程的效果则明显不同，这可能与pH低了一个单位有关。

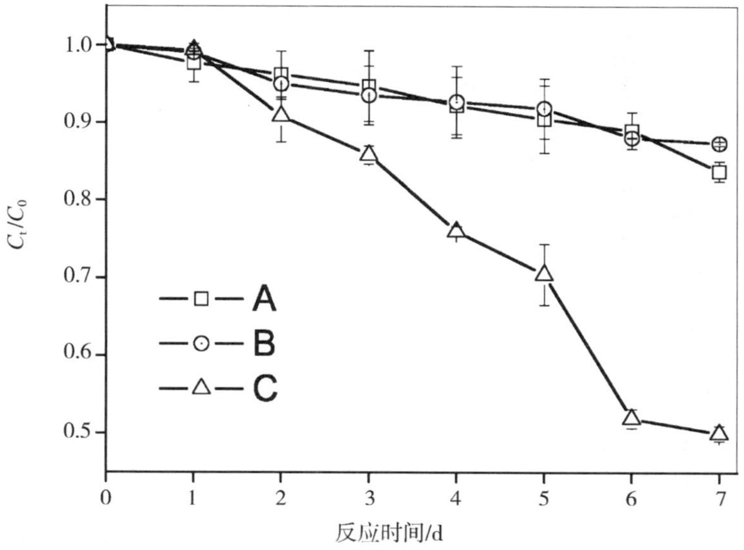

注：A．pH 6.0 磷酸盐缓冲液；B．pH 6.0 柠檬酸磷酸盐缓冲液；C．pH 5.0 醋酸-醋酸钠缓冲液。

图7-5　不同缓冲液体系对针铁矿表面五氯酚还原转化的影响

（2）pH值对五氯酚转化的影响

以针铁矿为例，用磷酸盐缓冲液、柠檬酸磷酸盐缓冲液和醋酸-醋酸钠缓冲液组成一个pH值从3到8的缓冲体系，研究了不同pH值对五氯酚在针铁矿界面厌氧还原转化的影响。在不同pH值条件下五氯酚降解的一级动力学结果列于表7-3。结果表明pH值对五氯酚的转化影响较为明显。在pH 3.0～4.0范围内，五氯酚的残留率随着pH值的升高而降低，pH4.0～8.0，五氯酚的残留率则随着pH值的升高而升高（图7-6）。降解过程符合Logistic曲线，$y=65.29/[1+394.98\times\exp(-1.48x)]$，标准误差SD为2.37，相关系数$R$（Correlation coefficient）为0.997。pH 4.0时残留率最低，去除率最大。五氯酚还原转化的速率常数呈现相反的趋势，pH 3.0～4.0，转化速率常数随pH值的升高而增大，pH4.0～8.0，速率常数则随着pH值的升高而降低，降低趋势符合Logistic曲线，$y=0.007/[1-1.064\times\exp(-0.028x)]$，标准误差SD为0.011，相关系数$R$为0.982。

在pH值较低的情况下（如pH 3.0～4.0），速率常数较低，五氯酚的残留率较高，可能与针铁矿的大量溶解而导致界面反应依赖的矿物表面性质的消失有关。矿物的界面反应速率远高于均相反应速率。而在pH 4.0～8.0速率常数逐渐下降，五氯酚残留率逐渐升高，则可能是[H^+]浓度的逐渐降低抑制了五氯酚还原脱氯过程中的加氢作用所造成的。这也可能与铁氧化物的还原溶解速率有关系。Deng（1997）认为铁氧化物的还原溶解速率在pH 4.3～6.0基本不变，在pH 6.0～7.6则随着pH值的升高而急剧降低。

表7-3　在不同pH条件下针铁矿表面五氯酚还原转化速率常数分析

pH	*k*/d	Std	*R*	*N*	*P*
3	0.081	0.008	0.970	8	<0.000 1
3.5	0.134	0.009	0.987	8	<0.000 1
4	0.151	0.015	0.971	8	<0.000 1
4.5	0.119	0.014	0.960	8	1.50E-04
5	0.091	0.006	0.986	8	<0.000 1
6	0.072	0.005	0.983	8	<0.000 1
7	0.068	0.003	0.995	8	<0.000 1
8	0.045	0.012	0.841	8	0.008 92

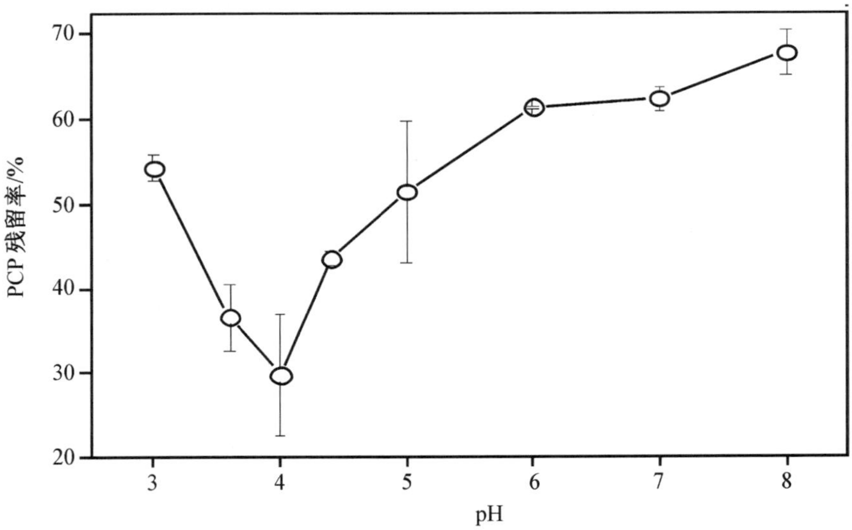

图7-6　pH值对针铁矿表面五氯酚去除率的影响

（3）对Fe（Ⅱ）的影响

铁氧化物的还原溶解对于界面五氯酚的降解转化过程意义重大，pH值通过影响铁氧化物的还原溶解速率和Fe（Ⅱ）的释放而影响铁氧化物表面五氯酚的还原转化。pH值对针铁矿表面五氯酚还原转化的影响与pH值对转化过程中Fe（Ⅱ）的影响密切相关。图7-7示出了反应过程中溶液态Fe（Ⅱ）和表面结合态Fe（Ⅱ）的变化，图7-8和图7-9示出了溶液中Fe（Ⅱ）的最高浓度与pH值的关系以及表面结合态Fe（Ⅱ）与pH值和五氯酚转化速率常数之间的关系。结果表明五氯酚的转化与表面结合态Fe（Ⅱ）的最大浓度有一定的相关关系（图7-7B）。

（4）常见有机酸的影响

在土壤和地表环境中，由于生物活动的作用，普遍存在着带有1～3个羧基基团的低分子量脂肪族有机酸，比如甲酸、草酸、柠檬酸、琥珀酸和酒石酸（Chen et al，2006； Pizzeghello et al，2006），它们通过影响配位体交换及其对矿物和氧化物的还原、络合溶解作用而影响土壤、地表环境中的界面化学反应过程。有机酸与Fe（Ⅱ）形成的配合物降低了

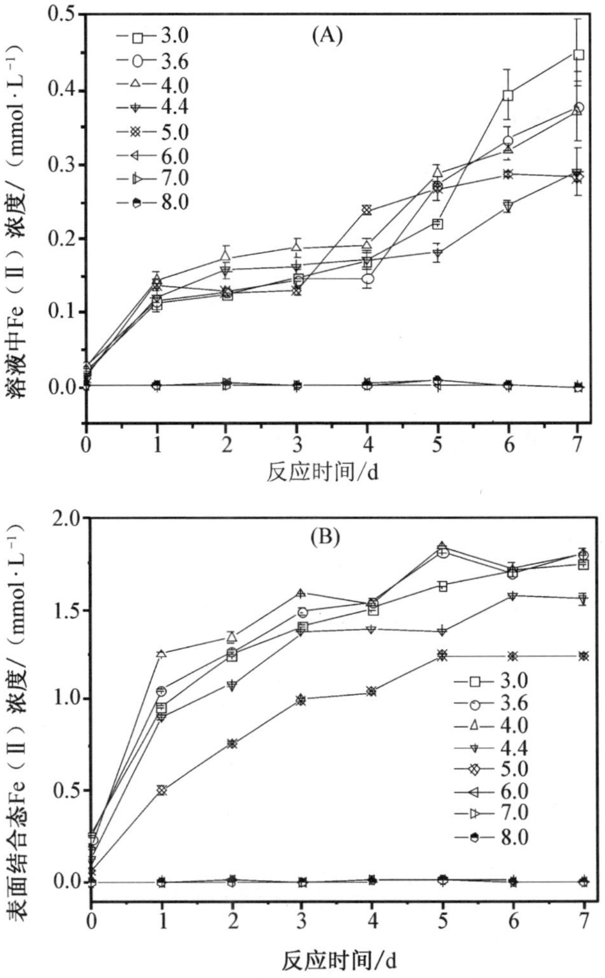

图7-7　pH值对反应体系中Fe（Ⅱ）变化的影响

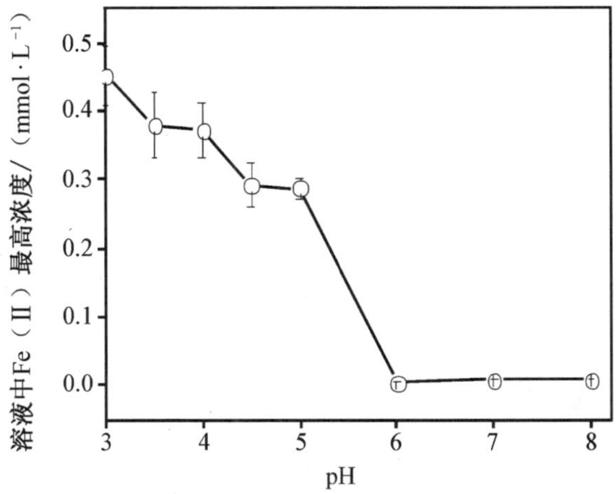

图7-8　溶液中Fe（Ⅱ）最大值与pH值的关系

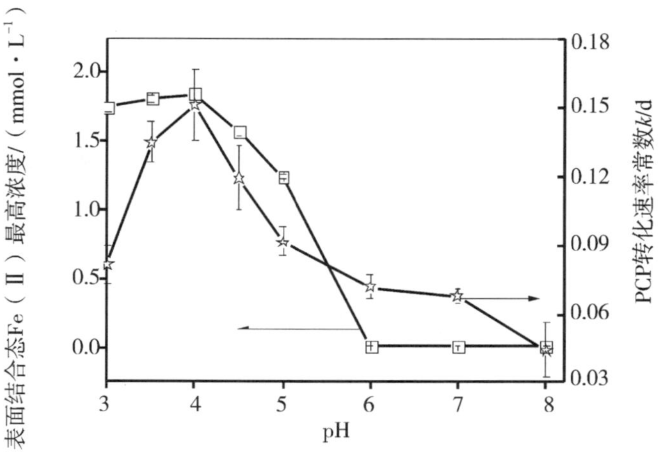

图7-9　pH对转化速率常数的影响及速率常数与表面结合态Fe（Ⅱ）最大值的关系

Fe（Ⅲ）/Fe（Ⅱ）氧化还原电对的氧化还原电位，使Fe（Ⅱ）失电子能力增强（还原性增强）（图7-10）。因此，低分子量有机酸可能因为与铁氧化物表面位点的吸附和络合作用而在铁氧化物/Fe（Ⅱ）体系对五氯酚的还原转化过程中起着重要的作用。

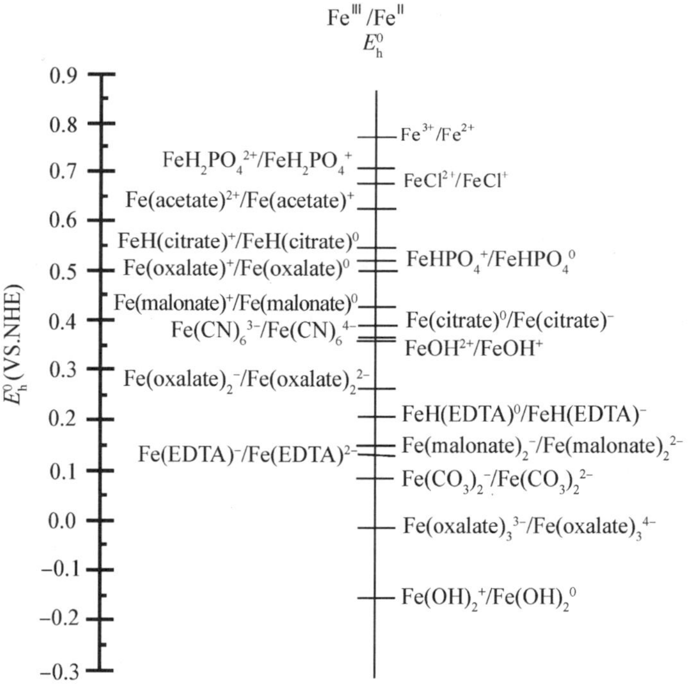

图7-10　不同Fe（Ⅲ）/Fe（Ⅱ）还原电对的还原电势对比（Timothy et al，2002）

从化学热力学上考虑，由于还原反应的E_h^0减小，带入$\Delta G=-nF(E_{ox}-E'_{Fe})$中，并且增大且大于零，所以$\Delta G$减小，反应的吉布斯自由能更负，从热力学上看，反应的自发性增强，反应更容易进行。

酸性条件下，铁氧化物的还原溶解速率与给定pH值条件下吸附在铁氧化物表面的还原剂数量成比例，随着pH的升高急剧降低。因为，有机酸在铁氧化物表面的吸附跟pH有关，而且，pH＞5的时候，Fe（Ⅱ）在铁氧化物表面的吸附占用了表面吸附位点，抑制了铁氧化物进一步的还原溶解。Su et al（2004）发现几种低分子量有机酸在铁氧化物表面吸附络合能力的大小顺序为甲酸＜草酸＜柠檬酸。

（5）常见有机酸对铁氧化物表面五氯酚转化的影响

在4种铁氧化物的基础上，研究了4种常见有机酸的存在对铁氧化物界面的五氯酚还原转化的影响。如图7–11所示。五氯酚的还原转化符合一级动力学方程，速率常数和显著性检验见表7–4。添加1.0 mmol·L^{-1}草酸、柠檬酸、琥珀酸和酒石酸可以明显提高五氯酚在铁氧化物表面的还原转化效率。对针铁矿来说，五氯酚的降解速率常数与不添加有机酸时的相比，分别增加了5.7倍、14.5倍、11.9倍和9.8 倍；对于赤铁矿，速率常数分别增加了4.7倍、1.1倍、1.1倍和1.2倍；对于纤铁矿，速率常数分别增加了3.2倍、5.7倍、6.2和5.5倍，对于磁赤铁矿，速率常数分别增加了33.5倍、41.0倍、64.3倍和31.5倍；其中以磁赤铁矿的增幅最大。

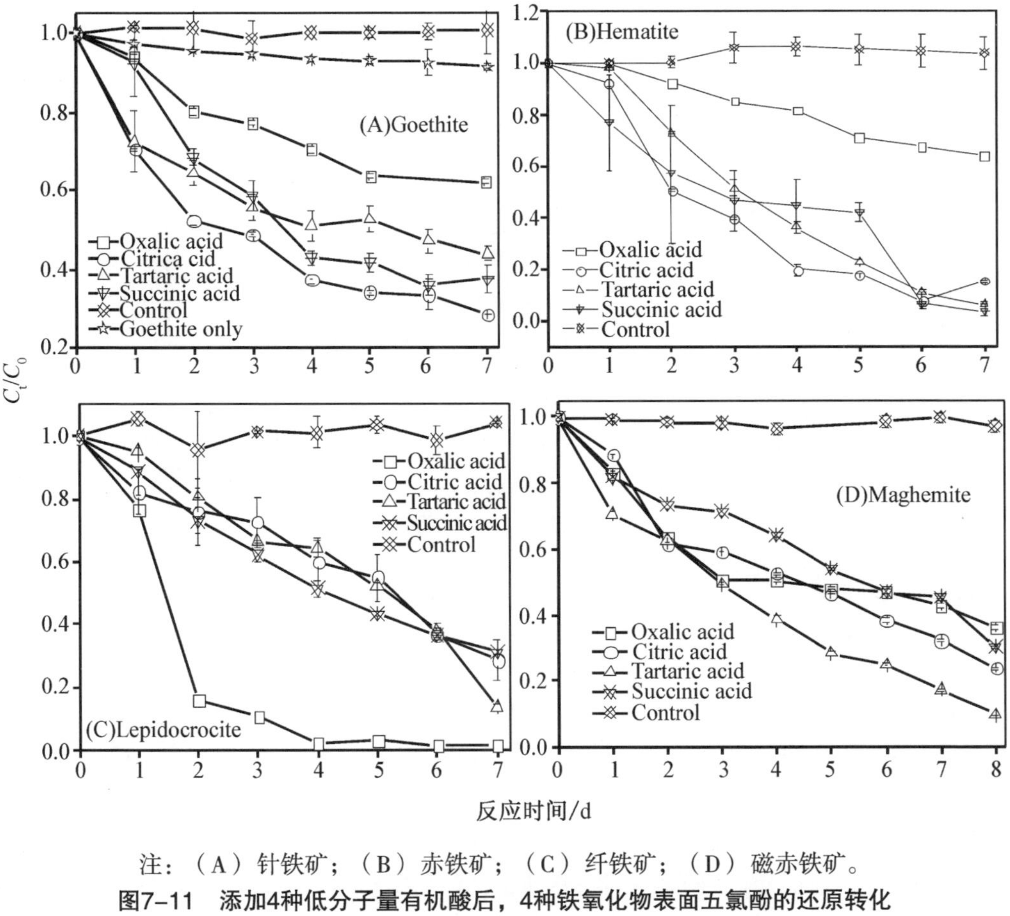

注：（A）针铁矿；（B）赤铁矿；（C）纤铁矿；（D）磁赤铁矿。

图7–11　添加4种低分子量有机酸后，4种铁氧化物表面五氯酚的还原转化

对于添加同一种低分子量有机酸来说，不同的铁氧化物表面五氯酚的转化速率也明显不同。添加1.0 mmol·L^{-1}草酸后针铁矿表面五氯酚的转化速率为0.059/d，而纤铁矿表面五氯酚的转化速率为0.680/d，是针铁矿表面转化速率的11.5倍。添加1.0 mmol·L^{-1}柠檬酸后，针铁矿表面五氯酚的转化速率为0.181/d，纤铁矿表面五氯酚的转化速率为0.166/d，为针铁矿的91.7%。

对于4种铁氧化物来说，添加1.0 mmol · L^{-1} 柠檬酸、琥珀酸和酒石酸后赤铁矿表面五氯酚的转化速率均为最高，添加1.0 mmol · L^{-1} 草酸后纤铁矿表面五氯酚的转化速率最高。这可能是不同铁氧化物的晶体结构不同，比表面积和总孔体积不同所造成的。影响有机酸对铁氧化物的还原溶解作用的主要因素有铁氧化物的比表面积、粒径分布、表面反应位点的密度等，影响纤铁矿还原溶解最主要的因素是粒径分布（Larsen et al，2001）。

表7-4　添加低分子量有机酸后铁氧化物表面五氯酚转化表观一级动力学分析及其显著性检验

有机酸	铁氧化物	转化速率k/d	R	n	P
草酸	针铁矿	0.080 ± 0.004	0.972	8	0.000 1
	赤铁矿	0.198 ± 0.005	0.992	11	<0.000 1
	纤铁矿	0.680 ± 0.079	0.962	8	0.000 1
	磁赤铁矿	0.138 ± 0.010	0.943	9	<0.000 1
柠檬酸	针铁矿	0.203 ± 0.013	0.962	8	0.001
	赤铁矿	0.351 ± 0.015	0.982	8	<0.000 1
	纤铁矿	0.154 ± 0.010	0.985	8	0.000 1
	磁赤铁矿	0.168 ± 0.005	0.963	9	<0.000 1
琥珀酸	针铁矿	0.166 ± 0.009	0.967	8	<0.000 1
	赤铁矿	0.381 ± 0.046	0.913	8	0.003
	纤铁矿	0.160 ± 0.021	0.953	8	0.003
	磁赤铁矿	0.261 ± 0.009	0.986	9	<0.000 1
酒石酸	针铁矿	0.137 ± 0.011	0.935	8	0.000 1
	赤铁矿	0.341 ± 0.028	0.972	8	<0.000 1
	纤铁矿	0.166 ± 0.002	0.999	8	<0.000 1
	磁赤铁矿	0.130 ± 0.006	0.973	9	<0.000 1

注：$n \geqslant 8$，95% confidence，Significance > 0.99 if R > 0.874。

低分子量有机酸对铁氧化物表面的促进作用与有机酸本身的性质有关系。表7-5列出了几种有机酸的主要性质（Baldock et al，2000；Huang et al，2000；Duckworth et al，2001）。草酸、柠檬酸、酒石酸和琥珀酸的一级电离常数（pK_{a1}）分别为1.21、3.08、4.21和 3.04，二级电离常数pK_{a2}分别为4.13、4.63、5.64和4.45。对于α构相的铁氧化物（针铁矿和赤铁矿）来说，五氯酚转化速率常数随着二元羧酸电离常数的增加而增加。对于γ构相的铁氧化物来说，五氯酚的转化速率常数则随着二元羧酸电离常数的增加而降低。在本试验pH范围内，铁氧化物表面五氯酚的转化与一级电离常数有明显的正相关关系。对于针铁矿和赤铁矿来说，速率常数与一级电离常数之间有明显的正相关关系；对于纤铁矿和磁赤铁矿来说，速率常数与一级电离常数之间也有正相关关系，草酸例外。低分子量有机酸的二级电离常数与形成二齿表面络合物（Bidentate Surface Complexation）的双羧基配位体之间存在一个线性关系，表明铁氧化物在有机酸作用下的溶解速率随pK_{a2}的增加而降低（Duckworth et al，2001）。在本试验条件下，五氯酚在铁氧化物表面的转化速率常数k与二级电离常数pK_{a2}的关系符合Boltzmann 方程（Origin Lab Corporation Origin 7.0 拟合，针铁矿、赤铁矿和纤铁矿的R^2分别为1、0.999、0.999和0.997）。

$$k=A_2+\frac{A_1-A_2}{1+e^{\frac{x-x_0}{c}}} \tag{11}$$

其中，k为表观一级动力学速率常数；A_1和A_2分别为速率常数的理论最大值和最小值；c是方程的参数；x为二级电离常数pK_{a2}，x_0是一个常数，不同铁氧化物数值不同。根据Boltzmann 方程可以得出，添加有机酸后针铁矿、赤铁矿、纤铁矿和磁赤铁矿表面五氯酚转化的最大速率常数分别为0.182/d、0.440/d、0.724/d和0.261/d。

表7–5　几种有机酸的主要性质

酸名称	化学结构式	pK值	$pH^a_{0.1M}$	ΔpH^b	$LogK_{Fe(II)L}$	$LogK_{Fe(III)L}$	E^0 (V)^c
草酸	HOOC—COOH	pK_{a1}=1.25 pK_{a2}=4.26	1.28	<0.15	3.05，3.50	7.58　7.53 7.54　8.59	0.21 0.47
柠檬酸	CH_2COOH HOCCOOH CH_2COOH	pK_{a1}=3.13 pK_{a2}=4.76 pK_{a3}=6.40	2.06	<0.15	4.80，5.53	10.25　11.20 11.50　12.30	0.37 0.53
酒石酸	COOH HCOH HOCH COOH	pK_{a1}=3.04 pK_{a2}=4.37	2.06	<0.15	2.73	6.49　7.22	0.51
琥珀酸	$HOOC(CH_2)_2COOH$	pK_{a1}=4.21 pK_{a2}=5.64	—	<0.15	—	—	—

注：a：配体浓度为0.1 mol·L^{-1}时体系的可能pH值；b：起始pH=3.0，反应7天后体系pH的变化值ΔpH；c：Fe^{3+}与酸根离子的配体络合物$Fe^{3+}L/Fe^{2+}L$的标准氧化还原电势。

（6）转化过程中Fe（Ⅱ）的变化

在厌氧条件下，有机酸可以促进铁氧化物的还原溶解（Suter et al，1991；Dos Santos et al，1990，1992；Larsen et al，2001；Roden，2004）。在有机酸存在条件下，铁氧化物表面可能形成表面结合态Fe（Ⅱ）。其中，Fe（Ⅱ）可能是以Fe（Ⅱ）–草酸盐配合物［Fe（Ⅱ）–oxalate］、Fe（Ⅱ）–柠檬酸盐配合物［Fe（Ⅱ）–citrate］、Fe（Ⅱ）–琥珀

酸盐［Fe（Ⅱ）–succinate］配合物或者Fe（Ⅱ）– 酒石酸盐配合物［Fe（Ⅱ）–tartarate］的形式存在，因有机酸种类而异。图7–12示出了4种常见有机酸在浓度为1.0 mmol · L^{-1}时对4种铁氧化物表面结合态铁含量变化趋势的影响，由图中结果可以看出，只有铁氧化物时（无有机酸），表面结合态Fe（Ⅱ）随着反应时间的延长略有增加，且总体浓度很低；在添加1.0 mmol · L^{-1}低分子量有机酸时，体系中表面结合态Fe（Ⅱ）浓度均表现出先升后降的趋势，最大值出现在反应开始的1～2天。说明添加有机酸均显著增加了体系中表面结合态Fe（Ⅱ）的浓度。

转化过程中，体系中表面结合态Fe（Ⅱ）与五氯酚的转化关系密切。对于针铁矿来说，添加1.0 mmol · L^{-1} 柠檬酸时表面结合态Fe（Ⅱ）略大于添加1.0 mmol · L^{-1}琥珀酸，两者之间没有显著差异，大于添加1.0 mmol · L^{-1} 酒石酸和1.0 mmol · L^{-1} 草酸。与此对应的是五氯酚的转化速率，针铁矿表面五氯酚的转化速率大小顺序为柠檬酸＞琥珀酸＞酒石酸＞草酸。对于赤铁矿来说，添加1.0 mmol · L^{-1}柠檬酸、琥珀酸和酒石酸后表面结合态Fe（Ⅱ）之间的差异不显著，而添加1.0 mmol · L^{-1}草酸后表面结合态Fe（Ⅱ）则相对较低，与赤铁矿表面五氯酚的转化速率大小顺序吻合。对于纤铁矿和磁赤铁矿而言，添加不同有机酸后体系中表面结合态Fe（Ⅱ）之间差异显著，而且也与其表面五氯酚的转化速率常数大小顺序吻合。

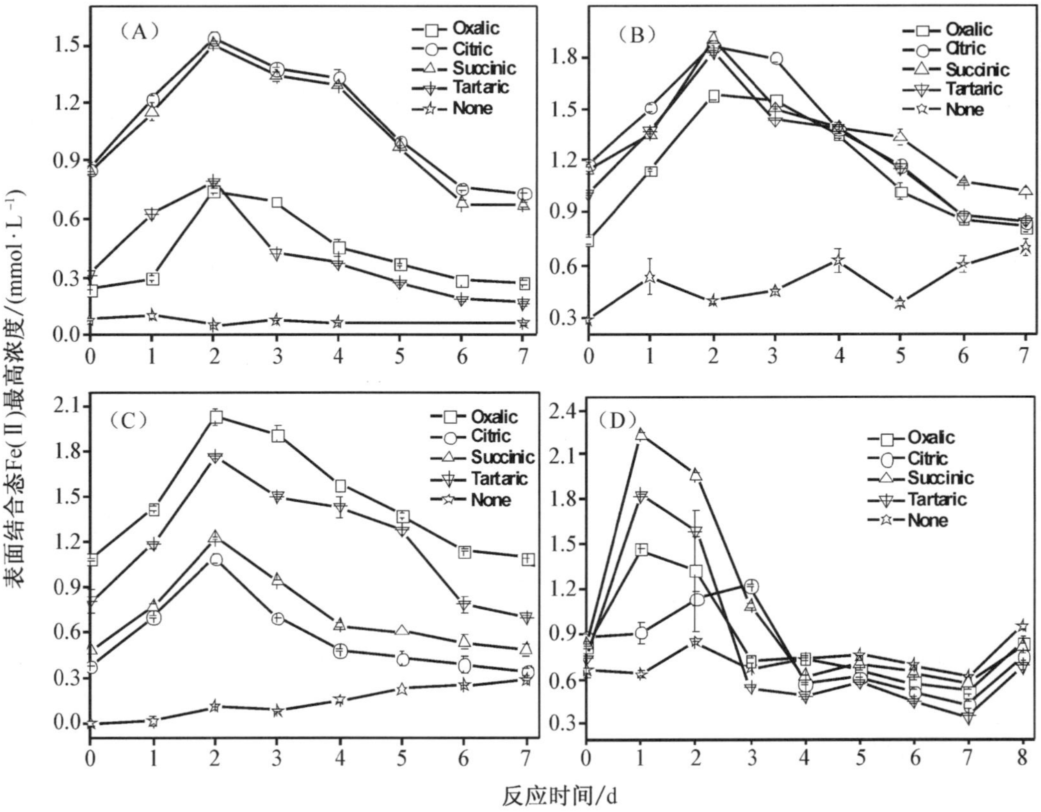

注：（A）针铁矿；（B）赤铁矿；（C）纤铁矿；（D）磁赤铁矿。

图7–12　添加1.0 mmol · L^{-1}有机酸后铁氧化物表面五氯酚转化过程中表面结合态Fe（Ⅱ）的浓度变化

添加有机酸后不同铁氧化物表面结合Fe（Ⅱ）与五氯酚的还原转化速率常数之间的关系如图7-13所示。本试验条件下，在一定范围内（0.8～1.7mmol·L^{-1}）五氯酚的转化速率常数随表面结合态Fe（Ⅱ）最大值的增加变化不明显，在浓度高于1.8 mmol·L^{-1}时，五氯酚的转化速率始随表面结合态Fe（Ⅱ）的增加而迅速增加。

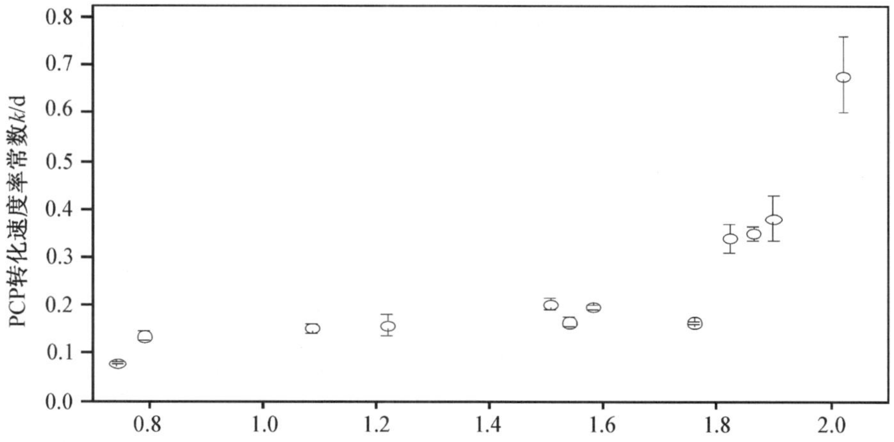

图7-13　添加1.0 mmol·L^{-1}有机酸后铁氧化物表面五氯酚转化速率常数与体系中最大表面结合态Fe（Ⅱ）浓度之间的关系

体系中表面结合态Fe（Ⅱ）与五氯酚的转化速率常数之间的关系可能与有机酸与铁氧化物之间的相互作用有关。低分子量有机酸主要是通过有机酸与铁氧化物的相互作用而影响表面五氯酚还原转化。首先，有机酸可以通过配位作用而在铁氧化物表面形成络合物（Sigg et al，1981；Filius et al，1997），也可以促进铁氧化物还原溶解，形成表面结合态Fe（Ⅱ）配合物（Suter et al，1991；Dos Santos et al，1990；Deng，1997）。其次，有机酸的配位作用可以降低Fe（Ⅲ）/Fe（Ⅱ）氧化还原电对的氧化还原电位（Naka et al，2006）。上述原因使有机酸可以促进五氯酚在铁氧化物表面的还原转化。然而，铁氧化物大量的还原溶解减少了表面的活性反应位点数目，对铁氧化物表面的五氯酚转化有一定的抑制作用。

（7）不同浓度草酸对五氯酚还原转化的影响

以针铁矿和草酸体系为例，研究了添加0.5～4.0 mmol·L^{-1}草酸对针铁矿表面五氯酚转化的影响。结果表明，在本实验草酸浓度范围内，不同草酸浓度下针铁矿表面五氯酚的转化符合一级动力学方程。在0.5～2.0 mmol·L^{-1}，五氯酚的转化速率常数k与草酸浓度之间有明显的正相关关系，在2.0～4.0 mmol·L^{-1}，则呈现明显的负相关关系（图7-14A）。在pH5～7，铁氧化物的还原溶解速率与铁氧化物表面有机配体浓度存在正相关关系，$R=k\{>Fe(Ⅲ)-HA\}$，其中R为铁氧化物还原溶解速率，k为溶解速率常数，Fe（Ⅲ）-HA为有机酸表面浓度（Lei et al，2006）。

草酸浓度在0.5～2.0 mmol·L^{-1}时，可能是铁氧化物的部分还原溶解释放出的Fe（Ⅱ）与草酸根配位结合在铁氧化物表面而促进了五氯酚的还原转化，而草酸浓度增加到2.0～4.0 mmol·L^{-1}时，促进了铁氧化物大量的还原溶解，减少了表面的活性反应位点数目，对铁氧化物表面的五氯酚转化有一定的抑制作用有关（图7-14B）。

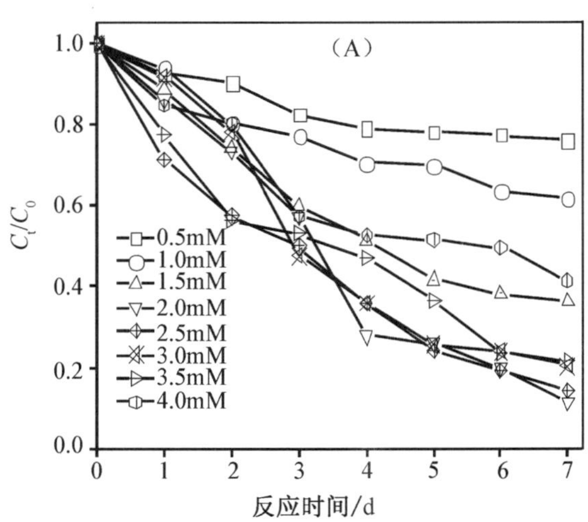

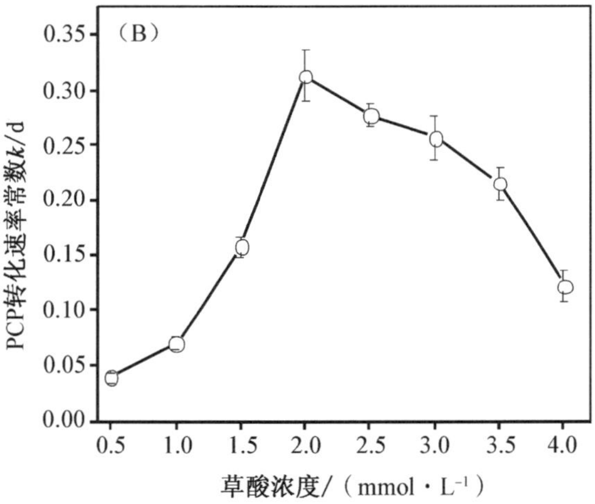

注：（A）添加0.5～4.0 mmol·L^{-1}草酸时针铁矿表面五氯酚转化动力学（图中mM=mmol·L^{-1}）；（B）五氯酚转化速率常数k与草酸浓度的关系。

图7-14　不同草酸浓度对针铁矿表面五氯酚还原转化的影响

（8）不同草酸浓度时转化过程中Fe（Ⅱ）的变化

本试验测定了反应过程溶液中Fe（Ⅱ）和可用0.5 mol·L^{-1} HCl 提取的Fe（Ⅱ），其差值可以作为表面结合态Fe（Ⅱ）（Jeon et al，2003），结果如图7-15所示。溶液中的Fe（Ⅱ）在反应刚开始的1～2天不断增加，然后随着反应时间的推移而逐渐下降，表面结合态Fe（Ⅱ）在反应过程中的变化趋势也是如此（图7-15）。不同草酸浓度时，反应过程溶液中Fe（Ⅱ）的最大值与草酸浓度在0.5～4.0 mmol·L^{-1}有明显的指数相关关系［y=0.252exp（x/0.012）－0.135，R^2= 0.972］；而表面结合态Fe（Ⅱ）在反应过程中的最大浓度则与草酸浓度在0.5～3.5 mmol·L^{-1}有指数相关关系［y=0.122exp（x/0.009）+ 40.6，R^2=0.995］。

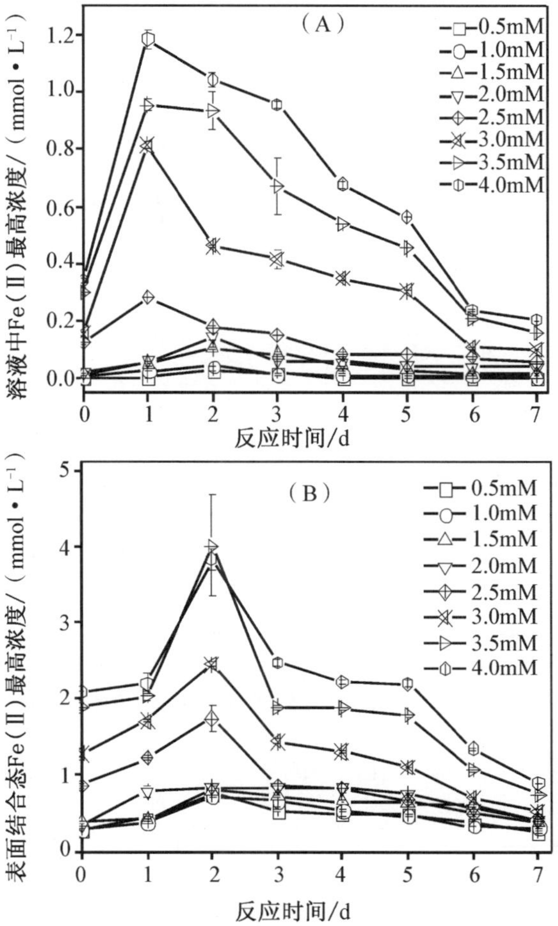

注：（A）对溶解态Fe（Ⅱ）变化的影响；（B）对表面结合态Fe（Ⅱ）变化的影响；图中mM=mmol·L^{-1}。

图7-15 不同草酸浓度对针铁矿表面五氯酚还原转化过程中Fe（Ⅱ）变化的影响

由图7-16可以看出，随着草酸浓度的增大五氯酚的还原转化速率常数k（图7-16中A线）先增加后降低；Oxalate/Fe（Ⅱ）的比例也是随草酸浓度的升高先升高后降低（图7-16中B线）。体系中表面结合态Fe（Ⅱ）的最大值则是缓慢升高，在草酸浓度>3.5 mmol·L^{-1}后有所降低（图7-16中C线），说明草酸浓度>3.5 mmol·L^{-1}后可能造成铁氧化物的过量溶解。

然而，如图7-17A所示，表面结合态Fe（Ⅱ）与五氯酚的还原转化速率常数之间并没有显著的线性关系，这可能与草酸和Fe（Ⅱ）的配合方式有关。不同的草酸浓度造成铁氧化物还原溶解形成的表面结合态Fe（Ⅱ）的不同，也导致了Oxalate/Fe（Ⅱ）比例的不同（图7-17B）。

五氯酚的标准氧化还原电位是0.99V（Li et al，1999）。而Fe（Oxalate）^{0}、Fe（Oxalate）$_{2}^{2-}$和Fe（oxalate）$_{3}^{4-}$的标准氧化还原电位分别为0.503 V、0.256 V和-0.018 V（Timothy et al，2002）。Naka et al（2006）发现有机酸与Fe（Ⅱ）的配合物可以显著地降低Fe（Ⅲ）/Fe（Ⅱ）氧化还原电对的氧化还原电位，增加了两者之间的电势差和氧化还原反应的速率。在草酸浓度0.5～2.0 mmol·L^{-1}，Oxalate/Fe（Ⅱ）的比率随着草酸浓度的增加迅

速增加，在草酸浓度2.0～4.0 mmol · L^{-1}，Oxalate/Fe（Ⅱ）的比率随着草酸浓度的增加逐

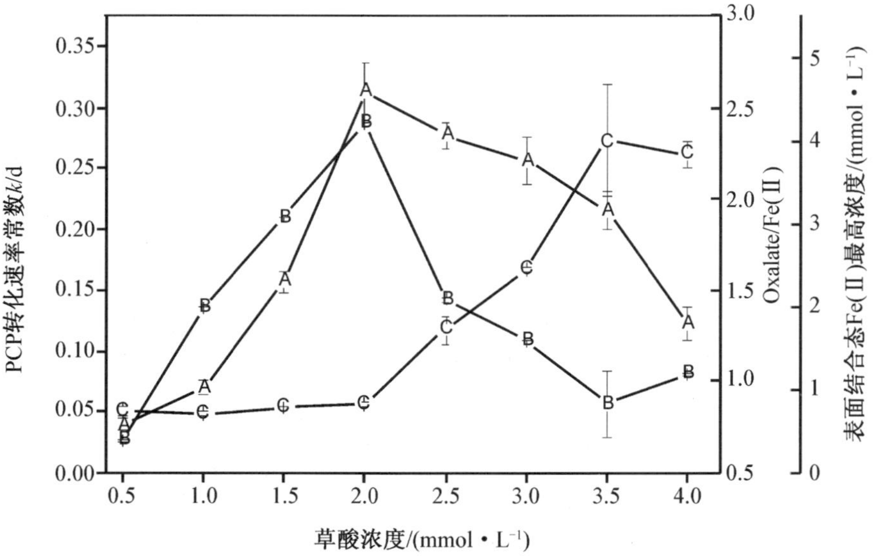

注：A线对五氯酚还原转化速率常数的影响；B线对Oxalate/Fe（Ⅱ）比率的影响；C线对表面结合态Fe（Ⅱ）浓度的影响。

图7-16　草酸对五氯酚还原转化与Fe（Ⅱ）的形态影响

渐降低。Oxalate/Fe（Ⅱ）的比率与五氯酚的还原转化速率常数之间有显著的（$p<0.05$）线性相关关系（图7-17B）。

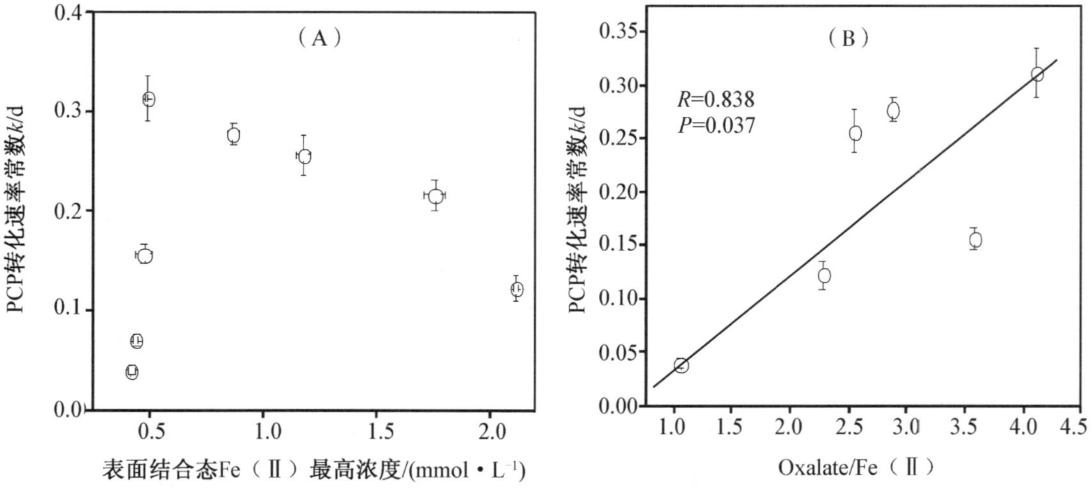

注：（A）表面结合态Fe（Ⅱ）的影响；（B）Oxalate/Fe（Ⅱ）比例的影响。

图7-17　不同形态Fe（Ⅱ）对针铁矿表面五氯酚转化速率常数之间的影响

综合上述结果，草酸对五氯酚在铁氧化物表面转化反应的影响主要体现在三个方面：第一，加入一定量草酸（草酸浓度<2.0 mmol · L^{-1}）促进了铁氧化物的溶解和Fe（Ⅱ）的释放，从而增加了铁氧化物表面结合态Fe（Ⅱ）的浓度。表面结合态Fe（Ⅱ）被认为与有机氯类化合物的还原转化有关，与Maithreepal et al（2004）、Elsner et al（2004）、Jeonr et al（2003）、Amonetter et al（2000）的研究结果一致。第二，草酸与Fe（Ⅱ）的络合降低了Fe（Ⅲ）/Fe（Ⅱ）氧化还原电对的氧化还原电位，增加了还原势，与Naka et al，（2006）的研究结果一致，从而促进了五氯酚的还原转化。第三，过量的草酸（草酸浓度>2.0 mmol·L^{-1}）促进了铁氧化物过度地还原溶解，造成铁氧化物表面活性反应位点的丢失，而在一定程度上抑制了五氯酚的还原转化。

（9）添加不同浓度Fe（Ⅱ）对五氯酚转化的影响

以针铁矿为例，研究了添加不同浓度Fe（Ⅱ）（0.4 ~3.2 mmol·L^{-1}）对铁氧化物表面五氯酚还原转化的影响。结果表明，0.4 ~ 3.2 mmol·L^{-1}Fe（Ⅱ）对五氯酚在铁氧化物表面还原转化均有明显的促进作用（图7-18）。五氯酚在针铁矿表面还原转化的速率常数为0.012/d，初始Fe（Ⅱ）浓度在0.4 mmol·L^{-1}、0.8 mmol·L^{-1}、1.6 mmol·L^{-1}、2.0 mmol·L^{-1}和3.2 mmol·L^{-1}时，五氯酚在针铁矿表面的还原转化速率常数分别增加到0.022、0.183、0.460、0.495、0.439和0.705/d。随着Fe（Ⅱ）浓度在0.4 ~ 1.2 mmol·L^{-1}，反应的速率常数*k*迅速增加，两者之间有明显的线性正相关关系；Fe（Ⅱ）浓度在1.2 ~ 3.2 mmol·L^{-1}，速率常数增加相对缓慢，甚至Fe（Ⅱ）浓度在2.0 mmol·L^{-1}时速率常数略有降低。在这个过程中，表面结合态Fe（Ⅱ）的浓度随着Fe（Ⅱ）浓度的增加呈现线性增加趋势。表面结合态Fe（Ⅱ）被认为是影响铁氧化物表面五氯酚还原转化的决定性因素（Maithreepala et al，2004；Elsner et al，2004；Jeon et al，2003；Amonette et al，2000；Elsner et al，2004）。表面结合态Fe（Ⅱ）的还原能力要明显高于溶液中的Fe（Ⅱ）的还原能力（Amonette et al，2000）。

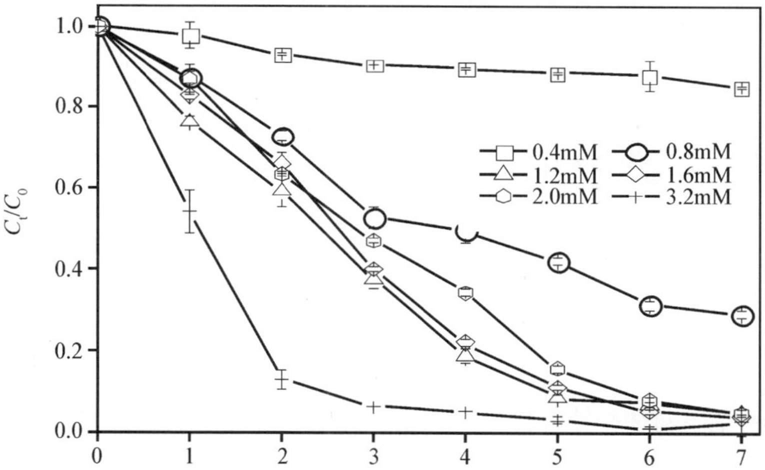

注：图中mM=mmol·L^{-1}。

图7-18 添加不同Fe（Ⅱ）浓度对针铁矿表面五氯酚的还原转化动力学的影响

（10）添加不同浓度Fe（Ⅱ）时五氯酚转化过程中Fe（Ⅱ）的变化

用邻菲咯啉比色法研究了反应过程中Fe（Ⅱ）的浓度变化，如图7-19所示。结果表明，反应过程中，不管是溶液中Fe（Ⅱ）还是表面结合态Fe（Ⅱ）均随着反应的进行逐渐降低。图7-20B示出了表面结合态Fe（Ⅱ）的浓度对五氯酚还原转化速率常数的影响。

结果表明，五氯酚的还原转化需要两个或者两个以上的活性表面结合态Fe（Ⅱ）反应中心。用log$k$对log［表面结合态Fe（Ⅱ）浓度］作图发现其斜率约为2（2.031 ± 0.477）（图7–19C），表明这个反应对于表面结合态Fe（Ⅱ）而言可能是二级反应，这个结果与Amonette et al（2000）的研究结果一致。

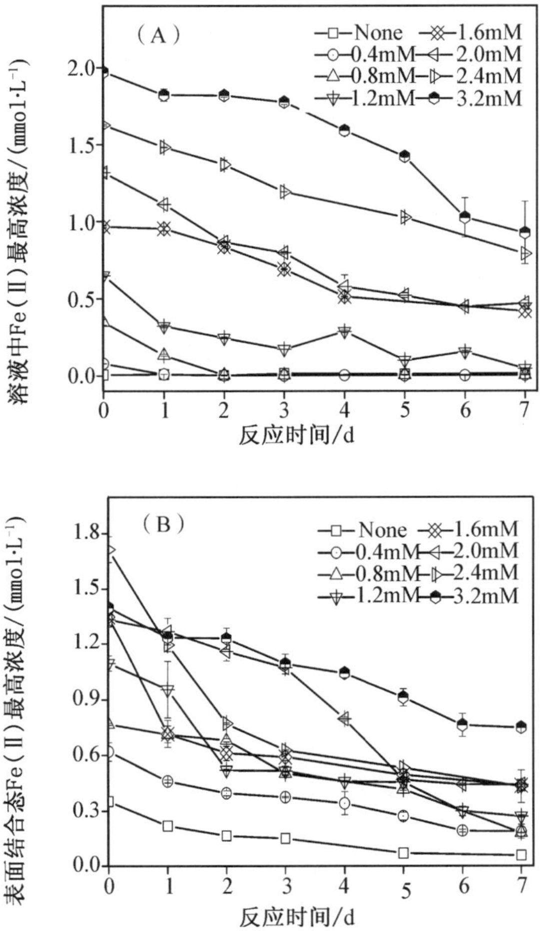

注：（A）溶液中的Fe（Ⅱ）；（B）表面结合态Fe（Ⅱ）；图中mM=mmol · L^{-1}。

图7–19　添加不同浓度Fe（Ⅱ）时五氯酚转化过程中Fe（Ⅱ）的变化

铁氧化物表面五氯酚转化过程中Fe（Ⅱ）的还原活性与它的存在形态，尤其是表面结合态Fe（Ⅱ）的存在有很大关系。因为当Fe（Ⅱ）以内圈键形式结合在铁氧化物表面时的还原能力要远大于溶液中的Fe（Ⅱ）（Amonette et al，2000；Klausen et al，1995）。而且铁氧化物表面多个表面结合态Fe（Ⅱ）形成的活性反应中心的存在可能促进像五氯酚还原转化这样的多电子转移反应（Williams et al，2004）。

五氯酚在针铁矿表面的还原转化速率常数随着表面结合态Fe（Ⅱ）浓度的增加明显增加（图7–20B）。但前面的结果已表明，添加草酸时，表面结合态Fe（Ⅱ）的浓度随着草酸浓度的增加而增加，但是五氯酚转化速率常数的增加并不与之同步，而是随着草酸浓度的增加先增后降，最大值出现在草酸浓度2.0 mmol · L^{-1}附近（图7–15）。这表明低分子量有机酸对铁氧化物表面五氯酚的转化的促进作用与Fe（Ⅱ）不同。添加Fe（Ⅱ）对铁氧化物界面五氯酚还原转化的促进是因为在铁氧化物表面形成了高还原活性的表面结合态Fe（Ⅱ），低分子量有机酸对铁氧化物界面五氯酚还原转化的促进作用是因为在铁氧化物表面形成氧化还原电位较低的Fe（Ⅱ）的有机配合物，其中，Fe（Ⅱ）是铁氧化物还原溶解释放出来的，同时伴随着铁氧化物总表面积的减少。

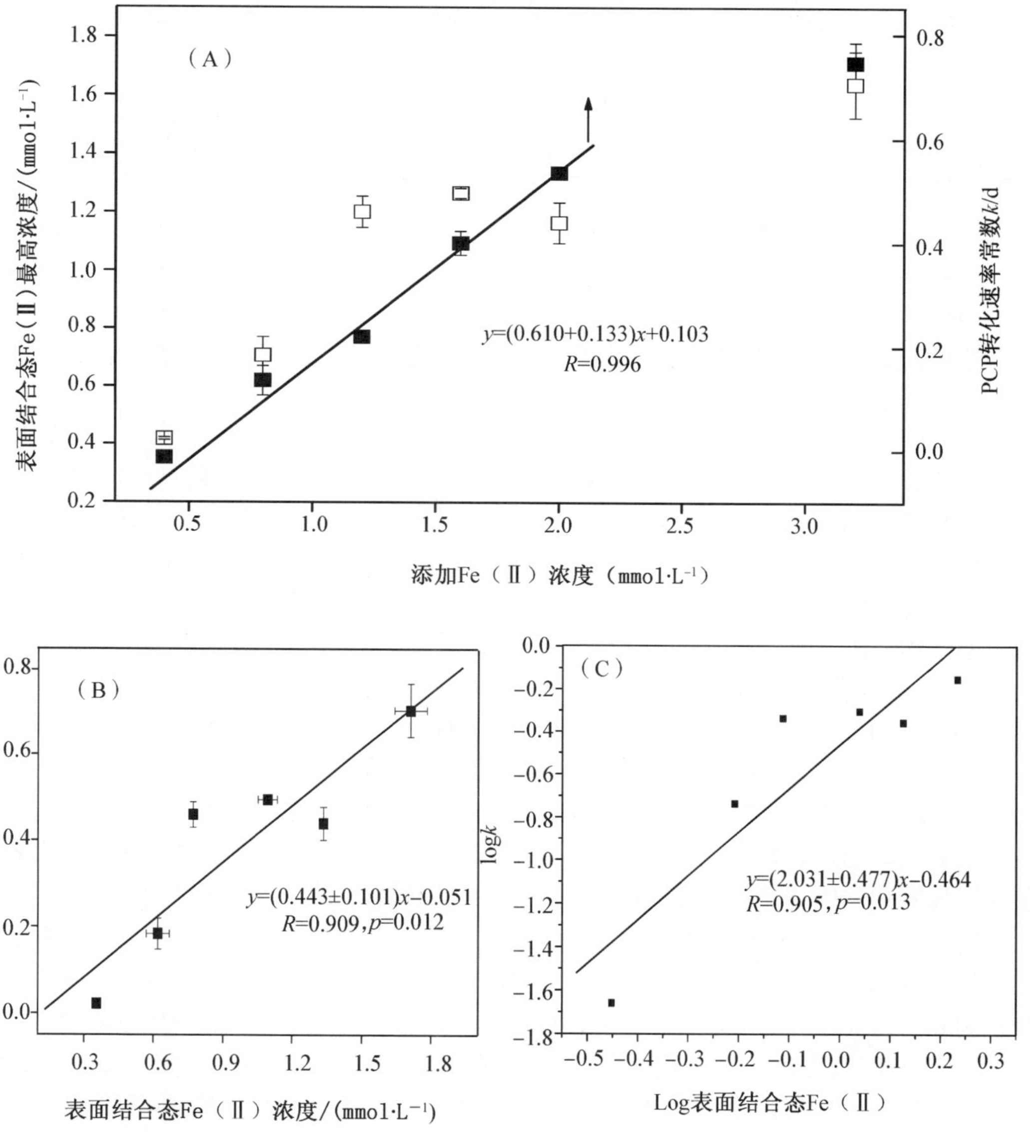

注：（A）表面结合态Fe（Ⅱ）（实点），五氯酚还原转化表观一级动力学常数*k*（空心点）和溶液中Fe（Ⅱ）浓度的关系；（B）速率常数与表面结合态Fe（Ⅱ）浓度的关系；（C）Log*k*与Log［表面结合态Fe（Ⅱ）］的关系。

图7-20　Fe（Ⅱ）对针铁矿表面五氯酚转化速率常数的关系

（11）添加Mn（Ⅱ）对铁氧化物表面五氯酚转化的影响

Mn元素的外层电子结构为$3d^5 4s^2$，铁元素的外层电子结构为$3d^6 4s^2$，有着和Fe相近的元素特征。Fe在自然界主要有二价和三价两种价态，二价Fe有还原能力。Mn在自然界主要有二价、三价和四价离子，Mn（Ⅱ）也有还原能力。选择1.0 mmol·L^{-1}Mn（Ⅱ）研究了Mn（Ⅱ）对4种铁氧化物表面五氯酚的转化的影响，其降解的一级动力学参数见表7-6，结果表明Mn（Ⅱ）对于铁氧化物表面五氯酚的还原转化有明显的促进作用。对于针铁矿、赤铁矿、纤铁矿和磁赤铁矿来说，添加Mn（Ⅱ）后五氯酚的转化速率常数分别比不添加Mn（Ⅱ）增加了6.33倍、2.26倍、0.988倍和48.3倍；五氯酚的去除率分别比不添加Mn（Ⅱ）增加了4.27倍、0.187倍、1.48倍和28.3倍（表7-6）。

表7-6　Mn（Ⅱ）存在时4种铁氧化物表面五氯酚的转化速率常数及其显著性检验

Type	*k*/d	Std	*R*	SD	*n*	*P*
Goethite	0.088	0.009	0.971	0.058	8	<0.000 1
Hematite	0.228	0.037	0.930	0.239	8	8.29E-04
Lepidocrocite	0.318	0.024	0.983	0.157	8	<0.000 1
Maghemite	0.197	0.021	0.967	0.136	8	<0.000 1

不同铁氧化物加Mn（Ⅱ）后对五氯酚的转化效果也不相同（表7-6）。就转化速率常数而言，纤铁矿>赤铁矿>磁赤铁矿>针铁矿，而且相差较大，纤铁矿添加Mn（Ⅱ）后的转化速率常数为针铁矿的3.61倍。除赤铁矿外，铁氧化物的比表面积与其表面五氯酚的转化速率有明显的正相关关系，说明对五氯酚还原转化起作用的可能是表面结合态Mn（Ⅱ）；铁氧化物中无定形铁的含量与其表面五氯酚的转化速率常数也有明显的正相关关系。赤铁矿表面五氯酚的转化速率常数则与其总孔体积有关。

对于五氯酚在针铁矿表明的还原转化而言，Mn（Ⅱ）的还原能力不如Fe（Ⅱ），添加1.0 mmol·L^{-1} Mn（Ⅱ）时五氯酚的转化速率常数低于添加0.8 mmol·L^{-1} Fe（Ⅱ），这可能与Fe（Ⅱ）的氧化还原电位略低于Mn（Ⅱ）的氧化还原电位有关。

（12）其他二价过渡金属离子对铁氧化物表面五氯酚转化的影响

以针铁矿为例，研究了其他过渡金属离子比如Co、Ni、Cu和Zn等对铁氧化物表面五氯酚还原转化的影响。五氯酚降解的一级动力学参数值见表7-7。结果表明，在只有铁氧化物的情况下，添加其他过渡金属离子后五氯酚基本上不发生还原转化，且可能对五氯酚的还原转化有一定的抑制作用。虽然Co、Ni和Zn与Fe有着大致相同的最外层电子结构，分别为$3d^7s^2$、$3d^84s^2$和$3d^{10}4s^2$，Cu的最外层电子结构为$3d^{10}4s^1$。但是这4种过渡金属离子除了Cu（Ⅱ）和Zn（Ⅱ）本身不能作为还原剂外，而$E^0_{Ni^{4+}/Ni^{2+}}$=1.593 V，$E^0_{Ni^{3+}/Ni^{2+}}$=1.753 V，$E^0_{Co^{4+}/Co^{2+}}$=1.83 V，$E^0_{Co^{3+}/Co^{2+}}$=1.612 V，均显著高于五氯酚的标准氧化还原电位0.99 V，因此还原反应基本不可能发生。而且体系中Co（Ⅱ）、Ni（Ⅱ）、Cu（Ⅱ）和Zn（Ⅱ）的存在占据了铁氧化物表面的活性位点，而且Co（Ⅱ）、Ni（Ⅱ）、Cu（Ⅱ）和Zn（Ⅱ）对于五氯酚的转化没有正效果，且抑制了铁氧化物中Fe（Ⅱ）的释放。

在添加Fe（Ⅱ）的基础上添加Co（Ⅱ）、Ni（Ⅱ）、Cu（Ⅱ）和Zn（Ⅱ）后，五氯酚的还原转化基本符合表观一级动力学方程，动力学速率常数及其显著性检验见表7-7。Fe（Ⅱ）的存在使Co（Ⅱ）、Ni（Ⅱ）、Cu（Ⅱ）和Zn（Ⅱ）对针铁矿表面五氯酚转化的影响有所不同。Cu（Ⅱ）加入后，反应液出现黄绿色混浊现象，Cu（Ⅱ）的存在显著促进了五氯酚的转化，转化速率常数增加了83.1%。Maithreepala et al（2004）认为

Cu（Ⅱ）的加入，Fe（Ⅱ）和Cu（Ⅱ）发生了eq.2中的反应，并用粉末X-衍射（XRPD）和X射线光电子能谱（XPS）方法证实了亚铜氧化物的形成。反应中形成的$Fe(OH)_3$则以无定形氧化铁的形态存在，增加了铁氧化物的表面积，且在一定程度上增加了表面吸附Fe（Ⅱ）的浓度，而H^+的释放则在一定程度上降低了反应液的pH。因此，Cu（Ⅱ）的加入明显促进了五氯酚在针铁矿表面的还原转化。

$$2Fe^{2+} + 2Cu^{2+} + 7H_2O \longrightarrow Cu_2O + 2Fe(OH)_3 + 8H^+ \tag{12}$$

溶解态的金属离子参与电子转移、催化水解与取代脱氯反应。Co、Ni、Zn等金属均属于d区过渡金属元素，可形成不同价态和形态的化合物；不同价态或形态的过渡金属离子可以作为电子受体或作为电子供体（如$E^0_{Cu^{2+}/Cu^+}$=0.159 V，$E^0_{PbO_2/Pb^{2+}}$=1.455 V，$E^0_{Cr_2O_7^{2-}/Cr^{3+}}$=1.33 V等），显著影响土壤胶体界面的电子转移过程与氧化还原电位。Co（Ⅱ）、Ni（Ⅱ）和Zn（Ⅱ）的加入后反应液的颜色几乎没有变化，但是在不同程度上抑制了五氯酚的还原转化，速率常数分别降低了7.93%、61.4%和28.3%。这则和Co（Ⅱ）、Ni（Ⅱ）和Zn（Ⅱ）与Fe（Ⅱ）在针铁矿表面的竞争吸附及占用了活性位点有关。

表7-7　添加不同过渡金属离子后五氯酚在针铁矿表面还原转化的表观一级动力学及其显著性检验

Metal ion	*k*/d	Std	*R*	*n*	*P*
Fe（Ⅱ）	0.290	0.013	0.994	8	<0.000 1
Fe（Ⅱ）+Co（Ⅱ）	0.267	0.049	0.939	6	0.005 54
Fe（Ⅱ）+Ni（Ⅱ）	0.112	0.007	0.986	8	<0.000 1
Fe（Ⅱ）+Cu（Ⅱ）	0.531	0.052	0.977	7	1.547 3E-4
Fe（Ⅱ）+Zn（Ⅱ）	0.208	0.010	0.993	8	<0.000 1

7.2.2.4　转化过程机制探讨

（1）转化过程中的氯离子

前面已述，在厌氧的地表或者沉积环境中，Fe（Ⅱ）可以通过铁氧化物的异化还原或者化学的还原溶解产生，Fe（Ⅱ）是地表环境中常见的还原剂。Fe（Ⅱ）的氧化还原电位为0.77 V，与低分子量有机酸（如草酸等）配位或者是与表面羟基结合后，氧化还原电位明显降低，如$Fe(oxalate)^0$、$Fe(oxalate)_2^{2-}$的氧化还原电位分别为0.503 V、0.256 V，$FeOH^+$、$Fe(OH)_2^0$的氧化还原电位分别为0.356 V、−0.145 V，增加了与五氯酚之间的电势差，使五氯酚在铁氧化物表面的还原转化反应更容易进行。

五氯酚在针铁矿/Fe（Ⅱ）体系还原转化过程中的氯离子浓度变化表明（图7-21），五氯酚的还原转化是逐步的，不同体系对五氯酚的转化效率不同，还原转化产物也有所不同。五氯酚在针铁矿表面发生着缓慢的还原转化，7天后体系中8.49%的五氯酚发生了转化，氯离子（Cl^-）浓度增加了0.009 1 mmol·L^{-1}。Fe（Ⅱ）的加入明显促进了脱氯反应，7天后体系中0.033 7 mmol·L^{-1}五氯酚发生了转化，氯离子的浓度为0.066 8 mmol·L^{-1}，比只有铁氧化物时体系中的氯离子浓度增加了6.34倍，同时也表明发生转化的五氯酚在此反应过程平均脱除1.98个氯离子，体系中五氯酚的主要转化产物可能为四氯酚和三氯酚。用乙酸钠缓冲液把针铁矿/Fe（Ⅱ）体系的pH控制在4.0左右，五氯酚的转化效率明显升高，7天后体系中氯离子的浓度为0.151 7 mmol·L^{-1}，比不控制pH时体系中氯离子的浓度增加了1.27倍，发生转化的五氯酚在此反应过程平均脱除3.99个氯离子，也就是说，此时体系中五氯酚的脱氯产物主要是苯酚、氯酚和二氯酚。

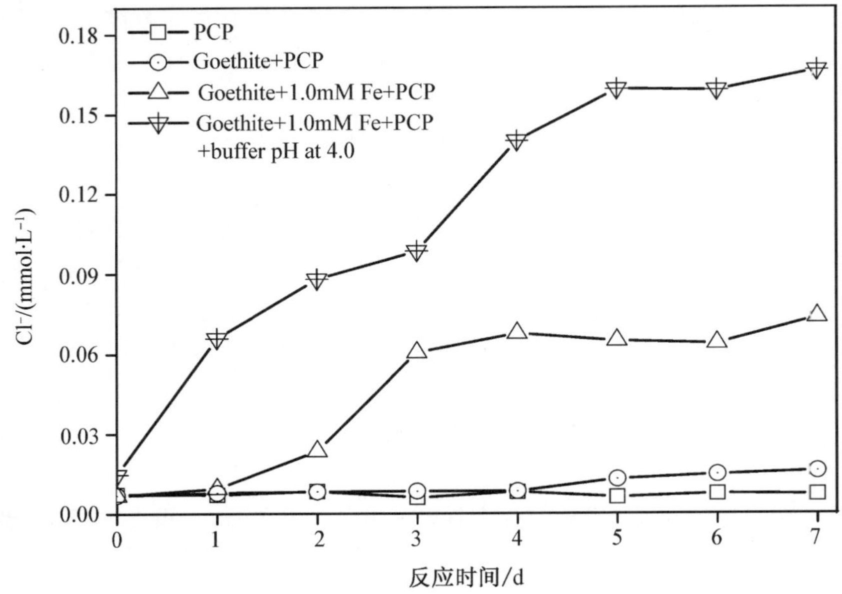

注：针铁矿（Goethite）剂量为4 g · L^{-1}；Fe（Ⅱ）浓度为1.0 mmol · L^{-1}；五氯酚（PCP）浓度为0.038 mmol · L^{-1}；图中mM=mmol · L^{-1}。

图7–21 五氯酚在针铁矿/Fe（Ⅱ）体系还原转化过程中的氯离子释放动力

如图7–22所示，添加草酸也可以促进五氯酚的还原转化，7天后38.51%的五氯酚发生了还原转化，体系中氯离子的浓度增加了0.010 4 mmol · L^{-1}，平均脱除1.07个氯离子。用乙酸钠控制pH在4.0左右后，五氯酚的转化效率明显升高，7天后体系中氯离子的浓度增加了0.152 3 mmol · L^{-1}，与铁氧化物/Fe（Ⅱ）体系大致相同，比不控制pH值时体系中氯离子的浓度增加了13.64倍，发生转化的五氯酚在此反应过程平均脱除4.01个氯离子，此时体系中五氯酚的脱氯产物主要是苯酚、氯酚和二氯酚。

不同有机酸促进针铁矿表面五氯酚转化过程中氯离子的测定结果表明（图7–23），添加1.0 mmol · L^{-1} 草酸、柠檬酸等有机酸可以促进氯离子的释放。添加1.0 mmol · L^{-1} 草酸、柠檬酸、琥珀酸、酒石酸后体系中氯离子的最大浓度分别为0.015 mmol · L^{-1}、0.030 mmol · L^{-1}、0.026 mmol · L^{-1}和0.024 mmol · L^{-1}。与五氯酚的去除率相比，这表明添加1.0 mmol · L^{-1}草酸、柠檬酸、琥珀酸、酒石酸后体系中每个五氯酚分子平均脱除1.0、1.2、1.0和1.0个氯离子。因此，五氯酚在铁氧化物表面的还原脱氯反应的中间产物可能是四氯酚。但是五氯酚的脱氯位置，比如对位（*para–*）、间位（*meta–*）或邻位（*ortho–*）并不能确定。然而这也从侧面表明体系中发生的确为还原脱氯反应。

（2）反应后铁氧化物晶体结构变化

Jeon et al （2001，2003）、Williams et al （2004）认为，Fe（Ⅱ）在铁氧化物表面的结合可能形成磁铁矿。本实验将反应前后铁氧化物进行了XRD分析，结果如图7–24所示。与反应前（Before）相比，反应后（After）并没有明显的磁铁矿形成。除了各个特征衍射峰的强度相对减少外，铁氧化物本身特征的值并没有发生明显的变化。表明在厌氧条件下反应后铁氧化物的晶相没有发生变化，但是结晶程度则有不同程度的无定形化现象。

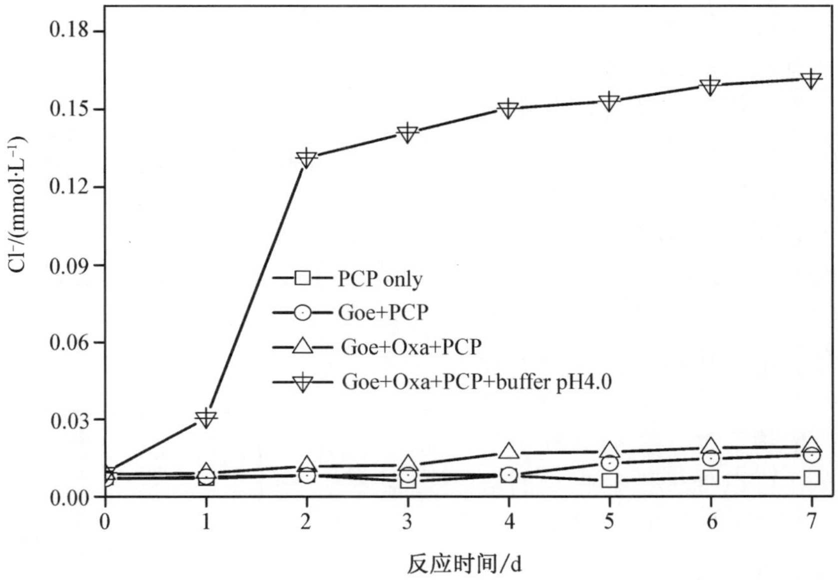

注：针铁矿（Goethite）剂量为4 g·L^{-1}；草酸（Oxalic acid）浓度为1.0 mmol·L^{-1}；五氯酚（PCP）浓度为0.038 mmol·L^{-1}。

图7-22　五氯酚在针铁矿/草酸体系中的还原转化过程的氯离子变化

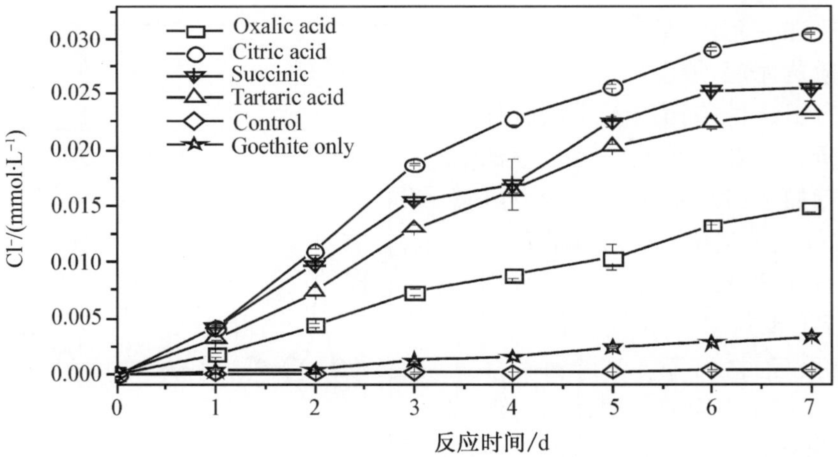

图7-23　1.0 mmol·L^{-1} 草酸、柠檬酸、酒石酸和琥珀酸对针铁矿表面五氯酚转化过程中氯离子脱除影响

7.2.3　土壤胶体界面有机氯的还原转化过程与机制

7.2.3.1　珠江三角洲土壤胶体基本性质

前面已述，我国热带亚热带红壤区，由于受高温多雨独特的生物气候影响，土壤粘粒的矿物组成和化学性质具有明显地带性特点：水云母迅速减少，高岭化逐渐加强，氧化铁矿物显著增加，因此，红壤、水稻土胶体中含有大量的铁氧化物（包括氢氧化物）。在土壤、水溶液和其他类型的沉积环境中，带有表面电荷及含有变价元素的天然铁氧化物和氢氧化物是典型的潜在氧化剂，通常具有较大的比表面积，反应性强，并且对有机物的转化和降解具有催化作用，可以使某些毒害有机物发生氧化或还原降解作用。铁氧化物的异化还原或者化学还原溶解，也可以在土壤胶体及其铁氧化物界面形成表面结合态Fe（Ⅱ）。表面结合态 Fe（Ⅱ）被认为具有较溶液中Fe（Ⅱ）强的还原能力。此外，土壤中植物根系分泌的或者是微生物活动产生的低分子量有机酸的存在可以促进铁氧化物的溶解，并降低了Fe（Ⅲ）/Fe（Ⅱ）的氧化还原电位，因而促进还原脱氯反应的发生。

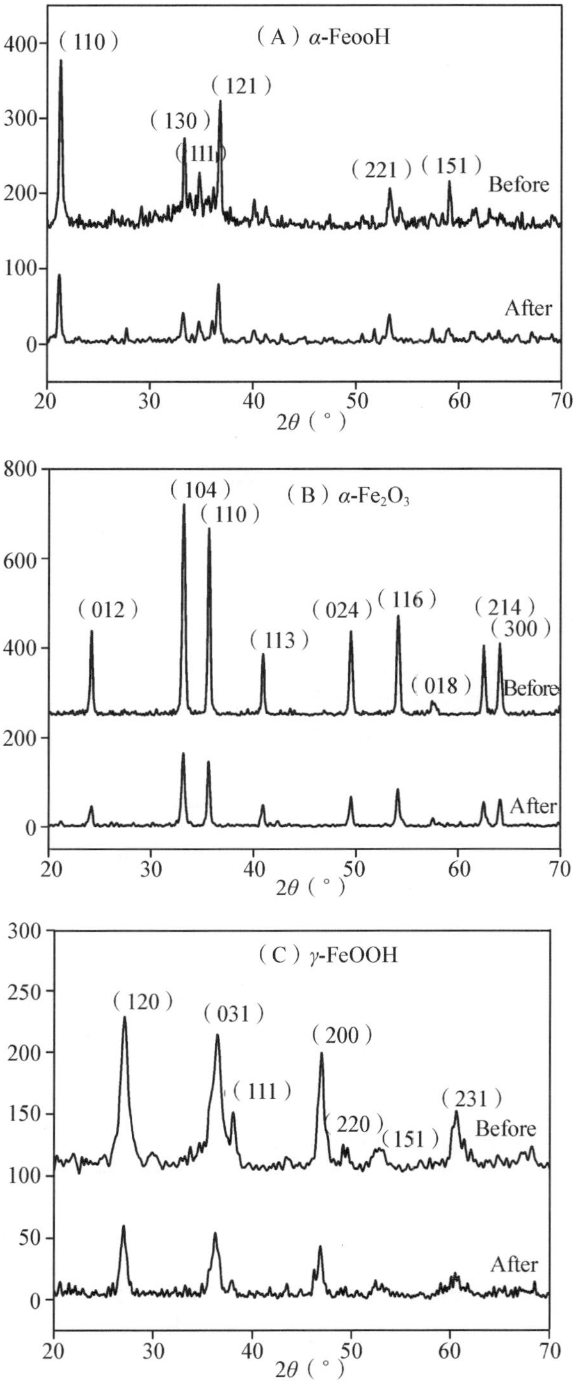

图7-24　还原反应前后铁氧化物的XRD分析

珠江三角洲地区土壤地处我国亚热带地区，土壤粘粒的矿物组成和化学性质同样具有红壤区土壤地带性特点。据对珠江三角洲地区赤红壤、水稻地（包括黄泥底沙坭田、泥骨田、泥田、泥肉田、油格田等）土壤胶体的XRD分析，珠江三角洲地区土壤的粘土矿物有如下组合：①花岗岩赤红壤：高岭石–三水铝矿；②黄泥底沙坭田：高岭石（多水高岭石）–三水铝矿–伊利石（少量）；③泥骨田、泥田、泥肉田、油格田等：高岭石（多水高岭石）–伊利石–蛭石/绿泥石过渡矿物–含水氧化铁（陆发熹，1988）。从表7-8和表7-9可知，珠江三角洲地区赤红壤、水稻土铁铝氧化物含量较高。因此，珠江三角洲地区的红壤和水稻土存在有利于有机氯农药残留非生物转化的土壤条件。通过对土壤胶体表面五氯酚厌氧还原转化的研究，可以为利用土壤特性处理五氯酚污染土壤的处理措施提供理论支持。

表7-8　珠江三角洲地区赤红壤胶体化学性质

土壤类型	母质			采集地点	pH	总铁/（$g \cdot kg^{-1}$）	游离铁/（$g \cdot kg^{-1}$）	无定形铁/（$g \cdot kg^{-1}$）	络合态铁/（$g \cdot kg^{-1}$）
赤红壤	玄武岩	A	0 ~ 13	博罗杨村柑桔场	4.38	123.28 ± 3.12	100.80 ± 0.39	3.48 ± 0.20	0.09 ± 0.00
		AB	13 ~ 29		4.98	136.69 ± 2.65	84.10 ± 0.61	2.89 ± 0.06	0.08 ± 0.00
		B1	29 ~ 50		5.06	144.00 ± 6.43	100.23 ± 0.46	2.79 ± 0.22	0.08 ± 0.01
		B2	50 ~ 100		5.16	124.36 ± 4.16	69.79 ± 0.35	2.35 ± 0.31	0.09 ± 0.00
赤红壤	花岗岩	A	0 ~ 20	博罗罗浮山南坡	4.33	65.85 ± 1.86	37.93 ± 0.40	4.07 ± 0.27	0.21 ± 0.01
		AB	20 ~ 30		4.72	57.51 ± 1.92	41.00 ± 2.63	4.00 ± 0.05	0.39 ± 0.03
		B1	30 ~ 70		5.2	69.32 ± 0.43	43.21 ± 0.50	4.32 ± 0.02	0.20 ± 0.02
		B2	70 ~ 80		5.21	65.95 ± 1.22	43.33 ± 2.17	3.56 ± 0.04	0.16 ± 0.01
黄色赤红壤		A	0 ~ 12	博罗小金口象头山七级水电站	4.91	33.68 ± 0.18	28.42 ± 1.69	1.34 ± 0.01	0.31 ± 0.01

表7-9　珠江三角洲地区水稻土胶体化学性质

土壤类型	剖面层次深度/cm	采集地点	SiO_2/（$g \cdot kg^{-1}$）	Al_2O_3/（$g \cdot kg^{-1}$）	Fe_2O_3/（$g \cdot kg^{-1}$）	游离氧化铁/（$g \cdot kg^{-1}$）	K_2O/（$g \cdot kg^{-1}$）
泥田	0 ~ 16	中山小榄	405.8	275.4	117.5	42.1	2.99
	26 ~ 38		414.0	270.2	124.2	50.2	29.9
	64 ~ 100		426.5	271.7	114.1	38.4	28.9
泥肉田	0 ~ 15	南海平洲	400.5	285.4	142.7	46.2	24.0
	26 ~ 46		418.9	297.6	118.7	31.5	24.8
	64 ~ 90		445.0	297.3	78.6	17.7	27.0
油格田	0 ~ 17	中山民众	401.0	171.4	142.1	60.7	16.4
	47 ~ 58		398.3	269.5	142.6	59.2	15.6
	58 ~ 100		406.6	277.1	132.1	44.7	15.5

7.2.3.2　土壤胶体界面有机氯的还原转化动力学

五氯酚在土壤胶体界面的还原转化试验结果表明，没有土壤胶体存在时，反应过程中五氯酚的浓度基本没有变化。添加土壤胶体，反应过程中五氯酚的浓度均迅速降低（图7–25）。添加不同土壤胶体经过19天的反应时间后对五氯酚的去除率明显不同，且土壤胶体对五氯酚的去除效果在土壤之间存在差异，水稻土为（37.81 ± 6.62）%，变异系数为17.51%；赤红壤为（25.95 ± 17.85）%，变异系数为68.82%（表7–10）。

分析结果表明，五氯酚在土壤胶体表面的还原转化符合表观一级动力学方程（表7–11），经检验均达到显著水平。

表7-10　土壤还原脱氯数据的统计分析

统计类型	参数	去除率/%			速率常数/d		
		A	B	C	A	B	C
赤红壤	Av	25.95	63.92	—	0.019	0.048	—
	Std	17.85	1.50	—	0.018	0.007	—
	Cv%	68.82	2.35	—	93.12	14.92	—
水稻土	Av	37.81	78.23	62.35	0.028	0.136	0.061
	Std	6.62	19.48	25.64	0.008	0.082	0.038
	Cv%	17.51	24.90	41.12	26.94	60.06	61.50

注：A为10g·L^{-1}土壤胶体存在时的五氯酚去除率/转化速率；B为10g·L^{-1}土壤胶体+1.0 mmol·L^{-1}草酸存在时五氯酚的去除率/转化速率；C为10 g·L^{-1}土壤胶体+1.0 mmol·L^{-1} Fe（Ⅱ）存在时五氯酚的去除率/转化速率。

表7-11　五氯酚在土壤胶体表面还原转化的表观一级动力学速率常数

成土母质	土壤类型	处理	速率常数 k/d^{-1}	标准偏差 Std	相关系数 R	P
玄武岩	赤红壤	T_1	0.032	0.002	0.988	<0.000 1
		T_2	0.043	0.018	0.735	0.060
		T_3	0.256	0.022	0.983	<0.000 1
砂页岩	水稻土	T_1	0.033	0.003	0.951	<0.000 1
		T_2	0.231	0.029	0.942	0.000
		T_3	0.043	0.001	0.995	<0.000 1

注：T_1为五氯酚在土壤胶体表面的还原转化效果；T_2为体系中存在1.0 mmol·L^{-1}草酸时的还原转化效果；T_3为体系中存在1.0 mmol·L^{-1} Fe（Ⅱ）时的还原转化效果；P为|prob>t|的概率，P<0.05达显著水平，P<0.01达极限著水平。

7.2.3.3　影响土壤界面有机氯还原转化的主要影响因素

（1）Fe（Ⅱ）的影响

通过添加1.0 mmol·L^{-1} Fe（Ⅱ） 研究了Fe（Ⅱ）对土壤胶体表面五氯酚转化的影响。结果表明，经过19天的反应时间后，添加Fe（Ⅱ）不仅可以增加土壤胶体表面五氯酚去除效果，也可以加快土壤胶体表面五氯酚的转化速率，如添加Fe（Ⅱ）后水稻土表面五氯酚的去除效果分别增加了24.54%，速率常数则增加了1.17倍（表7-10）。

添加Fe（Ⅱ）对土壤胶体表面五氯酚转化的促进作用主要是因为土壤中粘土矿物均具有较大表面积，吸附在土壤粘土矿物表面的Fe（Ⅱ）对五氯酚转化也有一定的促进作用。

用纯高岭石和Al_2O_3研究了土壤胶体比较常见的两种粘土矿物表面五氯酚的转化。结果表明，五氯酚在纯高岭石或者Al_2O_3表面基本不发生转化反应（图7-25A，图7-25B），添加Fe（Ⅱ）后，反应液中五氯酚的浓度随着反应时间的延长逐渐降低，去除率分别为31.19%和19.22%，转化反应速率常数分别为0.027 d和0.013 d。

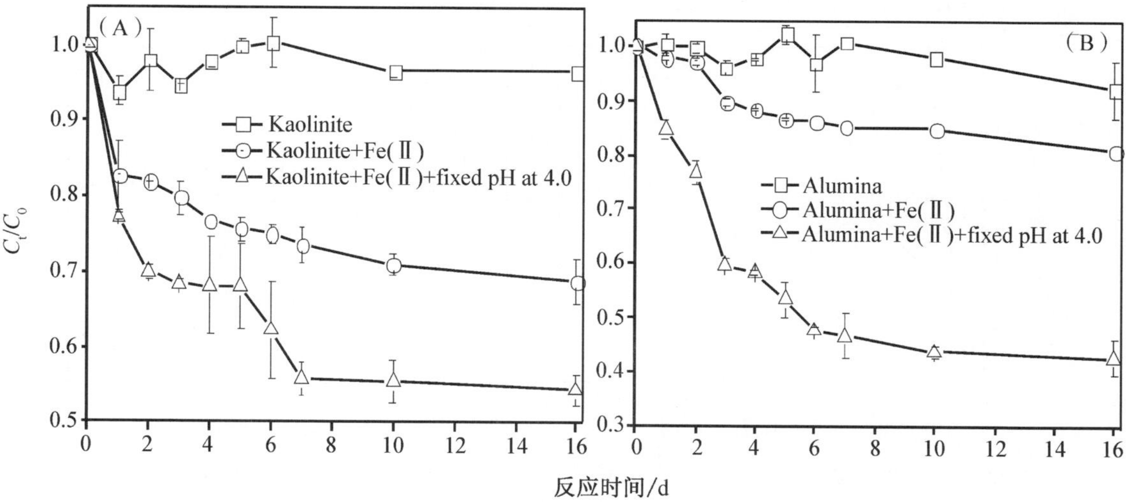

图7-25　土壤胶体中两种主要矿物表面五氯酚的还原转化

土壤胶体中粘土矿物表面五氯酚的转化明显受反应液pH值的影响（图7-25A，图7-25B）。添加Fe（Ⅱ）后用磷酸盐和柠檬酸盐控制反应过程的pH在4.0时（Fixed pH at 4.0），五氯酚在单纯的高岭石或者Al_2O_3表面的去除率分别为45.67%和57.34%，比不控制反应过程中pH值时的去除率分别增加了46.43%和198.34%；转化速率常数分别为0.062/d和0.111/d，分别比不控制反应过程中pH值时的转化速率常数增加了1.30倍和7.54倍。控制反应液pH在4.0促进五氯酚的转化可能与反应过程中［H^+］有关，也与pH对Fe（Ⅱ）存在形态的影响有关。

（2）有机酸的影响

有机酸及植物的根系分泌物可以提高土壤中铁氧化物的还原溶解率，促进溶液中Fe（Ⅱ）的产生。本研究以1.0 mmol·L^{-1}的草酸为例，考察了有机酸对土壤胶体表面五氯酚还原转化的影响。结果表明，添加草酸可以明显增加土壤胶体对五氯酚的转化去除率和转化反应的转化速率常数，比如，添加草酸后，赤红壤、水稻土表面五氯酚的去除效率明显提高，其速率常数分别增加了0.34倍和6.0倍。

与加入Fe（Ⅱ）相比，加入草酸后水稻土胶体表面五氯酚的去除效率提高了15.88%（表7-10），还原转化的速率常数则增加了4.3倍（表7-11）。这可能是因为：①草酸的加入促进了Fe（Ⅱ）的释放，为还原转化提供了还原剂。②草酸配体与Fe（Ⅱ）的配合降低了Fe（Ⅱ）/Fe（Ⅲ）氧化还原电对的氧化还原电位。③草酸的加入，促进了铁氧化物/粘土矿物表面无定形类胶体物质的溶解，净化了铁氧化物/粘土矿物表面，相对增加了表面活性反应位点数目。

（3）土壤特征对土壤胶体表面五氯酚还原转化的影响

五氯酚在土壤胶体表面的去除率与土壤pH值和土壤有机质（Organic matter，OM）含量有关（图7-26）。如图7-26A所示，五氯酚在土壤胶体表面的去除率随pH的升高而先升后降，在pH 4.8时有最大值。添加草酸后，五氯酚的去除率与pH值的关系基本上亦是如此（图7–26A），但去除率均显著高于未添加草酸时的去除率。而添加Fe（Ⅱ）则使最大去除率对应的pH值略向酸性移动，在pH 4.38时去除率达到最大。

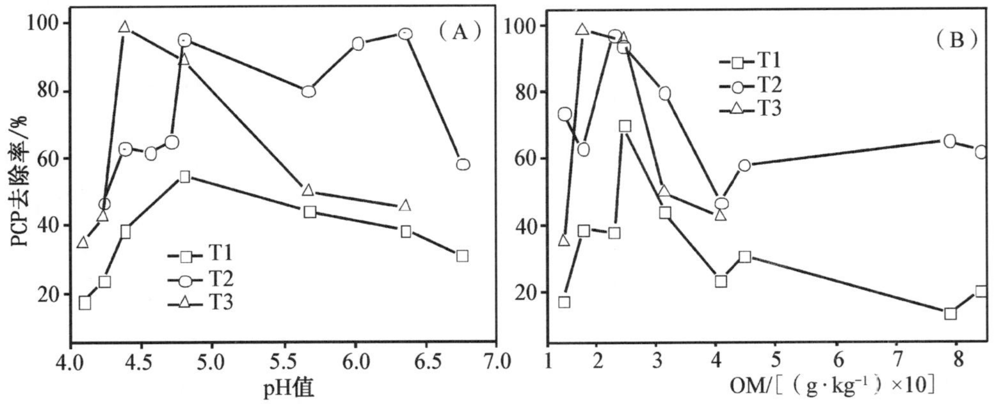

注：T_1为五氯酚在土壤胶体表面的还原转化效果；T_2为体系中存在1.0 mmol·L^{-1}草酸时的还原转化；T_3为体系中存在1.0 mmol·L^{-1}Fe（Ⅱ）时的还原转化。

图7–26　土壤pH值和土壤有机质含量对土壤胶体表面五氯酚去除率的影响

如图7–26B所示，五氯酚的去除率在有机质含量<24.8 g·kg^{-1}时随有机质含量的增加而增加，在有机质含量>24.8 g·kg^{-1}后随有机质含量的增加而降低，并维持在一个较低的水平。添加草酸后，五氯酚的去除率与土壤有机质含量之间的关系基本上亦是如此（图7–26B），但去除率均显著高于未添加草酸时。而添加Fe（Ⅱ）后，五氯酚最大去除率所对应的土壤有机质含量约为18.0 g·kg^{-1}，有机质含量>18.0 g·kg^{-1}时，五氯酚的去除率逐渐下降。表明有机质对土壤胶体表面五氯酚转化反应的贡献在促进铁氧化物的还原溶解方面，在有机质含量较高（>24.8 g·kg^{-1}）时，有机质的存在改变了土壤颗粒的表面性质，因为在天然土壤胶体中，有机质和无机矿物质不是简单的相加，而是有机质和硅酸盐类矿物、氧化物等包裹在一起，使得还原转化反应发生的重要场所——土壤胶体的表面结构被改变或包裹，所以致使反应活性下降（Torrents et al，1997）。

五氯酚在土壤胶体表面的转化速率不仅与土壤的pH值和有机质含量有关，也受到土壤胶体中各种形态铁含量的影响（图7–27）。

在本实验范围内，随着pH值的增高，还原转换速率表现出先增加后降低的趋势。对于只有土壤胶体存在时的脱氯速率来说，pH值在4.09 ~ 4.38时，随着pH值的升高而增加；pH值在4.38 ~ 6.35时，脱氯速率基本没有差异；当pH>6.35时，转化速率随着pH值的升高而降低（图7–27A）。添加Fe（Ⅱ）后有所不同，pH值在4.09 ~ 4.38时，五氯酚的转化速率随pH值的升高迅速增加；当pH>4.38时，五氯酚的转化速率随pH值的升高逐渐降低；在pH 4.38时有最大值出现，为0.256 d^{-1}。添加草酸后，五氯酚的转化速率与pH值的关系趋势也是如此，但是最大值出现在pH 4.8时。

土壤胶体表面的五氯酚转换速率随着土壤有机质含量的增加也表现出先增加后降低的变化趋势。如图7–27B所示，五氯酚的转化速率常数在有机质含量<24.8 g·kg^{-1}时，随有机质含量的增加而增加，在有机质含量>24.8 g·kg^{-1}后，随有机质含量的增加而降低，并维持在一个较低的水平。添加草酸后，五氯酚的转化速率常数与有机质含量之间的关系基本上亦是如此（图7-27B），但去除率均显著高于未添加草酸时。而添加Fe（Ⅱ）后，五氯酚最大转化速率常数所对应的土壤有机质含量约为18.0 g·kg^{-1}，有机质含量>18.0 g·kg^{-1}时，五氯酚的去除率逐渐下降。

土壤胶体表面的五氯酚转化速率随着土壤全铁（Total iron content）含量的增加表现出先增加后降低的趋势，最大值出现在105.66 g·kg^{-1}处（图7-27C）。添加草酸后，五氯酚转化的速率常数与土壤全铁含量的关系也是先增加后降低，但是最大值出现在100.61 g·kg^{-1}处。本试验条件下，添加Fe（Ⅱ）后，五氯酚的转化速率随着全铁含量的增加而显著增加，转化速率常数与土壤全铁含量之间的关系符合y=0.022x-0.087，R=0.949，P=0.001。

土壤胶体表面五氯酚的转化速率与土壤络合态铁（Complexation iron content）含量之间的关系如图7-27D所示。土壤胶体表面的五氯酚转换速率随着土壤络合态铁含量的增加

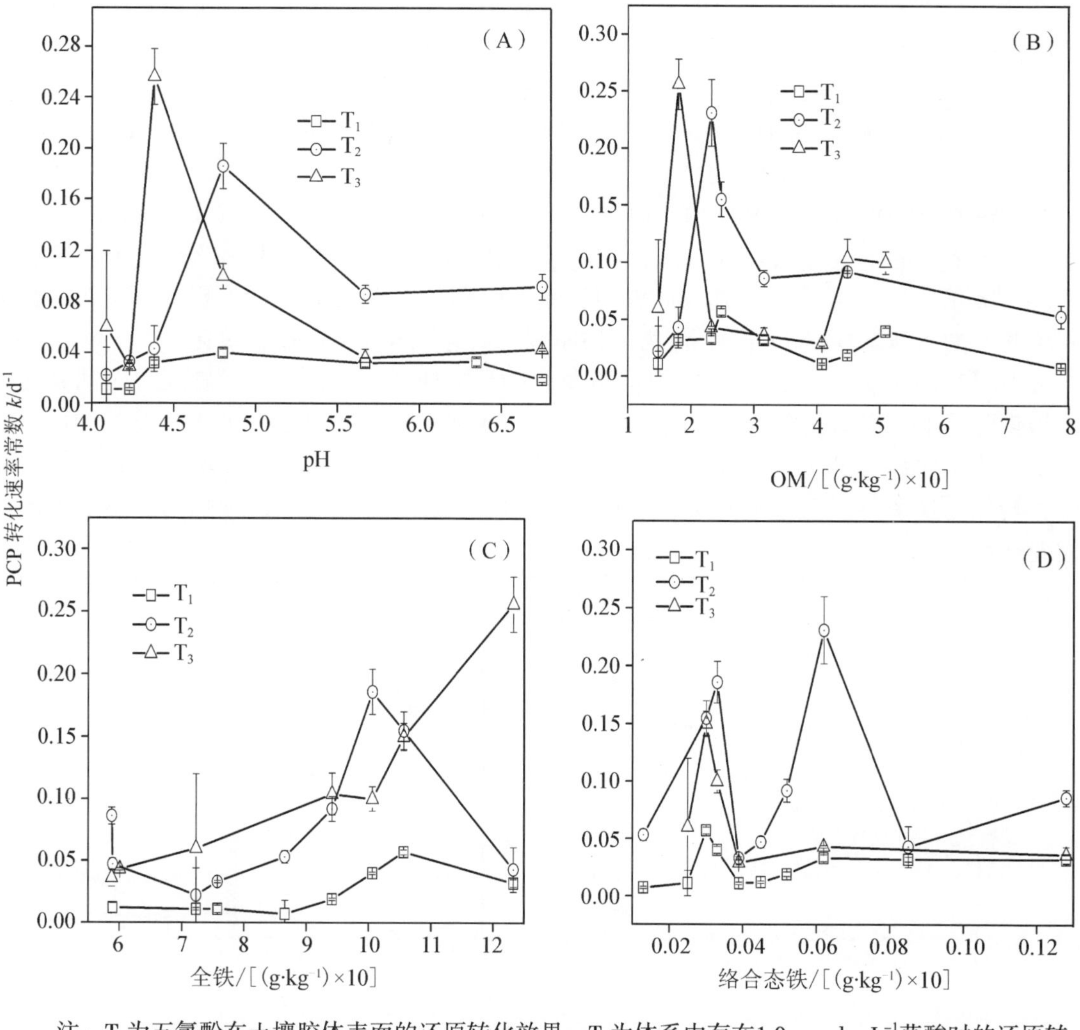

注：T_1为五氯酚在土壤胶体表面的还原转化效果；T_2为体系中存在1.0 mmol·L^{-1}草酸时的还原转化；T_3为体系中存在1.0 mmol·L^{-1}Fe（Ⅱ）时的还原转化。

图7-27　土壤基本性质与土壤胶体表面还原脱氯速率之间的关系

表现出先增加后降低的趋势，最大值出现在0.030 2 g·kg^{-1}处。添加草酸后，五氯酚转化的速率常数与土壤全铁含量的关系也是先增加后降低，最大值出现在0.062 4 g·kg^{-1}处。本试验条件下，添加Fe（Ⅱ）后，五氯酚的转化速率随着络合态铁含量的增加显著呈现指数降低趋势（y=0.219$e^{-1.573x}$，R=0.883，P=0.047）。

7.2.3.4　土壤胶体界面五氯酚还原转化机制探讨

（1）添加Fe（Ⅱ）或草酸对土壤胶体表面五氯酚还原转化的促进作用可能是与添加Fe（Ⅱ）或者草酸直接或者间接促进了铁氧化物和粘土矿物表面结合Fe（Ⅱ）的形成有关。

五氯酚可以在土壤胶体表面缓慢地还原脱氯，添加Fe（Ⅱ）或者草酸可以显著促进其还原脱氯反应，显著增加了五氯酚的去除率和反应的表观一级动力学速率常数。添加Fe（Ⅱ）或者草酸对土壤胶体表面五氯酚还原转化的促进作用可能是与添加Fe（Ⅱ）或者草酸直接或者间接促进了铁氧化物和粘土矿物表面结合Fe（Ⅱ）的形成有关。

铁元素一般有两种价态，Fe（Ⅱ）和Fe（Ⅲ），且$Fe(OH)_2$比$Fe(OH)_3$易溶的多［如式（13）和（14）］。因而溶液中Fe（Ⅱ）/Fe（Ⅲ）的比值直接与溶液中的氧化还原电位有关［如式（15）和公式（16）］。

$$Fe(OH)_2 - Fe^{2+} + 2OH^- \qquad K_1=\alpha(Fe^{2+})\cdot\alpha(OH^-)^2=10^{-15} \qquad (13)$$

$$Fe(OH)_3 - Fe^{3+} + 3OH^- \qquad K_1=\alpha(Fe^{3+})\cdot\alpha(OH^-)^3=10^{-37} \qquad (14)$$

$$Fe^{2+} \longrightarrow Fe^{3+} + e^-, \qquad E_0=0.77\ V \qquad (15)$$

$$Eh = E^0 + 0.059\,2\log[Fe^{3+}]/[Fe^{2+}] \qquad (16)$$

一定浓度的草酸（比如1.0 mmol·L^{-1}）可以促进土壤中铁氧化物的部分还原溶解，释放Fe（Ⅱ），Fe（Ⅱ）在土壤胶体表面的吸附而形成表面结合态Fe（Ⅱ），表面结合态Fe（Ⅱ）被认为是具有较强还原能力的还原剂，促进了五氯酚的还原转化。

由图7-28表明，在不同土壤胶体-五氯酚的反应体系中，Fe（Ⅱ）随反应时间而变化的趋势，基本表现出先升后降，然后继续慢慢升高的趋势。添加Fe（Ⅱ）和草酸均可以加大反应体系中Fe（Ⅱ）/Fe（Ⅲ）的比值，降低反应体系的电位，从而增加五氯酚的去除率和转化的速率常数。添加Fe（Ⅱ）对体系中Fe（Ⅱ）/Fe（Ⅲ）的影响明显高于添加草酸处理。

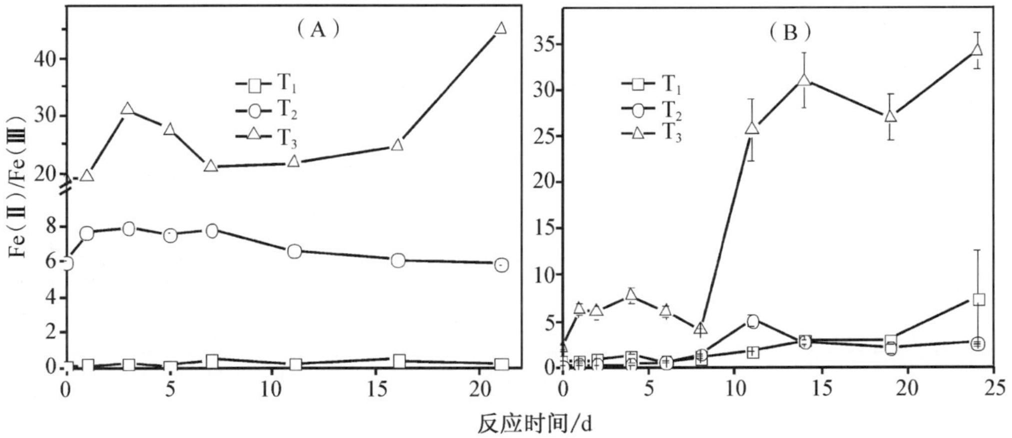

注：（A）赤红壤；（B）水稻土；图中T1为五氯酚在土壤胶体表面的还原转化效果；T2为体系中存在1.0 mmol·L^{-1}草酸时的还原转化；T3为体系中存在1.0 mmol·L^{-1}Fe（Ⅱ）时的还原转化。

图7-28　五氯酚还原体系溶液中Fe（Ⅱ）/Fe（Ⅲ）的变化

（2）矿物–水界面的反应性是控制污染物在环境中富集迁移规律的重要因素

试验结果表明，五氯酚在土壤胶体表面的去除率和转化速率与土壤胶体本身的比表面积大小有一定的正相关关系（图7–29），说明五氯酚在土壤胶体表面的转化为表面反应，随着比表面积的增加，五氯酚的去除率和转化速率均表现出显著的增加趋势。而且试验结果也表明，对五氯酚的转化起催化作用的不仅仅有铁氧化物表面，粘土矿物表面也有类似的作用。草酸的加入可以促进土壤中无定形类物质的溶解，净化了土壤矿物和铁氧化物的表面，在一定程度上释放了表面的活性反应位点。因而，草酸浓度在1.0 mmol · L^{-1} 时，不管是红壤胶体还是水稻土胶体表面五氯酚的转化速率均随着比表面积的增加而增加。几种土壤胶体表面五氯酚的转化速率与其比表面积基本成线性相关关系（图7–29 C 、图7–29D）。

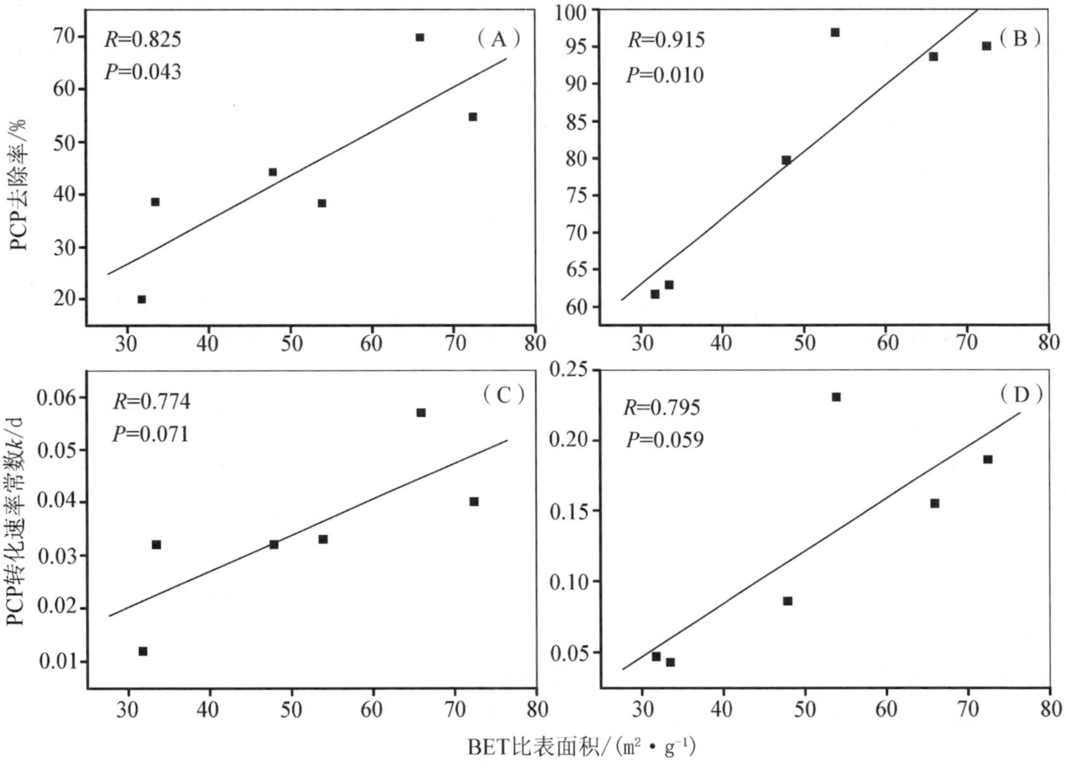

注：（A）土壤胶体表面五氯酚的去除率；（B）添加草酸后土壤胶体表面五氯酚的去除率；（C）土壤胶体表面五氯酚的转化速率常数；（D）添加草酸后土壤胶体表面五氯酚的转化速率常数。

图7–29　五氯酚在土壤胶体的转化与土壤胶体的BET比表面积之间的相关性分析

（3）土壤的基本化学性质比如土壤pH值、有机质含量、全铁含量、络合态铁含量在一定程度上影响着土壤胶体表面五氯酚的还原转化。

在自然环境体系中，土壤胶体是以一种复杂的无定形氧化物或者有机物质胶结和（或者）覆盖在粘土矿物表面而形成的有机质–粘土矿物团聚体形式存在（Kretzschmar et al，1996）。不同土壤胶体的化学性质、形态特征和反应性能明显不同。土壤胶体中有机质和粘土矿物和（或）氧化物之间的覆盖或者团聚形式，在很大程度上决定着土壤胶体的表面形态、粒径分布或者表面电荷的密度及分布。这些特征与土壤胶体对土壤中有机污染物的反应性能有很大关系（McCarthy et al，1989；Grolimund et al，1998），土壤胶体中有机质、无定形氧化物在铁氧化物和粘土矿物表面的覆盖度决定着土壤胶体对土壤中的五氯酚等有机污染物的表面反应性能（Warren et al，2001）。草酸的加入促进五氯酚在土壤胶体表面的还原转化也与其促进了包裹在矿物表面的无定形氧化物的溶解，增加了表面活性反应位点有关。

7.3 小结与讨论

土壤中的残留有机氯农药的环境行为与其中的铁氧化物密切相关，珠江三角洲地区土壤具有红壤区地带土壤粘粒的矿物组成和化学性质，含有大量的铁氧化物（包括氢氧化物），其水稻土在淹水条件下，Fe（OH）$_2$相对含量较高。由于珠江三角洲地区土壤特有的性质，珠江三角洲地区土壤中的有机氯农药相对于其他地区可能具有较快的降解速率。因此，在本章中，较系统地研究了有机氯农药在铁氧化物界面、土壤胶体界面的还原转化过程机制，基本弄清了单一组分铁氧化物/水界面有机氯的非生物转化机制，探讨了土壤体系中铁氧化物/水界面有机氯的非生物转化机制，加深了对五氯酚在污染沉积物或者地表环境中自然转化的认识，并为理解有机氯在自然环境中转化及其归宿提供理论依据，为利用土壤特性处理有机氯污染土壤的处理措施、探讨复杂土壤体系对有机氯污染物的自然净化能力和污染土壤的原位修复技术提供理论支持。研究得出了如下基本结论：

（1）厌氧条件下，不同的铁氧化物对有机氯具有不同的还原降解效率，纤铁矿、赤铁矿、针铁矿和磁赤铁矿表面五氯酚的去除率分别为71.2%、36.0%、8.49%和2.71%，转化速率常数分别为（0.144 ± 0.008）d^{-1}、（0.062 ± 0.003）d^{-1}、（0.014 ± 0.001）d^{-1}和（0.004 ± 0.001）d^{-1}。

（2）土壤中的各种环境因素，包括pH、Fe（Ⅱ）离子、有机酸及过渡金属离子等，都能显著影响铁氧化物界面有机氯的厌氧还原脱氯过程。在pH 3.0 ~ 4.0，转化速率常数随着pH的升高而升高，在pH4.0 ~ 8.0，则随pH的升高而降低；Fe（Ⅱ）的加入可以显著促进铁氧化物界面五氯酚的非生物转化，有机氯的转化速率常数k与Fe（Ⅱ）之间有明显的线性正相关关系；草酸等有机酸的加入可以显著促进铁氧化物界面五氯酚的非生物转化，能使铁氧化物界面有机氯的转化速率常数提高5 ~ 60倍；Mn（Ⅱ）对于铁氧化物表面五氯酚的还原转化有明显的促进作用，对于4种铁氧化物五氯酚的去除率分别比不添加Mn（Ⅱ）能增加4.27倍、0.187倍、1.48倍和28.3倍；添加Co（Ⅱ）、Ni（Ⅱ）和Zn（Ⅱ）对五氯酚的还原转化有一定的抑制作用，添加Cu（Ⅱ）只有在体系中存在Fe（Ⅱ）时促进五氯酚的转化，转化速率常数增加83.1%。

（3）珠江三角洲地区的土壤由于其中含量较高的铁氧化物，其土壤胶体对有机氯具有明显的还原转化作用。五氯酚在土壤胶体表面的还原转化符合表观一级动力学方程，并且其转化过程也受土壤环境条件影响，添加1.0 mmol·L^{-1} Fe（Ⅱ）和1.0 mmol·L^{-1}草酸可使五氯酚的去除率增加，也可使五氯酚的转化速率常数增加。添加Fe（Ⅱ）后水稻土表面五氯酚的去除效果分别增加了24.54%，转化速率常数则增加了1.17倍；加入草酸后水稻土胶体表面五氯酚的去除率与加入Fe（Ⅱ）相比，增加了15.88%，速率常数提高4.3倍。

（4）Fe（Ⅱ）对五氯酚还原转化的促进作用与土壤胶体表面形成了表面结合态Fe（Ⅱ）有关；土壤pH值、有机质含量、土壤胶体表面元素组成对五氯酚在土壤胶体表面的还原转化有密切关系。

第8章
土壤质量系统管理策略

保护和提高土壤质量，是实现农业可持续发展的必然要求，也是利国利民的大事。土地利用和管理在很大程度上影响着土壤性质变化的程度和方向。目前，以广州市为中心的珠江三角洲地区，已成为整个珠江流域经济最发达的地区。随着工业和服务业的发展，珠江三角洲地区农业生产的比重相对下降，但它作为我国重要农业生产基地的地位并没有改变，加强珠江三角洲地区土壤质量管理，提高土壤质量，对珠江三角洲地区农业和农村经济发展有特别重要意义。在对珠江三角洲地区农田土壤质量演变调查研究的基础上，本章将针对珠江三角洲地区农田土壤质量存在的主要问题，就珠江三角洲地区农田土壤质量系统管理策略提出对策与建议。

8.1 土壤质量管理对策

8.1.1 加强对农田土壤质量保养工作的管理

8.1.1.1 制定、完善相关法律法规，推进规范化、法制化管理

保护耕地土壤资源，提高土壤质量，是关系到国民经济可持续发展的重大问题，因此，要把农田的管理纳入法制管理的范畴。

目前，我国已制定了《中华人民共和国土地管理法》、《中华人民共和国土地管理法实施条例》和《基本农田保护条例》等法律法规，新修订的《中华人民共和国刑法》，也明文规定了有关对土地犯罪的条款。广东省制定了《基本农田保护区条例》、《农业环境保护条例》等。

根据《中华人民共和国土地管理法》、《中华人民共和国土地管理法实施条例》和《基本农田保护条例》等法律法规，我国当前法律规定的耕地保护制度主要包括：土地用途管制制度、耕地总量动态平衡制度、耕地占补平衡制度、耕地保护目标责任制度、基本农田保护制度、农用地转用审批制度、土地开发整理复垦制度、土地税费制度和耕地保护法律责任制度等。

认真贯彻执行《中华人民共和国土地管理法》、《基本农田保护条例》等法律法规，严格控制各项建设占用耕地，特别是占用优质耕地，对已划定的基本农田保护区，实行严格保护，对于耕地资源的可持续利用无疑能起到良好的作用。但这些还不够，在认真贯彻执行《中华人民共和国土地管理法》、《基本农田保护条例》等的基础上，有必要探索完善相关法律法规、标准体系，推进农田土壤质量建设的规范化、法制化管理，制定具有操作性的土壤质量保护建设的监督、管理、激励的长效机制。

土壤污染防治法是预防土壤污染及对污染土壤进行修复与整治的法律规范。土壤污染防治法的制定对预防与治理被污染的土壤、提高对被污染土壤的可持续利用效率以及实现

经济、社会与环境的协调发展具有极为重要的意义。国外许多国家为加强污染土壤防治力度，以减少对人类健康的威胁，纷纷制定了防治土壤资源污染的法规。我国没有专门的土壤污染防治法，现行关于防治土壤污染的法律法规缺乏系统性和可操作性，不能满足防治土壤污染的需要。因此，我国应尽快制订土壤污染防治法，广东省地方政府有必要组织有关专家进行研讨，尽快制订土壤环境与土壤污染防治的地方性法规。一方面，可为国家法令的实施打好前期基础；另一方面，可填补目前的法律法规空白，促进珠江三角洲地区和广东省其他地区土壤污染防控工作。

8.1.1.2　建立领导责任制

随着人口的增加，社会经济的发展，珠江三角洲地区农田数量在不断地减少已是不争的事实，人增地减趋势不可逆转。在此背景下，提高生产力，改善土壤质量就显得尤为重要。建设社会主义新农村，解决“三农”问题，反哺农业，首先应是搞好农田土壤质量的保养、提高地力。因此，必须建立有效的管理机制，使农田土壤质量保养、地力建设工作持续有效。首先，应完善基本农田保护目标责任制，政府必须主动地承担这一重大责任，各级政府要将地力建设工作摆到政府的重要议事日程上来，才能更有效地搞好农田土壤质量建设。为了加强对农田土壤质量建设工作的领导，有必要将地力建设列入区、镇、村领导（第一把手和抓农业的副手）的工作责任制中，长期不懈地抓好做实。

各级农业行政主管部门负责本行政区域内农田的保养管理工作，经常开展农田保养的宣传教育，组织对地力进行分等定级，做好保养的技术指导，加强保养的监督检查，依法制止破坏农田土壤质量的行为。

8.1.2　完善农田土壤质量保养机制

8.1.2.1　由政府、集体、农户三方共同增加投入，承担农田土壤保养任务

拓宽资金来源，增加资金投入，是实现改善农田土壤质量目标的重要保证。可通过建立以国家投入为导向，国家、集体和农民相结合的投资体系来实现。应强化以工支农、以商支农，从二、三产业的收入中提出一定比例支持农业，增加对农业投入的基金；各级政府财政每年对农业投入的幅度，应高于各级财政经常性收入的增长幅度，以确保投入资金的落实。根据财政资金状况和土壤保养的实际需要，从财政支农专款中每年安排一定数量的经费用于农田土壤质量建设；对于集体经济这一部分，有关部门也应制订出其对农业投入的比例，便于有章可查、有规可循；为确保农业的发展，国家银行对农业贷款的增长应略高于银行信贷增长，并提高农业中、长期低息贷款等政策性贷款的比重。

改善农田基本条件特别是改善农田排灌条件，仍是珠江三角洲地区农田土壤质量建设的重要内容。在目前我国农田的所有权仍归国家、集体所有，农户经营规模小、经济能力不足的情况下，要由农户承担这项任务显然不太可能，因此，政府、集体应承担起这个任务。在已有的基础上继续增加投入，按照加快山、水、田、林、路综合治理的要求，继续高标准地修建和完善机耕、排灌系统，高标准地建设旱、涝保收的农田。

农户是农田经营的主体，其生产实践直接影响着地力的保护效果。显然，如果没有农户的参与，要更好地保养地力，也是不可能的，农户有必要提高保养地力的自觉性，承担起积制农家肥、种植绿肥等任务。

要进一步稳定农村土地承包责任制，在合法、平等协商、自愿、有偿的前提下，推动土地经营权向懂经营、识农科的耕种大户合理流转，扩大经营规模，以更有效地培肥地

力，提高经营技术水平和经济效益，从而增强农民保护土壤质量的积极性与自觉性。

从实现农业废弃物资源化利用和有效保护农村环境这一长期利益出发，政府决策部门应考虑本地区的实际，制定出台相应的政策，以监督保证农业废弃物资源的有效管理和利用。比如规定农户有收集管理生活垃圾和农业生产废弃物，并将这一类废弃物进行堆肥化处理并施用于农田的义务等。

8.1.2.2　完善土壤质量监测体系，实行动态监测管理

通过对农田土壤质量的动态监测，了解农田土壤质量的动态变化，可以为及时采取措施做好农田土壤质量培育提供科学依据。目前，珠江三角洲地区已建立土壤肥力常年监测点，但对土壤环境质量的常年监测方面还是空白，从本次调查结果来看，珠江三角洲地区局部地区农田土壤环境质量呈下降趋势。为了保证安全生产，有必要完善土壤环境质量监测体系，实现对珠江三角洲地区土壤肥力质量、环境质量进行同步、动态监测。

我国至今还没有将土壤环境质量监测列入常规性的监测计划，缺乏对土壤污染及土壤环境质量状况的有效监控。与水质监测、大气监测相比，广东省土壤污染监测受重视程度不够且监测能力相对滞后。目前，广东省已基本形成了覆盖全省主要江河水体和交界断面的水质自动监测网络，地级市全部实现了城市空气质量自动监测。而对于土壤污染监测却忽视，各地市以上环境监测站点虽然具有一定的土壤污染监测能力，却没有系统地开展土壤污染监测。这现象在农村和基层表现更为突出。

广东省今后应加强省、市、县三级农田土壤环境质量监测系统，实施对农田土壤质量的常年监测，不断收集资料，完善农田土壤资源管理信息系统，对土壤资源的数量和质量进行动态管理，使农田土壤资源达到可持续利用。目前应特别注意完善基层土壤环境监测网络。

近年来，广东省生态环境与土壤研究所在广东省科技厅粤港关键领域重点突破项目“珠江三角洲地区农田系统立体污染监测信息化关键技术与示范”（编号：2007A020905001）以及东莞市政府和农业部门的支持下，在东莞市开展了农田土壤、灌溉水、农区空气环境定位同步监测与评价工作。依据对农田环境中有机质、氮、磷、重金属等的监测结果，项目组提出了合理布局无公害蔬菜生产基地建设，改善灌溉水源，增施有机质肥料、推广配方施肥以及减少氮、磷化肥投入等对策措施，促进了示范基地农田生态环境的改善，更好地保障了农产品安全生产。

8.1.2.3　完善技术推广体系，推广各种行之有效的实用技术

农田土壤的合理利用和质量管理需要有科学技术的指导，科学技术也只有被农民接受掌握才能转化为生产力。因此，引进完善技术推广体系，推广各种行之有效的实用技术在土壤质量管理中有重要的现实意义。

（1）做好新技术引进工作

珠江三角洲地区是广东省科研院所、大学分布最密集的地区。珠江三角洲地区各市、区县应充分利用这一优势，以无公害农产品生产为中心，围绕区域农业优势，按照提高肥料利用率的要求，引进、推广先进的土壤管理技术，如农作物优化配方施肥技术、无公害蔬菜标准化施肥技术等。

（2）健全农业技术推广服务网络

要充分发挥珠江三角洲地区现有的农业行业“协会”的作用；健全农业技术推广体

系，引进高层次农科人才，配足农业技术人员；落实农技推广经费。目前，珠江三角洲地区镇区一级的从事土肥工作的专业科技人员缺乏，今后有必要加以补充配备。此外，要完善配套农业信息网络，完善充实土壤管理技术内容。

（3）做好示范推广工作

政府应增大农业科技投入，针对珠江三角洲地区农田土壤质量问题开展不同类型低产土壤改良、平衡施肥、轮作制度等方面的研究，成果直接应用于生产实践。采用多种形式进行农技推广工作，让农民能即时地掌握先进的农业科学技术，提高农民用地养地科学种田水平。政府要支持农业技术推广部门在各种耕作类型区内建立示范点，带动农户应用推广各种土壤质量管理的先进技术措施。

今后要继续增加人力、资金的投入，面向农民多渠道、多层次、多形式地开展各种农业技术培训，加快农业科技、市场营销、组织管理和政策法规知识的普及，增强农民吸纳、运用新技术的能力，提高“村官”和广大农民的素质。使提高农田土壤质量成为广大农民的自觉行动。

8.1.2.4　综合控制，保护与改善土壤环境质量

（1）从源头上控制污染源

目前珠江三角洲地区企业特别是乡镇企业存在污染治理设施与技术落后、环境管理不完善的问题。要严格控制工业、生活及农业中不合理使用化肥、农药对农田土壤、灌溉水质的污染。为此，要严格禁止耗能高、效益差、污染重的项目上马，加大对电镀厂、砖厂、染整厂等污染企业的治理力度，加快生活污水处理厂的建设，从源头上控制污染源。

（2）加强法规管理与控制

政府和有关部门应加强对环境保护工作的领导和宣传教育工作，提高社会对土壤资源重要性、土壤资源有限性的认识，增强全社会的保护意识，让土壤资源保护作为整个环境保护的重要方面，成为社会成员的自觉行动。同时应制定相应的法律、法规和政策体系，通过法律法规约束、政策引导和调控推进环境保护与可持续发展。

8.2　土壤质量调控技术的选择

在本专著的第2章、第3章，分析了珠江三角洲地区农田土壤质量退化主要过程及其影响因素，针对珠江三角洲地区农田土壤质量存在的主要问题，如下技术措施的选择与推广应用，很有必要。

8.2.1　科学施肥，合理轮作，调控土壤肥力质量

8.2.1.1　目前土壤施肥中存在的主要问题分析

目前施肥中存在的问题主要表现在以下几个方面：

（1）盲目过量施用化肥，有机肥施用不足

珠江三角洲地区农田施用化肥过量而施用有机肥不足问题突出。根据南海区大田取样点的农户调查，农户实行稻秆还田及施用有机肥料的仅占21%，无机肥料养分投入占肥料养分总投入量的90%以上；据对蔬菜地样点的农户调查，虽然有机肥施用较大田的略高一些，但由于蔬菜地化肥施用量大，无机肥料养分投入占肥料养分总投入量的比重更高（达95%以上）。可见南海区的农田在施用化肥和有机肥之间很不平衡。特别是在蔬菜地，由

于复种指数高（一般一年种蔬菜在5～6茬），化肥施用过量现象尤为突出，已使土壤出现次生盐渍化、土壤板结、蔬菜作物硝酸盐累积等问题。有的连作多年的蔬菜地已出现死菜现象。

（2）没能根据土壤养分状况的变化和作物需求合理施肥

没能根据土壤养分状况的变化和作物需求合理施肥，是珠江三角洲地区农田施肥又一突出的问题。根据对南海区蔬菜地农户施肥情况调查统计，2002年蔬菜户农户施用化肥中氮、磷、钾有效养分的比例为1：0.80：0.73。与一般蔬菜作物对氮素吸收较多，对钾的吸收也较多，而对磷的吸收相对较少的需求比较，磷肥的施用偏高而钾则不足。

（3）中微量元素施用不够

珠江三角洲地区农田土壤有效镁、有效硅，尤其是有效硼和有效钼等微量元素缺乏，主要受成土母质、土壤酸碱性影响，同时与有机肥施用减少、微量元素化学肥料很少施用也有一定关系。从对南海区的调查可知，由于人们对微量元素的作用认识不足，施用微量元素肥料还比较少。被调查的大田农户基本不施用微量元素肥料，种蔬菜的户农中，只有极少数农户施用了中微量元素叶面肥。

（4）对由施用化肥引起的环境污染问题没有引起足够重视

过量施用化肥可引起土壤板结，土壤硝酸盐污染，还可引起大气污染、地下水污染和地表水富营养化。但由于这些现象不易为人们肉眼可见，往往不能引起人们足够的重视。

8.1.2.2　合理施肥技术措施

（1）广辟有机肥源，增施有机肥料，提高土壤有机质含量

有机质是土壤肥力质量的重要标志之一。有机肥更与农产品的品质密切相关，在争夺农产品市场的竞争中，有机肥是取胜的物质力量。为把珠江三角洲地区建成优质农产品的基地，今后要大力推广无公害栽培技术，合理减少化肥施用量而提高有机肥的投入。

一是充分利用农业废弃物。稻秆是目前维持和提高地力所必需的最大量、最普遍、最廉价、最现成的有机物来源。因此，要利用各种阵地和渠道加强宣传教育，提高农民的认识，克服怕麻烦的思想。推广多种形式的稻秆还田，推广机械收割、稻秆覆盖作物技术、生物加速稻秆腐熟技术和稻秆综合利用技术。珠江三角洲地区现有的有机肥源没有得到充分利用，如部分地区的稻秆、花生藤基本没有回田，相当一部分是用作燃料，也有一部分在野外被焚烧掉，因此造成有机肥源的浪费。今后要加强宣传工作，引导更多的农户使用这类现有的有机肥料。

二是推广人、畜、禽粪便无害化、资源化处理技术。人、畜、禽粪是珠江三角洲一些地区的重要的有机肥源。但由于其有恶臭味，许多农户不愿意使用，同时，没经无害化处理的人、畜、禽粪便等的直接施用于农田还可能引起环境污染。此外，直接应用还有一个运输难的问题。因此，必须大力推广无害化、资源化堆肥技术，以更好地利用这一类有机肥源。

三是专用绿肥和经济绿肥相结合，扩大绿肥种植面积。专用绿肥含氮、磷、钾较高。从氮素角度看，它是个无烟氮肥厂，从有机质角度看，它是个可以就地取材的大肥源。建议以综合利用为起点，发动养殖专业户种植绿肥，有些绿肥可喂鱼、猪、鹅。非养殖专业户可利用冬闲田发展经济绿肥，既可肥田，又能增加经济效益。

我国一些省（区）在20世纪90年代已制定了关于监督农田施用有机肥料的法规或奖励

政策，这是值得重视的举措。从实现农业废物中养分资源的充分利用和有效保护农村环境这一长期利益出发，政府决策部门应考虑本地区的实际，制定相应的政策，以监督保证农业废料中养分资源的有效管理和利用。比如制定相关条例，规定农户有收集管理生活和农业生产废料的义务，有将这一类废料堆制成农家肥按规定施用于农田并义务等。

（2）因地制宜，推广配方施肥技术

在增施有机肥料的基础上，科学施用化学肥料，是改善珠江三角洲地区农田土壤养分不平衡，同时改善土壤理化性状的重要方法。基本原则是：增施有机肥，适当减少化学肥料用量，改善有机养分与无机养分之间的不平衡；根据土壤养分状况与作物品种，推广养分平衡调控技术，适当控制氮肥、减少磷肥用量，适当增钾和补充镁、硅、硼、钼等中微量元素。

项目组近年来开发了包括小白菜、瓜类（苦瓜、茄瓜、丝瓜、青瓜）和豆角等蔬菜品种优选施肥配方（详见第5章），与广东省目前开展的测土配方施肥活动结合，已进行了多点示范，平均增产2 925 kg · hm^{-2}，同时节约肥料成本214.5元 · hm^{-2}，社会经济效益显著。

8.2.1.3　实行合理轮作制度

轮作是农业生产中应用广泛的生产措施，它将各种作物以不同的方式进行轮换种植，可减轻连作所产生的病害，同时可在一定程度上避免土壤某种养分的过剩或消耗过度而造成养分不平衡，对地力维持能起到一定作用。珠江三角洲地区的蔬菜地连作且大量施用化肥，已引起了土壤性质变差，蔬菜盐害、病害增加和面源污染等问题。通过合理轮作，维持地力，平衡养分已刻不容缓。

（1）大力推广水稻、蔬菜轮作

水旱轮作曾是一条最易被农民接受的培肥地力措施。但目前在珠江三角洲的一些地区，如南海、东莞等的情况是，蔬菜种植面积大幅增加，水稻种植面积减少，而实行水稻—蔬菜（水旱）轮作的不多。主要原因是种蔬菜的效益较高，农户不愿意种水稻。特别是外来人员承包土地，更多的是考虑经济效益而不是改良土壤。因此，外来人员基本上不会考虑水稻—蔬菜（水旱）轮作改良土壤质量。为了解决这一问题，建议加大宣传力度，让广大农户加深对单一作物连作危害性的认识；此外，应增加投入，通过试验研究，探讨蔬菜与其他价值较高的水生作物如水芋头等进行轮作的方法。

（2）实行不同蔬菜品种之间的轮作

如豆科与非豆科蔬菜品种之间的轮作，生长周期长的与生长周期短的品种之间的轮作等。

8.2.2　土壤环境保护与污染控制

8.2.2.1　发展循环经济模式，推广清洁生产技术

传统的直线型经济表现为从自然界开采大量资源、能源，并在生产和消费过程中资源浪费大，污染排放严重，导致地球资源的枯竭和污染的泛滥，使人类发展不可持续甚至危及生存。新型循环经济的原则是“减量化、再利用、再循环”，其目的在于研究循环经济的科学理论和开发循环经济的技术体系。从物流的方向和性质分析，它是相对于传统直线型经济的一种全新的经济模式。

珠江三角洲地区土壤环境质量变化受区域“三废”排放的显著影响，因此，发展“减

量化、再利用、再循环”新型循环经济模式，对土壤环境保护有十分重大的意义。

产业结构的调整是发展广东省循环经济的必要条件。尽快淘汰和改造那些资源消耗多、污染排放量大而经济效益差的产业，代之以技术含量高、经济效益好、资源消耗低、排放污染少的新型产业，才能最终形成全社会污染最小，效益最佳的新型循环型经济。

科学技术是发展循环经济、提高资源生产率的充分条件。只有通过提高单位资源消耗量的经济产出，尽快使资源消耗从高增长向低增长、再向零增长转化，使污染排放量从正增长向零增长、再向负增长转化，才可从源头上缓解广东省由于经济快速发展造成对生态、环境的巨大压力，使经济发展与生态建设、环境保护和谐共存。

根据广东省和珠江三角洲地区目前经济发展的现状及趋势，应重点加强汽车行业、冶金、化工、装备、环保等重点行业的绿色关键技术与工艺。重点研发节约能源、资源的各项清洁生产技术，如节能、节水、节材、节地、清洁燃烧技术、清洁能源的开发利用以及共生矿的综合利用等技术。

农业循环经济，主要涉及减少农药和肥料农业生产资料投入减量化技术、农业废弃物的回收利用技术以及农业清洁等生产技术。

8.2.2.2　土壤污染生态治理技术

土壤的重金属、有机污染及其修复在近20年来受到世界各国的普遍重视。土壤重金属治理的途径主要有两种：一是改变重金属在土壤中的存在形态，使其由活化态转变为稳定态；二是从土壤中去除重金属，以使其残留浓度接近或达到背景值。可采用农业生态治理及控制技术。

（1）施用改良剂

土壤受重金属污染（如汞、镉污染）的情况下，可通过施用石灰性物质提高土壤pH使重金属形成氢氧化物沉淀；或施用促进还原的有机物质使重金属形成硫化物沉淀；或施用磷酸盐类物质可使重金属形成难溶性磷酸；以及利用离子拮抗减少植物对重金属的吸收。项目组在施硅减轻植物重金属毒害效应与技术方面进行了较系统的研究。

（2）调节土壤E_h和水管理

调节土壤E_h，比如淹水栽培或施用促进还原的物质等措施均可使重金属离子发生沉淀。当土壤处于还原状态时，随着土壤温度升高，土壤还原作用增强，生成H_2S，使各种重金属转化为硫化物，向沉淀方向发展。为使土壤处于还原状态，可保持持续淹水状态。这种方法对汞、铜、镉比较有效。但对于砷污染土壤，这种方法不可采用。因为按理论计算，pH为6.0，E_h 0.135 V以下，可存在毒性较强的亚砷酸。因此，砷污染土壤，应实行旱作，保持田间E_h在0.2 V以上，可防止亚砷酸的生成和溶出。

（3）稀释或去除

通过翻耕，把污染浓度高的上层翻到下层，而把浓度低的下层翻至上层，可稀释耕层中污染物质的浓度。如果耕层以下土层中污染物质浓度高，则此法无效。此外，还应考虑土层厚薄、生土层熟化等问题。对于重金属污染的地区，适宜翻耕深度为30 cm以上。施用客土和换土。施用客土是指在现有污染土壤上覆一层未受污染土壤，换土是指将受污染的耕层土壤挖除至适当深度后再填入未污染土壤。对于受镉污染土壤，实施换土效果较好，在受砷和镉复合污染的水田，如果施用20 cm以上的客土，形成新的耕层，可以解决其复合污染。

近年来，广东省生态环境与土壤研究所，将包括生石灰、有机肥、硅肥等重金属稳定剂施用对农作物可食用部位重金属含量的影响，在不同水肥管理条件下，对农作物生长、发育及可食用部位重金属含量的影响等农业生态综合治理及控制技术，在汕头澄海区盐鸿镇北部的莲花山钨矿区农田土壤污染修复中进行了应用示范，取得了良好的效果。

第9章 结论与展望

9.1 基本结论

珠江三角洲农田土壤质量演变与调控研究，得出了如下基本结论。

9.1.1 关于珠江三角洲城市化过程中农田土壤质量演变

（1）第二次土壤普查以来，本项目调查区域农田土壤质量的特征是：土壤有机质、全氮稳中有降，土壤速效氮（NO_3^-）、磷显著增加，土壤速效钾有所增加，但仍不足，土壤有效镁、硼、钼仍严重缺乏，部分土壤缺硅、锰；土壤质量演变存在空间差异：博罗、惠阳农田土壤有机质、全氮含量自第二次普查以来没有明显变化，社会经济更为快速发展的南海、东莞，由于更多的好地被建设用地占用，因而不可避免地导致农田土壤有机质以及与之相关的土壤全氮含量明显下降。

（2）阐明了不同利用方式下农田土壤质量演变的规律，表明水田改种蔬菜地后，土壤pH值有所提高；土壤有机质、全氮呈下降趋势；土壤全磷和有效磷增加；土壤速效钾增加；土壤盐分和硝酸盐明显累积。

（3）典型区域调查表明，珠江三角洲局部区域农业土壤环境质量有所下降，表现在局部土壤重金属受人为污染影响，部分土壤存在农药残留和多环芳烃（PAHs）污染现象。

9.1.2 关于珠江三角洲城市化过程中农田土壤质量变（退）化过程机制

（1）研究表明，土壤系统与外界的物质交换是珠江三角洲地区农田土壤有机质下降和养分非均衡化过程的主要驱动因子。有机物质输入的减少，大量的化学氮、磷肥的输入，导致土壤系统有机质下降以及土壤速效氮、磷累积。这种情况与耕作制度的改变分不开，大量水田改种蔬菜地后土地利用强度增加，土壤水分环境改变，加速了土壤有机物质的分解，同时也增加了化学氮、磷肥的投入，蔬菜地连作年限与土壤磷、盐分、硝酸盐的累积呈正相关关系，而土壤有机质、全氮随种植年限增加而降低。

（2）研究发现露天蔬菜地存在与蔬菜保护地同样的土壤次生盐渍化过程；蔬菜地连作是其主要成因，局部干旱气候条件将增加蔬菜地土壤盐渍化的风险；露天菜地土壤盐分呈现一定的表聚性，与地下水位、土壤质地有关；蔬菜地土壤积累较多的盐分离子是NO_3^-，进一步的统计分析显示，蔬菜地土壤盐分含量与土壤硝酸盐含量呈极显著正相关关系。

（3）研究表明，土壤重金属污染主要是对区域环境变化的响应。多变量统计分析表明，从珠江三角洲局部地区土壤样品中的PAHs来自热裂解和石油的混合。大部分是来自草本、木本、煤炭的燃烧，一些土壤中的PAHs来自交通排放、煤烟及石油释放。

9.1.3 关于珠江三角洲农田土壤质量演变的生态环境效应

（1）对珠江三角洲地区农田土壤氮、磷累积的环境风险进行了评价表明蔬菜地土壤速效氮、磷的累积，在导致土壤自身次生盐渍化的同时，增加了环境风险。实地监测表明，蔬菜地地下水体的硝酸盐、溶解磷增加。模拟试验表明，蔬菜地土壤磷的流失风险较水田的增大。因子分析方法表明，土壤磷进入径流的风险和数量首先取决于土壤的供磷能力，有机质能对土壤磷素流失起到一定的缓冲作用，水田耕种转变为蔬菜地种植后土壤有机质含量的降低在一定程度上促进了土壤磷素的流失。

（2）研究了蔬菜地土壤施用氮肥及由此引起的土壤盐分累积对蔬菜生长的影响，发现当氮水平增加到0.20 g·kg^{-1}和0.30 g·kg^{-1}时，0～2 cm土层的电导率已经高达1.272 mS·cm^{-1}和1.604 mS·cm^{-1}，菜薹在不同程度上受到了盐分的胁迫，其中近根区的电导率均高于非近根区；施氮量增加导致的土壤硝酸盐增加，对蔬菜叶绿素生成与组成的影响较小，但对抑制蔬菜的生长与产品品质，表现在植株株高降低，植物体内的硝酸盐明显增加。

（3）研究表明土壤重金属胁迫对白菜生长有一定的抑制作用，并导致白菜生理毒害，表现为生物量降低。在镉胁迫诱导下，白菜产生适应性抵抗反应，超氧化物歧化酶（SOD）呈下降趋势，过氧化物酶（POD）呈一定的上升趋势。此外，土壤重金属胁迫下蔬菜体内重金属含量增加，将对人体与动物健康产生不利影响。 统计分析表明，土壤重金属含量与蔬菜重金属含量呈不同程度的对应关系，因此，土壤重金属污染存在生态风险。

9.1.4 关于珠江三角洲农田土壤质量调控的理论与技术措施

9.1.4.1 研究建立了珠江三角洲农田土壤养分平衡调控施肥技术体系，并进行了试验示范

（1）研究了小白菜、苦瓜、豆角、茄瓜类等蔬菜品种的养分元素吸收的数量与比例，阐明了这几种蔬菜品种的营养需求特点，为合理平衡施肥、养分平衡调控提供了依据。

试验研究表明，在相同质地的土壤上，不同蔬菜品种对各养分元素的吸收的比例存在差异，N所占的比例是豆类＞瓜类＞叶菜类；P是豆类和叶菜类相似＞瓜类；K是叶菜类＞瓜类＞豆类；Ca是瓜类＞叶菜类＞豆类；Mg是豆类＞瓜类＞叶菜类；S是叶菜类＞豆类＞瓜类。形成单位产量（1 000 kg）养分元素吸收总量的顺序为：苦瓜＞小白菜＞豇豆＞冬种马铃薯＞茄瓜；氮（N）的吸收量顺序为：豇豆＞小白菜＞马铃薯＞茄瓜＞苦瓜；磷（P）的吸收量顺序为：小白菜＞豇豆＞茄瓜＞苦瓜＞马铃薯；钾（K）的吸收量顺序为：马铃薯＞小白菜＞苦瓜＞茄瓜＞豇豆；钙（Ca）的吸收量顺序为：苦瓜＞茄瓜＞小白菜＞豇豆＞马铃薯；镁（Mg）的吸收量顺序为：豇豆＞茄瓜＞苦瓜＞马铃薯＞小白菜。

试验表明：

①每生产1 000 kg商品小白菜（矮脚奶白菜），必须从土壤中吸收N 2.2～4.4 kg、P 0.53～0.80 kg、K 3.5～6.1 kg、Ca 1.47～1.78 kg、Mg 126～253 g、S 240～459 g、B 20～25 g、Cu 1～9 g、Zn 35～58 g；小白菜（矮脚奶白菜）对大量和中量元素的吸收比例N：P：K：Ca：Mg：S为1：（0.18～0.24）：（1.41～1.60）：（0.40～0.67）：0.06：（0.1～0.11）。

②每生产1 000 kg商品苦瓜，约需要在土壤中吸收纯养分N 2.8～3.5 kg、P 0.56～0.69 kg、K 4.7～6.2 kg、Ca 2.3～3.2 kg、Mg 386～460 g、S 203～283 g、B 4.76～5.9 g；苦瓜对大量和中量元素的吸收比例N：P：K：Ca：Mg：S为1：0.2：（1.68～1.77）：（0.82～0.92）：（0.13～0.14）：（0.07～0.08）。

③每形成1 000 kg茄瓜，必须从土壤中吸收N1.02～3.48 kg，K1.87～4.52 kg，Ca1.28～1.45 kg，P 0.25～0.50 kg，Mg 0.29～0.36 kg，S 0.22 ～0.26 kg，B 4.18～5.98 g，Cu1.37～1.41 g，Zn 5.65～6.62 g；茄瓜对大量和中量元素的吸收比例，N：P为1：0.18，N：K为1：1.45，N：Ca为1：0.64，N：Mg为1：0.15，N：S为1：0.11。

④每形成1 000 kg冬种马铃薯块茎，必须从土壤中吸收N1.79～3.23 kg，K 3.75～5.20 kg，Ca 0.46～0.73 kg，P 0.23～0.43 kg，Mg 0.20～0.26 kg，S 0.19～0.24 kg，B 1.31～2.38 g，Cu 0.6～0.93 g，Zn 2.61～3.39 g；冬种马铃薯对大量和中量元素的吸收比例，N：P为1：0.12，N：K为1：1.73，N：Ca为1：0.22，N：Mg为1：0.09，N：S为1：0.08。

（2）研究了小白菜、苦瓜、豆角、茄瓜等蔬菜品种施肥的产量效应以及对土壤肥力的影响，探讨了小白菜的硝酸盐含量，小白菜、苦瓜、豆角、茄瓜类等蔬菜维生素C和可溶性糖含量与施氮、磷、钾量之间的关系，确定了几种代表蔬菜的氮、磷、钾施用量、有机肥与无机肥的配施比例，建立了蔬菜高产优质栽培的平衡施肥优化配方与技术。

试验表明：

①小白菜的硝酸盐含量均有随施氮量增高而增高的趋势，小白菜施肥的有机氮与无机氮之比为（0.25：1）～（0.5：1）时其产量和品质水平均较佳。即有机肥与无机肥配施时，禽畜粪便用量约3 000 kg · hm^{-2}配施无机氮肥约120 kg · hm^{-2}，或有机肥约4 500 kg · hm^{-2}配施无机氮肥99.75 kg · hm^{-2}较为合适。有机肥与无机肥配施，可不用再配施微量元素而达到提高小白菜维生素C含量和降低其硝酸盐含量的效果。

②苦瓜的硝酸盐浓度与施氮量的关系，有随着施氮量增高而增高的趋势，综合NPK配施对苦瓜产量与品质的影响，提出NPK优选配方：纯氮（N）150～225kg · hm^{-2}，磷（P_2O_5）75～120 kg · hm^{-2}，钾（K_2O）75～225 kg · hm^{-2}。配施有机肥（3 000 kg · hm^{-2}），可不另施微量元素而达到提高苦瓜的维生素C含量和降低其硝酸盐含量的效果。

③豇豆硝酸盐含量有随施氮量增高而增高的趋势，根据施肥的产量与品质效应，豇豆的优选施肥配方是N 45～120 kg · hm^{-2}，P_2O_5 75～150 kg · hm^{-2}，K_2O 150～180 kg · hm^{-2}；有机肥与无机肥配施处理，豇豆的产量、维生素C含量和水溶性糖含量较高，而硝酸盐含量则相对较低。在砂质土极缺乏微量元素的情况下，种豇豆要适当补充微量元素。在壤质土上，施合适有机肥的基础上，可以不另施用微量元素而达到提高产量和维生素C含量的效果。

④在施有机肥的基础上，一季产30 000 kg · hm^{-2}茄瓜施肥量：N 330 kg · hm^{-2}、P_2O_5 150 kg · hm^{-2}、K_2O 135 kg · hm^{-2}。该配方不仅在实际中其产量最高，品质也最好；有机氮与无机氮之比为0.25：1的茄瓜产量、维生素C含量和蛋白质含量优于施纯有机肥与无机肥的。即有机肥6 750 kg · hm^{-2}配无机氮2 55kg · hm^{-2}的处理较合适，其产量较高，同时

其维生素C含量和蛋白质含量也高于纯无机肥和纯有机肥的处理。

⑤丝瓜推荐的施肥量，每1/15 hm施有机粪肥800 kg，化学肥料N 30 kg、P_2O_5 6 kg、K_2O 16 kg，配方施肥则按照推荐的施肥量；施用本项目创制的镁、硼、锰、钼复合微肥可使丝瓜、苦瓜的外观质量得到改善，产量和内在品质明显提高。丝瓜色泽鲜亮、外形端正，产品商品率提高；丝瓜产量比对照提高9.0%，硝酸盐含量比对照降低11.5%。此外，还可提高丝瓜水溶性糖的含量（比对照提高20.8%）。

⑥冬种马铃薯一季产22 500 ~ 30 000 kg · hm^{-2}，优选配方N 240 kg · hm^{-2}、K_2O 150 kg · hm^{-2}、P_2O_5 105 kg · hm^{-2}，在实际中其产量也最高，品质较好。马铃薯施有机氮肥与无机氮肥比为（0.25：1）~（0.5：1）时效果较佳。即有机肥与无机肥配施时，禽畜粪使用量6 000 ~ 8 250 kg · hm^{-2}，配施无机氮180 kg · hm^{-2}较合适。

（3）研究提出了有机肥与无机肥配合施用模式，表明这种模式下蔬菜对肥料养分的利用率最大，即有机肥与无机肥配合对蔬菜产量的贡献最大，说明有机肥与无机肥配合施用，有利于保护土壤肥力；分析了禽畜养殖场禽畜粪类有机肥对蔬菜品质与土壤重金属的影响，表明无公害蔬菜种植所施用的这类有机肥，一是其所含重金属不能超标，二是有机肥的用量也不能过高，并据此提出了有机肥与无机肥配合的适宜比例。

（4）筛选了土壤磷活化剂，提出了土壤磷活化技术，实现了土壤磷减量施用与活化相结合并进行了应用示范。蔬菜盆栽试验表明，玄武岩砖红壤的植株吸磷量提高的幅度为62.5% ~ 152%，砂页岩赤红壤的为1.8% ~ 33.3%。田间示范试验表明，土壤磷活化技术可提高瓜豆类蔬菜的产量，还可提高产品品质。

9.1.4.2 研究了土壤次生盐渍化与硝酸盐控制机制与技术

重点是降低土壤硝酸盐的累积，关键在于减少化学肥料的输入，提出科学施肥防盐、合理灌溉抑盐（通过农田基本建设，适当降低地下水位，采取喷灌等节水灌溉技术，促进土壤水分由表土向下层运动，减少下层盐分向地表聚集）合理轮作除盐（调查结果表明，一般在种植2 ~ 3年蔬菜中安排种植1季水稻，能有效达到减少土壤盐渍化风险）的技术措施。

9.1.4.3 开展了施硅减轻蔬菜重金属污染效应与机制研究，初步提出了重金属污染土壤的施肥调控理论与技术

（1）模拟试验研究了土壤施硅减轻蔬菜重金属污染效应与机制

模拟试验表明：

①施硅能不同程度地减轻镉、铬、锌、铅、锌、砷污染对蔬菜的毒害。

②施硅改善了土壤的理化性状，土壤pH和土壤有效硅含量显著提高，土壤有效镉含量不同程度降低，为钝化土壤镉的活性，减少镉的植物有效性创造条件，同时也可为白菜健康生长提供良好的土壤环境。

③施硅后白菜株高不同程度地增加，地上部鲜重、干重增加，尤以试验Ⅰ的增产效果显著，施硅改善了镉污染土壤上白菜的生长状况，因而可增强抵御镉胁迫的耐受能力。

④适量硅（Na_2SiO_3 0.5 ~ 1.0 g · kg^{-1}）可增加白菜叶绿素含量，提高CAT酶的活性，降低细胞膜的透性，一定程度上改善了白菜的抗镉胁迫生理，有效清除了活性氧自由基，减轻了体内组织的过氧化伤害，因而可有效缓解镉污染土壤上白菜的镉毒害和镉污染。但

较高量硅（Na_2SiO_3 2.0 g·kg^{-1}）则产生一定的植物毒性，可能与施硅带入的Na^+所产生的盐害有关。

⑤在镉胁迫下，施硅显著减少白菜地上部鲜样、干样的镉含量和镉总量。白菜根、茎、叶中的镉含量和镉总量大大减少，随土壤外源镉污染加重，硅抑制白菜各部位吸收镉含量和镉总量的效果越显著。

（2）开展了砷污染土壤作物叶面喷施铈硅复合溶胶调控效果研究

试验表明，叶面喷施不同浓度铈溶胶、硅溶胶及不同掺杂比的铈硅复合溶胶均可以缓解生菜砷毒害，表现为生菜的地上部鲜重升高了9%～58.8%，砷含量降低了23%～48%。叶面喷施低浓度的二氧化铈掺杂5 mmol·L^{-1}二氧化硅复合溶胶可以增加生菜叶片叶绿素含量，进一步提高二氧化硅缓解生菜砷毒害效果。其中以叶面喷施5 mmol·L^{-1}2%铈掺杂二氧化硅复合溶胶生菜地上部鲜重最高为对照的1.6倍；砷含量最低为对照的51.4%。叶面喷施铈硅复合溶胶不仅可以降低生菜可食用部位砷浓度，而且可以减少生菜地上部吸收积累砷总量，从而降低了砷通过食物链对人体健康的危害。与传统土壤施用硅肥相比，叶面施用硅溶胶具有经济高效的优点，为土壤砷污染控制提供了一种新的选择。

9.1.4.4　土壤粘粒中的铁氧化物及其界面五氯酚的还原转化与机制研究，为探讨复杂土壤体系对有机氯污染物的自然净化能力和污染土壤原位修复技术提供理论依据

试验研究表明：

①厌氧条件下，不同的铁氧化物对有机氯具有不同的还原降解效率，纤铁矿、赤铁矿、针铁矿和磁赤铁矿表面五氯酚的去除率分别为71.2%、36.0%、8.49%和2.71%，转化速率常数分别为（0.144 ± 0.008）d^{-1}、（0.062 ± 0.003）d^{-1}、（0.014 ± 0.001）d^{-1}和（0.004 ± 0.001）d^{-1}。②土壤中的各种环境因素，包括pH值、Fe（Ⅱ）离子、有机酸以及过渡金属离子等，都能显著影响铁氧化物界面有机氯的厌氧还原脱氯过程。在pH 3.0～4.0，转化速率常数随着pH值的升高而升高，在pH4.0～8.0，则随pH值的升高而降低；Fe（Ⅱ）的加入可以显著促进铁氧化物界面五氯酚的非生物转化，有机氯的转化速率常数k与Fe（Ⅱ）之间有明显的线性正相关关系；草酸等有机酸的加入可以显著促进铁氧化物界面五氯酚的非生物转化，能使铁氧化物界面有机氯的转化速率提高5～60倍；Mn（Ⅱ）对于铁氧化物表面五氯酚的还原转化有明显的促进作用，对于四种铁氧化物五氯酚的去除率分别比不添加Mn（Ⅱ）能增加4.27倍、0.187倍、1.48倍和28.3倍；添加Co（Ⅱ）、Ni（Ⅱ）和Zn（Ⅱ）对五氯酚的还原转化有一定的抑制作用，添加Cu（Ⅱ）只有在体系中存在Fe（Ⅱ）时促进五氯酚的转化，转化速率常数增加83.1%。③珠江三角洲地区的土壤由于其中含量较高的铁氧化物，其土壤胶体对有机氯具有明显的还原转化作用。五氯酚在土壤胶体表面的还原转化符合表观一级动力学方程，并且其转化过程也受土壤环境条件的影响，添加1.0 mmol·L^{-1} Fe（Ⅱ） 和1.0 mmol·L^{-1}草酸可使五氯酚的去除率增加，也可使五氯酚的转化速率常数增加。添加Fe（Ⅱ）后水稻土表面五氯酚的去除效果分别增加了24.54%，速率常数则增加了1.17倍；加入草酸后水稻土胶体表面五氯酚的去除率与加入Fe（Ⅱ）相比，增加了15.88%，速率常数则提高4.3倍。④Fe（Ⅱ）和对五氯酚还原转化的促进作用与土壤胶体表面形成了表面结合态Fe（Ⅱ）有关；土壤pH值、有机质含量、土壤胶体表面元素组成对五氯酚在土壤胶体表面的还原转化有密切关系。

9.1.5 关于珠江三角洲农田土壤质量系统管理策略

针对珠江三角洲地区农田土壤质量存在的主要问题，提出系统管理对策、措施：

（1）加强对农田土壤质量保养工作的管理

①建立领导责任制，完善保护目标责任制。②制定、完善相关法律法规，推进规范化、法制化管理。

（2）完善农田土壤质量保养机制

①由政府、集体、农户三方共同增加投入，承担农田土壤保养任务。②完善土壤质量监测体系，实行动态监测管理。③完善技术推广体系，示范推广各种行之有效的实用技术。④从源头上控制污染源，保护与改善土壤环境。

（3）因地制宜选择土壤质量调控技术

①科学平衡施肥，调控土壤肥力质量：广辟有机肥源，增施有机肥料，提高土壤有机质含量，根据土壤养分状况与作物品种，推广养分平衡调控技术，适当控制氮肥、减少磷肥用量，适当增钾和补充镁、硅、硼、钼等中微量元素。②实行合理耕作制度：推广水稻、蔬菜轮作，不同蔬菜品种的轮作可减轻连作所产生的病害、盐害，同时可在一定程度上避免土壤某种养分的过剩或消耗过度而造成养分不平衡。③发展循环经济模式，推广清洁生产技术，从源头上控制环境污染。④采用农业生态治理及控制技术，治理与控制土壤污染。珠江三角洲地区土壤的汞、镉含量可能受人为污染的影响，可采取施用石灰性物质、施硅等提高土壤pH使重金属形成氢氧化物沉淀；或施用促进还原的有机物质使重金属形成硫化物沉淀；调节土壤E_h和水浆管理，比如淹水栽培或施用促进还原的物质等措施，降低其活性；或通过翻耕等措施稀释耕层中污染物质的浓度。

9.2 研究展望

（1）土壤质量是土壤物理、化学、生物性质以及这些性质形成过程的综合量度。本研究对土壤化学性质变化及其所反映的化学肥力性质的研究较系统，但对土壤物理肥力、生物学肥力的演变等还有待深入。

（2）土壤与外界物质循环是土壤质量变化的主要驱动力之一。进一步开展农田主要物质循环与调控机制研究，将有助于深入了解土壤质量演变的机制。

（3）土壤组分之间是相互作用的。在研究土壤质量变化的主要过程与机制时，深入探讨土壤组分，如土壤功能微生物的变化及其对土壤养分的有效性的影响，土壤养分元素之间的相互作用等，将有助于进一步揭示土壤质量变化的内在机制。

（4）土壤重金属污染的生态风险评价，目前还是一个没有完全解决的问题。从本次调查结果看，有的土壤重金属含量虽然较高，但对应的作物体内的重金属含量并不高。因此，今后还须进一步探讨如何建立评价方法与标准的问题。

（5）微量卤代有机污染物在自然环境中的归宿及转化动力学研究将成为土壤学、环境化学、污染控制化学一个重要的发展方向。本研究以五氯酚为目标污染物，对五氯酚的还原转化进行了较为系统的研究，在此基础上，今后将完善以下几个方面的研究：

①加强中间产物和最终产物的鉴定工作，确定氯离子脱除的位置，并进行相应产物的环境毒理学研究。比如适当增加反应底物浓度，提高反应温度，以便在较短的时间内获取

最多的产物信息。另外，结合同位素示踪技术等对反应动力学过程进行研究，也可能是一个重要的发展方向。②非生物转化与生物技术的结合研究也是一个重要发展发向。实际胶体界面过程中，化学过程和微生物过程通常同时存在，相互耦合。覆盖在土壤矿物表面的微生物膜对胶体界面有机氯的地球化学过程和转化过程可能产生显著的影响，发生在胶体界面的化学-微生物相互作用是重要的环境过程。③复合污染条件下，重金属离子对界面有机氯非生物转化过程的影响机制也值得关注。土壤界面重金属-有机氯复合污染状况下重金属和有机氯的相互作用，特别是复杂体系土壤胶体界面重金属对有机氯的还原转化过程的影响是土壤复合污染控制所必须解决的关键性问题。

参 考 文 献

保学明，刘志光，吴沟，等．1964．水稻土中氧化还原过程研究Ⅶ．亚铁的存在形态．土壤学报，12（3）：297–306.

蔡德龙，陈常友，林小均．2000．硅肥对水稻镉吸收影响初探．地域研究与开发，19（4）：69–71.

蔡德龙．2000．中国硅营养研究与硅肥应用．河南：黄河水利出版社，3–14.

蔡运龙．1998．在深化可持续发展研究中发展地理学．地理研究，17（1）：17–22.

曹志洪，周健民．2008．中国土壤质量．北京：科学出版社.

曹志洪．2004．土壤质量演变规律与持续利用的进展//中国土壤学会第十次全国会员代表大会文集：面向农业与环境的土壤科学．北京：科学出版社.

常浩．2002．五氯酚的内分泌干扰作用研究进展．环境与健康杂志，19（3）：279–281.

陈海刚，李兆利，徐韵，等．2006．五氯酚钠对鲤鱼肾细胞DNA 损伤的体内和体外研究［J］．环境与健康杂志，23（6）：515–517.

陈怀满．1996．土壤–植物系统中的重金属污染．北京：科学出版社.

陈家坊．1981．土壤胶体中的氧化物，土壤通报，2：44–49.

陈来国，冉勇，麦碧娴，等．2004．广州市周边菜地中多环芳烃的污染现状．环境化学，23（3）：341–344.

陈琼贤，彭志平，李竹林．2002．蔬菜高效施肥新技术．广州：广东科技出版社，3–5.

陈晓群，姚军，朱文清，等．2004．设施蔬菜地土壤硝态氮的变化及其对环境的影响．宁夏农林科技，（5）：4–5.

陈晓婷，王果，梁志超，等．2002．钙镁磷肥和硅肥对Cd、Pb、Zn污染土壤上小白菜生长和元素吸收的影响．福建农林大学学报：自然科学版，31（1）：109–112.

陈秀芳，赵秀兰，夏章菊，等．2005．硅缓解小麦镉毒害的效应研究．西南农业大学学报：自然科学版，27（4）：447–450.

单艳红，杨林章，王建国．2004．土壤磷素流失的途径、环境影响及对策．土壤，36（6）：602–608.

丁爱芳，潘根兴，张旭辉．2005．吴江市水稻土PAHs含量及来源研究．农业环境科学学报，24（6）：1166–1170.

丁昌璞，于天仁．1958．水稻土中氧化还原过程的研究Ⅳ：红壤性水稻土中铁锰的活动性．土壤学报，6（2）：99–107.

丁振华．1998．微粒矿物的地球化学活性与生物活性．矿物岩石地球化学通报，17（3）：263–268.

方征，刘征涛，王婉华，等．2006．五氯酚钠及二恶英残留毒物对人外周血淋巴细胞的影响．中国环境科学，26（1）：39–42.

傅伯杰，陈利顶，马克明．1999．黄土丘陵区小流域土地利用变化对生态环境的影响．地理学报，54（3）：241–246.

傅伯杰，郭旭东，陈利顶，等．2001．土地利用变化与土壤养分的变化——以河北省遵化县为例．生态学报，1（6）：926–931.

高超，张桃林，吴蔚东．2001．农田土壤中的磷向水体释放的风险评价．环境科学学报，21（3）：344–348.

高超，张桃林．2000．太湖地区农田土壤磷素动态及流失风险分析．农村生态环境，16（4）：24–27.

高超，张桃林．2000．面向环境的土壤磷素测定与表征方法研究进展．农业环境保护，19（5）：282–285．
高超，张桃林．2001．太湖地区丘陵旱地土壤磷的吸附解吸特征．湖泊科学，13（3）：255–260．
高柳青，杨树杰．2004．硅对小麦吸收镉锌的影响及其生理效应．中国农学通报，20（5）：246–249．
葛成军，安琼，董元华．2005．钢铁工业区周边农业土壤中多环芳烃（PAHs）残留及评价．农村生态环境，21（2）：66–69．
葛晓光，张恩平，高慧，等．2004．长期施肥条件下菜田–蔬菜生态系统变化的研究（Ⅱ）：土壤理化性质的变化．园艺学报，31（2）：178–182．
宫海军，陈坤明，陈国仓，等．2003．硅对小麦生长及其抗氧化酶系统的影响．土壤通报，34（1）：55–57．
顾明华，黎晓峰．2002．硅对减轻水稻的铝胁迫效应及其机理研究．植物营养与肥料学报，8（3）：360–366．
关军锋．1999．Ca^{2+}对苹果果实细胞膜透性、保护酶活性和保护物质含量的影响．植物学通报，16（1）：72–74．
广东省土壤肥料总站．2007．珠江三角洲耕地质量评价与利用．北京：中国农业出版社．
广东省土壤普查办公室．1993．广东土壤．北京：科学出版社，490–496．
郭旭东，傅伯杰，陈利顶，等．2001．低山丘陵区土地利用方式对土壤质量得影响：以河北省遵化市为例．地理学报，56（4）：447–455．
国家统计局农村社会经济调查司．2006．中国农村统计年鉴–2006．北京：中国统计出版社．
何启伟，陈运起，焦自高，等．2000．山东新型日光温室蔬菜系统技术研究（Ⅱ）．山东农业科学，（6）：13–15．
贺建群，许嘉琳，杨居荣，等．1994．土壤中有效态Cd、Cu、Zn、Pb提取剂的选择．农业环境保护，13（6）：246–251．
洪华嫦，周海云，蓝崇钰．2003．五氯酚对斜生栅藻的毒性效应研究．环境科学研究，16（6）：23–28．
侯彦林，郭伟，朱永官．2005．非生物胁迫下硅素营养对植物的作用及其机理．土壤通报，36（3）：426–429．
胡田田，李生秀．1993．土壤供氮能力测试方法的研究（Ⅳ）：土壤剖面中的起始NO_3^-–N—可靠的土壤氮素有效性指标．干旱地区农业研究，11（3）：74–82．
胡钟胜，章钢娅，王广志，等．2006．修复剂对烟草吸收污染土壤中砷的改良．土壤，38（2）：200–205．
黄昌勇，沈冰．2003．硅对大麦铝毒的消除和缓解作用研究．植物营养与肥料学报，9（1）：98–101．
黄成敏，龚子同，杨德涌．2002．海南岛北部玄武岩上土壤发生研究Ⅱ：铁氧化物特征．土壤学报，39（4）：449–458．
黄锦法，曹志洪，李艾芬，等．2003．稻麦轮作田改为保护地菜田土壤肥力质量的演变．植物营养与肥料学报，9（1）：19–25．
黄宁生．1998．珠江三角洲耕地面积减少与经济增长的关系分析．地理学与国土研究，14（4）：17–19．
加庆阳，徐润生，吕业成，等．2005．珠江三角洲地区水芋的栽培技术．长江蔬菜，（3）：17–18．
李德明，朱祝军．2006．Si对Cd胁迫下小白菜生长及叶绿素荧光的影响．浙江农业学报，18（4）：212–215．

李合生．2001．植物生理生化实验原理和技术．北京：高等教育出版社，167–169．

李加林，刘闯，张殿发，等．2006．土地利用变化对土壤发生层质量演化的影响：以杭州湾南岸滨海平原为例．地理学报，61（4）：378–388．

李庆逵，鲁如坤，陈家坊．1958．土壤分析法．北京：科学出版社，191．

李庆逵．1983．中国红壤．北京：科学出版社．

李庆逵．1982．中国红壤．北京：科学出版社．

李生．1983．环境中苯并（a）芘卫生标准的研究进展．中国环境科学，（3）3：73–75．

李伟民，尹大强，周岩，等．2003．五氯酚对鲫鱼肝脏的氧化损伤．农村生态环境，19（1）：40–42．

李文庆，李光德，骆洪义．1995．大棚栽培对土壤盐分状况影响的研究．山东农业大学学报，26（2）：165–169．

廖敏，王昌勇，谢正苗．1999．pH对镉在土水系统中的迁移和形态的影响．环境科学学报，19（1）：81–86．

林匡飞，项雅玲，刘雪峰，等．1994．钙镁磷肥和硅肥对水稻产量及镉吸收的影响．土壤肥料，（6）：26–29．

林心雄．1998．中国土壤有机质状况及其管理．北京：中国农业出版社，111–154．

刘远金，卢瑛，陈俊林．2002．广州城郊菜地土壤磷素特征及流失风险分析．土壤与环境，11（3）：237–240．

刘铮．1982．我国缺乏微量元素的土壤及其区域分布．土壤学报，19（3）：210–223．

刘铮．1996．中国土壤微量元素．南京：江苏科学技术出版社．

鲁安怀，卢晓英，任子平，等．2000．天然铁锰氧化物及氢氧化物环境矿物学研究．地学前缘，7（2）：473–483．

鲁如坤，刘鸿翔，闻大中，等．1996．我国典型地区农业生态系统养分循环和平衡研究（Ⅲ）：全国和典型地区养分循环和平衡现状．土壤通报，27（5）：193–196．

鲁如坤．1998．土壤–植物营养学原理和施肥．北京：化学工业出版社．

鲁如坤．1999．土壤农业化学常规分析方法．北京：中国农业出版社：146–226．

陆发熹．1988．珠江三角洲土壤．北京：中国环境科学出版社．

陆彦椿，徐琪．1984．水稻土中铁锰在发生层中分异特点的研究．土壤通报，15（5）：201–204．

栾兆坤，刘振儒，赵春禄．1997．聚铝铁硅絮凝剂的合成方法及其混凝效能．环境化学，16（6）：546–551．

罗格平，许文强，陈曦．2005．天山北坡绿洲不同土地利用对土壤特性的影响．地理学报，60（5）：779–790．

马文奇．1999．山东省作物施肥现状及评价：学位论文．北京：中国农业大学．

马晓轩，冉勇．2009．珠江三角洲土壤中有机氯农药的分布特征．生态环境学报，18（1）：134–137．

马毅杰，陈家坊．1999．水稻土物质变化与生态环境．北京：科学出版社，28–40．

孟范平，吴方正．1995．土壤的PAHs污染及其生物治理技术进展．土壤学进展，23（1）：32–42．

孟洁，李纯．1995．利用基体改进剂石墨炉原子吸收法测定土壤中有效镉．安徽农业化学，23（3）：272–273．

南京农业大学．1996．土壤农化分析．北京：农业出版社．

彭静，王浩．2004．珠江三角洲的水文环境变化与经济可持续发展．水资源保护，4：11–16．

钱琼秋，宰文珊，朱祝军，等. 2006. 外源硅对盐胁迫下黄瓜幼苗叶绿体活性氧清除系统的影响. 植物生理与分子生物学学报，32（1）：107-112.
秦明周，赵杰. 2000. 城乡结合部土壤质量变化特点与可持续利用对策. 地理学报，55（5）：545-553.
秦淑琴，黄庆辉. 1997. 硅对水稻吸收镉的影响. 新疆环境保护，19（3）：51-52.
曲东，Sylvia Schnell. 2001. 纯培养条件下不同氧化铁的微生物还原能力. 微生物学报，41（6）：744-749.
沙丽清，邱学忠，甘建民，等. 2003. 云南保山西庄山地流域土地利用方式与土壤肥力关系研究. 生态学杂志，4（2）：9-11.
沈善敏. 1998. 中国土壤肥力. 北京：中国农业出版社，460-461.
史春余，张夫道，张俊清，等. 2003. 长期施肥条件下设施蔬菜地土壤养分变化研究. 植物营养与肥料学报，9（4）：437-441.
史志华，蔡崇法，王天巍，等. 2001. 红壤丘陵区土地利用变化对土壤质量影响. 长江流域资源与环境，10（6）：537-543.
苏玲，林咸永，章永松，等. 2001. 水稻土淹水过程中不同土层铁形态的变化及对磷吸附解吸特性的影响. 浙江大学学报：农业与生命科学版，27（2）：124-128.
孙波，张桃林，赵其国. 1999. 我国中亚热带缓丘区红粘土红壤肥力的演变 I：物理学肥力的演化. 土壤学报，36（1）：35-47.
谈建康，安树青，王铮峰，等. 1998. NaCl、Na_2SO_4和Na_2CO_3胁迫对小麦叶片自由基含量及质膜透性的比较研究. 植物学通报，15（S1）：82-86.
唐旭，郑毅，汤利. 2005. 高等植物硅素营养研究进展. 广西科学，12（4）：347-352.
万洪富. 2005. 我国区域农业环境问题及其综合治理. 北京：中国环境科学出版社.
王德宣，富德义. 2002. 吉林省西部地区土壤微量元素有效性评价. 土壤，2：86-90.
王辉，董元华，安琼，等. 2005. 高度集约化利用下蔬菜地土壤酸化及次生盐渍化研究. 土壤，37（5）：530-533.
王辉，董元华，李德成，等. 2005. 不同种植年限大棚蔬菜地土壤养分状况研究. 土壤，37（4）：460-462.
王佳，田素凤，冯雨顺，等. 2006. 天津郊区部分蔬菜地土壤中多环芳烃的污染状况分析. 天津城市建设学院学报，12（3）：207-210.
王孝堂. 1991. 土壤酸度对重金属形态分配的影响. 土壤学报，28（1）：103-107.
王真辉，林位夫. 2002. 农田土壤重金属污染及其生物修复技术. 海南大学学报：自然科学版，20（4）：386-393.
魏孝荣，郝明德，邵明安. 2006. 黄土高原旱地连续施用锰肥的土壤效应研究. 土壤学报，43（5）：800-807.
魏雪涛，蒋建军，林静芳，等. 2004. 五氯酚钠诱导小鼠遗传损伤的研究. 中国公共卫生，20（8）：950-952.
夏汉平. 1997. 土壤-植物系统中的镉研究进展. 应用与环境生物学报，3（3）：289-298.
肖振林，李廷. 2003. 几种改良剂对蔬菜镉吸收的影响. 闽西职业大学学报，（4）：64-66.
谢建昌. 1997. 菜园土壤肥力与蔬菜合理施肥. 南京：河海大学出版社.
熊礼明，鲁如坤. 1992. 几种物质对水稻吸收镉的影响及机理. 环境科学学报，24（4）：197-200.

熊毅，李庆逵．1987．中国土壤．北京：科学出版社．
熊毅．1983．土壤胶体的物质基础．北京：科学出版社．
熊毅．1985．土壤胶体．北京：科学出版社．
徐秋曼，陈宏，程景胜．2001．镉对油菜叶细胞膜的损伤及细胞自身保护机制初探．农业环境保护，20（4）：235–237．
杨超光，豆虎，梁永超，等．2005．硅对土壤外源镉活性和玉米吸收镉的影响．中国农业科学，138（1）：116–121．
杨国义，张天彬，高淑涛，等．2007．珠江三角洲典型区域农业土壤中多环芳烃的含量分布特征及其污染来源．环境科学，28（10）：2350–2354．
杨居荣．1994．植物对重金属的耐性机理．生态学杂志，3（6）：20–26．
杨士弘．1999．珠江三角洲城市化对生态环境的影响及持续发展对策．华南师范大学学报：自然科学版，3：74–81．
杨淑贞，韩晓冬，陈伟，等．2005．五氯酚对大鼠睾丸支持细胞影响的研究．中华男科学杂志，11（4）：261–263．
杨忠芳，陈岳龙，钱鑂，等．2005．土壤pH对镉存在形态影响的模拟实验研究．地学前缘，（1）：252–258．
姚春霞，陈振楼，陆利民，等．2005．上海市蔬菜地土壤硝态氮状况研究．生态环境，14（2）：220–223．
叶雪平，邵晓阳，祝丽萍．2006．五氯酚对银鲫生理代谢的影响．农业环境科学学报，25（4）：880–884．
于群英，李孝良，张永兰．1998．安徽省水稻土有效硅含量及影响因素．安徽农业技术师范学院学报，12（1）：5–9．
于天仁，陈志诚．1990．土壤发生中的化学过程．北京：科学出版社．
于天仁．1987．土壤化学原理．北京：科学出版社．
臧惠林，郑春荣，陈怀满．1989．控制镉污染土壤上作物吸收镉的研究Ⅱ．对小麦和后作水稻的控制效果．农业环境保护，8（1）：33–34．
张凤荣，王静，陈百明，等．2003．中国土地资源持续利用评价指标体系与方法．北京：中国农业出版社．
张国林，钟继洪，曾芳，等．2007．土壤磷素流失风险．农业环境科学学报，26（5）：1917–1923．
张金彪，黄维南．2000．镉对植物的生理生态效应的研究进展．生态学报，20（3）：514–523．
张玲，李俊梅，王焕校．2002．镉胁迫下小麦根系的生理生态变化．土壤通报，33（1）：61–65．
张乃明．1999．土壤–植物系统重金属污染研究现状与展望．环境科学进展，7（4）：30–33．
张桃林，潘剑君，赵其国．1997．土壤质量研究进展与方向．土壤，（1）：1–7．
张桃林，王兴祥．2000．土壤退化研究进展．自然资源学报，15（3）：280–284．
张维理，田哲旭，张宁，等．1995．我国北方氮肥造成地下水硝酸盐污染的调查．植物营养与肥料学报，1（2）：80–87．
张伟锋，王鸿博．1997．硅和铬（Ⅲ）对水稻种子萌发及幼苗生长的影响．仲恺农业技术学院学报，10（1）：29–35．
张文彤．2002．SPSS11．0统计分析教程．北京：北京希望电子出版社，228–230．

张效年．1961．中国水稻土的黏土矿物．土壤学报，9（3）：81-101.
章明奎．2000．退化红壤肥力恢复性能与土壤性质的关系．水土保持学报，14（3）：52-56.
赵其国，孙波，张桃林．1997．土壤质量与持续环境Ⅰ：土壤质量的定义和评价方法．土壤，（3）：113-120.
赵其国．2002．中国东部红壤地区土壤退化的时空变化、机理及调控．北京：科学出版社.
郑惠典，肖辉林，叶细养，等．2001．广东在经济发展中存在的土壤问题及其对策．土壤与环境，10（3）：230-233.
郑昭佩，刘作新．2003．土壤质量及其评价．应用生态学报，（1）：131-134.
中国环境监测总站．1997．GB/T 17141—1997，土壤质量铅、镉的测定——石墨炉原子吸收分光光度法．北京：中国标准出版社，1-4.
中国环境监测总站．1990．中国土壤元素背景值．北京：中国环境科学出版社，1-501.
中国科学院南京土壤研究所．1983．土壤理化分析．上海：上海科学技术出版社，142-153.
中国土壤学会农业化学专业委员会．1983．土壤农业化学常规分析方法．北京：科学出版社，286-288.
中华人民共和国卫生部．1996．GB/T 5009. 15—1996，食品中镉的测定方法——石墨炉原子吸收光谱法（第一法）．北京：中国标准出版社，1-10.
钟继洪，郭庆荣，谭军，等．2004．南亚热带丘陵赤红壤理化性质变化及其原因．地理研究，23（3）：312-320.
周建斌，翟丙年，陈竹君，等．2004．设施栽培菜地土壤养分的空间累积及其潜在的环境效应．农业环境科学学报，23（2）：332-335.
周建华，王永锐．1999．硅营养缓解水稻幼苗Cd、Cr毒害的生理研究．应用于环境生物学报，5（1）：11-15.
Acton D F，L J Gregorich．1995．Understanding soil health// D F Acton，L J Gregorich．The health of our soils：toward sustainable agriculture in Canada．Centre for Land and Biological Resources Research，Research Branch，Agriculture and Agri-Food Canada，Ottawa，Ontario，Canada．Ottawa：CDR Unit：5-10.
Ahn D S，Jeon I S，Jang S H，et al．2003．Hydrogen bonding in aromatic alcohol-water clusters：a brief review．Bull Korean Chem Soc，32（2）：695-702.
Allen B L，Mallarino A P．2006．Relationships between extractable soil phosphorus and phosphorus saturation after long-term fertilizer or manure application．Soil Science Society of American Journal，70（2）：454-463.
Allen B L，Mallarino A P，Klatt J G，et al．Soil and surface run off phosphorus relationships for five typical USA Midwest soils．Journal of Environmental Quality，2006，35（2）：599-610.
Amonette J E，Workman D J，Kennedy D W，et al．2000．Dechlorination of carbon tetrachloride by Fe（Ⅱ）associated with goethite．Environmental Science and Technology，34（21）：4606-4613.
Andreozzi R，Caprio V，Insola A，et al．1999．Advanced oxidation proceses（AOP）for water purification and recovery，Catal．Today，53（1）：51-59.
Baldock J A，Nelson P N．2000．Soil organic matter// Sumner M E．Handbook of Soil Science．Boca Raton：CRC Press：1-2313.
Balmer M E，Sulzberger B，Atrazine．1999．Degradation in Irradiated Iron/Oxalate Systems：Effects of pH and Oxalate．Environ Sci Technol，33（14）：2418-2424.

Bao Xueming, Liu Zhiguang, Wu Jun, et al. 1964. Studies on oxidation-reduction processes in paddy soils. Acta PedoloGica Sinica, 12（3）: 297–306.

Baylis A D, Gragapoulou C, Davidson K J, et al. 1994. Effects of silicon on the toxicity of aluminium to soybean. Communication of Soil Science, Plant Analysis, 25（2）: 537–546.

Beauchemin S, Simard R R. 1999. Soil phosphorus saturation degree: Review of some indices and their suitability for P management in Quebec, Canada. Canadian Journal of Soil Science, 79（4）: 615–625.

Bech M A, Zelazny L W, Daniels W L, et al. 2000. Using the Mehlich-1 extract to estimate soil phosphorus saturation for environmental risk assessment. Soil Science Society of American Journal, 68（3）: 1762–1771.

Benitez F J, Beltran-Heredia J, Acero J L, et al. 1999. Chemical Decomposition of 2, 4, 6-trichlorophenol by Ozone, Fenton' s Reagent, UV Radiation. Ind Eng Chem Res, 38（4）: 1341–1349.

Benitez F J, Acero J L, Real F J, et al. 2003. Kinetics of photodegradation of pentachlorophenols. Chemosphere, 51（8）: 651–662.

Berrow M L, Reaves G A. 1984. Background levels of trace elements in soils//Proc. 1st Int. Conf. on Environmental Contamination. CEP Consultants. Edinburgh, Scotland: 333–340

Bi X H, Sheng G Y, Peng P A, et al. 2003. Distribution of particulate- and vaporphasen-alkanes and polycyclic aromatic hydrocarbons in urban atmosphere of Guangzhou, China. Atmospheric Environment, 37（2）: 289–298.

Bouchard B, Beaudet R, Villemur R, et al. 1996. Isolation and characterization of desulfitobacterium frappieri sp. nov., an anaerobic bacterium which reductively dechlorinates pentachlorophenol to 3-chlorophenol. International Journal of Systematic Bacteriology, 46（4）: 1010–1015.

Bryant F O, Hale D D, Rogers J E. 1991. egiospecific dechlorination of pentachlorophenol by dichlorophenol-adapted microorganisms in freshwater, anaerobic sediment slurries. Appl Environ Microbiol, 57（8）: 2293–2301.

Carbonell-Barrachina A, Burlo-Carbonell F, Mataix-Beneyto J. 1997. Arsenic uptake, distribution, and accumulation in bean plants: Effect of arsenite and salinity on plant growth and yield. Jounal of Plant Nutrition, 20（10）: 1419–1430.

Carter M R, Sanderson J B. 2001. Influence of conservation tillage and rotation length on potato productivity, tuber disease and soil quality parameters on a fine sandy loam in eastern Canada. Soil& Tillage Research, 63（1-2）: 1–13.

Chamarro E, Marco A, Esplugas S. 2001. Use of Fenton reagent to improve organic chemical biodegradability. Water Res, 35（4）: 1047–1051.

Chao Tai, Guibin Jiang. 2005. Dechlorination and destruction of 2, 4, 6-trichlorophenol and pentachlorophenol using hydrogen peroxide as the oxidant catalyzed by molybdate ions under basic condition. Chemosphere, 59（3）: 321–326.

Chardon W J, Menon R G, Chien S H. 1996. Iron oxide impregnated filter paper（Pi test）: a review of its development and methodological research. Nutrient Cycling in Agroecosystems, 46（1）: 41–51.

Chen S T, Stevens D K, Kang G. 1999. Pentachlorophenol and crystal violet degradation in water and soils using heme and hydrogen peroxide. Wat Res, 33（17）: 3657–3665.

Choi J, Aomine S. 1974. Adsorption of pentachlorophenol by soils. Soil Sci Plant Nutr, 20（1）: 135–144.

Chwertmann U. 1966. Inhibitory effect of soil organic matter on the crystallization of amorphous ferric hydroxide. Nature, 212 (5): 645–646.

Comninellis C. 1994. Electrocatalysis in the electrochemical conversion/combustion of organic pollutants for wastewater treatment. Electrochimica Acta, 39 (11–12): 1857–1862.

Cornell R M, Schwertmann U. 1976. Influence of organic anions on the crystallization of ferrichydrite. Clay and clay minerals, 27 (6): 402–410.

Czaplicka M. 2006. Photo–degradation of chlorophenols in the aqueous solution. Journal of Hazardous Materials, 134 (1–3): 45–59.

Dai Y, Li F, Ge F, et al. 2006. Mechanism of the enhanced degradation of pentachlorophenol by ultrasound in the presence of elemental iron. Journal of Hazardous Materials B, 137 (3): 1424–1429.

Dasgupta J, Tyryshkin A M, Kozlov Y N, et al. 2006. Carbonate complexation of Mn^{2+} in the aqueous phase: redox behavior and ligand binding modes by electrochemistry and EPR spectroscopy. J Phys Chem B, 110 (10): 5099–5111.

Deng Y. 1997. Effects of pH on the reductive dissolution rates of iron (Ⅲ) hydroxide by Ascorbate. Langmuir, 13 (6): 1835–1839.

Doran J W, Parkin T B. 1994. Defining and assessing soil quality//Doran J W, Coleman D C, Bezdicek D F, et al. Defining Soil Quality for A Sustainable Environment. SSSA Spec. Publ. No. 35. Madison, WI: SSSA and ASA: 3–21.

Doran J W, Parkin T B. 1996. Quantative indicators of soil quality: a minimum data set//Doran J W, Jones A J. Methods for assessing Soil quality, SSSA Special Publication NO. 49. Madison, WI: SSSA: 25–37.

Dos Santos Afonso M, Morando P J, Blesa M A, et al. 1990. The reductive dissolution of iron oxides by ascorbate. J Colloid Interface Sci, 138 (1): 74–82.

Dos Santos Afonso M, Stumm W. 1992. Reductive dissolution of iron (Ⅲ) (hydr) oxides by dydrogen sulfide. Langmuir, 8 (6): 1671–1675.

Duckworth O W, Martin S T. 2001. Surface complexation and dissolution of hematite by C1–C6 dicarboxylic acids at pH=5.0. Geochim Cosmochim Acta, 65 (23): 4289–4301.

Dyke P H, Foan C, Fiedler H. 2003. PCB and PAH releases from power stations and waste incineration processes in the UK. Chemosphere, 50 (4): 469–480.

Edgehill R U, Lu G Q. 1998. Adsorption characteristics of carbonized bark for phenol and pentachlorophenol. J Chem Technol Biotechnol, 71 (1): 27–34.

Edwards N T J. 1983. Polycyclic aromatic hydrocarbons (PAHs) in the terrestrial environment a–reareview. J Environ Qual, 12 (4): 427–441.

Elsner M, Haderlein S B, Kellerhals T, et al. 2004. Mechanisms and products of surface–mediated reductive dehalogenation of carbon tetrachloride by Fe (Ⅱ) on goethite. Environmental Science and Technology, 38 (7): 2058–2066.

Elsner M, Schwarzenbach R P, Haderlein S B. 2004. Reactivity of Fe (Ⅱ) –bearing minerals toward reductive transformation of organic contaminants. Environmental Science and Technology, 38 (7): 799–807.

Epstein E. 1994. The anomaly of silicon in plant biology. Proc. Natl. Acad. Sci, USA, 91 (1): 11–17.

Fang F, Brezonic P L, Mulla D J, et al. 2002. Estimating run off phosphorus losses from calcareous soils in the

Minnesota River Basin. Journal of Environmental Quality, 31（6）: 1918–1929.

Filius J D, Hiemstra T, Van Riemsdijk W H. 1997. Adsorption of small weak organic acids on goethite: modeling of mechanisms J. Colloid Inter Sci, 195（2）: 368–380.

Foreman J K, Goodhead K. 1975. The formation and analysis of N–nitrosamine. Journal of the Science of Food and Agriculture, 26（11）: 1771–1783.

Fredrickson J K, Gorby Y A. 1996. Environmental processes mediated by iron–reducing bacteria. Curr Opin Biotech, 7（3）: 287–294.

Garban B, Blanchoud H, Motelay–Massei A, et al. 2002. Atmospheric bulk deposition of PAHs onto France: trends from urban to remote sites. Atmos. Environ, 36（34）: 5395–5403.

Grolimund D, Elimelech M, Borkovec M, et al. 1998. Transport of in situ mobilized colloidal particles in packed soil columns, Environ. Sci. Technol, 32（22）: 3562–3569.

Gu M H, Koyams H, Hara T. 1998. Effects of silicon supply on aluminum injury and chemical forms of aluminum in rice plants. Jpn. J. Soil Sci. Plant Nutr, 69（5）: 498–505.

Guerin T F. 1999. Bioremediation of phenols and polycyclic aromatic hydrocarbons in creosote contaminated soil using ex–situ landtreatment, J Hazardous Materials, 65（3）: 305–315.

Gunlazuardia J, Lindu W A. 2005. Photocatalytic degradation of pentachlorophenol in aqueous solution employing immobilized TiO_2 supported on titanium metal. Journal of Photochemistry and Photobiology A: Chemistry, 173（1）: 51–55.

Haggblom M M, Dieter J, Salkinoja M S. 1989. Hydroxylation and dechlorination of tetrachlorohydroquinone by Rhodococcus sp. Strain CP–2 cell extracts. Applied and Environmental Microbiology, 55（2）: 516–519.

Haggblom M M, Nohynck L J, Salkinoja M S. 1988. Degradation and O–methylation of chlorinated phenolic compounds by Rhodococcus and Mycobacterium strains. Applied and Environmental Microbiology, 54（12）: 3043–3052.

Hammond A, Adriaanse A, Rodenburg E, et al. 1995. Environmental Indicators: a system approach to measuring and reporting on environmental policy performance in the context of sustainable development, New York: World Resources Institute: 1–58.

Hartz T K, Johmstone P R. 2006. Relationship between soil phosphorus availability and phosphorus loss potential in runoff and drainage. Communications in Soil Science and Plant Analysis, 37（11&12）: 1525–1536.

He Q, Sanford R A. 2003. Characterization of Fe（Ⅲ）reduction by chlororespiring Anaeromxyobacter dehalogenans. Appl Environ Microbiol, 2003, 69（1）: 2712–2718.

Hislop K A, Bolton J R. 1999. The photochemical generation of hydroxyl radicals in the UV–Vis/ ferrioxalate/ H_2O_2 system. Environ Sci Techno, 33（18）: 3119–3126.

Ho T F L, Bolton J R. 1998. Toxicity changes during the UV treatment of pentachlorophenols in dilute aqueous solution. Water Res, 32（2）: 489–497.

Hoekstra E J, Weerd H De, E W B, et al. 1999. Natural formation of chlorinated phenols, dibenzo–p–dioxins, and dibenzofurans in soil of a Douglas fir forest. Environ. Sci. Technol, 33（15）: 2543–2549.

Hong J, D–G Kim, Ch Cheong, et al. 2000. Park. Identification of photolytical transformation products of pentachlorophenol in water. Anal. Sci, 16（3）: 621–626.

Hooda P S, Rendell A R, Edwards A C, et al. 2000. Relating soil phosphorus indices to potential phosphorus release to water. Journal of Environmental Quality, 29（4）: 1166–1171.

Hooker P D, Klabunde K J. 1994. Destructive adsorption of carbon tetrachloride on iron（Ⅲ）oxide. Environ Sci Technol, 28（7）: 1243–1247.

Hua X M, Shan Z J. 1996. Production and application of pesticides and factor ananlysis for their pollutionin environment in China. Advanced Environmental Science, 2（1）: 33–45

Huang C H, Stone A T. 2000. Synergistic catalysis of dimetilan hydrolysis by metal ions and organic ligands. Environ Sci Technol, 34（19）: 4117–4122.

Hyun S, Lee L S. 2005. Quantifying the contribution of different sorption mechanisms for 2, 4–dichlorophenoxyacetic acid sorption by several variable–charge soils. Environ Sci Technol, 39（8）: 2522–2528.

Indiati R, Sharpley A N. 1995. Soil phosphorus sorption and simulated runoff parameters as affected by fertilizer addition and soil properties. Communications in Soil Science and Plant Analysis, 26（15&16）: 2319–2332.

Iwasaki K, Maier P, Fecht M, et al. 2002. Effects of silicon supply on apoplastic manganese concentrations in leaves and their relation to manganese tolerance in cowpea [Vigna unguiculata（L.）Walp.]. Plant and Soil, 238（2）: 281–288.

Jackson M L. 1964. Chemical composition of soil//Chemistry of the soil. Beer Eds, 2nd. London: Chapman and Hall.

Jaiyeoba I A. 2003. Changes in soil properties due to continuous cultivation in Nigerian semi–arid Savannah. Soil & Tillage Research, 70（1）: 91–98.

Jeffrey E, Herrick. 2000. Soil quality: an indicator of sustainable land management. Applied Soil Ecology, 15（1）: 75–83.

Jeon B Y, Dempsey B A , Burgos W M. 2003. Kinetics and mechanisms for reactions of Fe（Ⅱ）with iron（Ⅲ）oxides. Environmental Science and Technology, 37（15）: 3309–3315.

Jeon B H, Dempsey B A, Burgos W D. 2001. Reactions of ferrous iron with hematite. Colloids Surf, 191（1–2）: 41–55.

Jung M W, Ahn K H, Lee Y, et al. 2001. Adsorption characteristics of phenol and chlorophenols on granular activated carbons（GAC）. Microchem J, 70（2）: 123–131.

Karlen D L, Mausbach M J, Doran J W, et al. 1997. Soil quality: a concept, definition, and framework for evaluation（a guest editorial）. J Soil Sci Soc Amer, 61（1）: 4–10.

Karlen D L, Stott D E. 1994. A framework for evaluating physical and chemical indicators of soil quality. Soil Science Society of America Journal, 35（1）: 53–72.

Klausen J, Trober S P, Haderiein S B, et al. 1995. Reduction of substituted nitrobenzenes by Fe（Ⅱ）in aqueous mineral suspensions. Environ Sci Technol, 29（9）: 2396–2404.

Kodama H, Schnitzer M. 1977. Effect of fulvic acid on the crystallization of Fe（Ⅲ）oxides. Feodermo, 19（2）: 291–297.

Kojima M, Kawaguchi K. 1969. Identification of free iron minerals in rustly mottles in paddys soils in Japan. Soil Science Plant Nutrition, 15（1）: 48–51.

Kong X B, Zhang F R, Qi W, et al. 2006. Influence of land use change on soil nutrients in an intensive agricultural region of North China. Soil&Tillage Research, 88（1–2）: 85–94.

Krauss M, Wilcke W, Zech W. 2000. Polycyclic aromatic hydrocarbons and polychlorinated biphenyls in forest soils: depth distribution as indicator of different fate. Environmental Pollution, 110 (1) : 79–88.

Kretzschmar R, Borkovec M, Grolimund D. 1999. Mobile subsurface colloids and their role in contaminant transport. Advances in Agronomy, 66: 121–192.

Krlegman–Kling M R, Relnhard M. 1994. Transformation of carbon tetrachloride by pyrite in aqueous solution. Environ Sci Technol, 28 (4) : 692–700.

Kronvang B P, Graesboll S E, Larsen, et a1. 1996. Diffuse nutrient losses in Denmark. Water Science and Technology, 33 (4–5) : 81–88.

Krumholz L R. 1997. Desulfuromonas chloroethenica sp. nov. uses tetrachloroethylene and trichloroethylene as electron acceptors. Int J Syst Bacteriol, 47 (4) : 1262–1263.

Kumar S. 1981. Changes in some physico–chemical properties and activities of iron and zinc on submergence of some rice soils. Soil Sci, 29 (1) : 204–207.

Kwon B G, Lee D S, Kang N, et al. 1999. Characteristics of p–chlorophenol oxidation by Fenton's reagent. Water Res, 33 (9) : 2110–2118.

Lal R. 1985. Mechanized tillage systems effects on properties of a tropical Alfisol in watershed cropped to maize. Soil & Tillage Research, 6 (1) : 149–162.

Larsen O, Postma D. 2001. Rates of reductive bulk dissolution of lepidocrocite, ferrihyrite, and goethite. Geochimica et Cosmochimica Acta, 65 (9) : 1367–1379.

Lee W, Batchelor B. 2003. Reductive capacity of natural reductants. Environ. Sci. Technol, 37 (3) : 535–541.

Lee B N, Lou J C, Yen P C. 2002. Catalytic wet oxidation of 2, 4– dichlorophenolic solutions: activity of the manganese–cerium composite catalyst and biodegradability of the effluent stream, Water Environ. Res.: A Res. Publ. Water Environ. Fed, 74 (1) : 28–32.

Lei J, Liu C S, Li F B, et al. 2006. Photodegradation of orange I in the heterogeneous Iron oxide–oxalate complex system under UV–A Irradiation. J Harzar Mater, 137 (2) : 1016–1024.

Leyva Ramos R, Hernandez Orta M M G, Mendoza Barron, et al. 2003. Adsorcion de pentaclorofenol en solucion acuosa sobre carbones activados comerciales. ReV Int Contam Ambient, 19 (3) , 135–142.

Li F B, Chen J J, Liu C S, et al. 2006. Effect of iron oxides and carboxylic acids on photochemical degradation of bisphenol A. Biol Fertil Soil, 42 (5) : 409–417.

Liang Y C, Ma T S, Li G J, et al. 1994. Silicon availability and response of rice and wheat to silicon in calcareoius soils. Commun in Soil Sci and Plant Anul, 25 (13–14) : 2285–2297.

Liang Y C, Wang J W C, Wei L. 2005. Silicon–mediated enchancement of cadmium tolerance in maize (Zea mays. L.) grown in cadmium contaminated soil. Chemosphere, 58 (4) : 475–483.

Liesack W, Schnell S, Revsbech N P. 2000. Microbiology of flooded rice paddies. FEMS Microbiol Rev, 24 (5) : 625–645.

Lin K S, Wang H P, Li M C. 1998. Oxidation of 2, 4–dichlorophenol in supercritical water. Chemosphere, 36 (9) : 2075–2083.

Liu C S, Li F B, Li X M, et al. 2006. The Effect of Iron Oxides and Oxalate on the Photodegradation of 2–Mercaptobenzothiazole. J Mol Catal A: Chem, 252 (1) : 40–48.

Lovley D R, Holmes D E, Nevin K P. 2004. Dissimilatory Fe (Ⅲ) and Mn (Ⅳ) reduction. Adv Microb

Physiol, 49: 219–286.

Lovley D R. 1997. Microbial Fe（Ⅲ）reduction in subsurface environments. FEMS Microbiology Reviews, 20（3/4）: 305–313.

Maithreepala R A, Doong R A. 2004. Synergistic effect of copper ion on the reductive dechlorination of carbon tetrachloride by surface–bond Fe（Ⅱ）associated with goethite. Environmental Science and Technology, 38（1）: 260–268.

Maithreepala R A, Doong R. 2005. Enhanced dechlorination of chlorinated methanes and ethenes by chloride green rust in the presence of copper [J]. Environ. Sci. Technol, 39（11）: 4082–4090.

Maliszewska–kordybach B. 1996. Polycyclic aromatic hydrocarbons in agricultural soil in Poland: preliminary proposal for criteria to evaluate the level of soil contamination. Appl Geochem, 11（1–2）: 121–127.

Masten S J, Davies S H. 1994. The use of ozonation to degrade organic contaminants in wastewaters. Environ Sci Technol, 28（4）: 180–185.

McCarthy J F, Zachara J M. 1989. Subsurface transport of contaminant. Environ Sci Technol, 23（5）: 496–502.

Mehlich A. 1984. Mehlich 3 soil test extractant: A modification of Mehlich 2 extractant. Communication in Soil Science and Plant Analysis, 15（12）: 1409–1416.

Mehlman M A. 1992. Dangerous and cancer–causing properties of products and chemicals in the oilretining and petrochemical industry Ⅷ. Health effects of motor fuels: carcinogenicity of gasoline–scientific update. Environ Res, 59（1）: 238–249.

Mills G, Hoffmann R. 1993. Photocatalytic degradation of pentachlorophenols on TiO_2 particles: identification of intermediates and mechanism of reaction, Environ. Sci Technol, 27（8）: 1681–1689.

Mishra V S, Mahajani V V, Joshi J B. 1995. Wet air oxidation. Ind. Eng. Chem. Res, 34（1）: 2–48.

Mollah A H, Robinson C W. 1996. Pentachlorophenol adsorption and desorption characteristics of granular activated carbons Ⅰ. Isotherms. Water Res, 30（12）: 2901–2906.

Moore P A Jr, Patrick W H Jr. 1989. Iron availability and uptake by rice in acid sulfate soils. Soil Sci, 53（2）: 471–476.

Moos L P, Kirsch E J, Wukasch R F, et al. 1983. Pentachlorophenol biodegradation–I aerobic. Water Res, 17（7）: 1575–1584.

Murray B M. 1994. Environmental chemistry of soils. London: Oxford University Press.

Nair P S, Logan T J, Sharpley A N, et al. 1984. Interlaboratory comparison of a standardized phosphorus adsorption procedure. Journal of Environmental Quality, 13（4）: 591–595.

Naka D, Kim D, Starthmann T J. 2006. Abiotic reduction of nitroaromatic compounds by aqueous iron（Ⅱ）–catechol complexes. Environ Sci Technol, 40（9）: 3006–3012.

Nam J J, Song B H, Eom K C, et al. 2003. Disrtibution of polycyclic aromatic hydrocarbons in agricultural soils in South Korea. Chemosphere, 50（10）: 1281–1289.

Neumann D, Zur Nieden U. 2001. Silicon and heavy metal tolerance of higher plants. Phytochemistry, 56（7）: 685–692.

Nevin K P, Lovely D R. 2002. Mechanisms for Fe（Ⅲ）oxide reduction in sedimentary environments. Geomicrobiol J, 19（2）: 141–159.

Ngabe B, Bildeman T F, Falconer R L. 1993. Base hydrolysis of α – and γ –Hexachlorocyclohexanes. Environ Sci Technol, 27（9）: 1930–1933.

Nzemgung V A, Castillo R M, Gates W P, et al. 2001. Abiotic transformation of perchloroethylene in homogeneous dithionite solution and in suspensions of dithionite–treated clay minerals. Environ Sci Technol, 35（11）: 2244–2251.

O' Loughlin E J, Kemner K M, Burris D R. 2003. Effects of AgI、Au（Ⅲ）and Cu（Ⅱ）on the reductive dechlorination of carbon tetrachloride by green rust. Environ Sci Technol, 37（13）: 2905–2912.

Oades J M. 1963. The nature and distribution of iron compounds in soils. Soil and Fertilizer, 26（1）: 69–80.

Paola E, Diaz–Flores, Roberto Leyva–Ramos, et al. 2006. Adsorption of Pentachlorophenol from aqueous solution onto activated carbon fiber. Ind Eng Chem Res, 45（1）: 330–336.

Park G A. 1990. Surface energy and adsorption at mineral–water interface: an introduction//Hochella Jr M F, White A F. Mineral–water interface geochemistry, reviews in mineralogy Ⅴ. Washington D C: MSA: 133–175.

Pautler M C, Sims J T. 2000. Relationships between soil test phosphorus, soluble phosphorus, and phosphorus saturation in Delaware soils. Soil Science Society of American Journal, 64（2）: 765–773.

Perry C C, Keeling–Tucker T. 1998. Aspects of the bioinorganic chemistry of silicon in conjunction with the biometals calcium, iron and aluminium. Journal of Inorganic Biochemistry, 69（3）: 181–191.

Pieri C, Dumanski J, Hamblin A, et al. 1995. World Bank Discussion Papers No. 315: Land Quality Indicators. Washington D C. The World Bank: 55.

Pizzeghello D, Zanella A, Carletti P, et al. 2006. Chemical and biological characterization of dissolved organic matter from silver fir and beech forest soils. Chemosphere, 65（2）: 190–200.

Pote D H, Daniel T C, Daniel T C, et al. 1996. Relating extractable soil phosphorus to phosphorus losses in run off. Soil Science Society of American Journal, 60（3）: 855–859.

Ramos C, Agut A, Lidon A L. 2002. Nitrate leaching in important crops of the Valencian Community region（Spain）. Environmental Pollution, 118（2）: 215–223.

Reddy G V B, Gold M H. 2000. Degradation of pentachlorophenol by Phanerochaete chrysosporium: intermediates and reactions involved. Microbiology, 146（2）: 405–413.

Rivas F J, Navarrete V, Beltran F J, et al. 2004. Simazine Fenton' s oxidation in a continuos reactor. Appl Catal B, 48（4）: 249–258.

Rocher V, Garnaud S, Moilleron R, et al. 2004. Hydrocarbon pollution fixed to combined sewer sediment: a case study in Paris. Chemosphere, 54（7）: 795–804.

Roden E E, Zachara J M. 1996. Microbial reduction of crystalline iron（Ⅲ）oxides: influence of oxide surface area and potential for cell growth. Environ Sci Technol, 30（5）: 1618–1628.

Roden E E. 2004. Analysis of long–term bacterial vs. chemical Fe（Ⅲ）oxide reduction rates. Geochim Cosmochim Ac, 68（15）: 3205–3216.

Rodgers J D, Jedral W, Bunce N J. 1999. Electrochemical oxidation of chlorinated phenols. Environ Sci Technol, 33（9）: 1453–1457.

Royer R A, Burgos W, Fisher A, et al. 2002. Enhancement of hematite bioreduction by natural organic matter. Environ Sci Technol, 36（13）: 2897–2904.

Sah R N, Mikkelsen D S, Hafez A A. 1989, Phosphorus behavior in flooded-drained soils Ⅱ: Iron transformation and phosphorus sorption. Soil Sci, 53 (6): 1723-1729.

Sah R N, Mikkelsen D S, Hafez A A. 1989. Phosphorus behavior in flooded-drained soils Ⅲ: Phosphorus desorption and availability. Soil Sci, 53 (6): 1729-1732.

Saleque M A, Abedin M J, Bhuiyan N I, et al. 2004. Long-term effects of inorganic and organic fertilizer sources on yield and nutrient accumulation of lowland rice. Field Crops Research, 80 (1): 53-65.

Scheinost A C, Schulze D G. 1999. Soil Mineralogy 3. Oxide Minerals//Sumner M E, Kampf N. Handbook of soil science. USA: CRC Press.

Schipper L A, Sparling G P. 2000. Performance of a standard set of soil quality indicators over a wide range of soils and land uses. Soil Science Society of America Journal, 64 (1): 300-311.

Schoumans O F, Groenendijk P. 2000. Modeling soil phosphorus levels and phosphorus leaching from agricultural land in the Netherlands. Journal of Environmental Quality, 29 (1): 111-116.

Schwertmann U, Fitzpatrick R W, Taylor R M. 1979. The influence of aluminum on iron-oxides part Ⅱ: Preparation and properties of Al-substituted hematites. Clays and Clay Minerals, 27 (2): 105-112

Schwertmann U, Cornell R M. 1991. Iron oxides in the laboratory preparation and characterization. Berlin: Wiley-VCH, Weinheim, 64-65.

Sena M M, Frighetto R T S, Valarini P J, et al. 2002. Discrimination of Managemet effects on soil parameters by using principal component analysis: multivariate Analysis case study. Soil Till, Res, 67 (2): 171-181.

Sharpley A N. 1995. Dependence of runoff phosphorus on extractable soil phosphorus. Journal of Environmental Quality, 24 (5): 920-926.

Shen M Z, Zhai B J, Dong H R, et al. 1982. Studies on nitrate accumulation in vegetable crops Ⅰ: Evaluation of nitrate and nitrite in different vegetables. Horticulture Sinica, 19 (4): 41-48.

Shi Q H, Bao Z Y, Zhu Z J, et al. 2005. Silicon-mediated alleviation of Mn toxicity in Cucumis sativus in relation to activities of superoxide dismutase and ascorbate peroxidase. Phytochemistry, 66 (13): 1551-1559.

Shi X H, Zhang C C, Wang H, et al. 2005. Effect of Si on the distribution of Cd in rice seedlings. Plant and Soil, 272 (1): 53-60.

Shuklal M K, Lall R, Owens L B, et al. 2003. Land use and management impacts on structure and infiltration characteristics of soils in the North Appalachian region of Ohio. Soil Science, 168 (3): 167-177.

Sigg L, Stumm W. 1981. The interaction of anions and weak acids with the hydrous goethite (α-FeOOH) surface. Colloids Surface, (2): 101-117.

Simard R R, Beauchemin S, Haygarth P M. 2002. Potential for preferential pathways of phosphorus transport. Journal of Environmental Quality, 29 (1): 97-105.

Sims J T, Edwards A C, Schoumans O F, et al. 2000. Integrating soil phosphorus testing into environmentally based agricultural management practices. Journal of Environmental Quality, 29 (1): 60-71.

Sims J T. 1998. Phosphorus soil testing: innovation for water quality protection. Communication in Soil Science and Plant Analysis, 29 (11-14): 1471-1489.

Singh S, Singh J S. 1996. Water-stable aggregates and associated organic matter in forest, savanna, and cropland soils of a seasonally dry tropical region India. Biology and Fertility of Soils, 22 (2): 76-82.

Skurlatov Y I, Ernestova L S, Vichutinskaya E V, et al. 1997. Photochemical transformation of polychlorinated phenols. Photochem Photobiol，107（1–3）：207–213.

Smith D J T，Edelhauser E C，Harrison R M. 1995. Polynuclear aromatic hydrocarbon concentrations in road dust and soils amples in the United Kingdomand Pakistan. Environ Technol，16（1）：45–53.

Soclo H H，Garrigues P，Ewald M. 2000. Origin of polycyclic aromatic hydrocarbons （PAHs） in coastal marine sediments： case studies in Contonou（Benin） and Aquitaine （France） areas. Mar Pollut Bull，40（5）：387–396.

Sonzogni W C，Chapra S C，Armstrong D E，et al. 1982. Bioavailable of phosphorus inputs to lakes. Journal of Environmental Quality，11（4）：555–563.

Stalikas C D，Chaidou C I，Pilidis G A. 1997. Enrichment of PAHs and heavy metals in soils in the vicinity of the lignite–fired power plants of West Macedonia（GREECE）. The Science of the Total Environment，204（2）：135–146.

Stapleton M G，Sparks D L，Dentel S K. 1994. Sorption of pentachlorophenol to HDTMA–Clay as a function of ionic strength and pH. Environmental Science and Technology，28（13）：2330–2335.

Stumm W. 1992. Redox Processes Mediated by Surfaces. In Chemistry of the Solid–Water Interface，New York：John Wiley and Sons：1309–1335.

Su C，Puls R W. 2004. Nitrate Reduction by Zerovalent Iron： Effects of Formate，Oxalate，Citrate，Chloride，Sulfate，Borate，and Phosphate Environ. Sci Technol，38（9）：2715–2720.

Sudhakar C，Lakshmi A，Giridarakumar S. 2001. Changes in the antioxidant enzyme efficacy in two high yielding genotypes of mulberry（Morus alba L）under NaCl salinity. Plant Science，161（3）：613–619.

Sumner M E，Kampf N. 1999. Handbook of soil science //Scheinost A C，Schulze D G. Soil Mineralogy 3：Oxide Minerals. USA：CRC Press.

Suter D，Banwart S，Stumm W. 1991. Dissolution of hydrous iron （Ⅲ） oxides by reductive mechanisms. Langmuir，7（4）：809–813.

Timothy J S，Alan T S. 2002. Reduction of oxamyl and related pesticides by Fe（Ⅱ）： influence of organic ligands and natural organic matter. Environmental Science & Technology，36（23）：5172–5183.

Timothy J S，Alan T S. 2002. Reduction of the pesticides oxamyl and methomyl by Fe（Ⅱ）： effect of pH and inorganic ligands. Environmental Science & Technology，36（4）：653–661.

Torbert H A，Daniel T C，Lemunvon J L，et al. 2002. Relationship of soil test phosphorus and sampling depth to runoff phosphorus in calcareous and noncalcareous soils. Journal of Environmental Quality，31（4）：1380–1387.

Torrents A，Anderson B G，Bilboulian S，et al. 1997. Atrazine photolysis：mechanistic investigations of direct and nitrate– mediated hydroxy radical processes and the influence of dissolved organic carbon from the chesapeake Bay. Environ Sci Technol，31（5）：1476–1482.

Trapido M. 1999. Polycyclic aromatic hydrocarbons in Estonian soil： contamination and profiles. Environmental Pollution，105（1）：67–74.

Ukrainczyk L，McBride M B. 1993. The oxidative dechlorination reaction of 2，4，6–trichlorophenol in dilute aqueous suspensions of manganese oxides. Environ Toxicol Chem，12：2005–2014.

Vasudevan D，Dorley P，Zhuang X. 2001. Adsorption of hydroxpridines and quinolines at the metal oxide water interface： roloftautomeric equilibrium. Environ Sci Technol，35（10）：2006–2013.

Viraraghavan T, Slough K. 1999. Sorption of pentachlorophenol on peat–bentonite mixtures. Chemosphere, 39 (9): 1487–1496.

Visvanathana C, Thua L N, Jegatheesanb V, et al. 2005. Biodegradation of pentachlorophenol in a membrane bioreactor. Desalination, 183 (1/3): 455–464.

Vogel T M, Criddle C S, McCarty P L. 1987. Transformations of halogenated aliphatic compounds. Environ Sci Technol, 21 (8): 722–736.

Warkentin B P. 1995. The changing concept of soil quality. Journal of Soil and Water Conservation, 50 (3): 226–228.

Warren L A, Haack E A. 2001. Biogeochemical controls on metal behaviour in freshwater environments, Earth–Sci Rev, 54: 261–332.

Wilcke W, Kanchanakool N, Niamskul C, et al. 1999b. Polycyclic aromatic hydrocarbons (PAHs) in hydromorphic soils of the tropical metropolis. Bangkok Geoderma, 91 (3–4): 297–309.

Wilcke W, Lilienfein J, Lima S D C, et al. 1999. Contamination of highly weathered urban solis in Uberlandia, Brazil. J. Plant Nutr. Soil Sci, 162 (5): 539–548.

Wilcke W. 2000. SYNOPSIS Polycyclic Aromatic Hydrocarbons (PAHs) in Soil—a Review. Journal of Plant Nutrition and Soil Science, 163 (3): 229–248.

Wild S R, Jone K C. 1995. Polynuclear aromatic hydrocarbons in the United Kingdom environment: A preliminary source inventory and budget. Environ Pollut, 188 (Ⅰ): 91–108.

Williams A G B, Scherer M M. 2004. Spectroscopic evidence for Fe (Ⅱ) –Fe (Ⅲ) electron transfer at the iron oxide–water interface. Environ Sci Technol, 38 (18): 4782–4790.

Wilson G J, Amid P K, Makram T S, et al. 1997. Anaerobic/aerobic biodegradation of pentachlorophenol using GAC fluidized bed reactors: optimization of the empty bed contact time. Water Sci Technol, 36 (6–7): 107–115.

Wu F Z, Liu D, Wang D K, et al. 1998. Effect of continuous vegetable cropping in plastic greenhouse on the soil physic–chemical properties. China Vegetable, (4): 5–8.

Xie X D. 1997. Mineralogy–Acentraldiscipline of geological science. Journal of Mineralogical Society of Japan, 26 (3): 127–128.

Yamashita M, Miyuki H, Matsuda Y, et al. 1994. The long term growth of the protective rust layer formed on weathering steel by atmospheric corrosion during a quarter of a century. Corros Sci, 36 (2): 283–299.

Yan T M, Yang L Z, Campbell C D. 2003. Microbial biomass and metabolic quotient of soils under different land use in the Three Gorges Reservoir area. Geoderma, 115 (1): 129–138.

Yang S M, Li F M, Suo D R, et al. 2006. Effect long–term fertilization on soil productivity and nitrate accumulation in Gansu oasis. Agricultural Sciences in China, 5 (1): 57–67.

Yang C Y, Chiu H F, Tsai S S, et al. 2002. Increased risk of preterm delivery in areas with cancer mortality problems from petrochemical complexes. Environ Res (sectionA), 89 (3): 195–200.

Yen F S, Chen W Ch, Yang J M, et al. 2002. Crystallite size variations of nanosized Fe_2O_3 powders during γ–to α–phase transformation. Nano Letters, 2 (3): 245–252.

Yong Tao Li, Fang Bai Li, Jun Jian Chen, et al. 2008. The concentrations, distribution and sources of PAH sin agricultural soils and vegetables from Shunde, Guangdong, China. Environ Monit Assess, 139 (1–3):

61–76.

Yuan S H, Lu X H. 2005. Comparison treatment of various chlorophenols by electro–Fenton method: relationship between chlorine content and degradatio. J Hazard Mater, 118 (1): 85–92.

Yunker M B, Macdonald R W, Vingarzan R, et al. 2002. Sylvestre, S. . PAHs in the Fraser River basin: a critical appraisal of PAHS ratios as indicators of PAHS source and composition, Org. Geochem, 33 (4): 489–515.

Zeng L, McKinley J W. 2006. Degradation of pentachlorophenol in aqueous solution by audible–frequency sonolytic ozonation. Journal of Hazardous Materials, 135 (1–3): 218–225.

Zhang M K, He Z L. 2004. Long–term changes in organic carbon and nutrients of an Ultisol under rice cropping in southeast China. Geoderma, 118 (3–4): 167–179.

Zhang H B, Luo Y M, Wong M H, et al, 2005. Distributions and concentrations of PAHs in Hong Kong soils. Environmental Pollution, 141 (1): 107–114.

Zheng S K, Yang Z F, Jo D H, et al. 2004. Removal of chlorophenols from groundwater by chitosan sorption. Water Research, 38 (9): 2315–2322.

Zhu Z J, Wei G Q, Li J, et al. 2004. Silicon alleviates salt stress and increases antioxidant enzymes activity in leaves of salt–stressed cucumber (Cucumis sativus L.). Plant Science, 167 (3): 527–533.